최신 출제 경향에 맞춘 **최고의 수험서**

**최신 개정판**

# 7일 완성
# 공조냉동기계 기능사 필기

**핵심 정리 + 기출문제 1140문항**

**CBT 테스트 360문항**

이요학
이왕래 공저
김창수

공조냉동기계기능사 필기 완벽대비

- 다년간 실무 및 강의 경험이 풍부한 최상급 저자
- 기능사 시험에 자주 출제되는 내용을 요약정리
- 계산문제는 공식과 풀이 과정을 자세하게 정리
- 이론문제도 이해하기 쉽도록 상세하게 설명
- 최근 기출문제 및 해설 수록
- CBT 모의고사 수록

**CBT 검정활용**

 질의응답 사이트 운영  **NAVER** 공조냉동 전문학원 현대기술학원 검색
내용에 의문점이나 이해가 되지 않는 부분에 관하여 질의응답을 원하는 분은
위 카페로 문의 바랍니다.

도서출판 건기원

www.kkwbooks.com

합격을 위한 길잡이!
최신 출제 경향에 맞춘 **최고의 수험서**

공조냉동기계기능사 시험 대비

**동영상 주관식 + 배관 작업형**

# 공조냉동기계기능사

변경 시행된 기출문제 수록

실기

공학박사·공조냉동기계기술사  이정근 저

## 이 책의 특징

- 국가직무능력표준(NCS)을 반영
- Part별로 이론과 예상 문제를 수록
- 출제기준 개정 반영
- 실기시험 준비 및 현장실무에 도움이 될 수 있도록 구성
- 출제기준 변경 후 검정 시행에 따른 이론 및 기출문제 풀이

**실기시험 완벽대비**
**실무능력 향상**

값 24,000원

### 본서의 구성

1. 냉동기계
2. 공기조화
3. 전기 자동제어
4. 냉동배관 실습
5. 부록
■ 공조냉동기계 동영상 실기 기출문제

도서출판 **건기원**
www.kkwbooks.com

# 머 리 말

우리나라는 급속한 경제성장과 더불어 산업시설에서부터 가정에 이르기까지 냉동기 및 공기조화 설비의 수요가 큰 폭으로 증가하고 있다. 오늘날의 시설물에 있어 실내의 쾌적한 환경을 유지하기 위하여 반드시 필요한 설비가 공기조화설비이다. 이 공조설비에는 기본적인 실내 온도, 습도, 청정도, 기류속도를 유지함으로써 사람이 생활하거나 물품을 보관함에 있어서 가장 좋은 상태로 유지하기 위한 시설이다. 또한 냉동, 냉장, 식품을 장기간 동안 신선한 상태로 저장하기 위해서는 저온의 냉동시설이 반드시 필요하다. 이러한 공조(냉난방)시설이나 냉동시설을 시공 및 유지관리, 점검을 하기 위해서는 광범위한 지식과 기술이 요구되며 이에 공조냉동기계기능사 자격증은 이러한 공조냉동기계와 관련된 생산, 공정, 시설, 설비의 안전관리 등을 담당할 기술인으로서 그 수요는 계속될 것이다.

이에 저자는 공조냉동기계기능사 필기시험을 짧은 기간동안 본 교재 한 권으로 마무리 할 수 있도록 공조냉동기계기능사로 시험이 변경된 이후 출제기준에 맞도록 2011년부터 현재까지의 과년도문제를 전부 해설하였다.

마지막으로 본 교재를 집필하는데 있어 오타나 잘못된 내용이 나오지 않도록 최대한의 노력을 기울였으나 내용 중 본의 아니게 미비된 부분이나 오타가 있으면 지속적으로 수정할 것을 약속드리며 수검생 여러분의 필기시험 합격을 기원하며, 본 교재가 출판되도록 고생하신 도서출판 건기원 관계자분께 감사드린다.

저자 씀

# CBT(컴퓨터 시험) 가이드

한국산업인력공단에서 2016년 5회 기능사 필기 시험부터 자격검정 CBT(컴퓨터 시험)으로 시행됩니다. CBT의 진행 과정과 메뉴의 기능을 미리 알고 연습하여 새로운 시험 방법인 CBT에 대비하시기 바랍니다.

다음과 같이 순서대로 따라해 보고 CBT 메뉴의 기능을 익혀 실전처럼 연습해 봅시다.

## STEP 1 : 자격검정 CBT 들어가기

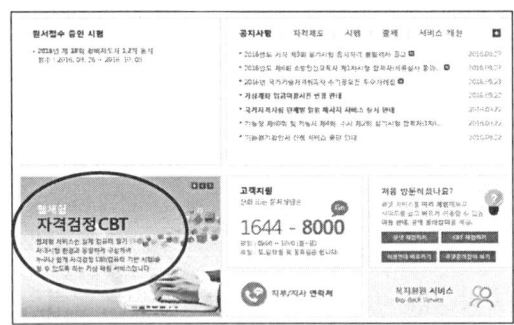

➲ 큐넷(http://www.q-net.or.kr)에서 표시된 부분을 클릭하면 '웹체험 자격검정 CBT'를 할 수 있습니다.

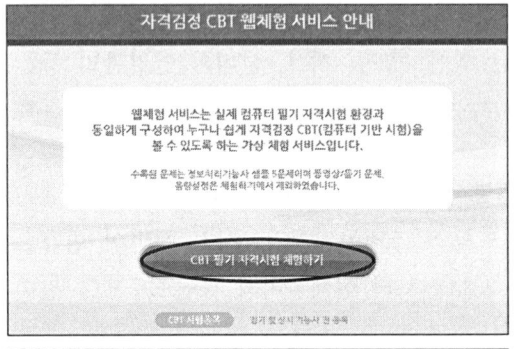

➲ 'CBT 필기 자격시험 체험하기'를 클릭하면 시작됩니다.

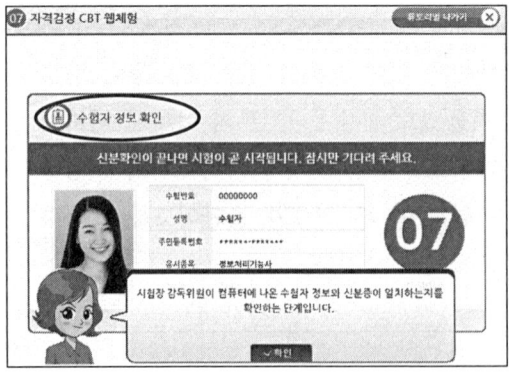

➲ 시험 시작 전 배정된 좌석에 앉으면 수험자 정보를 확인합니다. 시험장 감독위원이 컴퓨터에 표시된 수험자 정보와 신분증의 일치여부를 확인합니다.

## STEP 2 | 자격검정 CBT 둘러보기

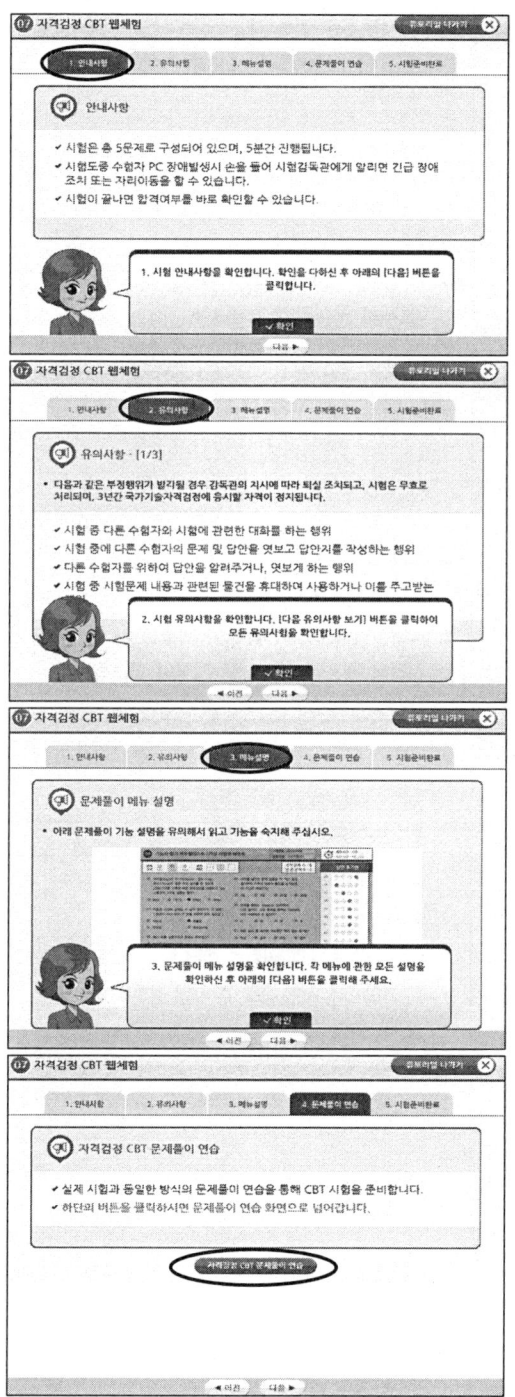

⊃ 수험자 정보 확인이 끝난 후 시험 시작 전 'CBT 안내사항'을 확인합니다.

⊃ 'CBT 유의사항'을 확인합니다. '다음 유의사항 보기'를 클릭하면 전체 유의사항을 확인할 수 있으며 보지 못한 유의사항이 있으면 '이전 유의사항 보기'를 클릭하여 다시 볼 수 있습니다.

⊃ '문제풀이 메뉴 설명'을 확인합니다.
  ↳ '자격검정 CBT 메뉴 미리 알아두기'에서 자세히 살펴보기

⊃ '자격검정 CBT 문제풀이 연습'을 클릭하면 실제 시험과 동일한 방식으로 진행됩니다.

# STEP 3 자격검정 CBT 연습하기

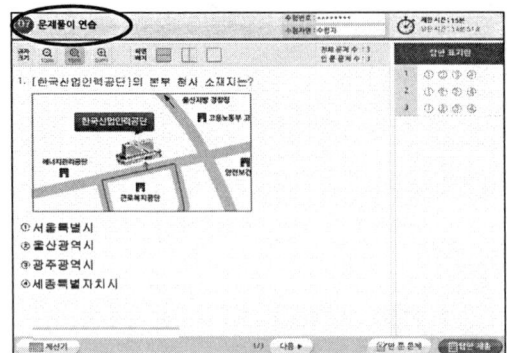

↪ 자격검정 CBT 문제풀이 연습을 시작합니다. 총 3문제로 구성되어 있습니다.

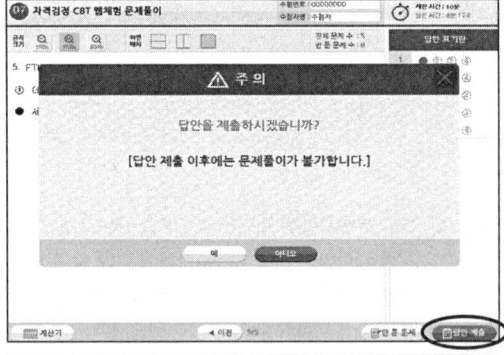

↪ 시험문제를 다 푼 후 답안 제출을 하거나 시험 시간이 경과되었을 경우 시험이 종료됩니다.

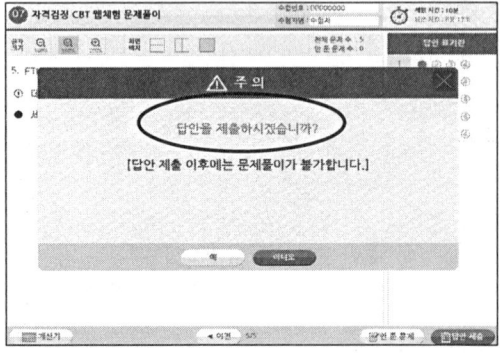

↪ 답안 제출은 실수 방지를 위해 두 번의 확인 과정을 거칩니다. 시험 종료 후 시험 결과를 바로 확인할 수 있습니다.

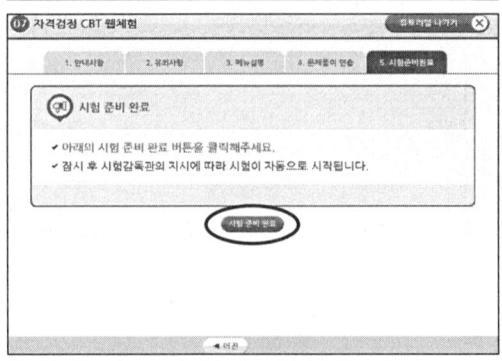

↪ 시험 안내·유의사항, 메뉴 설명 및 문제풀이 연습까지 모두 마친 수험자는 '시험준비완료'를 클릭합니다. 클릭 후 '자격검정 CBT 웹체험 문제풀이' 단계로 넘어갑니다.

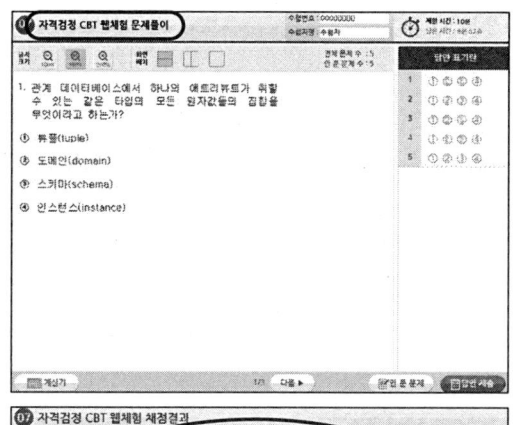

↻ 자격검정 CBT 웹체험 문제풀이를 시작합니다.
  총 5문제로 구성되어 있습니다.

↻ 답안을 제출하면 점수와 합격여부를 바로 알 수 있습니다.

## 자격검정 CBT 메뉴 미리 알아두기

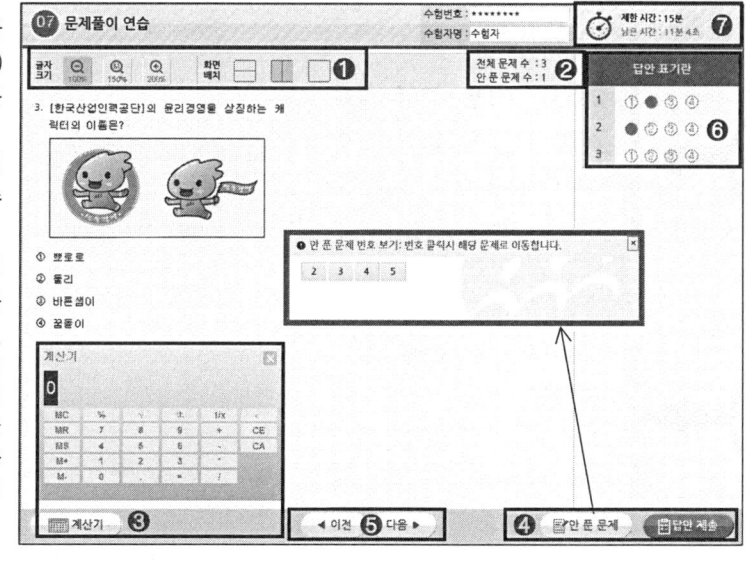

❶ 글자크기 & 화면배치 : 글자 크기(100%, 150%, 200%)와 화면 배치(1단, 2단, 한 문제씩 보기)가 선택 가능함.

❷ 전체 안 푼 문제 수 조회 : 전체 문제 수와 안 푼 문제 수 확인 가능함.

❸ 계산기도구 : 응시 종목에 계산 문제가 있을 경우 좌측 하단의 계산기 기능을 이용함.

❹ 안 푼 문제 번호 보기 & 답안 제출 : '안 푼 문항'을 클릭하면 현재까지 안 푼 문제 목록을 확인할 수 있으며, '답안 제출'을 클릭하면 답안 제출 승인 알림창이 나옴.

❺ 페이지 이동 : 화면 아래 버튼을 이용해서 페이지를 이동하고 중앙에 현재 페이지를 표시함.

❻ 답안 표기 영역 : 문제 번호를 클릭하면 해당 문제로 이동하고 선택지 번호를 클릭하면 답안이 표시됨.

❼ 남은 시간 표시 : 남은 시간 표시 및 제한 시간이 없을 경우 시계 아이콘과 시간이 붉은색으로 표시됨.

## 차례

### 핵심정리

| | |
|---|---:|
| 1. 기초 열역학 | 13 |
| 2. 냉 동 | 18 |
| 3. 공기조화 | 40 |
| 4. 배관일반 | 59 |
| 5. 전기일반 | 65 |
| 6. 안전관리 | 68 |

### 최종마무리

**D-day 7**
| | |
|---|---:|
| 2012년 2월 12일 시행 | 79 |
| 2012년 4월 8일 시행 | 92 |
| 2012년 7월 22일 시행 | 106 |
| 2012년 10월 20일 시행 | 120 |

**D-day 6**
| | |
|---|---:|
| 2013년 1월 27일 시행 | 133 |
| 2013년 4월 14일 시행 | 148 |
| 2013년 7월 21일 시행 | 161 |
| 2013년 10월 12일 시행 | 175 |

**D-day 5**
| | |
|---|---:|
| 2014년 1월 26일 시행 | 189 |
| 2014년 4월 6일 시행 | 203 |
| 2014년 7월 20일 시행 | 217 |
| 2014년 10월 11일 시행 | 230 |

## D-day 4

| | |
|---|---|
| 2015년 1월 25일 시행 | 245 |
| 2015년 4월 4일 시행 | 260 |
| 2015년 7월 19일 시행 | 273 |
| 2015년 10월 10일 시행 | 285 |

## D-day 3

| | |
|---|---|
| 2016년 1월 24일 시행 | 299 |
| 2016년 4월 2일 시행 | 312 |
| 2016년 7월 10일 시행 | 326 |

## D-day 2

| | |
|---|---|
| 제1회 공조냉동기계기능사 CBT 모의고사 | 340 |
| 제2회 공조냉동기계기능사 CBT 모의고사 | 349 |
| 제3회 공조냉동기계기능사 CBT 모의고사 | 359 |

## D-day 1

| | |
|---|---|
| 제1회 공조냉동기계기능사 CBT 모의고사 | 369 |
| 제2회 공조냉동기계기능사 CBT 모의고사 | 379 |
| 제3회 공조냉동기계기능사 CBT 모의고사 | 389 |

공조냉동기계기능사

7일완성시리즈 ④

# 핵심정리

1. 기초 열역학
2. 냉 동
3. 공기조화
4. 배관일반
5. 전기일반
6. 안전관리

공조냉동기계기능사 핵심정리

# 1. 기초 열역학

## 1. 열

(1) 열량의 표시

① 1kcal : 물 1kg을 1℃ 높이는 데 필요한 열량
② 1BTU : 물 1Lb를 1℉ 높이는 데 필요한 열량

(2) 열량의 환산

1BTU=0.252kcal, 1kcal=3.968BTU=2.205CHU=4.19kJ

## 2. 비열 및 비열비

(1) 비열($C$)

① 정의 : 단위 질량(1kg)당 물질의 온도를 1℃ 올리는데 필요한 열량
② 단위 : kcal/kg℃, kJ/kg·K
③ 정압비열, 정적비열
  ㉠ 정압비열($C_p$) : 압력을 일정하게 한 상태에서 측정한 비열
  ㉡ 정적비열($C_v$) : 체적(부피)을 일정하게 한 상태에서 측정한 비열
④ 정압비열 ($C_p$)이 정적비열 ($C_v$)보다 큰 이유 : 분자운동에너지가 크기 때문

(2) 비열비($k$)

① 정의 : 정압비열과 정적비열과의 비로서 $C_p > C_v$이므로 항상 1보다 크다.

즉, 비열비 $(k) = \dfrac{C_p}{C_v} > 1$ 로 단위는 없다.

② 냉매에 따른 비열비(비열비가 클수록 토출가스온도가 높으므로 워터자켓을 설치)

| 가스명 | 공기 | 암모니아 | R-22 | R-12 |
|---|---|---|---|---|
| 비열비 | 1.4 | 1.313 | 1.184 | 1.136 |
| 토출가스온도 | - | 98℃ | 55℃ | 37.8℃ |

## 3. 현열과 잠열

(1) 현열(감열)

물질의 상태 변화없이 온도 변화에만 필요한 열

$Q = G \cdot C \cdot \Delta t$

$G$ : 질량(kg)
$C$ : 비열(kcal/kg℃)
$\Delta t$ : 온도차(℃)

### (2) 잠열(숨은열)

물질의 온도변화없이 상태변화에만 필요한 열

$$Q = G \cdot r$$

- $G$ : 질량(kg)
- $r$ : 고유잠열(kcal/kg)

> **참고**
> ※ 물의 응고잠열(얼음의 융해잠열)=79.68kcal/kg(약 80kcal/kg)
> ※ 물의 증발잠열(수증기의 응축 잠열)=539kcal/kg

### 4. 물질의 3태

① 융해잠열 : 고체에서 액체로 변하는 데 필요한 열
② 응고잠열 : 액체에서 고체로 변하는 데 필요한 열
③ 증발잠열 : 액체에서 기체로 변하는 데 필요한 열
④ 응축잠열 : 기체에서 액체로 변하는 데 필요한 열

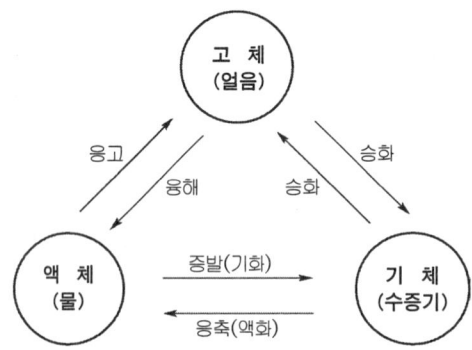

### 5. 열역학 법칙

(1) 열역학 제1법칙(에너지 보존의 법칙)

① 일과 열의 환산관계

$$Q = A \cdot W$$
$$W = J \cdot Q$$

- $Q$ : 열량(kcal)
- $W$ : 일량(kg·m)
- $J$ : 열의 일당량(427kg·m/kcal)
- $A$ : 일의 열당량($\frac{1}{427}$ kcal/kg·m)

② 엔탈피, 전열량, 총열량($h$, $i$ : kcal/kg)

어떤 물질 1kg이 가지고 있는 열량의 총합

$$i(h) = \text{내부에너지} + \text{외부에너지} = u + APV = u + AW$$

㉠ 팽창밸브에서의 단열팽창시 엔탈피 변화가 없다.
㉡ 모든 냉매의 0℃ 포화액의 기준 엔탈피 : 100kcal/kg

(2) 열역학 제2법칙(열 이동의 법칙)
  ① 열은 고온에서 저온으로 이동한다.
  ② 엔트로피($S$, kcal/kg·K) : 어떤 물질이 가지고 있는 열량(엔탈피)을 그 때의 절대온도로 나눈 것

$$\Delta S = \frac{\Delta Q}{T}$$

  ㉠ 모든 냉매의 0℃ 포화액의 엔트로피 기준 : 1kcal/kg·K
  ㉡ 열의 출입이 없는 단열변화(단열압축, 압축기) : 엔트로피의 변화가 없다.

## 7. 동력(일률, 공률)

(1) 정 의

단위 시간당 한 일(kg·m/sec) 즉, 일을 시간으로 나눈 것

$$동력 = \frac{일(kg \cdot m)}{시간(sec)} = \frac{힘(kg) \times 거리(m)}{시간(sec)} = 힘(kg) \times 속도\left(\frac{m}{sec}\right)$$

(2) 구 분

$Q = A \cdot W$ 공식에 의하여

$$1\,PS\,(국제,\ 미터마력) = 75\frac{kg \cdot m}{sec} = 75 \times \frac{1}{427} \times 3,600 = 632\,kcal/h$$

$$1\,HP\,(영국\ 마력) = 76\frac{kg \cdot m}{sec} = 76 \times \frac{1}{427} \times 3,600 = 641\,kcal/h$$

$$1\,kW\,(전기력) = 102\frac{kg \cdot m}{sec} = 102 \times \frac{1}{427} \times 3,600 = 860\,kcal/h = 3,600\,kJ/h$$

## 8. 비중량 및 비체적

(1) 비중량($\gamma$ : kgf/m³)

단위 체적당 유체의 중량

$$비중량\,(\gamma) = \frac{중량(kgf)}{체적(m^3)}$$

**참고**
※ ① 20℃ 공기의 비중량 = 1.2 kgf/m³
　② 4℃ 물의 비중량 = 1,000 kgf/m³

(2) 비체적($v$ : m³/kgf)

단위 중량(질량)당 유체가 차지하는 체적

$$\text{비체적 } (v) = \frac{\text{체적}(m^3)}{\text{중량}(kgf)}$$

> 참고: ※ 비체적과 비중량은 역수관계이다.

## 9. 압력

(1) 정의

  단위 면적($cm^2$)당 작용하는 힘(kgf)

(2) 단위의 구분

  ① 면적으로 표시 : $\dfrac{kg}{cm^2}$, $\dfrac{N}{m^2}$(Pa), $\dfrac{Lb}{in^2}$(PSI)

  ② 높이로 표시 : cmHg, mmHg, $mH_2O$(mAq), mbar(millibar)

(3) 표준 대기압의 표시

  $1\,atm = 760\,mmHg = 30\,inHg = 10,332\,kgf/m^2 = 1.033\,kgf/cm^2 = 14.7\,Lb/in^2$
  $= 1,013\,mbar = 1.013\,bar = 10.33\,mH_2O(mAq) = 101,325\,Pa(N/m^2) = 0.1\,MPa$

(4) 압력의 구분

  ① 절대압력 : 완전진공을 0으로 기준하여 측정한 압력
  ② 게이지(계기)압력 : 표준대기압을 0으로 기준하여 측정한 압력

> 참고: ※ 절대압력=게이지압력+대기압=대기압−진공압

(5) 각 압력의 환산공식

  진공압을 절대압력으로 환산

  ① $h\,cmHgV$을 ┌ ⊙ $kgf/cm^2$a로 환산  $P = 1.033 \times \left(1 - \dfrac{h}{76}\right)$
       └ ⓒ $Lb/in^2$a로 환산  $P = 14.7 \times \left(1 - \dfrac{h}{76}\right)$

  ② $h\,mH_2O$을 ┌ ⊙ $kgf/cm^2$a로 환산  $P = 1.033 \times \left(\dfrac{h}{10.33}\right)$
       └ ⓒ kPa로 환산  $P = 101 \times \left(\dfrac{h}{10.33}\right)$

## 10. 기체에 관한 법칙

(1) 보일의 법칙

  온도가 일정할 때 압력과 부피는 반비례한다.

  $P_1 v_1 = P_2 v_2$ ($T$=일정)

(2) 샬의 법칙

압력이 일정할 때 부피는 절대온도에 비례한다.

$$\frac{v_1}{T_1} = \frac{v_2}{T_2} \quad (P = 일정)$$

(3) 보일-샬의 법칙

일정량의 기체의 부피는 $\begin{bmatrix} 압력에 반비례(보일의 법칙) \\ 절대온도에 비례(샬의 법칙) \end{bmatrix}$ 한다.

$$\frac{P_1 v_1}{T_1} = \frac{P_2 v_2}{T_2}$$

## 11. 열의 이동(전열)

(1) 열의 이동 방법 : 전도, 대류, 복사

① 전도 : 고체와 고체 사이에서의 열의 이동

열전도 열량  $Q = \dfrac{\lambda \cdot F \cdot \varDelta t}{\ell}$

$\begin{bmatrix} Q : 시간당 열전도량(kcal/h) \\ \lambda : 열전도율(kcal/mh°C) \\ F : 전열면적(m^2) \\ \varDelta t : 온도차(°C) \end{bmatrix}$

> ※ 열전도율($\lambda$ : kcal/mh°C) : 고체에서의 열의 이동속도

② 대류 : 유체(액체, 기체)와 유체 사이에서의 유동에 의한 열의 이동

㉠ 열전달율, 경막계수($\alpha$ : kcal/m²h°C)

: 유체와 고체벽면 사이에의 열의 이동속도

열전달 열량  $Q = \alpha \cdot F \cdot \varDelta t$

㉡ 열통과율, 열관류율, 전열계수($K$ : kcal/m²h°C)

: 전도 및 대류가 일어나는 경우의 열의 이동속도

$$K = \frac{1}{R} = \frac{1}{\dfrac{1}{\alpha_1} + \dfrac{l_1}{\lambda_1} + \dfrac{l_2}{\lambda_2} + \dfrac{l_3}{\lambda_3} + \dfrac{1}{\alpha_2}}$$

> ※ 오염계수, 열저항($R$ : m²h°C/kcal)
> $R = \dfrac{l}{\lambda}$

③ 복사(방사) : 중간 매체 없이 열이 이동하는 현상

## 2. 냉 동

### 1. 냉동의 기본사항

(1) 냉동의 정의

　　인위적인 조작으로 온도를 주위보다 낮게 유지하는 조작

(2) 냉동의 방법

　① 자연적인 냉동법

　　㉠ 고체(얼음)의 융해잠열
　　㉡ 액체(물)의 증발잠열
　　㉢ 고체(드라이아이스)의 승화잠열
　　㉣ 기한제(얼음+식염) 이용

　② 기계적인 냉동법

　　㉠ 증기압축식 냉동법
　　　• 원리 : 냉매가스를 압축 후 냉매의 증발잠열을 이용
　　　• 증기압축식 냉동기의 4대 사이클
　　　　: 압축기 → 응축기 → 팽창밸브 → 증발기

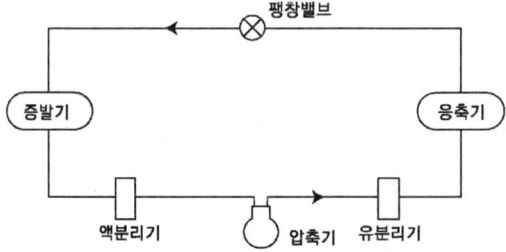

　　㉡ 흡수식 냉동법
　　　• 원리 : 온수나 증기 등의 열원을 이용하여 냉동을 행함
　　　• 흡수식 냉동기의 5대 사이클
　　　　흡수기(냉각수) → 열교환기 → 발생기(가열) → 응축기(냉각수) → 증발기(냉수)

　　㉢ 전자 냉동법
　　　• 열전 반도체를 이용한 냉동기
　　　• 펠티어효과 응용(두 금속에 전류가 흐르면 온도차가 발생)

> **참고**
> ※ **열전대 온도계** : 제백효과 응용(2종의 금속에 온도가 흐르면 기전력이 발생)

### (3) 몰리엘 선도 및 계산

① 몰리엘 선도 ($P-i$)의 구성

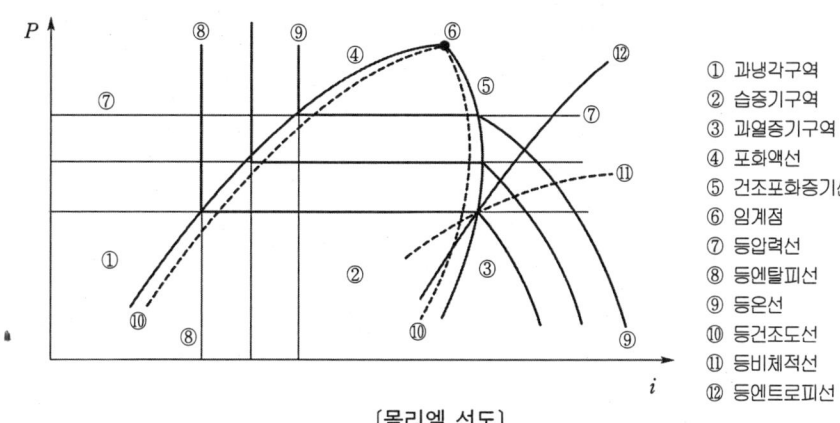

〔몰리엘 선도〕

① 과냉각구역
② 습증기구역
③ 과열증기구역
④ 포화액선
⑤ 건조포화증기선
⑥ 임계점
⑦ 등압력선
⑧ 등엔탈피선
⑨ 등온선
⑩ 등건조도선
⑪ 등비체적선
⑫ 등엔트로피선

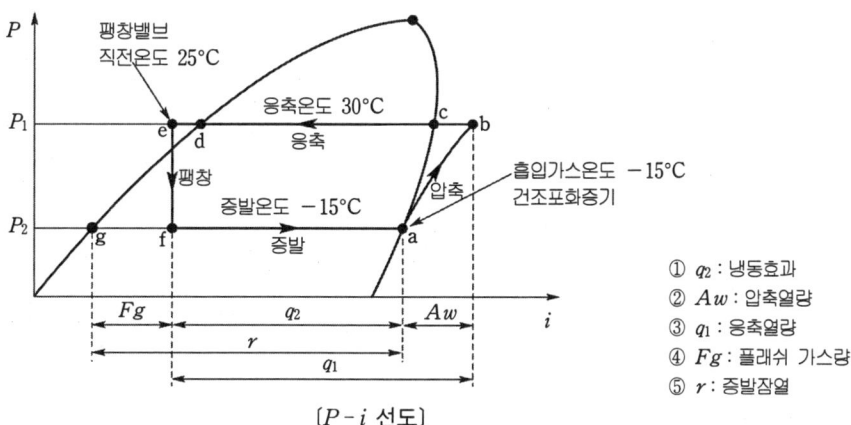

〔$P-i$ 선도〕

① $q_2$ : 냉동효과
② $Aw$ : 압축열량
③ $q_1$ : 응축열량
④ $Fg$ : 플래쉬 가스량
⑤ $r$ : 증발잠열

② $P-i$ 선도에서의 계산

㉠ 압축비 ($Pr$) = $\dfrac{\text{고압측절대압력(응축절대압력, } P_1)}{\text{저압측절대압력(증발절대압력, } P_2)}$

㉡ 냉동효과, 냉동력, 냉동량($q_2$ : kcal/kg)

냉매 1kg이 증발기에서 피냉각 물체로부터 흡수하는 열량(kcal/kg)

$$q_2 = i_a - i_f(i_e)$$

㉢ 압축열량($Aw$ : kcal/kg)

압축기에서 냉매가스 1kg을 압축하는 압축일량을 열량으로 환산(kcal/kg)

$$Aw = i_b - i_a$$

② 응축열량($q_1$)

응축기를 통과하는 동안 냉매 1kg이 냉각수에 방출하는 열량(kcal/kg)

$$q_1 = q_2 + Aw = i_b - i_e$$

⑩ 성적계수

$$COP_R = \frac{q_2}{AW} = \frac{i_a - i_c}{i_b - i_a}$$

> **참고**
> ※ 냉동기 및 히트펌프의 성적계수
> $$COP_R = \frac{Q_2}{AW} = \frac{Q_2}{Q_1 - Q_2} = \frac{T_2}{T_1 - T_2}, \quad COP_H = \frac{Q_1}{AW} = \frac{Q_1}{Q_1 - Q_2} = \frac{T_1}{T_1 - T_2}$$

$\begin{bmatrix} T_1 : \text{고온(응축) 절대온도} \\ T_2 : \text{저온(증발) 절대온도} \end{bmatrix}$

⑪ 냉매 순환량($G$) : 단위 시간에 증발기에서 증발하는 냉매량(kg/h)

$$G = \frac{Q_2}{q_2} = \frac{V_a \times \eta_v}{v}$$

$\begin{bmatrix} Q_2 : \text{냉동능력(kcal/h)} \\ q_2 : \text{냉동효과(kcal/kg)} \\ V_a : \text{이론적 피스톤 압출량(m}^3\text{/h)} \\ \eta_v : \text{체적효율} \\ v : \text{흡입가스의 비체적(m}^3\text{/kg)} \end{bmatrix}$

⑦ 냉동능력($Q_2$)

$$Q_2 = G \times q_2$$

$$RT = \frac{V_a \cdot q_2 \cdot \eta_v}{3,320 \cdot v}$$

(4) 냉동톤 및 제빙톤

① 1냉동톤(1RT) : 0°C의 물 1ton을 24시간 동안에 0°C 얼음으로 만드는데 제거해야 할 열량
  ㉠ 1한국냉동톤 1RT=3,320kcal/h=3.86kW
  ㉡ 1미국냉동톤 1USRT=3,024kcal/h
  ㉢ 흡수식 냉동기에서의 1냉동톤 : 발생기로 공급하는 입열량 6,640kcal/h
② 1제빙톤=1.65RT

> **참고**
> ※ 결빙시간 $(H) = \frac{0.56t^2}{-t_b}$ $\begin{bmatrix} t : \text{얼음의 두께(cm)} \\ t_b : \text{브라인의 온도(°C)} \end{bmatrix}$

## 2. 냉  매

(1) 1차냉매(직접냉매)

냉동장치 내를 순환하면서 잠열상태로 열을 운반

① 냉매의 구비조건

　㉠ 대기압 이상의 압력에서 쉽게 증발할 것
　㉡ 임계 온도가 높아 상온에서 쉽게 액화할 것
　㉢ 응고점은 낮고 증발잠열은 클 것
　㉣ 액 비열과 증기의 비열비가 작을 것
　㉤ 점도와 표면장력이 적고 전열이 우수할 것
　㉥ 절연내력이 크고 윤활유 작용하지 않을 것
　㉦ 인화성, 악취, 독성이 없고 누설 발견이 용이할 것
　㉧ 윤활유와 작용하지 않을 것

② 대기압에서의 냉매의 비등점이 낮은 순서

　㉠ $CO_2$ : $-78.5°C$　　㉡ R-502 : $-45.6°C$
　㉢ R-22 : $-40.8°C$　　㉣ $NH_3$ : $-33.3°C$
　㉤ R-12 : $-29.8°C$　　㉥ $SO_2$ : $-10°C$
　㉦ R-11 : $23.8°C$　　㉧ R-113 : $47.57°C$

③ 각 냉매 $-15°C$에서의 증발잠열이 큰 순서

　㉠ $NH_3$ : 313.5kcal/kg　　㉡ R-22 : 52kcal/kg
　㉢ R-11 : 45.8kcal/kg　　㉣ R-12 : 38.57kcal/kg
　㉤ R-13 : 25.31kcal/kg

> **참고**
> ※ 증발잠열이 적을수록 1RT당 냉매 순환량은 증가한다.

④ 각 냉매에 따른 비열비 및 토출가스온도가 높은 순서

　㉠ $NH_3$ : 1.313(98°C)　　㉡ R-22 : 1.184(55°C)
　㉢ R-12 : 1.136(37.8°C)

> **참고**
> ※ 비열비가 큰 냉매는 압축기 토출가스 온도가 높아 워터자켓을 설치하여 냉각수를 순환시켜 수냉각시켜야 한다.

⑤ 프레온 냉매와 오일과의 용해도

　㉠ 용해도가 큰 냉매 : R-11, R-12, R-21, R-113
　㉡ 용해도가 적고 저온에서 분리되는 냉매 : R-13, R-14, R-502, R-717

⑥ 전열이 양호한 순서

NH$_3$ > H$_2$O > Freon > Air

> **참고**
> ※ 핀(fin) 튜브 : 전열이 불량한 유체측에 설치하여 유효 전열면적을 증대시킨다.

⑦ 기타
  ㉠ 원심냉동기에 사용하는 냉매 : 가스비중이 큰 R-11, R-113, R-123을 사용
  ㉡ 냉매의 독성순위 : SO$_2$ > NH$_3$ > CH$_3$Cl > CO$_2$ > CCl$_2$F$_2$
  ㉢ 냉매의 액비중의 크기 : 프레온 > 물 > 오일 > 암모니아

> **참고**
> ※ 프레온 냉매는 800℃ 정도의 불꽃에 접촉하면 맹독성가스인 포스겐(COCl$_2$)가스가 발생하므로 특별히 주의해야 한다.

(2) 2차냉매(간접냉매)

브라인이라 하며 냉동장치 밖을 순환하면서 현열상태로 열을 운반

① 브라인의 구비조건
  ㉠ 열용량이 크고 전열(열통과율)이 양호할 것
  ㉡ 공정점과 점도가 낮을 것
  ㉢ 부식성이 없을 것
  ㉣ 응고점이 낮을 것
  ㉤ 냉장물품에 누설시 손상이 없을 것
  ㉥ 가격이 싸고 구입이 용이할 것
  ㉦ pH가 적당할 것(7.5~8.2 정도)

② 무기질 브라인의 공정점 및 부식성의 크기 (나) 마) 카)

NaCl(염화나트륨) > MgCl$_2$(염화마그네슘) > CaCl$_2$(염화칼슘)
  −21.2℃              −33.6℃                −55℃

> **참고**
> ※ 금속 부식 방지법
>   ① 브라인은 공기와 접촉을 피한다.
>   ② 브라인의 pH는 약알카리성(pH 7.5~8.2 정도)이 좋다.

(3) 프레온 냉매의 명명법

① 메탄계 냉매

십단위 냉매는 CH$_4$(메탄)계 냉매로서 H$_4$대신 Cl, F 등으로 치환되며

㉠ 구성 : C의 수는 항상 1개, 나머지(H, Cl, F)는 항상 4개이어야 함
㉡ 읽는 법
  - 십의 자리 : H수에 +1(예 : $H_0+1=$일십, $H_1+1=$이십)
  - 일의 자리 : F의 수(예 : $F_2=2$, $F_3=3$)

  〔예〕 R-11 : $CCl_3F$, R-12 : $CCl_2F_2$, R-13 : $CClF_3$, R-22 : $CHClF_2$, R-40 : $CH_3Cl$

② 에탄계 냉매

백단위 냉매는 $C_2H_6$(에탄)계 냉매로서 $H_6$ 대신 Cl, F 등으로 치환되며
㉠ 구성 : C의 수는 항상 2개, 나머지(H, Cl, F)는 항상 6개이어야 함
㉡ 읽는 법
  - 십의 자리 : H수에 +1(예 : $H_0+1=$일십, $H_1+1=$이십)
  - 일의 자리 : F의 수(예 : $F_2=2$, $F_3=3$)

  〔예〕 R-113 : $C_2Cl_3F_3$, R-114 : $C_2Cl_2F_4$, R-123 : $C_2HCl_2F_3$, R-134 : $C_2H_2F_4$

③ 공비혼합냉매

㉠ R-500 : R-12+R-152   ㉡ R-501 : R-12+R-22
㉢ R-502 : R-22+R-115   ㉣ R-503 : R-13+R-23

(4) 냉매의 누설검사법

① 암모니아 누설검사법

㉠ 불쾌한 냄새로 발견(악취)
㉡ 적색 리트머스 시험지 접촉시 청색으로 변색
㉢ 페놀프탈레인 시험지 접촉시 적색(홍색)으로 변색
㉣ 유황초(황산, 염산)를 태워 누설개소에 접촉시 백색연기 발생
㉤ 물이나 브라인에 용해되었을 경우에는 네슬러시약을 적하하면 변색
  (소량누설 : 황색, 다량누설 : 자색)

② 프레온(Freon)

㉠ 비눗물 검사 : 누설개소에서 기포 발생
㉡ 헬라이드토치 사용의 불꽃변색
  - 누설에 따른 변색 : 청색 → 녹색 → 자주색 → 불이 꺼진다.
  - 사용연료 : 아세틸렌, 알콜, 부탄, 프로판 등
㉢ 할로겐 전자누설 검지기 사용(누설시 경보가 울린다.)

(5) 냉매에 접촉시 구급법

① 암모니아

㉠ 피부에 묻은 경우 : 물로 깨끗이 씻고 피크린산용액을 바른다.
㉡ 눈에 들어간 경우
  - 비비거나 자극을 주지 않도록 한다.
  - 깨끗한 물로 눈을 씻어낸다.

- 2% 붕산액으로 눈을 완전히 씻어낸 다음 유동파라핀을 두 방울 정도 눈에 점안한다.
        ⓒ 목이나 코에 자극된 경우
        - 붕산액을 코로부터 빨아들여 입으로 내서 양치질을 완전하게 한다.
        - 상해자의 원기를 회복시키기 위하여 물을 마시게 한다.
    ② 프레온
        ⊙ 피부에 묻은 경우 : $NH_3$와 동일
        ⓒ 눈에 들어간 경우
        - 살균된 광물유로 세안한다.
        - 자극이 계속되면 희붕산 용액이나 2% 이하의 살균식염수로 세안한다.

## 3. 압축기

(1) 압축기의 분류
    ① 체적(용적)식 압축기 : 왕복동식, 회전식, 스크류식 등
    ② 원심식(터보식) 압축기
    ③ 흡수식 냉동기 : 수증기나 온수 등의 열원을 이용하여 냉동이나 냉방을 함

(2) 각 압축기의 특징
    ① 왕복동식 압축기
        실린더 내에 있는 피스톤의 왕복운동에 의해 냉매가스를 압축하는 형식
        ⊙ 왕복동 압축기의 크랭크케이스(내부)압력 : 저압
        ⓒ 고속다기통 압축기의 특징 : 체적효율이 낮다.
        ⓒ 압축기 분해시 가장 나중 분해되는 것 : 피스톤
        ⓔ 왕복동식 압축기 피스톤 압출량(배제량) [$m^3/h$]

$$V_a = \frac{\pi}{4} D^2 \cdot l \cdot N \cdot R \times 60$$
$$= 15\pi D^2 \cdot l \cdot N \cdot R$$

$D$ : 실린더 지름(m)
$l$ : 행정 길이(m)
$N$ : 기통수(실린더수)
$R$ : 분당 회전수(rpm)

        ⓜ 압축기 흡입 및 토출밸브의 구비조건
        - 밸브의 작동이 경쾌하고 동작이 확실할 것
        - 냉매가스 통과시 마찰저항이 적을 것
        - 밸브가 닫혔을 때 누설이 없을 것
        - 내구성이 크고 변형이 적을 것

> **참고**
> ※ 압축기에 사용하는 밸브
> ① 포펫밸브 : NH₃ 입형저속에 사용.
> ② 링플레이트 밸브 : 고속다기통 압축기에 사용.

② 회전식(로터리) 압축기

로우터가 실린더 내를 회전하면서 냉매가스를 압축하는 형식

㉠ 회전식 압축기의 구분
  - 고정 베인형(고정날개형) : 스프링의 힘에 의해 실린더에 부착
  - 회전 베인형(회전날개형) : 원심력에 의해 실린더에 부착
㉡ 회전식 압축기의 내부압력 : 고압
㉢ 부품수가 적어 구조가 간단하여 소형, 경량화가 가능하다.
㉣ 마찰부가 적어 소음이 적고 흡입밸브가 없고 토출관에는 체크밸브 설치
㉤ 압축이 연속적이므로 고진공을 얻을 수 있어 진공펌프로 많이 사용한다.
㉥ 회전식압축기 피스톤 압출량(배제량) [m³/h]

$$V_a = \frac{\pi}{4}(D^2 - d^2) \cdot t \cdot R \times 60$$

$\begin{cases} D : \text{실린더 지름(m)} \\ d : \text{로우터의 지름(m)} \\ t : \text{로우터의 두께(m)} \\ R : \text{분당 회전수(rpm)} \end{cases}$

③ 나사식(스크류) 압축기

2개의 암수 로우터의 맞물림에 의해 냉매가스를 압축하는 형식
㉠ 로우터(스크류)의 맞물림으로 소음이 크다.
㉡ 흡입측과 토출측에 역지밸브를 설치하여 역류를 방지한다.

④ 원심식(터보) 압축기

케이싱 내에 고속회전하는 임펠러에 의한 원심력을 이용하여 냉매가스를 압축하는 형식
㉠ 서어징(맥동) 현상이 일어날 수 있는 압축기 : 원심식(터보형)
㉡ 저압냉매를 사용하며 대용량에 적합하다.
㉢ 사용냉매 : R-11, R-113, R-123 등으로 가스의 비중이 큰 냉매

> **참고**
> ※ 터보 냉동기의 추기회수장치의 기능
> ① 불응축 가스퍼지    ② 진공작업
> ③ 냉매충전          ④ 불응축가스 중 냉매재생

⑤ 흡수식 냉동기

압축기를 이용하지 않고 열원을 이용하여 냉동을 행하는 방식

> **참고**
> 
> ※ 흡수식 냉동기의 냉매에 따른 흡수제
> 
> | 냉 매 | 흡 수 제 |
> |---|---|
> | 암모니아 | 물 |
> | 물 | 리튬브로마이드(취화리튬) |

(3) 용량제어의 목적

- 부하변동에 따른 용량제어로 경제적인 운전을 도모한다.
- 무부하 및 경부하 기동으로 기동시 소비전력이 적고 기동이 쉽다.
- 압축기를 보호하여 기계의 수명을 연장시킬 수 있다.
- 일정한 고내온도(증발온도)를 유지할 수 있다.

① 왕복동식 냉동기의 용량 제어법

㉠ 회전수 조절법　　㉡ 흡입밸브 조절법
㉢ 바이패스 법　　㉣ 무부하(언로더)장치에 의한 방법
㉤ 클리어런스 증대법　　㉥ 타임드 밸브에 의한 방법

② 원심식 냉동기 용량 제어법

㉠ 회전수 조절법　　㉡ 흡입 및 토출댐퍼 조절법
㉢ 흡입베인 조절법　　㉣ 응축기 냉각수량 조절법 등

(4) 압축기에서의 윤활유(냉동기유)

① 윤활유의 구비조건

㉠ 응고점 및 유동점이 낮을 것
㉡ 인화점이 높고 점도가 적당할 것
㉢ 항 유화성이 있을 것
㉣ 불순물이 적고 절연내력이 클 것
㉤ 방청능력 및 냉매와의 용해성이 적을 것
㉥ 왁스성분이 적고 저온에서 왁스성분이 분리되지 않을 것
㉦ 금속이나 패킹류를 부식시키지 않을 것

> **참고**
> 
> ※ ① 유동점 : 윤활유의 유동이 가능한 최저의 온도
> ② 유동점＝응고점＋약 2.5°C 정도

② 냉동기유의 사용

㉠ 입형 저속압축기 : 300번
㉡ 고속 다기통 압축기 : 150번

ⓒ 초저온 냉동기 : 90번

③ 압축기에서의 적정 유압

ⓐ 소형＝정상저압＋0.5kg/cm²
ⓑ 입형저속＝정상저압＋0.5～1.5kg/cm²
ⓒ 고속다기통＝정상저압＋1.5～3kg/cm²
ⓓ 터어보＝정상저압＋6kg/cm²
ⓔ 스크류＝토출압력(고압)＋2～3kg/cm²

> **참고**
> ※ **큐노필터** : 오일펌프 출구에 설치하는 제일 고운 여과망

(5) 압축기 소요동력의 계산

① 이론 소요동력

$$kW = \frac{G \cdot Aw}{860} = \frac{Q_2 \cdot Aw}{q_2 \cdot 860} = \frac{Va \cdot Aw}{v \cdot 860} \cdot \eta^v$$

② 실제 소요동력

$$kW = \frac{G \cdot Aw}{860 \cdot \eta^c \cdot \eta^m} = \frac{Q_2 \cdot Aw}{q_2 \cdot 860 \cdot \eta^c \cdot \eta^m} = \frac{Va \cdot Aw}{v \cdot 860 \cdot \eta^c \cdot \eta^m} \cdot \eta^v$$

(6) 압축기에서의 안전관리

① 압축기 틈새(clearance)가 크게 되면
 ⓐ 압축기 소요동력 증대  ⓑ 실린더 과열 및 마모
 ⓒ 토출가스온도 상승  ⓓ 윤활유 열화 및 탄화
 ⓔ 체적효율 감소  ⓕ 냉매 순환량 감소
 ⓖ 냉동능력 감소 등  ⓗ 압축기 소요동력 증대

② 피스톤링 마모시 장치에 미치는 영향
 ⓐ 크랭크케이스 내 압력이 상승(저압상승)
 ⓑ 실린더 내 윤활유가 쳐 올려져 압축기에서 오일부족
 ⓒ 유막형성에 따른 응축기 및 증발기에서 전열 불량
 ⓓ 체적효율 및 냉동능력이 감소
 ⓔ 냉동능력 당 압축기 소비동력 증가
 ⓕ 압축기가 과열운전 된다.

③ 체적 효율이 감소하는 원인
 ⓐ 클리어런스가 클수록

ⓒ 압축비가 클수록
ⓒ 비열비($C_p/C_v$, 정압비열/정적비열)가 클수록

④ 압축비가 클 때 장치에 미치는 영향
  ㉠ 토출가스 온도상승    ㉡ 실린더 과열
  ㉢ 윤활유 열화 및 탄화    ㉣ 피스톤 마모 증대
  ㉤ 각종 효율 감소        ㉥ 축수하중 증대
  ㉦ 냉동능력 감소         ㉧ 압축기 소요동력 증대

## 4. 응축기

(1) 각 응축기의 특징

| 종류 | 장점 | 단점 |
|---|---|---|
| 입형 쉘엔드 튜브식 | ① 옥외설치가 가능하다.<br>② 설치면적이 작다.<br>③ 운전 중 청소가 용이하다.<br>④ 과부하에 잘 견딘다. | ① 냉각수 소비량이 많이든다.<br>② 냉각관의 부식이 쉽다.<br>③ 냉매의 과냉각이 어렵다. |
| 횡형 쉘엔드 튜브식 | ① 전열이 양호하여 냉각수 소비량이 적게 든다.<br>② 소형, 경량으로 할 수 있다.<br>③ 수액기를 겸할 수 있다. | ① 과부하에 견디지 못한다.<br>② 냉각관 부식이 쉽다.<br>③ 청소가 어렵다. |
| 7통로식 | ① 열통과율이 가장 좋다.<br>② 능력에 따라 조립사용이 가능<br>③ 벽면 설치가 가능 | ① 1대로서 대용량 제작이 어렵다.<br>② 구조가 복잡하다.<br>③ 냉각관 청소가 어렵다. |
| 2중관식 | ① 고압에 잘 견딘다<br>② 과냉각이 양호하다.<br>③ 냉각수량이 적게 든다. | ① 냉각관 청소가 어렵다.<br>② 대형에는 부적합하다.<br>③ 냉각관의 부식발견이 어렵다. |
| 쉘 엔 코일식 | ① 소형, 경량화가 가능하다.<br>② 냉각수량이 적게 든다.<br>③ 가격이 싸다. | ① 냉각관의 청소가 어렵다.<br>② 냉각관의 교환이 어렵다. |
| 증발식 응축기 (에바콘) | ① 냉각수가 소비가 가장 적다.<br>② 옥외설치가 가능하다.<br>③ 냉각탑이 필요없고 공랭식으로도 사용가능 | ① 전열이 불량하다.<br>② 압력강하가 크다.<br>③ 펌프, 팬 등 동력이 필요하다.<br>④ 청소 및 보수가 어렵다. |
| 공랭식 응축기 | ① 냉각수, 수배관, 배수설비 불필요<br>② 옥외설치 가능<br>③ 냉각관 부식이 적다. | ① 응축온도가 높다.<br>② 형상이 커진다.<br>③ 겨울사용시 응축온도 조절이 필요 |

> **참고**
> ※ 열통과율이 좋은 응축기의 순서
>   7통로식응축기 > 횡형 쉘 엔드 튜브식 > 입형 쉘 엔드 튜브식 > 증발식 응축기 > 공랭식

## (2) 냉각탑(쿨링타워)

### ① 원리
수냉식 응축기에서 사용한 냉각수를 재사용하기 위한 장치로서 냉각수 절약을 위해 사용하며 냉각수 순환계통이 외기와 개방되어 있는 개방회로이다.

### ② 특징
㉠ 수원이 풍부하지 못한 곳에서 냉각수를 절약
㉡ 증발식 응축기의 원리와 비슷
㉢ 냉각수의 온도는 외기 습구온도의 영향을 받는다.
㉣ 냉각탑 출구 수온은 외기의 습구온도보다 높다.

### ③ 냉각탑의 능력산정

$$Q = 냉각수량(l/min) \times 쿨링렌지 \times 60$$

㉠ 쿨링렌지 : 냉각수 입구수온 − 출구수온
㉡ 쿨링 어프로치 : 냉각수 출구수온 − 입구공기의 습구온도

> **참고**
> ※ 쿨링렌지는 클수록 어프로치는 작을수록 성능이 증가한다.

㉢ 1냉각톤 = 3,900kcal/h

> **참고**
> ※ **엘리미네이터** : 냉각탑 출구에서 물방울이 기류에 함께 비산되는 것을 방지

## (3) 응축기에서의 계산

### ① 냉동장치에서의 계산

$$Q_1 = Q_2 + AW$$

$Q_1$ : 응축 열량(kcal/h)
$Q_2$ : 냉동 능력(kcal/h)
$AW$ : 압축일의 열량(kcal/h)

### ② 방열계수에 의한 방법

$$Q_1 = Q_2 \times C$$

$C$ : 방열계수
(공조, 냉장시 1.2, 냉동, 제빙시 1.3)

### ③ 냉각수량에 의한 방법(수냉식 응축기인 경우)

$$Q_1 = w \cdot C \cdot \Delta t = w \cdot C \cdot (tw_2 - tw_1)$$

$w$ : 냉각수량(kg/h)
$C$ : 냉각수의 비열(kcal/kg·°C)
$\Delta t$ : 냉각수 출입구 온도차(°C)

④ 열통과율에 의한 방법

$$Q_1 = K \cdot F \cdot \Delta t_m$$

$K$ : 열 통과율(kcal/m²h°C)
$F$ : 냉각관 전열면적(m²)
$\Delta t_m$ : 냉매와 냉각수의 산출 평균온도차(°C)
(응축온도 – 냉각수 평균온도)

> **참고**
> ※ 산술평균온도차
> $$\Delta t_m = t_1 - \left(\frac{tw_1 + tw_2}{2}\right)$$
> $t_1$ : 응축 온도
> $tw_1$ : 냉각수 입구온도
> $tw_2$ : 냉각수 출구온도

(4) 응축기에서의 안전관리

① 응축압력의 상승원인
  ㉠ 수냉식일 경우 냉각수량 부족 및 냉각수온 상승시
  ㉡ 공랭식일 경우 송풍량 부족 및 외기온도 상승시
  ㉢ 응축기 냉각관에 스케일(물때 및 유막) 등의 부착시
  ㉣ 냉매의 과충전이나 응축부하 과대시
  ㉤ 불응축 가스 존재시

② 응축압력(고압) 상승시 장치에 미치는 영향
  ㉠ 압축비 증대
  ㉡ 압축기 소요동력 증대
  ㉢ 피스톤 마모 및 토출가스 온도상승
  ㉣ 실린더 과열로 윤활유 열화 및 탄화
  ㉤ 성적계수 및 냉동능력 감소

③ 불응축 가스 존재시 장치에 미치는 악영향
  ㉠ 응축 능력 감소(열교환 저하)
  ㉡ 응축압력(고압) 상승으로 압축비 증대
  ㉢ 압축기 과열로 토출가스 온도 상승
  ㉣ 압축기 소요동력 증대 등

## 5. 팽창밸브

(1) 팽창밸브의 용량 및 특성

① 용량 : 밸브시트(침 변좌)의 오리피스 지름
② 열역학적 특성 : 주울-톰슨 효과, 단열팽창(교축팽창), 등엔탈피 과정

(2) 각 팽창밸브의 특징

| 종 류 | 원 리 | 특 징 |
|---|---|---|
| 모세관 | 가늘고 긴 관으로서 전후 압력차에 의해 냉매량이 조절되며, 모세관의 압력강하는 지름이 가늘고 길수록 크다. | ① 정지시 고저압이 밸런스 된다.<br>② 냉매충전량이 정확해야 한다.<br>③ 소형 냉장고에 사용한다. |
| 온도식 팽창밸브<br>(감온식 팽창밸브)<br>(TEV) | 증발기 출구에서 과열도를 감지하여 부하에 대응하여 냉매량을 조절한다. | ※ 감온통의 설치<br>㉠ 7/8″(20mm) 이하 : 수직 상단<br>㉡ 7/8″(20mm) 이상 : 수평 45° 하단 |
| 정압식(AEV) | 증발기의 압력에 의해 작동하므로 증발압력을 항상 일정하게 유지 | ① 냉수나 브라인의 동결을 방지<br>② 냉동부하에 따른 냉매량 조절 불가 |
| 고압측 플로우트 | 응축기나 수액기 액면에 의해 냉매량을 조절 | 고압측 액면을 일정하게 유지 |
| 저압측 플로우트 | 증발기 액면에 의해 냉매를 공급 | 저압측 액면을 일정하게 유지 |

(3) 팽창밸브에서의 안전관리

① 팽창밸브의 개도 과소시

㉠ 증발압력(저압) 및 증발온도 저하    ㉡ 압축비 증가
㉢ 압축기 소요동력 증가                ㉣ 압축기 과열 및 토출가스온도 상승
㉤ 윤활유 열화 및 탄화                 ㉥ 냉동능력 감소

② 팽창밸브의 개도 과대시

㉠ 저항감소로 증발압력 상승            ㉡ 증발온도 상승
㉢ 냉매량 공급량 증가                  ㉣ 액압축 발생

## 6. 증 발 기

(1) 팽창방식에 의한 분류

| 구 분 | 직접 팽창식 | 간접 팽창식 |
|---|---|---|
| 열운반 특성 | 잠열 | 현열 |
| 동일 냉장실온 유지를 위한 증발온도 | 고 | 저 |
| RT당 냉매순환량 | 소 | 대 |
| RT당 냉매 충전량 | 대 | 소 |
| RT당 냉동능력 | 소 | 대 |
| RT당 소요동력 | 소 | 대 |
| 설비의 복잡성 | 간단 | 복잡 |

(2) 증발기 내 냉매상태에 따른 분류

| 구 분 | 원 리 | 특 징 |
|---|---|---|
| 건식 | 액25%+가스75% | ① 냉매공급 : 상부에서 하부로<br>② 냉매액이 적어 전열이 불량<br>③ 공기냉각용에 사용 |
| 반만액식 | 액50%+가스50% | ① 냉매공급 : 하부에서 상부로<br>② 건식보다 전열이 양호<br>③ 증발기에 오일이 체류하므로 유회수장치 필요 |
| 만액식 | 액75%+가스25% | ① 액압축 방지를 위해 액분리기 설치<br>② 냉매액이 많아 전열이 우수양호하고 액체각에 사용<br>③ 증발기에 오일이 체류하므로 유회수장치 필요 |
| 액순환식<br>(액펌프식) | 액80%+가스20% | ① 액분리기 및 펌프설치로 설비비가 많이 듬<br>② 전열이 타 증발기보다 20% 양호<br>③ 증발기가 여러대라도 팽창밸브는 1개이면 됨<br>④ 제상의 자동화가 용이<br>※ 액펌프를 저압수액기보다 약 1.2m 정도 낮게 설치하여 공동(캐비테이션)현상을 방지 |

> **참고**
> ※ **만액식 증발기에서 냉매측의 전열을 좋게 하는 방법**
> ① 관이 냉매액과 접촉하거나 잠겨 있을 것
> ② 관경이 작고 관 간격이 좁을 것
> ③ 관면이 거칠거나 핀(Fin)을 부착할 것
> ④ 평균 온도차가 크고 유속이 적당히 클 것
> ⑤ 오일이 체류하지 않을 것

> **참고**
> ※ **냉매분배기(분류기, 디스트리뷰터)** : 증발기로의 냉매공급을 균등히 하기 위하여

(3) 증발기의 용도에 의한 분류

① 공기 냉각용
  ㉠ 관코일식 증발기
  ㉡ 멀티피드 멀티섹션 증발기
  ㉢ 카스케이트 증발기 : 벽코일 공기 동결실 선반으로 사용
  ㉣ 판형 증발기
  ㉤ 핀 코일식 증발기

② 액체 냉각용
  ㉠ 쉘 엔 튜브식 증발기
  ㉡ 보데로형 증발기 : 물 및 우유 등의 냉각
  ㉢ 쉘 엔 코일식 증발기
  ㉣ 헤링본식(탱크형)증발기 : 제빙장치의 브라인 냉각용 증발기

### (4) 제상방법

① 압축기 정지제상   ② 온공기 제상
③ 전열제상   ④ 브라인 및 온수살수 제상
⑤ 고압가스(핫)가스 제상

> **참고**
> ※ 고압가스(Hot gas)제상시 핫가스 인출위치 : 압축기 출구의 유분리기와 응축기 사이

### (5) 증발기에서의 계산

냉동능력($Q_2$) : 증발기에서 냉매액이 피냉각물체로부터 흡수하는 열량(kcal/h)

① 냉동장치에서의 계산

$$Q_2 = Q_1 - AW$$

- $Q_1$ : 응축열량cal/h)
- $AW$ : 압축열량(kcal/h)

② 방열계수에 의한 방법

$$Q_2 = \frac{Q_1}{C}$$

③ 브라인에 의한 방법

$$Q_2 = G_b \cdot C \cdot \Delta t = G_b \cdot C \cdot (tb_1 - tb_2)$$

- $G$ : 브라인의 유량(kg/h)
- $C$ : 브라인의 비열(kcal/kg°C)
- $\Delta t$ : 브라인의 입출구 온도차(°C)

④ 열통과율에 의한 방법

$$Q_2 = K \cdot F \cdot \Delta t_m = K \cdot F \cdot \left\{ \left( \frac{t_{b1} + t_{b2}}{2} \right) - t_2 \right\}$$

- $K$ : 열통과율(kcal/m²h°C)
- $F$ : 전열면적(m²)
- $\Delta t_m$ : 브라인과 냉매의 평균온도차(°C)
- $t_2$ : 증발온도

⑤ 냉매순환량에 의한 방법

$$Q_2 = G \times q_2 = G \times (i_a - i_e) = \frac{V_a}{v} \times \eta_v \times (i_a - i_e)$$

- $G$ : 냉매 순환량(kg/hr)
- $q_2$ : 냉동효과(kcal/kg)
- $i_a$ : 증발기 출구 엔탈피(kcal/kg)
- $i_e$ : 증발기 입구 엔탈피(kcal/kg)

> **참고**
> ※ 냉동능력
> $$RT = \frac{G \times q_2}{3320} = \frac{V_a \cdot (i_a - i_e)}{3320 \cdot v} \times \eta_v$$
> $v$ : 압축기 흡입가스의 비체적($m^3$/kg)
> $V_a$ : 압축기 피스톤 압출량($m^3$/hr)
> $\eta_v$ : 체적 효율

(6) 증발기에서의 안전관리

  ① 증발압력(저압)이 낮아지는 원인

    ㉠ 증발관내 적상 및 유막과대시    ㉡ 팽창밸브의 개도 과소시
    ㉢ 팽창밸브 및 여과기 등이 막혔을 때    ㉣ 냉매 충전량 부족시
    ㉤ 액관중의 플래쉬가스 발생시    ㉥ 증발부하 감소시

  ② 증발압력(저압)이 저하에 따른 장치에 미치는 영향

    ㉠ 증발온도 저하    ㉡ 압축비 증가
    ㉢ 압축기 소요동력 증가    ㉣ 실린더 과열 및 토출가스온도 상승
    ㉤ 윤활유 열화 및 탄화    ㉥ 냉동감소

## 7. 부속기기

(1) 고압수액기

  ① 역할 : 응축기에서 응축된 고압의 액냉매를 일시 저장
  ② 수액기의 크기 : 순환 냉매량의 1/2 이상을 저장

(2) 불응축 가스퍼져

  ① 불응축가스 인출위치

    ㉠ 응축기와 수액기 상부나 균압관
    ㉡ 증발식 응축기의 : 액헤더 상부

  ② 불응축가스가 장치 내에 존재하는 원인

    ㉠ 장치의 신설, 수리시 진공건조작업 불충분시 잔류공기
    ㉡ 냉매, 오일 충전시 부주의로 인하여 침입한 공기
    ㉢ 순도가 낮은 냉매 및 오일충전시
    ㉣ 저압의 진공운전에 따른 축봉부에서의 누입된 공기

### (3) 유분리기

① 역할

압축기에서 토출된 냉매가스 중의 오일을 분리하여 압축기 윤활불량을 방지하고 응축기나 증발기에서의 유막형성으로 인한 전열방해 방지

② 설치 위치

압축기와 응축기사이

③ 설치 경우

㉠ 만액식 증발기를 사용하는 경우
㉡ 증발온도가 낮은 저온장치인 경우
㉢ 토출가스 배관이 길어지는 경우
㉣ 토출가스에 다량의 오일이 섞여 나간다고 생각되는 경우

### (4) 액분리기

① 역할 : 압축기로 액유입을 방지하여 액압축을 방지하며 보온 처리한다.
② 설치 : 압축기 흡입측에 설치

### (5) 열교환기

① 역할 : 냉매액을 과냉각 시켜 냉동효과를 증대시키고 흡입가스를 과열시켜 액압축을 방지

### (6) 건조기(제습기)

① 역할 : 프레온 냉동장치에서 수분에 의한 팽창밸브 동결폐쇄를 방지
② 건조제의 종류 : 실리카겔, 알루미나겔, 소바비드, 몰리큘리시이브스 등

### (7) 투시경(사이트 글라스)

① 역할 : 냉매 중의 수분혼입 여부와 냉매 충전량의 적정여부 확인
② 응축기와 팽창밸브사이(고압 액관)의 부속기기 설치순서

응축기 → 수액기 → 드라이어→ 사이트글라스(투시경) → 전자밸브 → 팽창밸브

### (8) 여과기

① 역할 : 냉동장치의 배관 내 이물질 제거
② 여과기의 규격(메쉬 : 1inch당 눈금수)

㉠ 액관인 경우 : 80~100mesh
㉡ 가스관인 경우 : 40mesh

## 8. 안전장치 및 자동제어 장치

(1) 안전장치

① 안전두(안전헤드, 세프티 헤드)
  ㉠ 원리 : 압축기 내로 액이나 이물질 유입시 이상압력 상승에 따라 헤드가 들어 올려져 액압축 및 오일햄머 등에 의한 압축기의 파손을 방지
  ㉡ 작동 : 정상고압+3kg/cm² 정도

② 안전밸브
  ㉠ 원리 : 압축기나 압력용기 내의 압력이 이상 상승시 가스를 방출하여 장치의 파손을 방지
  ㉡ 작동 : 정상고압+5kg/cm² 정도

③ 파열판(Rupture disk)
  ㉠ 원리 : 압력용기 등에 설치하여 내부압력의 이상 상승시 박판이 파열되어 가스를 분출
  ㉡ 특징
    • 1회용으로 한번 파열되면 새로운 것으로 교체해야 한다.
    • 스프링식 안전밸브보다 가스분출량이 많다.
    • 구조가 간단하고 취급이 용이하다.
  ㉢ 설치 : 터보냉동기 저압측에 설치

④ 가용전(Fusible plug)
  ㉠ 원리 : 실내온도 상승이나 화재 등으로 인한 냉매의 온도 상승시 가용 합금이 용융되어 가스를 대기 중으로 분출
  ㉡ 용융온도 : 68~75℃ 정도
  ㉢ 합금성분 : 납(Pb), 주석(Sn), 안티몬(Sb), 카드뮴(Cd), 비스무스(Bi) 등
  ㉣ 가용전의 구경 : 최소 안전밸브구경의 $\frac{1}{2}$ 이상
  ㉤ 설치 : 프레온용 수액기나 응축기, 냉매용기의 증기부에 설치하며, 압축기 토출가스의 영향을 받지 않는 곳에 설치한다.

⑤ 고압차단 스위치(H.P.S)
  ㉠ 원리 : 고압이 일정이상 상승하면 전기접점이 차단되어 압축기를 정지
  ㉡ 작동 : 정상고압+4kg/cm² 정도
  ㉢ 고압차단 스위치의 설치위치
    • 1대의 압축기 사용시 : 압축기와 토출스톱밸브(토출지변) 사이
    • 여러 대 압축기 사용시 : 압축기 토출가스 공동헷더

⑥ 저압차단 스위치(L.P.S)
  ㉠ 원리 : 저압이 일정이하로 저하하면 전기접점이 차단되어 압축기를 정지
  ㉡ 설치 : 압축기 흡입관

⑦ 고·저압차단 스위치(D.P.S)
  ㉢ 원리 : 고압이 일정 이상 상승하거나 저압이 일정 이하로 저하하면 압축기를 정지
  ㉣ 특징 : H.P.S+L.P.S 조합

⑧ 유압보호 스위치(O.P.S)
  ㉠ 원리 : 압축기 운전시 유압이 형성되지 않거나 유압이 일정이하로 떨어질 경우 압축기를 정지하여 윤활불량에 따른 압축기 파손을 방지
  ㉡ 작동 : 흡입압력과 유압의 차압

> **참고**
> ※ **압축기 보호장치** : 안전두, 고압차단스위치, 안전밸브, 유압보호스위치 등

(2) 자동제어 장치

① 전자 밸브(솔레노이드 밸브)
  ㉠ 원리 : 전자석의 원리에 의해 밸브를 개폐시킨다.
  ㉡ 전자밸브의 사용목적
    • 액압축(liquied back) 방지
    • 냉매 브라인의 흐름제어
    • 온도제어

② 증발압력 조정밸브(EPR)
  ㉠ 원리 : 증발압력이 일정이하가 되지 않도록 제어
  ㉡ 역할 : 냉수나 브라인 등의 동결을 방지
  ㉢ 설치 : 증발기 출구

③ 흡입압력 조정밸브(SPR)
  ㉠ 원리 : 흡입압력이 일정이상 되지 않도록 제어
  ㉡ 역할 : 압축기 과부하에 따른 전동기 소손 방지
  ㉢ 설치 : 압축기 흡입관

④ 절수밸브
  수냉식 응축기의 부하변동에 따른 냉각수량을 제어하여 냉각수를 절약하고 응축압력을 일정하게 유지

⑤ 단수 릴레이

브라인 및 수냉각기에서 유량의 감소에 따른 배관의 동파를 방지하고 압축기를 정지시킴

⑥ 온도조절기(T.C)

온도변화를 검출하여 전기적인 접점을 on-off시키는 스위치

## 9. 저온냉동장치

(1) 2단 압축

① 목적 : 증발압력 저하에 따른 압축비 상승으로 소요동력 증가시
② 채용 ┌ ㉠ 압축비가 6 이상인 경우
       └ ㉡ −35℃ 이하의 증발온도를 얻고자 할 때
③ 2단압축 2단팽창 냉동사이클의 모리엘 선도

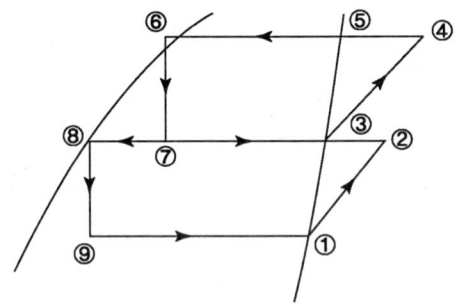

- 중간 냉각기의 냉동효과 : ③~⑦
- 증발기의 냉동효과 : ①~⑨
- 팽창밸브 통과직후의 냉매위치 : ⑦, ⑨
- 응축기의 방출열량 : ④~⑥

> 참고
> ※ **중간압력** = $\sqrt{고압절대압력 \times 저압절대압력}$
> ※ **부스터 압축기** : 저단측 압축기

(2) 2원 냉동

① 목적 : −70℃ 이하의 초저온을 얻기 위하여
② 냉매 ┌ 저온측 냉매(비등점이 낮은 냉매) : R-13, R-14, 메탄, 에탄, 에틸렌
       └ 고온측 냉매(비등점이 높은 냉매) : R-12, R-22 등

③ 팽창탱크 : 저온측 증발기에 설치
④ 카스케이드 응축기(콘덴서) : 고온측 증발기와 저온측 응축기의 조합

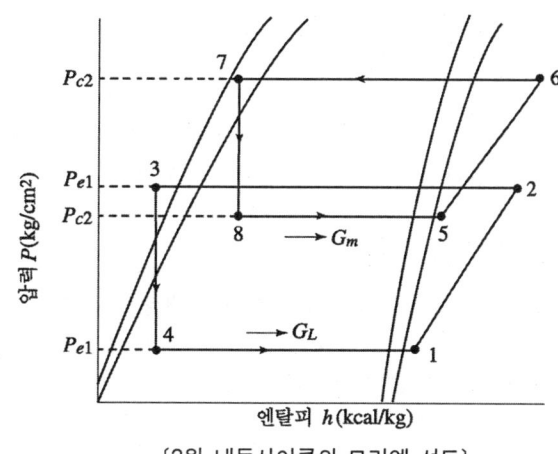

〔2원 냉동사이클의 모리엘 선도〕

## 3. 공기조화

### 1. 공기조화의 기초

(1) 공기조화의 정의

① 일정한 장소의 공기를 사용목적에 맞게 유지하는 것
② 공기조화의 4요소 : 온도, 습도, 기류속도, 청정도

(2) 공기조화의 분류

① 쾌감(보건)용 공조 : 실내의 사람을 대상으로 쾌적한 상태를 유지(학교, 사무실 등)
② 산업용 공조 : 생산물품이나 기계 등을 대상으로 한 공조
　　　　　　　(공장, 전화국, 창고, 전자계산실, 컴퓨터실 등)

(3) 실내 조건

① 실내 적정 온도

　㉠ 냉방시 : 25~28°C 정도
　㉡ 난방시 : 18~22°C 정도

② 재실자가 상쾌함을 느끼는 범위(쾌감대)

　㉠ 여름(하계) : 유효온도 20~25°C, 상대습도 60~70%
　㉡ 중간계 : 유효온도 16~21°C, 상대습도 50~60%
　㉢ 겨울(동계) : 유효온도 17~22°C, 상대습도 60~65%

> **참고**
> ※ **유효온도(E.T)** : 인체가 느끼는 쾌적온도의 지표
> ※ **유효온도 결정 3요소** : 온도, 습도, 기류속도
> ※ **수정유효온도** : 유효온도(온도, 습도, 기류)에 복사열을 고려한 체감온도
> ※ **불쾌지수** : ① 결정요소 : 건구온도, 습구온도, 절대습도
> 　　　　　　　② 불쾌지수 75 이상 : 약간 더운 정도(반 이상이 불쾌감을 느낌)

(4) 공기조화 설비

① 열원장치
② 공기조화기(온·습도 조절장치, 공기여과장치)
③ 자동제어장치
④ 열운반장치(공기이동과 순환장치)

### (5) 공기조화 설비의 구성

① 열원장치 : 냉동기, 보일러, 흡수식 냉온수기, 빙축열설비, 냉각탑 등
② 공기조화기 : 공기 여과기, 공기 냉각기(제습기), 공기 가열기, 공기세정기(가습기)
③ 열운반장치 : 송풍기, 덕트, 펌프, 배관 등
④ 자동제어장치 : 온도, 습도제어장치

> **참고**
> ※ 실내온도 검출기(써모스탯)의 설치 : 사람의 호흡선인 바닥에서 1.5m 높이에 설치

### (6) 공기 조화기의 구성

에어필터 → 냉수코일 → 온수코일 → 가습기 → 팬

### (7) 공조기의 구성기기에 따른 약호

① 에어필터(Air Filter : AF)
② 공기냉각기(Cooling Coil : CC)
③ 공기가열기(Heating Coil : HC)
④ 가습기(Air Washer : AW)
⑤ 공기재열기(Reheater : RH)
⑥ 공기예냉기(Pre Cooling : PC)

## 2. 공기의 성질

### (1) 공기의 비중량(20°C) = 1.2 kgf/m³

### (2) 노점온도(결로온도)

① 공기를 냉각하면 습공기 중에 함유된 수증기가 공기로부터 분리되어 결로(응결) 되기 시작되는 온도
② 이슬이 맺히는 온도
③ 상대습도가 100% 포화상태에서는 공기 중의 수증기가 결로하기 시작하는 온도

### (3) 절대습도( x, kg/kg′)

건공기 1kg 중에 포함되어 있는 수증기 중량

$$x = 0.622 \frac{P_w}{P - P_w}$$

$P$ : 대기압($P_a + P_w$)
$P_w$ : 수증기분압
$P_a$ : 건공기분압

(4) 상대습도($\varphi$, %)

$$\varphi = \frac{P_w}{P_s} \times 100$$
$$= \frac{\gamma_w}{\gamma_s} \times 100$$

- $P_w$ : 습공기의 수증기분압
- $P_s$ : 동일온도 포화수증기압
- $\gamma_w$ : 습공기의 1m³ 중에 함유된 수분의 중량
- $\gamma_s$ : 동일온도 포화공기 1m³ 중에 함유된 수분의 중량

(5) 현열비(SHF) $= \dfrac{\text{현열} + \text{잠열}}{\text{전열}} = \dfrac{\text{현열}}{\text{현열} + \text{잠열}}$

(6) 현열

$$q_s = G(h_2 - h_1)$$
$$= G \cdot C \cdot \Delta t$$
$$= G \cdot 0.24 \cdot \Delta t$$
$$= Q \cdot \gamma \cdot 0.24 \cdot \Delta t$$
$$= Q \cdot 1.2 \cdot 0.24 \cdot \Delta t$$
$$= 0.29 \cdot Q \cdot \Delta t$$

- $G$ : 송풍량(kg/h)
- $Q$ : 송풍량(m³/h)
- $C$ : 비열(kcal/kg°C)
- $\gamma$ : 공기의 비중량(kgf/m³)
- $\Delta t$ : 온도차(°C)
- $\Delta x$ : 절대습도차(kg/kg′)

(7) 잠열

$$q_L = G \cdot r \cdot \Delta x = G \cdot 597.5 \cdot \Delta x$$
$$= 1.2Q \cdot 597.5 \cdot \Delta x$$
$$\fallingdotseq 717 \cdot Q \cdot \Delta x$$

(8) 습공기 엔탈피

습공기 엔탈피 = 건공기 엔탈피 + 수증기 엔탈피

$$h = C_{pa} \cdot t + x(r + C_{pw} \cdot t)$$
$$= 0.24 \cdot t + x(597.5 + 0.441t)$$

- $C_{pa}$ : 공기의 정압비열(0.24kcal/kg°C)
- $r$ : 수증기의 0°C에서의 증발잠열 (597.5kcal/kg)
- $C_{pw}$ : 수증기의 정압비열(0.441kcal/kg°C)
- $x$ : 절대습도(kg/kg′)

## 3. 습공기 선도

(1) 습공기 선도의 구성요소

① 건구온도(DB)
② 습구온도(WB)
③ 상대습도($\varphi$)
④ 절대습도($x$)
⑤ 수증기 분압($P_w$)
⑥ 엔탈피($h$)
⑦ 비체적($v$)
⑧ 열수분비($u$)
⑨ 노점온도(DP)
⑩ 현열비선(SHF)

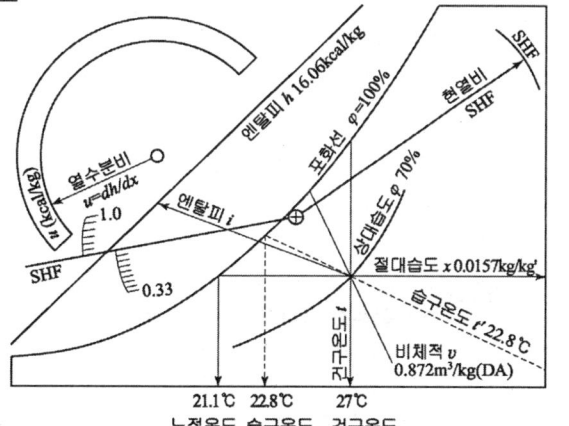

(2) 습공기 선도에서의 상태변화

0-1 : 가열
0-2 : 냉각
0-3 : 가습(등온)
0-4 : 감습, 제습(등온)
0-5 : 가열가습
0-6 : 냉각가습(단열가습)
0-7 : 냉각감습(냉각제습)
0-8 : 가열감습

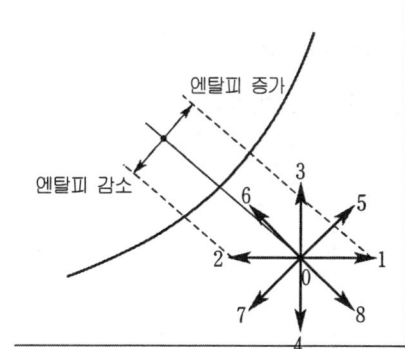

(3) 혼합공기의 상태변화

| 상 태 | 건구온도 | 상대습도 | 절대습도 | 엔탈피 |
|---|---|---|---|---|
| 가열 (0→1) | 상승 | 감소 | − | 증가 |
| 냉각 (0→2) | 감소 | 상승 | 감소 | 감소 |

(4) 외기와 실내공기(환기)와의 혼합

$$t_3 = \frac{Q_1 t_1 + Q_2 t_2}{Q_1 + Q_2} \quad x_3 = \frac{Q_1 x_1 + Q_2 x_2}{Q_1 + Q_2} \quad h_3 = \frac{Q_1 h_1 + Q_2 h_2}{Q_1 + Q_2}$$

(5) 바이패스 팩터(BF)

냉각 또는 가열코일과 접촉하지 않고 그대로 통과하는 공기의 비율로 BF가 작을수록 코일 성능이 우수하며, 코일의 전열면적이 크면 바이패스 팩터는 작아진다.

$$BF = \frac{t_3 - t_2}{t_1 - t_2}$$

$$= \frac{h_3 - h_2}{h_1 - h_2}$$

$$= \frac{x_3 - x_2}{x_1 - x_2}$$

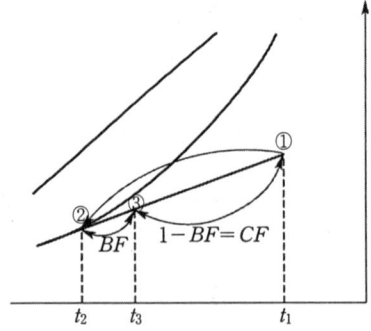

> **참고**
> ※ 바이패스 팩터가 커지는 이유
> ① 코일의 열수가 감소할 때      ② 콘텍트 팩터가 감소할 때
> ③ 코일튜브 간격이 증가할 때    ④ 코일 표면적(전열면적)이 감소할 때
> ⑤ 송풍량이 증가할 때            ⑥ 냉온수 순환량이 감소할 때

## 4. 공조방식

(1) 공조방식의 분류

| 구 분 | 열매체에 의한 분류 | 방 식 |
|---|---|---|
| 중앙식 | 전공기 방식 | 단일덕트 방식(정풍량, 변풍량) |
| | | 2중덕트 방식(멀티존 방식) |
| | | 각층유닛 방식 |
| | 수-공기 방식<br>(공기-수방식) | 팬코일유닛 방식(덕트병용) |
| | | 유인(인덕션)유닛 방식 |
| | | 복사냉난방 방식 |
| | 수방식 | 팬코일유닛 방식 |
| 개별식 | 냉매방식 | 룸쿨러(룸에어콘) |
| | | 패키지유닛 방식 |
| | | 멀티유닛 등 |

(2) 열매체에 따른 각 공조방식의 특징

① 전공기 방식

공조기에서 공급된 냉·온풍을 덕트를 통해 실내로 취출하여 공기에 의해 실내부하를 처리하는 방식

| 장 점 | 단 점 |
|---|---|
| ① 송풍량이 많아서 실내공기의 오염이 적다.<br>② 중간기(봄, 가을)에 외기냉방이 가능하다.<br>③ 바닥에 노출되지 않으므로 실의 유효면적이 넓다.<br>④ 실에 수배관이 없어서 누수의 염려가 없다. | ① 대형의 덕트가 필요하므로 덕트스페이스가 크다.<br>② 냉·온풍의 운반에 소요되는 동력이 냉·온수를 운반하는 동력보다 크다.<br>③ 공조기의 설치면적이 넓다.<br>④ 개별제어가 어렵다. |

② 전수방식

중앙기계실에서 냉온수를 팬코일유닛에 공급하여 실내부하를 물에 의해 처리하는 방식

| 장 점 | 단 점 |
|---|---|
| ① 덕트 스페이스가 필요하지 않다.<br>② 열 운반동력이 작다.<br>③ 각실 제어가 용이하다.<br>④ 증설이 용이하다. | ① 신선한 외기도입 및 고성능 필터를 사용할 수 없다.<br>② 실내 쾌감도가 떨어진다.<br>③ 수배관에 의한 누수 우려가 있다.<br>④ 유닛에서 소음발생 및 바닥이용도가 떨어진다. |

③ 공기-수 방식

중앙기계실에서 공급되는 공기와 물에 실내부하를 처리하는 방식

| 장 점 | 단 점 |
|---|---|
| ① 덕트의 설치공간을 줄일 수 있다.<br>② 전공기방식에 비하여 송풍동력이 감소된다.<br>③ 개별제어가 가능하다.<br>④ 존의 구성이 용이하다. | ① 전공기방식보다 실내공기의 오염우려 있다.<br>② 보수 및 유지관리가 어렵다.<br>③ 유닛에서 소음발생 및 바닥이용도가 떨어진다.<br>④ 수배관에서의 누수우려가 있다. |

④ 냉매방식

냉동기를 설치하여 패키지 유닛에 의해 냉방부하를 처리하는 방식으로 개별제어 및 증설이 용이하다.

(3) 각 공조방식의 특징

① 단일덕트 방식

중앙공조기에서 조화된 냉·온풍의 공기를 1개의 덕트를 통해 실내로 공급하는 방식

② 이중덕트 방식

냉풍과 온풍을 각각의 덕트를 통해 공급한 후 각 실에 설치된 혼합상자에서 실내 부하에 알맞게 혼합하여 각 실에 송풍하는 방식으로 에너지 손실이 크다.

③ 유인유닛(인덕션) 방식

중앙에 설치된 공조기에서 1차공기를 고속으로 유인유닛에 보내 유닛의 노즐에서 불어내고 그 압력으로 실내의 2차공기를 유인하여 송풍하는 방식

④ 팬코일유닛 방식

필터, 냉온수코일, 송풍기가 내장된 팬코일유닛에 중앙기계실로부터 냉온수를 공급하여 실매 부하를 처리하는 방식

⑤ 복사 냉난방 방식

중앙 기계실에서 냉·온수를 바닥이나 벽 패널의 파이프로 통과시키고 천장을 통해 공기를 동시에 송풍하여 냉난방하는 방식

## 5. 공조부하

(1) 공조부하의 분류

① 냉방부하

| 구 분 | | 부하의 발생요인 | 열의 종류 |
|---|---|---|---|
| 실내 취득 부하 | 외부 침입 열량 | ① 벽체를 통한 취득열량(외벽, 지붕, 내벽, 바닥, 문) | 현열 |
| | | ② 유리창을 통한 취득열량(복사열, 전도열) | 현열 |
| | | ③ 극간풍(틈새바람)에 의한 취득열량 | 현열, 잠열 |
| | 실내 발생 부하 | ④ 인체의 발생열량 | 현열, 잠열 |
| | | ⑤ 조명의 발생열량 | 현열 |
| | | ⑥ 실내기구의 발생열량 | 현열, 잠열 |
| 기기취득부하 | | ⑦ 송풍기에 의한 취득열량 | 현열 |
| | | ⑧ 덕트로부터의 취득열량 | 현열 |
| 재열부하 | | ⑨ 재열에 따른 취득열량 | 현열 |
| 외기부하 | | ⑩ 외기의 도입에 의한 취득열량 | 현열, 잠열 |

> **참고**
> ※ 각 부하의 크기 순서
> 냉동기 부하 > 냉각코일 부하 > 실내 부하 > 외기 부하

> **참고**
> ※ 공조부하 중 비중이 가장 큰 부하
> ① 벽, 천장, 바닥, 창을 통한 침입열량
> ② 유리창을 통한 일사열량

② 난방부하

| 구 분 | | 부하의 발생요인 | 열의 종류 |
|---|---|---|---|
| 실내손실부하 | 외부손실열량 | ① 벽체를 통한 손실열량<br>(외벽, 지붕, 내벽, 바닥, 유리창, 문) | 현열 |
| | | ② 틈새바람(극간풍)에 의한 손실열량 | 현열, 잠열 |
| 기기손실부하 | | ③ 덕트에서의 손실열량 | 현열 |
| 외기부하 | | ④ 외기의 도입에 의한 손실열량 | 현열, 잠열 |

(2) 공조부하의 계산

① 벽체부하

㉠ 외벽, 지붕(상당외기온도차로 계산) - 냉방부하 계산시

$$q = K \times A \times \Delta t_e$$

$q$ : 취득열량(kcal/h)
$K$ : 열관류(열통과)율(kcal/m²·h·℃)
$A$ : 면적(m²)
$\Delta t_e$ : 상당외기온도차(℃)

㉡ 외벽, 지붕, 유리창(방위계수 고려) - 난방부하 계산시

$$q = K \times A \times \Delta t \times k$$

$q$ : 손실열량(kcal/h)
$K$ : 열관류(열통과)율(kcal/m²·h·℃)
$A$ : 면적(m²)
$\Delta t$ : 실내외 온도차(℃)
$k$ : 방위계수

**참고**

※ 방위계수($k$)

| 방위 | 동·서 | 남 | 북 | 남동·남서 | 북동·북서 | 지붕 |
|---|---|---|---|---|---|---|
| 방위계수 | 1.1 | 1.0 | 1.2 | 1.05 | 1.15 | 1.2 |

㉢ 내벽, 천장, 바닥(실내외 온도차로 계산) - 냉·난방 부하 계산시

$$q = K \times A \times \Delta t$$

$q$ : 내벽으로 부터의 취득열량(kcal/h)
$K$ : 구조체의 열관류(열통과)율 (kcal/m²·h·℃)
$A$ : 구조체의 면적(m²)
$\Delta t$ : 실내외 온도차(℃)

② 유리창 부하 - 냉방부하 계산시

㉠ 유리창의 일사부하

$$q_{GR} = I_{GR} \times A_g \times k_s$$

$q_{GR}$ : 태양복사에 의한 취득열량(kcal/h)
$I_{GR}$ : 표준 일사열량(kcal/m²h)
$A_g$ : 유리창 면적(m²)
$k_s$ : 차폐계수

ⓒ 유리창의 통과열량

$$q = K \times A_g \times \Delta t$$

- $q$ : 유리창의 취득열량(kcal/h)
- $K$ : 유리창의 열관류(열통과)율 (kcal/m²·h·°C)
- $A_g$ : 유리창의 면적(m²)
- $\Delta t$ : 실내외 온도차(°C)

③ 극간풍(틈새바람) 부하 - 냉·난방 부하 계산시

ⓐ 현열부하 $= 0.24 \cdot G \cdot \Delta t$
 $= 0.29 \cdot Q \cdot \Delta t$

ⓑ 잠열부하 $= 597.5 \cdot G \cdot \Delta \chi$
 $= 717 \cdot Q \cdot \Delta \chi$

- $q_S$ : 현열부하(kcal/h)
- $q_L$ : 잠열부하(kcal/h)
- $G$ : 극간풍량(kg/h)
- $Q$ : 극간풍량(m³/h)
- $(t_o - t_i)$ : 온도차(°C)
- $(\chi_o - \chi_i)$ : 절대습도차(kg/kg')

> **참고**
> ※ 극간풍량(m³/h)의 산출방법
> ① 환기횟수법 : 환기횟수×실내 체적
> ② 면적법 : 창면적 1m²당 침입외기량×창면적
> ③ 클랙(극간길이)법 : 창문틈새 1m당 침입외기량×틈새길이(창문둘레 극간 길이)

> **참고**
> ※ 틈새바람((극간풍)을 줄이기 위한 방법
> ① 회전문을 설치한다.
> ② 2중문을 설치한다(내측문은 수동식)
> ③ 2중문의 중간에 컨벡터를 설치한다.
> ④ 에어커튼을 설치한다.

④ 인체 부하 - 냉방부하 계산시

ⓐ 현열부하=1인당 현열량×재실 인원수 kcal/h
ⓑ 잠열부하=1인당 잠열량×재실 인원수 kcal/h

⑤ 조명 부하 - 냉방부하 계산시

ⓐ 백열등의 발열량 1kW=860kcal/h, 1W=0.86kcal/h
ⓑ 형광등의 발열량 1kW=1,000kcal/h, 1W=1kcal/h

⑥ 외기 부하 - 냉·난방부하 계산시

ⓐ 현열부하 $= 0.24 \cdot G \cdot \Delta t = 0.29 \cdot Q \cdot \Delta t$ (kcal/h)
ⓑ 잠열부하 $= 597.5 \cdot G \cdot \Delta \chi = 717 \cdot Q \cdot \Delta \chi$ (kcal/h)

> **참고**
> ※ 실내현열부하 ($q_s$) = 실내취득 현열부하 + 기기내 취득부하(덕트 및 송풍기 부하)
> ※ 송풍량 ($Q$)의 계산은 실내현열부하 ($q_s$)에 의해 계산
> $$Q = \frac{q_s}{0.29 \cdot \Delta t} (\text{m}^3/\text{h})$$

## 6. 공기조화 기기

### (1) 공기 여과기

실내 청정도 유지를 위하여 공기중의 먼지를 제거하는 장치
① 여과효율 측정법 : 중량법, 비색법(변색도법), 계수법(DOP법)
② 클래스 : 1ft³의 공기 중에 함유되는 0.5μm 이상의 입자 수로 표시
③ 활성탄 필터 : 공기 중의 냄새나 유해가스 제거

### (2) 냉온수 코일

① 코일 내 물의 유속 : 1.0m/s 정도
② 코일의 통과풍속 : 2.0~3.0m/s의 정도
③ 물이나 공기의 흐름 방향은 대향류로 한다.
④ 코일 출구 수온의 온도차는 일반적으로 5°C로 한다.

### (3) 에어와셔(공기 세정기)

① 증기분무가습 : 가습효율이 가장 좋다.
② 엘리미네이터 : 에어와셔(가습기)에서 발생되는 물방울이 기류에 함께 비산되는 것을 방지

### (4) 감습장치(제습장치)

① 일반적인 제습 : 냉각에 의한 제습
② 제습제
  ㉠ 흡수식 제습 : 염화리튬, 트리에틸렌글리콜
  ㉡ 흡착식 제습 : 실리카겔, 활성 알루미나, 몰레큘러시브 등
  ㉢ 압축식 제습 : 동력소비가 크다.

### (5) 송풍기

① 송풍기의 종류
  ㉠ 원심식 : 다익형(시로코형), 터어보형, 리밋로드형, 익형 등
  ㉡ 축류식 : 프로펠러형 등

② 송풍기 번호
  ㉠ 원심식 : $No = \dfrac{임펠러\ 지름\ (mm)}{150}$
  ㉡ 축류식 : $No = \dfrac{임펠러\ 지름\ (mm)}{100}$

③ 송풍기 축동력

$$kW = \dfrac{Q \cdot P_T}{102 \times 60 \times \eta_T}$$

$Q$ : 송풍량(m³/min)
$P_T$ : 전압(mmAq)
$\eta_T$ : 전압효율(%)

④ 송풍기의 상사법칙

$$Q_2 = Q_1 \left(\dfrac{N_2}{N_1}\right)^1 \left(\dfrac{D_2}{D_1}\right)^3$$

$$P_2 = P_1 \left(\dfrac{N_2}{N_1}\right)^2 \left(\dfrac{D_2}{D_1}\right)^2$$

$$kW_2 = kW_1 \left(\dfrac{N_2}{N_1}\right)^3 \left(\dfrac{D_2}{D_1}\right)^5$$

$N_1$ : 변경 전 회전수
$N_2$ : 변경 후 회전수
$D_1$ : 변경 전 임펠러 지름
$D_2$ : 변경 후 임펠러 지름
$Q_1, P_1, kW_1$ : 변경 전 송풍량, 정압, 소요동력
$Q_2, P_2, kW_2$ : 변경 후 송풍량, 정압, 소요동력

**참고**
※ 송풍기는 회전수 변화에 풍량은 정비례, 풍압은 2승, 소요동력은 3승에 비례하고, 날개지름의 변화에 풍량은 3승, 풍압은 2승, 소요동력은 5승에 비례한다.

⑤ 원심 송풍기의 제어방법
  ㉠ 모터의 회전수 제어
  ㉡ 흡입, 토출 댐퍼 개도 조절
  ㉢ 흡입베인 조절
  ㉣ 가변 피치 제어(날개 각도 변화)

⑥ 기계(강제) 환기 방식
  ㉠ 제1종 환기 : 급기팬+배기팬(보일러실, 병원수술실 등)
  ㉡ 제2종 환기 : 급기팬+배기구(반도체무균실, 소규모변전실, 창고 등)
  ㉢ 제3종 환기 : 흡기구+배기팬(화장실, 조리장, 차고 등)

(6) 펌프

① 원심펌프
  ㉠ 볼류트 펌프 : 가이드베인 설치되어 있지 않으며 저양정용
  ㉡ 터빈 펌프 : 가이드베인(안내날개)이 설치되어 고양정용

② 펌프의 축동력

$$축마력\ PS = \frac{rQH}{75 \times 60 \times \eta_p}$$

$$축동력\ kW = \frac{rQH}{102 \times 60 \times \eta_p}$$

- $r$ : 비중량(kgf/m³)
- $Q$ : 유량(m³/min)
- $H$ : 양정(mH₂O)

③ 펌프의 상사법칙

펌프는 회전수(속도)비에 따라 유량은 정비례하고 양정에 2제곱에 비례하고 축동력은 3제곱에 비례한다.

$$Q_2 = Q_1 \left(\frac{N_2}{N_1}\right)$$

$$H_2 = H_1 \left(\frac{N_2}{N_1}\right)^2$$

$$kW_2 = kW_1 \left(\frac{N_2}{N_1}\right)^3$$

- $Q_1, Q_2$ : 유량
- $H_1, H_2$ : 양정
- $kW_1, kW_2$ : 축동력
- $N_1, N_2$ : 회전수

④ 캐비테이션(공동) 현상

㉠ 원인 : 펌프입구의 마찰저항 증가 및 수온 상승

㉡ 방지대책
- 흡입측의 손실수두를 작게 한다.
- 펌프의 설치위치를 낮춘다.
- 펌프 회전수를 낮춘다.
- 양흡입 펌프를 사용한다.
- 흡입관경을 크게 하거나 배관을 짧게 한다.

## 7. 덕 트

(1) 덕트의 재료

① 공조용 덕트의 일반적인 재료 : 아연도금철판, 아연도금강판(함석)
② 고온의 가스나 공기가 통과하는 연도 : 열연강판

(2) 풍속에 따른 덕트의 구분

① 저속덕트 : 주덕트의 풍속이 15m/s 이하
② 고속덕트 : 주덕트의 풍속이 15m/s 이상

(3) 덕트의 적정 두께

| 철판두께 (mm) | 저속덕트(15m/s 이하) | | 고속덕트(15m/s 이상) | |
|---|---|---|---|---|
| | 장방형덕트 장변치수 (mm) | 원형(나선형) 덕트직경 (mm) | 장방형덕트 장변치수 (mm) | 원형(나선형) 덕트직경 (mm) |
| 0.5 | 450 이하 | 450 이하 | - | 200 이하 |
| 0.6 | 450~750 | 450~750 | - | 200~600 |
| 0.8 | 750~1,500 | 750~1,000 | 450 이하 | 600~800 |
| 1.0 | 1,500~2,250 | 1,000 이상 | 450~1,200 | 800~1,000 |
| 1.2 | 2,250 이상 | - | 1,200~2,250 | - |

(4) 덕트 설계법 및 각종계산

① 덕트의 설계법

㉠ 정압법(등마찰손실법) : 덕트의 단위 길이당 마찰손실을 일정하게 하는 방법
㉡ 등속법 : 덕트의 각 부분에서의 풍속을 일정하게 하도록 방법
㉢ 정압재취득법 : 각 취출구 또는 분기부 직전의 정압이 일정하게 되도록 하는 방법

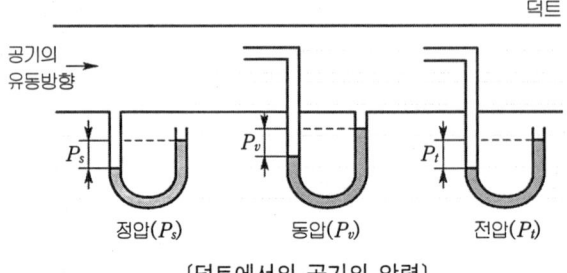

〔덕트에서의 공기의 압력〕

② 덕트에서의 각종 계산

㉠ 전압과 정압, 동압

전압($P_t$) = 정압($P_s$) + 동압($P_v$)

㉡ 원형덕트에서의 풍량

$$Q = A \cdot V = \frac{\pi}{4} d^2 \cdot V$$

$Q$ : 풍량(m³/sec)
$A$ : 단면적(m²)
$d$ : 지름(m)
$V$ : 속도(m/sec)

ⓒ 덕트에서의 마찰손실 수두

- 마찰손실수두

$$H_L = \lambda \cdot \frac{l}{d} \cdot \frac{V^2}{2g}$$

- 압력강하

$$\Delta P = \lambda \cdot \frac{l}{d} \cdot \frac{V^2}{2g} \cdot \gamma$$

$\lambda$ : 마찰손실계수
$l$ : 덕트길이(m)
$d$ : 덕트내경(m)
$V$ : 풍속(m/s)
$g$ : 중력가속도(m/s$^2$)
$\gamma$ : 공기의 비중량(kgf/m$^3$)

> 참고
> ※ 공기의 마찰손실은 덕트길이, 풍속, 비중량에 비례한다.

(5) 덕트의 설계 및 시공시 주의사항

① 덕트의 종횡비(정방비, aspect ratio)는 4 이내로 한다.
② 곡부 부분은 되도록 큰 곡률반경을 취한다.
③ 덕트의 확대각도는 20° 이하, 축소각도는 45° 이내로 한다.

> 참고
> ※ **캔버스 이음** : 송풍기에서 발생한 진동이 덕트에 전달되지 않도록 한 이음

(6) 댐퍼(Damper)

덕트 도중이나 취출구에 설치하여 풍량을 조절하거나 폐쇄시키는 기구

① 댐퍼의 종류

㉠ 풍량 조절, 분배용 댐퍼(볼륨댐퍼)

- 단익(버터플라이) 댐퍼 : 소형덕트에 사용
- 다익(루버)댐퍼 : 2개 이상의 날개를 가진 댐퍼로서 주로 대형덕트에 사용
- 스플릿 댐퍼 : 분지되는 덕트에 설치하여 풍량조절이나 폐쇄용으로 사용

㉡ 기타 댐퍼

- 방화댐퍼 : 화재발생시 덕트를 통해 화염이 다른 실로 전달되지 않도록 한 댐퍼
- 방연댐퍼 : 실내의 화재시 발생한 연기가 다른구역으로 이동하는 것을 방지하는 댐퍼

> 참고
> ※ **도달거리** : 취출구에서 토출기류의 풍속이 0.25m/s로 되는 위치까지의 거리

② 콜드 드레프트의 원인
　　㉠ 인체 주위의 공기온도가 너무 낮을 때
　　㉡ 기류 속도가 너무 빠를 때
　　㉢ 습도가 낮을 때
　　㉣ 벽면의 온도가 너무 낮을 때
　　㉤ 극간풍이 많을 때

(7) 취출구, 디퓨져

덕트에서 공기를 실내로 토출하기 위한 장치

① 부착위치에 따른 구분
　　㉠ 천장형 : 아네모 스탯형, 팬형, 펑커루버형, 라인형
　　㉡ 벽부형 : 그릴, 레지스터, 유니버셜형, 노즐형

② 취출구의 종류
　　㉠ 그릴 : 격자형으로써 셔터가 없는 것
　　㉡ 루버 : 격자형으로써 눈, 비의 침입을 방지하기 위해 물막이가 붙어 있는 것
　　㉢ 레지스터 : 격자형으로써 셔터가 붙어 있는 것

(8) 환기방법

① 자연환기 : 공기의 온도에 따른 비중(량)차를 이용한 환기방식
　　㉠ 풍압을 이용　　㉡ 온도차 이용　　㉢ 풍압과 온도차 병용

② 기계환기 : 송풍기 등을 이용하여 강제로 환기하는 방식
　　㉠ 제1종 환기(병용식) : 급기팬+배기팬(보일러실, 병원수술실 등)
　　㉡ 제2종 환기(압입식) : 급기팬(실내 정압, 반도체공장, 무균실 등)
　　㉢ 제3종 환기(흡출식) : 배기팬(실내 부압, 화장실, 주방, 차고 등)

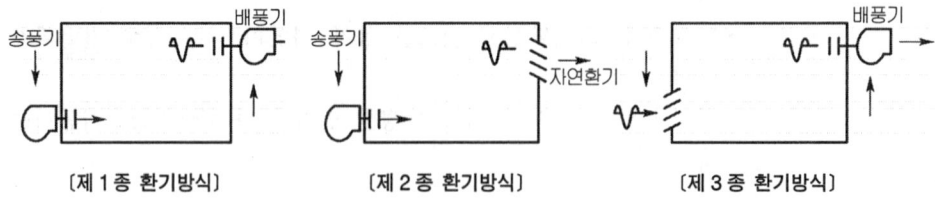

〔제1종 환기방식〕　　〔제2종 환기방식〕　　〔제3종 환기방식〕

## 8. 난방설비

(1) 보일러

① 보일러의 3대요소 : 본체+연소장치+부속장치

② 보일러의 부속장치

급수장치, 급유장치, 송기장치, 통풍장치, 안전장치, 분출장치, 폐열회수장치 등

> **참고**
> ※ **공기 예열기** : 보일러 배기가스의 폐열을 이용하여 연소용 공기를 예열하는 장치
> ※ **급수 예열기(절탄기, 이코노마이져)** : 보일러 배기가스의 폐열을 이용하여 급수를 예열하는 장치
> ※ **방폭문(폭발구)** : 연소실내에서 연료누입이나 미연소가스에 의한 폭발을 방지

③ 보일러의 종류

㉠ 노통보일러 : 본체 내부에 노통(연소실)을 설치하여 물을 가열하는 보일러로서 노통이 1개인 코르니쉬보일러와 노통이 2개인 랭커셔보일러가 있다.

㉡ 연관보일러 : 본체 내부에 연관을 통해 연소가스가 통과하여 물을 가열하는 보일러이다.

㉢ 노통연관보일러 : 내분식으로 노통보일러와 연관보일러의 장점을 취한 것으로 구조가 치밀하며 콤펙트(compact)한 구조로서 전열면이 커 증발능력이 좋고 열효율이 좋아 난방용 등에 많이 사용한다.

㉣ 수관보일러 : 상하부의 드럼에 고압에 잘 견디는 다수의 수관을 연결한 것으로 외분식으로 전열면적이 크고 효율이 가장 좋은 고압 대용량 보일러로서 외형은 사각형이며 산업용으로 많이 사용한다.

㉤ 주철제 보일러 : 최고사용 압력이 $1kg/cm^2$ 이하로 저압용으로 섹숀의 증감으로 용량조절이 용이

> **참고**
> ※ **원통형 보일러의 종류** : 입형, 노통, 연관, 노통연관보일러

④ 보일러에서의 각종 계산

㉠ 상당증발량

$$G_e = \frac{G_a(h_2 - h_1)}{539}$$

$G_e$ : 상당증발량(kg/h)
$G_a$ : 실제증발량(kg/h)
$h_2$ : 발생증기의 엔탈피(kcal/kg)
$h_1$ : 급수의 엔탈피, 온도(kcal/kg, ℃)

② 보일러 열효율 $(\eta) = \dfrac{\text{열출력}}{\text{연료소비율} \times \text{저위발열량}} \times 100(\%)$

$= \dfrac{Q}{G_f \times H_l} \times 100(\%)$

$= \dfrac{G_a(h_2 - h_1)}{G_f \cdot H_l} \times 100(\%)$

(2) 난방설비

① 증기난방 : 증기의 응축잠열을 이용하여 난방

　㉠ 특징 ─ 장점 : • 증기의 보유열량이 커 열운반능력이 좋다.
　　　　　　　　　• 열용량이 적어 예열시간이 짧고 신속한 난방이 가능하다.
　　　　　　　　　• 방열기 면적을 작게 할 수 있고 관경이 작아도 된다.
　　　　　└ 단점 : • 실내의 상하온도차가 커 쾌감도가 떨어진다.
　　　　　　　　　• 난방부하에 따른 방열량 조절이 곤란하다.
　　　　　　　　　• 응축수관에서의 부식과 한냉시 동결의 우려가 있다.

　㉡ 증기난방의 분류

| 구 분 | 방 식 | 내　　　　　　　　용 |
|---|---|---|
| 증기압력 | 고압식 | 증기의 압력 1.0kg/cm² 이상(1~3kg/cm²정도) |
|  | 저압식 | 증기의 압력 1.0kg/cm² 미만(0.1~0.35kg/cm²정도) |
| 배관방식 | 단관식 | 증기관과 응축수관이 동일하게 하나로 구성 |
|  | 복관식 | 증기관과 응축수관이 별개로 구성 |
| 공급방식 | 상향식 | 증기공급주관을 최하층으로 배관하여 상향으로 공급 |
|  | 하향식 | 증기공급주관을 최상층에 배관하여 하향으로 공급 |
| 환수배관 방식 | 건식 | 응축수환수관이 보일러 수면보다 높은 위치 |
|  | 습식 | 응축수환수관이 보일러 수면보다 낮은 위치 |
| 응축수 환수방식 | 중력환수식 | 응축수 자체의 중력에 의하여 환수 |
|  | 기계환수식 | 펌프에 의하여 응축수를 보일러에 급수 |
|  | 진공환수식 | 진공펌프로 응축수를 환수하고 펌프에 의해 보일러에 급수 |

② 온수난방 : 온수의 현열을 이용하여 난방

　㉠ 특징 ─ 장점 : • 증기난방에 비해 쾌감도가 좋다.
　　　　　　　　　• 난방부하에 따른 방열량(온도) 조절이 용이하다.
　　　　　　　　　• 열용량이 커 실온의 변동이 적고 동결 우려가 적다.
　　　　　　　　　• 취급이 용이하며 안전하다.
　　　　　└ 단점 : • 열용량이 커 예열시간이 길다.
　　　　　　　　　• 수두에 제한에 의한 건물의 높이에 제한을 받는다.
　　　　　　　　　• 보유열량이 적어 방열면적과 관지름이 크다
　　　　　　　　　• 방열기 면적 및 관지름이 커서 설비비가 비싸다.

ⓒ 온수난방의 분류

| 구분 | 방 식 | 내 용 |
|---|---|---|
| 순환방식 | 자연순환식(중력식) | 온수를 비중차를 이용하여 순환 |
| | 강제순환식(펌프식) | 순환펌프를 사용하여 강제로 온수를 순환 |
| 온수온도 | 고온수식 | 온수온도가 100°C 이상(보통 100~180°C) |
| | 보통온수식 | 온수온도가 100°C 미만(보통 80~95°C) |
| | 저온수식 | 온수온도가 100°C 미만(보통 65~85°C) |
| 배관방식 | 단관식 | 온수공급관과 환수관이 동일하게 하나로 구성 |
| | 복관식 | 온수공급관과 환수관이 별개로 구성 |
| | 역환수관식 (리버스리턴 방식) | 각 방열기로 공급되는 공급배관과 환수배관의 길이(마찰저항)를 같게 하여 온수가 균등하게 공급 |
| 공급방식 | 상향식 | 온수공급관을 최하층으로 배관하여 하향으로 공급 |
| | 하향식 | 온수공급관을 최하층으로 배관하여 상향으로 공급 |

③ 복사(방사, 패널)난방

실내의 천장, 바닥, 벽 등에 가열 코일(패널)을 묻어 코일 내에 온수를 공급하여 복사열에 의해 난방하는 방식

㉠ 특징 ┌ 장점 : • 난방의 쾌감도가 좋다.
　　　　　　　　• 실내 상·하의 온도차가 적다.
　　　　　　　　• 실내 방열기가 필요없어 바닥이용도가 좋다.
　　　　　　　　• 상하온도차가 적어 천장이 높은 실에 적합하다.
　　　　└ 단점 : • 예열하는데 시간이 길어 부하에 대응하기 어렵다.
　　　　　　　　• 시공하기가 어려워 시설비가 많이 든다.
　　　　　　　　• 배관 매립으로 고장수리 및 점검이 어렵다.

④ 온풍난방

㉠ 특징 ┌ 장점 : • 열용량이 적어 예열시간이 짧다.
　　　　　　　　• 신선한 외기도입으로 환기가 가능하다.
　　　　└ 단점 : • 설치가 간단하며 설비비가 싸다.
　　　　　　　　• 실내 온도분포가 좋지 않아 쾌적성이 떨어진다.

(3) 방열기

① 방열기의 표준 방열량

㉠ 증기 사용시 : 650kcal/m²h
ⓒ 온수 사용시 : 450kcal/m²h

② 방열기 도시기호

| 종 별 | 기 호 |
|---|---|
| 2주형 | II |
| 3주형 | III |
| 3세주형 | 3, 3c |
| 5세주형 | 5, 5c |
| 벽걸이형(횡형) | W-H |
| 벽걸이형(종형) | W-V |

참고
※ 방열기는 벽에서 50~60mm, 바닥에서 150mm의 거리를 유지

## 4. 배관일반

### 1. 배관재료 선정시 고려사항

① 관내 유체의 성질
② 유체의 압력과 관의 외압
③ 유체의 온도 및 화학적 성질
④ 관의 접합방법 등

### 2. 강 관

(1) 사용압력에 따른 배관용탄소강관의 구분

① 배관용 탄소강관(SPP) : 350°C 이하, $10kg/cm^2$ 이하
② 압력배관용 탄소강관(SPPS) : 350°C 이하, $10 \sim 100kg/cm^2$ 이하
③ 고압배관용 탄소강관(SPPH) : 350°C 이하, $100kg/cm^2$ 이상
④ 고온배관용 탄소강관(SPHT) : 350°C 이상의 배관에 사용
⑤ 저온배관용 탄소강관(SPLT) : 0°C 이하의 배관에 사용
⑥ 배관용 아크용접 탄소강 강관(SPW) : $10kg/cm^2$ 이하의 증기, 물, 기름, 가스, 공기 등의 배관용으로 호칭지름 350~1,500A까지 17종이 있다.

(2) 강관 배관의 부속품

① 배관의 방향을 바꿀 때 : 엘보, 밴드
② 배관을 도중에 분기할 때 : 티, 와이, 크로스
③ 동일 지름의 관을 직선 연결할 때 : 소켓, 니플, 유니온, 플랜지
④ 지름이 다른 관을 연결할 때 : 레듀셔(이경소켓), 이경엘보, 이경티, 붓싱
⑤ 배관의 끝을 막을 때 : 캡, 막힘(맹)플랜지
⑥ 부속의 끝을 막을 대 : 플러그
⑦ 관을 분해, 수리, 교체하고자 할 때 : 유니온(소구경), 플랜지(대구경)

(3) 나사절삭 공구

① 리드형 나사 절삭기 : 2개의 체이서(날)가 한조로 구성
② 오스터형 나사 절삭기 : 4개의 체이서(날)가 한조로 구성

> **참고**
> ※ **동력나사절삭기 기능** : 파이프 절단, 리머(거스러미, 버르 제거)작업, 나사절삭
> ※ **강관배관의 나사산수**
>   ① 15A~20A : 14산        ② 25A 이상 : 11산

### (4) 용접이음(접합)의 장점

① 접합부의 강도가 크며 누수의 우려가 적다.
② 부속이 적게 들어 배관의 하중과 재료비가 감소한다.
③ 보온(피복)작업이 쉽다.
④ 가공이 쉬어 공정이 단축된다.
⑤ 관내 돌출부가 없어 마찰저항이 적다.

> **참고**
> ※ **용접** : 모재와 모재를 녹이거나 용접용을 사용하여 접합하는 야금적 접합

## 3. 동관(구리관)

동관은 열교환용이나 급수관 및 압력계 연결관으로 사용

### (1) 특징

① 유연성이 커서 가공이 쉽다.  ② 내식이 우수하고 열전도율이 크다.
③ 가벼워서 시공이 용이하다.  ④ 관이 매끄러워 마찰손실이 적다.
⑤ 알칼리에는 강하나 산에는 약하다.  ⑥ 외부 충격에 약하다.
⑦ 가격이 비싸다.

### (2) 동관용 공구

① 토치램프 : 납땜, 동관접합, 벤딩 등의 작업을 하기 위한 가열용 공구
② 튜브벤더 : 동관 굽힘용 공구
③ 플레어링 툴 : 동관의 끝을 나팔형으로 만들어 압축 접합시 사용하는 공구
④ 사이징 툴 : 동관의 끝을 정확하게 원형으로 정형하는 공구
⑤ 익스팬더(확관기) : 동관 끝의 확관용 공구
⑥ 튜브커터 : 동관 절단용 공구
⑦ 리머 : 튜브커터로 동관절단 후 관의 내면에 생긴 거스러미를 제거하는 공구

### (3) 동관의 이음방법

① 납땜이음  ② 용접이음
③ 플레어이음(압축이음)  ④ 플랜지이음

> **참고**
> ※ **플레어(압축) 접합**
> 20mm 이하의 동관의 끝을 넓혀 접합하는 것으로 점검, 보수를 위해 한 해체할 곳에 사용

> **참고**
> ※ 열간벤딩시 적정 가열온도
> ① 동관 : 600~700℃     ② 강관 : 800~900℃

## 4. 밸브의 종류

### (1) 게이트(슬루우스) 밸브
유체의 흐름을 개폐하는 밸브로서 가장 많이 사용

### (2) 글로우브 밸브(스톱밸브)
유체의 유량의 조절할 때 많이 사용

### (3) 앵글 밸브
유체의 흐름을 직각으로 바꿔 주는 동시에 유량을 조절하는 밸브

### (4) 체크(역지) 밸브
유체의 역류를 방지
① 스윙식 : 수평, 수직배관에 사용
② 리프트식 : 수평배관에만 사용

### (5) 콕(cock)
핸들의 1/4 (90°) 회전으로 유로를 급속히 여닫이(개폐) 할 때 사용

### (6) 조정 밸브
유량이나 액면을 조정하는 밸브(전자밸브, 2방밸브, 정수위밸브 등)

### (7) 감압밸브
증기의 압력을 조정하거나 유량조절

## 5. 배관장치에서의 기타장치

### (1) 스트레이너(여과기)
밸브나 기기 등의 앞에 설치하여 불순물을 제거

### (2) 증기트랩
증기 중의 응축수를 배출하여 수격작용 방지

(3) 배수트랩

　　하수 배관에서의 악취나 해충의 유입을 방지

(4) 신축이음

　　배관의 팽창에 따른 신축을 흡수
　　① 신축이음쇠의 신축허용길이가 큰 순서(루 > 슬 > 벨 > 스)
　　　루우프형 > 슬리브형 > 벨로우즈형 > 스위블형
　　② 설치 : 강관은 30m마다 동관은 20m마다 1개씩 설치

(5) 패 킹

　　유체의 누설방지
　　① 나사용 패킹 : 페인트, 일산화연, 액상 합성수지
　　② 플랜지 패킹 : 고무패킹, 석면패킹, 금속패킹 등

## 6. 지지장치

(1) 행 거

　　배관의 하중을 위(천정)에서 잡아주는 장치
　　(리지드행거, 스프링행거, 콘스탄트행거 등)

(2) 서포트

　　배관의 하중을 밑에서 떠 받쳐 지지하는 장치
　　(파이프슈, 리지드서포트, 스프링서포트, 롤러서포트)

(3) 리스트레인트

　　열팽창에 의한 배관의 상하좌우 이동을 구속 또는 제한하는 장치
　　(앵커, 스톱, 가이드)

(4) 브레이스(완충기)

　　펌프나 압축기 등에서의 진동, 서어징, 수격작용 등에 의한 진동 및 충격을 완화

## 7. 보 온 재

(1) 구비조건

　　① 보온 능력이 커야 한다.
　　② 비중이 적어야 한다.

③ 열전도율이 작아야 한다.
④ 기계적 강도가 있어야 한다.

(2) 종 류

① 유기질 보온재 : 펠트, 코르크, 기포성 수지, 텍스류
② 무기질 보온재 : 석면, 암면, 규조토, 탄산마그네슘, 규산칼슘, 유리섬유 등

> ※ **펠트** : 양모펠트와 우모펠트가 있으며 주로 보냉용으로 곡면시공에 용이

## 8. 배관내 유체에 따른 문자기호

- 공기 : A
- 가스 : G
- 유류(오일) : O
- 물 : W
- 수증기 : S

## 9. 배관의 이음 도시기호

(1) 나사이음 —|—  (2) 플랜지 이음 —||—
(3) 용접(땜)이음 —●—  (4) 턱걸이(소켓) 이음 —⊂—
(5) 유니온 이음 —|||—

## 10. 밸브의 도시기호

(1) 게이트 밸브    (2) 글로브 밸브

(3) 앵글 밸브    (4) 버터플라이 밸브

(5) 다이아프램 밸브 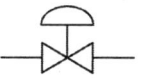   (6) 체크 밸브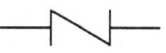

(7) 볼밸브    (8) 감압밸브

## 11. 배관의 실제길이 ($l$)

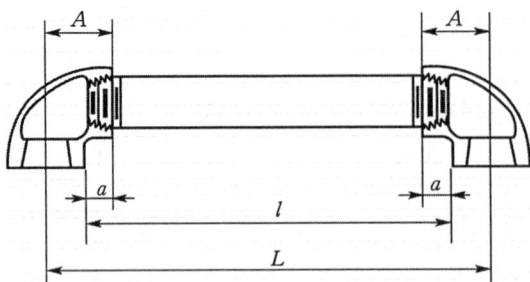

실제길이 $l = L - 2(A - a)$

- $L$ : 배관의 중심길이
- $A$ : 부속 중심길이
- $a$ : 나사 삽입길이

> 참고
> ※ 45° 배관의 전체(중심)길이 : $L = 200 \times \sqrt{2}$

## 12. 곡관(벤딩부분)의 실제길이

$$l = \pi D \frac{\theta}{360} = 2\pi r \frac{\theta}{360}$$

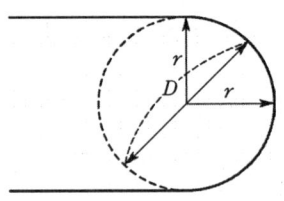

# 5. 전기일반

## 1. 각종 접점의 구분

① a 접점

버튼을 누르면 전기가 통하는 접점(NO 접점)

② b 접점

버튼을 누르면 전기가 통하지 않는 접점(NC 접점)

③ c 접점

가동접점부를 공유하는 a+b 접점을 조합한 접점

## 2. 멀티테스터기의 기능

① 직류전압(DC)  ② 교류전압(AC)  ③ 직류전류  ④ 저항

> **참고**
> ※ 멀티테스터기 : 교류전류를 측정할 수 없다.

## 3. 각종 법칙

① 렌쯔의 법칙 : 유도 기전력의 방향
② 패러데이의 법칙 : 유도 기전력의 크기, 전기 화학당량에 비례
③ 플레밍의 왼손법칙 : 전동기의 회전방향
④ 플레밍의 오른손법칙 : 발전기 회전의 원리
⑤ 키르히로프의 제1법칙(전류평형의 법칙)
　회로 내의 임의의 점에서 들어오는 전류와 나가는 전류의 총합은 0이다.
⑥ 키르히로프의 제2법칙(전압평형의 법칙)
　회로내의 임의의 폐회로에서 기전력의 대수합은 그 회로의 전압강하와 같다.

## 4. 분류기와 배율기

① 분류기 : 전류계의 측정범위를 넓히기 위하여 사용
② 배율기 : 전압계의 측정범위를 넓히기 위하여 사용

## 5. 논리회로

| 명 칭 | 논리기호 | 설 명 |
|---|---|---|
| AND 회로 | $X = A \cdot B$ | 2개의 입력 A와 B가 모두 1일 때만 출력이 1이 되는 회로 |
| OR 회로 | $X = A + B$ | 입력 $A$ 또는 $B$의 어느 한 쪽이든가 양자가 1일 때 출력이 1인 회로 |
| NOT 회로 | $X = \overline{A}$ | 입력이 1일 때 출력은 0, 입력이 0일 때 출력이 1인 회로 |
| NAND 회로 | $X = \overline{A \cdot B}$ | AND 회로에 NOT 회로를 접속한 회로 |
| NOR 회로 | $X = \overline{A + B}$ | OR 회로에 NOT 회로를 접속한 회로 |

## 6. 각종 공식

① 저항의 계산

도체의 저항($R$)은 물체의 고유저항($\rho$)과 길이($l$)에 비례하고 단면적($A$)에 반비례한다.

$$R = \rho \cdot \frac{l}{A}$$

> **참고**
> ※ **고유저항**($\rho$ : $\Omega \cdot m$) : 길이 1m, 단면적 1cm² 인 물체의 저항
> ※ **컨덕턴스** : 저항의 역수

② 옴의 법칙

전류($I$)는 전압($V$)에 비례하고 저항($R$)에 반비례한다.

$$I = \frac{V}{R}$$

③ 전기의 흐름에 따른 발생열량

$$H = I^2 R T$$

④ 교류회로에서 주기

$$주기\ (T) = \frac{1}{주파수(f)}$$

⑤ 각속도

$$\omega = 2\pi f$$

⑥ 사인파 기전력($\phi$ 만큼 위상이 앞선다.)

$$e = Em\sin(wt+\phi)$$

⑦ 전자력의 크기

$$F = BIl\sin\theta$$

⑧ 전동기 회전수

$$N_s = \frac{120 \cdot f}{P}$$

⑨ 교류회로에서의 역률

$$역률 = \frac{소비전력}{전원입력} = \frac{유효전력}{피상전력} = \frac{유효전력}{전압 \times 전류}$$

⑩ 사인파 파고율 $= \frac{최대값}{실효값} = \sqrt{2} = 1.414$

⑪ 정현파 교류의 최대값 $=$ 실효값 $\times \sqrt{2}$

⑫ 정현파 전류의 평균값 $= \frac{2}{\pi} \times$ 최대전류값

## 7. 자동제어

① 시퀀스 제어 : 미리 정해 놓은 순서에 의해 순차적으로 진행되는 제어

> **참고**
> ※ **시퀀스도** : 자동제어회로의 동작순서를 알기 쉽게 그린 접속도

② 불연속 제어 : 2위치 동작(ON-OFF 동작), 다위치 동작, 불연속 속도 동작
③ 피드백 제어 : 가정용 전기 냉장고
④ 플리커 회로 : 시간적으로 변하지 않는 일정한 입력신호를 단속 신호로 변환하는 회로

## 8. 기 타

납 축전지의 전해액으로는 묽은 황산(초산)을 사용

## 6. 안전관리

### 1. 안전관리자의 구분

① 안전관리 총괄자
② 안전관리 책임자
③ 안전관리원

### 2. 재해발생에 따른 구분

(1) 신체적 원인

① 안전지식의 부족
② 주의력 부족
③ 방심 및 공상
④ 개성적 결함 요소
⑤ 판단력부족 또는 그릇된 판단

(2) 정신적인 재해 원인

① 안전의식의 부족　② 주의력 부족
③ 방심 및 공상　　　④ 개성적 결함요소
⑤ 판단력 부족 또는 그릇된 판단　⑥ 불안과 초조

### 3. 안전점검의 종류

① 정기점검　　② 수시점검(일상점검)
③ 임시점검　　④ 특별점검

### 4. 각종 공식

① 연천인율 : 연근로자 1,000명당 발생하는 재해로 인한 재해자 수

$$연천인율 = \frac{연간\ 재해자\ 수}{연평균근로자수} \times 1,000 = 도수율 \times 2.4$$

② 도수율, 빈도율 $= \frac{재해발생건수}{근로총시간수} \times 1,000,000$

③ 강도율 $= \frac{근로손실일수}{연근로시간수} \times 1,000$

## 5. 안전표지의 종류

① 적색 : 위험표시, 금지표시, 방화표시
② 황색 : 주의, 경고표시
③ 청색 : 지시표시
④ 녹색 : 안내표시

## 6. 보 호 구

(1) 보호구가 갖추어야 할 구비요건

① 착용이 간편할 것
② 작업에 방해를 주지 않을 것
③ 유해·위험요소에 대한 방호가 완전할 것
④ 재료의 품질이 우수할 것
⑤ 구조 및 표면가공이 우수할 것
⑥ 외관상 보기가 좋을 것

(2) 안전모

물체의 낙하, 비래 또는 추락의 위험과 감전에 의한 위험을 방지
① 모자와 머리 끝부분과 간격 : 25mm 이상
② 화기 취급장소 : 셀룰로이드로 된 것 사용금지
③ 산이나 알카리 취급장소 : 펠트나 파이버 모자 사용

(3) 안전벨트(안전대)

추락에 의한 위험을 방지

(4) 호흡용 보호구

방진마스크, 방독마스크, 송기마스크 등
※ 방독 마스크의 종류
① 연결관의 유무에 따라 : 직결식과 격리식
② 모양에 따라 : 전면식, 반면식, 구명기식(구편형)
※ 산소가 결핍(산소농도 18% 미만)된 장소나 유해물의 농도가 짙은 곳 : 송풍마스크 사용

(5) 차광안경의 렌즈식 : 청색, 자색

## 7. 공구 취급안전

(1) 장갑을 끼지 않고 하는 작업

해머작업, 목공작업, 선반, 밀링 등

(2) 장갑을 끼고 하는 작업 : 용접

(3) 해머 작업

① 장갑을 끼거나 기름 묻은 손으로 작업하지 않는다.
② 처음과 마지막에는 힘을 너무 가하지 않는다.

(4) 정 작업

① 열처리한 재료는 정 작업을 하지 않는다.
② 작업 처음과 끝에는 세게 치지 않는다.

(5) 스패너

조금씩 앞으로 당겨 작업한다.

(6) 줄

① 팔꿈치 높이에서 작업한다.
② 칩은 브러시로 제거한다.

(7) 사다리의 폭 : 25~35cm 정도

## 8. 용접장치의 안전관리

(1) 전기(아크) 용접

① 안전사항
   ㉠ 피용접물은 코드로 완전히 접지시킨다.
   ㉡ 용접이 끝나면 용접봉은 홀더에서 빼 놓는다.
   ㉢ 2차측 단자의 한쪽과 외부상자는 반드시 접지한다.
   ㉣ 물기가 묻은 젖은손으로 작업해서는 안된다.
   ㉤ 우천시 옥외작업은 하지 않는다.
② 전기용접시 발생하는 유해광선 : 자외선
③ 전기용접시 발생하는 유해가스 : 일산화탄소
④ 전기 용접시 안전장치 : 전격방지기

(2) 가스 용접

　① 안전사항

　　㉠ 용접 전에는 소화기 및 방화사 준비
　　㉡ 역화 방지를 위해 역화방지기 설치
　　㉢ 작업장의 환기를 철저히 한다.
　　㉣ 용기밸브는 천천히 열고 닫는다.
　　㉤ 가스용기의 밸브가 얼었을 때 : 40℃ 이하의 온수나 열습포를 사용
　　㉥ 산소용기의 압력계에는 기름이 묻지 않도록 한다.

　② 아세틸렌 가스호스 : 적색, 산소 가스호스 : 녹색
　③ 아세틸렌 가스발생기 : 투입식, 침지식, 주수식

## 9. 보일러 안전관리

(1) 보일러 수위

　① 운전 중 : 수면계의 1/2 정도
　② 정지 중 : 수면계의 2/3 정도가 적정하다

(2) 보일러 사고의 원인

　① 제작상 원인 : 재료불량, 구조 및 설계불량, 강도불량, 용접불량, 부속기기 미비 등
　② 취급상 원인 : 압력초과, 저수위, 과열, 급수처리 불량, 역화, 부식, 미연소 가스폭발 등

(3) 보일러 점검

　① 노내가스 폭발 또는 역화시 : 통풍장치점검, 연소장치 점검
　② 저수위사고 : 급수계통 점검, 분출장치 점검
　③ 보일러 과열 : 스케일 점검

> **참고**
> ※ **보일러 운전 중 수시 점검사항** : 수위, 증기압력, 온도, 화염(연소)상태

(4) 사용 중인 보일러의 점화전 준비사항

　① 보일러의 수위 확인
　② 분출 및 분출장치의 점검
　③ 프리퍼지, 포스트 퍼지(연소실내 잔류 가스 확인)
　④ 연료장치, 연소장치의 점검
　⑤ 자동제어 장치의 점검

(5) 역화(미연소가스의 폭발)의 원인

① 프리퍼지 부족  ② 점화시 착화가 늦은 경우
③ 과다한 연료 공급시  ④ 흡입통풍 부족 및 압입 통풍 과다시
⑤ 연료의 불완전 및 미연소시  ⑥ 공기보다 연료가 먼저 공급되었을 경우

(6) 보일러의 과열원인

① 보일러 이상 감수시  ② 동내면에 스케일 생성시
③ 보일러수가 농축되어 있을 때  ④ 보일러수의 순환이 불량할 때
⑤ 전열면에 국부적인 열을 받았을 때

(7) 보일러 부식의 원인(내부부식)

① 보일러수의 pH(수소이온농도)가 부적당할 때
② 보일러 수중에 가스체(산소, 이산화탄소)가 용해되어 있을 때

(8) 안전밸브 설치

증기 보일러에는 2개 이상 설치(단, 전열면적 $50m^2$ 이하는 1개 이상 설치)

## 10. 가스장치 안전관리

(1) 공업용(일반) 가스용기의 도색

산소-녹색, 암모니아-백색, 아세틸렌-황색, 기타가스(프레온)-회색

(2) 저장탱크의 가스방출구의 위치

① 지상에서 5m 이상
② 저장탱크 정상부에서 2m 이상의 높이 중 높은 위치에 설치

(3) 안전장치 작동점검 기준

① 냉동설비에 쓰이는 압축기 최종단의 안전밸브 : 6개월에 1회 이상
② 압축기 최종단의 안전밸브 : 1년 1회 이상
③ 기타 : 2년에 1회

(4) 방류둑의 설치기준

① 고압가스 일반제조시설 : 가연성 및 산소의 액화가스 저장능력이 1,000톤 이상일 때(독성가스는 5톤 이상)
② 냉동제조시설 : 독성가스를 냉매로하는 수액기의 내용적이 10,000L 이상인 것
③ 액화석유가스 저장시설 : LPG의 저장능력이 1,000톤 이상일 때(충전사업에서)

④ 도시가스시설 중 LPG 용량이 다음과 같을 때
  ㉠ 가스도매사업 : 저장능력이 500톤 이상
  ㉡ 일반 도시가스사업 : 저장능력이 1,000톤 이상

(5) 가연성 및 독성가스를 냉매로 사용하는 냉매설비에서의 통풍능력
  ① 통풍구 : 냉동능력 1RT당 0.05$m^2$ 이상
  ② 기계통풍장치 : 냉동능력 1RT당 2$m^3$/min 이상

(6) 특정고압가스 사용시설의 시설기준 및 기술기준에 의한 화기와의 거리
  ① 가연성가스 사용시설 중 저장설비, 기화장치, 배관 : 화기의 취급장소까지 8m의 우회거리
  ② 화기의 취급 : 산소의 저장설비 주위 5m 이내

(7) 냉동장치의 기밀시험에 사용되는 가스 : 질소, 탄산가스, 공기

## 11. 전기 안전관리

(1) 합선(감전)에 영향을 주는 요인
  ① 통전(방전)전류의 크기     ② 통전경로
  ③ 통전전류의 종류          ④ 통전시간
  ⑤ 인체저항               ⑥ 통전전압의 크기, 주파수, 파형
  ⑦ 전격(감전)시 심장박동 주기의 위상

(2) 전격(감전)의 종류와 전류 값

| 구 분 | 감전의 현상(인체에 대한 전류의 영향) | 전류 값 |
|---|---|---|
| 최소감지전류 | 짜릿함을 느끼는 정도 | 1~2mA |
| 고통전류 | 참을 수는 있으나 고통을 느낀다. | 2~8mA |
| 이탈가능전류 | 안전하게 스스로 접촉된 전원으로부터 떨어질 수 있는 최대 한도의 전류. 참을 수 없을 정도로 고통스럽다. | 8~15mA |
| 이탈불능전류 | 전격을 받았음을 느끼면서도 스스로 그 전원으로부터 떨어질 수 없는 전류. 근육의 수축이 격렬하다. | 15~50mA |
| 심실세동전류 | 심장의 기능을 잃게 되어 전원으로부터 떨어져도 수분 이내에 사망한다. | 50~100mA |

(3) 정전 작업시 안전사항
  ① 무전압 상태의 유지
  ② 잔류전하의 방전
  ③ 단락접지

### (4) 전기화재의 원인

① 단락 : 2개이상의 전선이 서로 접촉하여 열이 발생하여 녹아 버리는 현상
② 지락 : 누전전류의 일부가 대지로 흐르게 되는 것
③ 혼촉 : 고압선과 저압 가공선이 병가된 경우 접촉으로 발생되는 것과 1, 2차 코일의 절연파괴로 발생
④ 누전 : 전류가 설계된 부분 이외의 곳에 흐르는 현상

### (5) 퓨즈(Fuse)

과전류차단(재료 : 납, 주석, 아연, 알루미늄(구리는 사용금지))

### (6) 전기설비의 방폭성능

내압, 유입, 압력, 안전증, 본질안전증, 특수방폭구조

① 내압(耐壓)방폭구조

방폭전기 기기의 용기내부에서 가연성가스의 폭발이 발생할 경우 그 용기가 폭발압력에 견디고, 접합면, 개구부 등을 통하여 외부의 가연성 가스에 인화되지 아니하도록 한 구조

② 유입(油入)방폭구조

용기 내부에 기름을 주입하여 불꽃·아크 또는 고온발생부분이 기름 속에 잠기게 함으로써 기름면 위에 존재하는 가연성가스에 인화되지 아니하도록 한 구조

③ 압력(壓力)방폭구조

용기 내부에 보호가스(신선한 공기 또는 불활성가스)를 압입하여 내부압력을 유지함으로써 가연성가스가 내부로 유입되지 아니하도록 한 구조.

④ 안전증(安全增)방폭구조

정상운전 중에 가연성가스의 점화원이 될 전기불꽃·아크 또는 고온부분 등의 발생을 방지하기 위하여 기계적·전기적 구조상 도는 온도상승에 대하여, 특히 안전도를 증가시킨 구조

⑤ 본질안전(本質安全)방폭구조

정상시 및 사고(단선, 단락, 지락 등)시에 발생하는 전기불꽃·아크 또는 고온부에 의하여 가연성가스가 점화되지 아니하는 것이 점화시험, 기타 방법에 의하여 확인된 구조

⑥ 특수(特殊)방폭구조

"①" 내지 "⑤"에서 규정한 구조 이외의 방폭구조로서 가연성가스에 점화를 방지할 수 있다는 것이 시험, 기타의 방법에 의하여 확인된 구조

> **참고**
> ※ 방폭구조로 하지 않아도 되는 가스 : 암모니아, 브롬화메탄

## 12. 화 재

(1) 연소의 3요소

　　가연물 + 산소공급원 + 점화원

(2) 화재 종류에 따른 소화방법

| 분류 | 명 칭 | 가 연 물 | 주된 소화효과 | 적응 소화약제 | 구분색 |
|---|---|---|---|---|---|
| A급 화재 | 일반화재 | 목재, 종이, 섬유 | 냉각효과 | ① 포말소화기<br>② 분말소화기<br>③ 강화액소화기<br>④ 산알카리소화기 | 백색 |
| B급 화재 | 유류, 가스화재 | 유류, 가스 | 질식효과 | ① 포말 소화기<br>② 분말 소화기<br>③ 강화액소화기<br>④ $CO_2$소화기<br>⑤ 할로겐소화기 | 황색 |
| C급 화재 | 전기화재 | 전기 | 질식, 냉각효과 | ① 분말 소화기<br>② $CO_2$소화기<br>③ 강화액소화기<br>④ 할로겐소화기 | 청색 |
| D급 화재 | 금속화재 | Mg분, Al분 | 질식소화 | ① 건조사<br>② 팽창질석<br>③ 팽창진주암 | — |
| E급 화재 | 가스화재 | 가스, LPG, LNG | | ① 분말 소화기<br>② $CO_2$소화기<br>③ 할로겐소화기 | 황색 |

공조냉동기계기능사

**7일완성시리즈 4**

# 기출문제

## 2012년 2월 12일 시행

**문제 01** 작업자의 신체를 보호하기 위한 보호구의 구비조건으로 가장 거리가 먼 것은?
① 착용이 간편할 것
② 방호성능이 충분한 것일 것
③ 정비가 간단하고 점검, 검사가 용이할 것
④ 견고하고 값비싼 고급 품질일 것

해설 보호구는 견고하고 가격이 싸고 품질이 우수하여야 한다.

**문제 02** 가스용접 작업 시 유의사항이다. 적절하지 못한 것은?
① 산소병은 60℃ 이하 온도에서 보관하고 직사광선을 피해야 한다.
② 작업자의 눈을 보호하기 위해 차광안경을 착용해야 한다.
③ 가스누설의 점검을 수시로 해야 하며 점검은 비눗물로 한다.
④ 가스용접장치는 화기로부터 5m 이상 떨어진 곳에 설치해야 한다.

해설 산소병은 40℃ 이하 온도에서 보관하고 직사광선을 피해야 한다.

**문제 03** 안전사고 예방의 사고예방원리 5단계를 단계별로 바르게 나타낸 것은?
① 사실의 발견 → 평가분석 → 시정책의 선정 → 조직 → 시정책의 적용
② 조직 → 사실의 발견 → 평가분석 → 시정책의 선정 → 시정책의 적용
③ 사실의 발견 → 시정책의 선정 → 평가분석 → 시정책의 적용 → 조직
④ 조직 → 사실의 발견 → 시정책의 선정 → 시정책의 적용 → 평가분석

해설 안전사고 방지의 기본원리 5단계
안전조직 → 사실의 발견 → 분석 → 시정책의 선정 → 시정책의 적용

**문제 04** 드릴링 작업을 할 때의 안전수칙을 설명한 것으로 바른 것은?
① 옷소매가 긴 작업복이나 장갑을 착용한다.
② 드릴의 착탈은 회전이 완전히 멈춘 다음 행한다.
③ 드릴작업을 하면서 칩을 가끔 손으로 제거한다.
④ 드릴작업 시에는 보안경을 착용해서는 안된다.

해설 드릴의 착탈은 회전이 완전히 멈춘 다음 행한다.

정답 01.④ 02.① 03.② 04.②

**문제 05** 도수율(빈도율)이 30인 사업장의 연천인율은 얼마인가?
① 24  ② 36
③ 72  ④ 96

**해설** 연천인율과 도수율의 관계
연천인율 = 도수율 × 2.4 = 30 × 2.4 = 72

**참고** 연천인율 = $\dfrac{\text{연간 재해자수}}{\text{연 평균 근로자수}} \times 1,000$

**문제 06** 소화효과의 원리가 아닌 것은?
① 질식 효과  ② 제거 효과
③ 냉각 효과  ④ 단열 효과

**해설** 소화방법 : 냉각, 질식, 제거, 화학(부촉매 효과) 등

**문제 07** 냉동제조 시설기준에 대한 설명 중 틀린 것은?
① 냉매설비에는 상용압력을 초과하는 경우 즉시 그 압력을 상용압력 이하로 되돌릴 수 있는 안전장치를 설치할 것
② 암모니아 냉동설비의 전기설비는 반드시 방폭성능을 가지는 것일 것
③ 냉매설비에는 긴급사태가 발생하는 것을 방지하기 위해 자동제어장치를 설치할 것
④ 가연성가스 또는 독성가스 냉매설비의 배관에서 냉매가스가 누출될 경우 그 가스가 체류하지 않도록 필요한 조치를 할 것

**해설** 가연성가스(암모니아 및 브롬화메탄을 제외)의 제조설비 또는 저장설비 중 전기설비는 방폭성능을 가지는 구조일 것

**문제 08** 안전관리의 목적을 가장 올바르게 설명한 것은?
① 기능향상을 도모한다.
② 경영의 혁신을 도모한다.
③ 기업의 시설투자를 확대한다.
④ 근로자의 안전과 능률을 향상시킨다.

**해설** 안전관리의 목적 : 근로자의 안전과 능률 향상

**문제 09** 공조설비에 사용되는 $NH_3$ 냉매가 눈에 들어간 경우 조치방법으로 적당한 것은?
① 레몬쥬스 또는 20%의 식초를 바른다.
② 2%의 붕산액으로 세척하고 유동파라핀을 점안한다.
③ 차아황산나트륨 포화용액으로 씻어낸다.
④ 암모니아수로 씻는다.

**정답** 05. ③  06. ④  07. ②  08. ④  09. ②

2012년 2월 12일 시행

▶ 암모니아 냉매 사용시 구급처리 방법
① 눈에 들어간 경우 물로 세척한 후 2%의 붕산액으로 세척하고, 유동파라핀을 2~3방울 점안한다.
② 피부에 묻은 경우 물로 세척 후 피크린산용액을 바른다.

**문제 10** 보일러에 스케일 부착으로 인한 영향으로 틀린 것은?
① 전열량 증가
② 연료소비량 증가
③ 과열로 인한 파열사고 위험발생
④ 보일러효율 저하

▶ 스케일 부착시 열전달이 저하되므로 전열량은 감소한다.

**문제 11** 안전·보건표지의 색채에서 바탕은 파란색 관련그림은 흰색으로 된 표지로 맞는 것은?
① 금지표지  ② 경고표지
③ 지시표지  ④ 안내표지

▶ 지시표지 : 바탕은 파란색, 관련그림은 흰색

**문제 12** 토출 압력이 너무 낮은 경우의 원인으로 적절하지 못한 것은?
① 냉매 충전량 과다        ② 토출밸브에서의 누설
③ 냉각수 수온이 너무 낮아서  ④ 냉각 수량이 너무 많아서

▶ 냉매 충전량이 과다하면 토출 압력은 상승한다.

**문제 13** 전기기계 기구에서 절연상태를 측정하는 계기로 맞는 것은?
① 검류계    ② 전류계
③ 절연 저항계  ④ 접지 저항계

▶ 절연 저항계 : 절연상태를 측정하는 계기

**문제 14** 전기 용접작업을 할 때 옳지 않은 것은?
① 비오는 날 옥외에서 작업하지 않는다.
② 소화기를 준비한다.
③ 가스관에 접지한다.
④ 화상에 주의한다.

▶ 전기 용접작업과 가스관에 접지와는 관계가 없다.

**정답** 10. ① 11. ③ 12. ① 13. ③ 14. ③

**문제 15** 정 작업 시 안전 작업수칙으로 옳지 않은 것은?
① 정의 머리가 둥글게 된 것은 사용하지 말 것
② 처음에는 가볍게 때리고 점차 타격을 가할 것
③ 철재를 절단할 때에는 철편이 날아 튀는 것에 주의할 것
④ 표면이 단단한 열처리 부분은 정으로 가공할 것

해설 열처리된 것은 정작업을 하지 않는다.

**문제 16** 다음 설명 중 틀린 것은?
① 유압 보호 스위치의 종류는 바이메탈식과 가스통식이 있다.
② 단수 릴레이는 수냉식 응축기에서 브라인이나 냉각수가 단수 또는 감수 시 압축기를 정지시키는 스위치다.
③ 가용전은 토출가스의 영향을 직접 받지 않는 곳에 설치한다.
④ 파열판은 일단 동작된 후 내부 압력이 낮아지면 가스의 방출이 정지되며, 다시 사용할 수 있다.

해설 ④은 안전밸브에 대한 설명이다.

**문제 17** 내식성이 우수하고 열전도율이 비교적 크며 굽힘성 등이 좋아 냉난방관, 급수관 등에 널리 이용되는 관은?
① 구리관　　　　　　　② 납관
③ 합성수지관　　　　　④ 합금강 강관

해설 동(구리)관은 내식성이 우수하고 열전도율이 높으며 가공성이 좋고 급수, 급탕, 온수, 열교환 등에 적합하나 산에는 약하다.

**문제 18** 열용량에 대한 설명으로 맞는 것은?
① 어떤 물질 1kg의 온도를 10℃ 올리는데 필요한 열량을 뜻한다.
② 어떤 물질의 온도를 1℃ 올리는데 필요한 열량을 뜻한다.
③ 물 1kg의 온도를 0.1℃ 올리는데 필요한 열량을 뜻한다.
④ 물 1 1b의 온도를 1°F 올리는데 필요한 열량을 뜻한다.

해설 열용량(kcal/℃) : 어떤 물질의 온도를 1℃ 올리는 데 필요한 열량(무게×비열)

**문제 19** 브라인 냉매에 관한 설명 중 틀린 것은?
① 무기질 브라인 중 염화나트륨이 염화칼슘보다 부식성이 더 크다.
② 염화칼슘 브라인은 공정점이 낮아 제빙, 냉장 등으로 사용된다.
③ 브라인 냉매의 pH값은 7.5~8.2(약 알카리)로 유지하는 것이 좋다.
④ 브라인은 유기질과 무기질로 구분되며 유기질 브라인의 부식성이 더 크다.

정답　15. ④　16. ④　17. ①　18. ②　19. ④

2012년 2월 12일 시행

**문제 20** 주기가 0.002S일 때 주파수는 몇 Hz인가?
① 400  ② 450
③ 500  ④ 550

해설 주파수 $(f) = \dfrac{1}{주기(T)} = \dfrac{1}{0.002} = 500$

**문제 21** 액 순환식 증발기에 대한 설명 중 맞는 것은?
① 오일이 체류할 우려가 크고 제상 자동화가 어렵다.
② 냉매량이 적게 소요되며 액펌프, 저압수액기 등 설비가 간단하다.
③ 증발기 출구에서 액은 80% 정도이고 기체는 20% 정도 차지한다.
④ 증발기가 하나라도 여러개의 팽창밸브가 필요하다.

해설 액 순환식 증발기 : 증발기 출구에서 액은 80%, 기체는 20% 정도로 주로 액체냉각용으로서 다른 증발기에 비해 전열적용이 20% 정도 양호하다.

**문제 22** 배관시공 시 진동 및 충격을 완화시키기 위하여 설치하는 기기는?
① 행거  ② 서포트
③ 브레이스  ④ 레스트레인트

해설 브레이스(Brace) : 진동 및 충격을 완화시키기 위하여 설치

**문제 23** 냉동기유의 구비조건 중 옳지 않은 것은?
① 응고점과 유동점이 높을 것
② 인화점이 높을 것
③ 점도가 적당할 것
④ 전기절연 내력이 클 것

해설 냉동기유는 응고점 및 유동점이 낮을 것

**문제 24** 2단 압축냉동장치에서 저압측(흡입압력)이 0kgf/cm²g, 고압측(토출압력)이 15kgf/cm²g이었다. 이때 중간압력은 약 몇 kgf/cm²g인가?
① 2.03  ② 3.03
③ 4.03  ④ 5.03

해설 중간압력 $= \sqrt{고압절대압력 \times 저압절대압력} = \sqrt{(0+1.033) \times (15+1.033)}$
$= 4.07\,[\text{kgf/cm}^2\text{a}] - 1.033 = 3.03\,[\text{kgf/cm}^2\text{g}]$

정답 20.③ 21.③ 22.③ 23.① 24.②

**문제 25** 터보 냉동기 윤활 사이클에서 마그네틱 플러그가 하는 역할은?
① 오일 쿨러의 냉각수 온도를 일정하게 유지하는 역할
② 오일 중의 수분을 제거하는 역할
③ 윤활 사이클로 공급되는 유압을 일정하게 하여 주는 역할
④ 윤활 사이클로 공급되는 철분을 제거하여 장치의 마모를 방지하는 역할

해설 마그네틱 플러그(Magnetic plug)
Oil 중에 포함되어 있는 철분을 제거하여 피스톤 및 실린더의 마모를 방지하는 자석장치로 터보 압축기의 크랭크 케이스내의 오일부에 설치한다.

**문제 26** 수액기에 부착되지 않는 것은?
① 액면계
② 안전밸브
③ 전자밸브
④ 오일드레인 밸브

해설 전자밸브는 팽창밸브 전의 액배관에 설치하여 팽창밸브로 공급되는 냉매량을 제어한다.

**문제 27** 두 가지 금속으로 폐회로를 만들었을 때 두 접합점에 온도차이를 주면 열기전력이 발생하는 현상은?
① 평형효과
② 톰슨효과
③ 열전효과
④ 펠티어효과

해설 열전효과(제벡효과) : 두 가지 금속으로 폐회로를 만들었을 때 두 접합점에 온도차이를 주면 열기전력이 발생하는 현상

**문제 28** 흡입배관에서 압력손실이 발생하면 나타나는 현상이 아닌 것은?
① 흡입압력의 저하
② 토출가스 온도의 상승
③ 비체적 감소
④ 체적효율 저하

해설 흡입배관에서 압력손실이 발생하면 압력이 떨어지므로 비체적은 증가한다.

**문제 29** 유니언 나사이음의 도시기호로 맞는 것은?

해설 ① 플랜지
② 나사이음(소켓)
③ 유니언
④ 용접이음

정답 25.④ 26.③ 27.③ 28.③ 29.③

2012년 2월 12일 시행

**문제 30** 가열원이 필요하며 압축기가 필요 없는 냉동기는?
① 터보 냉동기
② 흡수식 냉동기
③ 회전식 냉동기
④ 왕복동식 냉동기

해설 흡수식 냉동기 : 압축기가 필요없이 가열원(온수, 증기)을 이용하여 냉동을 행한다.

**문제 31** 옴의 법칙에 대한 설명 중 옳은 것은?
① 전류는 전압에 비례한다.
② 전류는 저항에 비례한다.
③ 전류는 전압의 2승에 비례한다.
④ 전류는 저항의 2승에 비례한다.

해설 옴의 법칙($I = \dfrac{V}{R}$)
도체에 흐르는 전류($I$)는 전압($V$)에 비례하고 저항($R$)에 반비례한다.

**문제 32** 주철관을 절단할 때 사용하는 공구는?
① 원판 그라인더
② 링크형 파이프커터
③ 오스터
④ 체인블럭

해설 주철관 절단 공구 : 링크형 파이프커터

**문제 33** 냉동기의 스크류 압축기(Screw Compressor)에 대한 특징 설명 중 잘못된 것은?
① 암, 수 2개 나선형 로터의 맞물림에 의해 냉매가스를 압축한다.
② 액격 및 유격이 적다.
③ 왕복동식과 비교하여 동일 냉동능력일 때 압축기 체적이 크다.
④ 흡입·토출 밸브가 없다.

해설 왕복동식과 비교하여 동일 냉동능력일 때 압축기 체적이 작다.

**문제 34** 만액식 증발기에 사용되는 팽창밸브는?
① 저압식 플로트 밸브
② 온도식 자동 팽창밸브
③ 정압식 자동 팽창밸브
④ 모세관 팽창밸브

해설 저압식 플로트 팽창밸브 : 만액식 증발기에 설치하여 증발기에 액면을 일정하게 유지

정답 30. ② 31. ① 32. ② 33. ③ 34. ①

**문제 35** 다음의 역 카르노 사이클에서 냉동장치의 각 기기에 해당되는 구간이 바르게 연결된 것은?

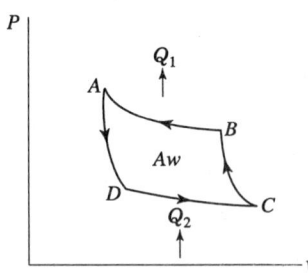

① B → A : 응축기, C → B : 팽창변, D → C : 증발기, A → D : 압축기
② B → A : 증발기, C → B : 압축기, D → C : 응축기, A → D : 팽창변
③ B → A : 응축기, C → B : 압축기, D → C : 증발기, A → D : 팽창변
④ B → A : 압축기, C → B : 응축기, D → C : 증발기, A → D : 팽창변

해설 ① C → B : 압축기(단열압축)　② B → A : 응축기(등온압축)
③ A → D : 팽창밸브(단열팽창)　④ D → C : 증발기(등온팽창)

**문제 36** 다음 용어의 설명 중 맞지 않는 것은?

① 냉각 : 식품을 얼리지 않는 범위내에서 온도를 낮추는 것
② 제빙 : 물을 동결하여 얼음을 생산하는 것
③ 동결 : 어떤 물체를 가열하여 얼리는 것
④ 저빙 : 생산된 얼음을 저장하는 것

해설 동결 : −15[°C] 정도 이하로 낮추어 물질을 얼리는 조작

**문제 37** 냉매의 건조도가 가장 큰 상태는?

① 과냉액　　　　　　　② 습포화 증기
③ 포화액　　　　　　　④ 건조포화 증기

해설 건조도의 순서 : 건조포화 증기 > 습포화 증기 > 포화액

**문제 38** 안전사용 최고온도가 가장 높은 배관 보온재는?

① 우모펠트　　　　　　② 폼 폴리스티렌
③ 규산칼슘　　　　　　④ 탄산마그네슘

해설 ① 우모펠트 : 100[°C]　　　② 폼 폴리스티렌 : 70[°C]
③ 규산칼슘 : 650[°C] 이하　④ 탄산마그네슘 : 250[°C]

정답 35. ③　36. ③　37. ④　38. ③

**문제 39** 어떤 냉동기의 냉동능력이 4300kJ/h, 성적계수 6, 냉동효과 7.1kJ/kg, 응축기 방열량 8.36kJ/kg일 경우 냉매 순환량은 약 얼마인가?

① 450kg/h
② 505kg/h
③ 550kg/h
④ 605kg/h

해설) $G(냉매순환량) = \dfrac{냉동능력(Q_2)}{냉동효과(q_2)} = \dfrac{4300}{7.1} = 605.63[kg/h]$

**문제 40** 냉동능력이 45냉동톤인 냉동장치의 수직형 쉘 엔드 튜브 응축기에 필요한 냉각수량은 약 얼마인가? (단, 응축기 입구 온도는 23℃이며, 응축기 출구 온도는 28℃이다.)

① 38844(L/h)
② 43200(L/h)
③ 51870(L/h)
④ 60250(L/h)

해설) $Q_1 = Q_2 \times 방열계수 = w \cdot C \cdot \Delta t$

$w = \dfrac{Q_2 \times 방열계수}{C \times \Delta t} = \dfrac{45 \times 3,320 \times 1.3}{1 \times (28-23)} = 38,844[L/h]$

**문제 41** 다음 P-h 선도는 $NH_3$를 냉매로 하는 냉동 장치의 운전상태를 냉동 사이클로 표시한 것이다. 이 냉동장치의 부하가 50000kcal/h일 때 이 응축기에서 제거해야 할 열량은 약 얼마인가?

① 209032kcal/h
② 41813kcal/h
③ 65720kcal/h
④ 52258kcal/h

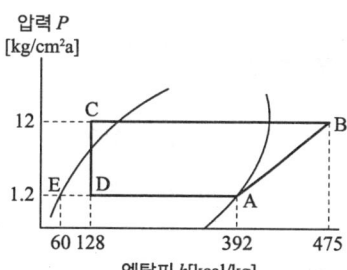

해설) 응축기 제거열량

$Q_1 = G \cdot q_2 = \dfrac{50,000}{(392-128)} \times (475-128) = 65,720[kcal/h]$

**문제 42** 냉동장치의 능력을 나타내는 단위로서 냉동톤(RT)이 있다. 1냉동톤을 설명한 것으로 옳은 것은?

① 0℃의 물 1kg을 24시간에 0℃의 얼음으로 만드는데 필요한 열량
② 0℃의 물 1ton을 24시간에 0℃의 얼음으로 만드는데 필요한 열량
③ 0℃의 물 1kg을 1시간에 0℃의 얼음으로 만드는데 필요한 열량
④ 0℃의 물 1ton을 1시간에 0℃의 얼음으로 만드는데 필요한 열량

해설) 1냉동톤 : 0[℃] 물 1ton을 24시간에 0[℃] 얼음으로 만드는데 필요한 열량

정답) 39. ④  40. ①  41. ③  42. ②

**문제 43** 공정점이 −55°C로 얼음제조에 사용되는 무기질 브라인으로 가장 일반적으로 쓰이는 것은?

① 염화칼슘 수용액  ② 염화마그네슘 수용액
③ 에틸렌글리콜  ④ 프로필렌글리콜

해설 염화칼슘 수용액 : 무기질 브라인으로 공정점이 −55[°C]이고 저온용으로 얼음제조에 많이 사용된다.

**문제 44** 왕복 압축기에서 이론적 피스톤 압출량($m^3$/h)의 산출식으로 옳은 것은? (단, 기통수 $N$, 실린더내경 $D$[m], 회전수 $R$[rpm], 피스톤행정 $L$[m] 이다.)

① $V = D \cdot L \cdot R \cdot N \cdot 60$
② $V = \frac{\pi}{4} D \cdot L \cdot R \cdot N$
③ $V = \frac{\pi}{4} D \cdot L \cdot R \cdot N \cdot 60$
④ $V = \frac{\pi}{4} D^2 \cdot L \cdot N \cdot R \cdot 60$

해설 왕복동 압축기의 이론적 피스톤 압출량
$$V = \frac{\pi}{4} D^2 \cdot L \cdot N \cdot R \cdot 60$$

**문제 45** 용접 접합을 나사 접합에 비교한 것 중 옳지 않은 것은?

① 누수의 우려가 적다.  ② 유체의 마찰 손실이 많다.
③ 배관 상으로 공간 효율이 좋다.  ④ 접합부의 강도가 크다.

해설 용접 접합을 나사 접합에 비교하여 유체의 마찰손실이 적다.

**문제 46** 보일러의 종류 중 원통형 보일러에 해당하지 않는 것은?

① 입형 보일러  ② 노통 보일러
③ 관류 보일러  ④ 연관 보일러

해설
• 수관식 보일러
  자연순환식, 강제순환식, 관류식
• 원통형 보일러
  ① 입형 : 입형횡관식, 입형다관식, 코크란
  ② 횡형 : 노통, 연관, 노통연관식

**문제 47** 공기조화기에 사용되는 공기가열 코일이 아닌 것은?

① 직접팽창코일  ② 온수코일
③ 증기코일  ④ 전열코일

해설 공기가열 코일 : 온수코일, 증기코일, 전열코일

정답  43. ①  44. ④  45. ②  46. ③  47. ①

2012년 2월 12일 시행

**문제 48** 공기를 가습하는 방법으로 적당하지 않은 것은?
① 직접 팽창코일의 이용   ② 공기세정기의 이용
③ 증기의 직접분무       ④ 온수의 직접분무

해설 직접 팽창코일 : 냉각 및 감습 역할

**문제 49** 급기, 배기 모두 기계를 이용한 환기법으로 보일러실 등에 사용되는 것은?
① 제1종 기계 환기법   ② 제2종 기계 환기법
③ 제3종 기계 환기법   ④ 제4종 기계 환기법

해설 제1종 기계 환기법 : 급기팬+배기팬 모두 사용(보일러실, 병원수술실 등)

**문제 50** 상대습도에 대한 설명 중 맞는 것은?
① 습공기에 포함되는 수증기의 양과 건조공기 양과의 중량비
② 습공기의 수증기압과 동일 온도에 있어서 포화공기의 수증기압과의 비
③ 포화상태의 수증기의 분량과의 비
④ 습공기의 절대습도와 그와 동일 온도의 포화 습공기의 절대 습도의 비

해설 상대습도 : 습공기의 수증기압과 동일 온도에 있어서 포화수증기압과의 비

$$\text{상대습도} = \frac{\text{습공기 수증기압}}{\text{동일 온도의 포화수증기압}} \times 100(\%)$$

**문제 51** 원심송풍기의 풍량 제어방법으로 적당하지 않은 것은?
① 온·오프제어   ② 회전수제어
③ 흡입 베인제어  ④ 댐퍼제어

해설 원심송풍기의 풍량 제어방법
① 전동기의 회전수제어
② 흡입 베인제어
③ 흡입 및 토출 댐퍼제어

**문제 52** 케비테이션(공동현상)의 방지대책이 아닌 것은?
① 펌프의 흡입양정을 짧게 한다.
② 펌프의 회전수를 적게 한다.
③ 양흡입 펌프를 단흡입 펌프로 바꾼다.
④ 흡입관경은 크게 하며 굽힘을 적게 한다.

해설 케비테이션(공동현상) 방지법
① 흡입측의 손실수두를 작게 한다.   ② 펌프의 흡입양정을 짧게 한다.
③ 펌프의 회전수를 적게 한다.        ④ 양흡입 펌프를 사용한다.
⑤ 펌프의 회전차를 수중에 완전히 잠기게 한다.

정답  48. ①  49. ①  50. ②  51. ①  52. ③

## 문제 53

다음의 그림은 열흐름을 나타낸 것이다. 열흐름에 대한 용어로 틀린 것은?

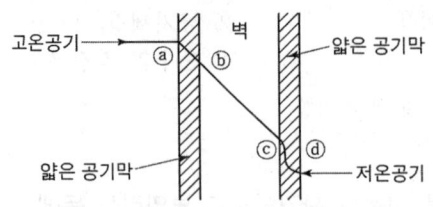

① ⓐ→ⓑ : 열전달  ② ⓑ→ⓒ : 열관류
③ ⓒ→ⓓ : 열전달  ④ ⓐ→ⓓ : 열통과

**해설** ⓐ→ⓑ : 열전달, ⓑ→ⓒ : 열전도
ⓒ→ⓓ : 열전달, ⓐ→ⓓ : 열통과(열관류)

## 문제 54

보건용 공기조화에서 쾌적한 상태를 제공하여 주는 4가지 주요한 요소에 해당되지 않는 것은?

① 온도  ② 습도
③ 기류  ④ 음향

**해설** 보건용 공기조화의 기본 4요소 : 온도, 습도, 기류속도, 청정도

## 문제 55

공조방식 중 각층 유닛방식의 장점으로 틀린 것은?

① 각 층의 공조기 설치로 소음과 진동의 발생이 없다.
② 각 층별로 부분 부하운전이 가능하다.
③ 중앙기계실의 면적을 적게 차지하고 송풍기 동력도 적게 든다.
④ 각 층 슬래브의 관통 덕트가 없게 되므로 방재상 유리하다.

**해설** 각 층의 공조기 설치로 소음과 진동이 발생한다.

## 문제 56

난방부하가 3600kcal/h인 실에 온수를 열매로 하는 방열기를 설치하는 경우 소요방열 면적은 몇 $m^2$인가? (단, 방열기의 방열량은 표준방열량[$kcal/m^2 \cdot h$]을 기준으로 한다.)

① 2.0  ② 4.0
③ 6.0  ④ 8.0

**해설**
• 난방부하[kcal/h]=상당방열면적(EDR)[$m^2$]×방열기 방열량[$kcal/m^2h$]
• 상당방열면적 = $\dfrac{\text{난방부하}}{\text{방열기 방열량}} = \dfrac{3,600}{450} = 8[m^2]$

**참고**
• 온수의 표준방열량 : 450[$kcal/m^2h$]
• 증기의 표준방열량 : 650[$kcal/m^2h$]

**정답** 53. ② 54. ④ 55. ① 56. ④

2012년 2월 12일 시행

**문제 57** 공조되는 인접실과 5°C의 온도차가 나는 경우에 벽체를 통한 관류열량은? (단, 벽체의 열관류율은 0.5kcal/m²h°C이며, 인접실과 접한 벽체의 면적은 300m²이다.)

① 215kcal/h　　② 325kcal/h
③ 750kcal/h　　④ 1500kcal/h

해설 $q = K \cdot A \cdot \Delta t = 0.5 \times 300 \times 5 = 750$ [kcal/h]

**문제 58** 공조용 저속덕트를 등마찰법으로 설계할 때 사용하는 단위마찰저항으로 맞는 것은?

① 0.08~0.15mmAq/m　　② 0.8~1.5mmAq/m
③ 8~15mmAq/m　　④ 80~150mmAq/m

해설 저속덕트의 단위 마찰저항 : 0.08~0.15mmAq/m(보통 0.1mmAq/m)

**문제 59** 온풍난방의 장점이 아닌 것은?

① 예열시간이 짧아 비교적 연료소비량이 적다.
② 온도의 자동제어가 용이하다.
③ 필터를 채택하므로 깨끗한 공기를 유지할 수 있다.
④ 실내온도 분포가 균등하다.

해설 온풍난방은 실내온도 분포가 불균등하다.

**문제 60** 보일러로부터의 증기 또는 온수나, 냉동기로부터의 냉수를 객실에 있는 유닛으로 공급시켜 냉·난방을 하는 것으로 덕트 스페이스가 필요 없고, 각 실의 제어가 쉬워서 주택, 여관 등과 같이 재실인원이 적은 방에 적절한 방식은?

① 전 공기 방식　　② 전 수 방식
③ 공기-수 방식　　④ 냉매 방식

해설 전 수 방식 : 증기 또는 온수나 냉수를 실내 유닛에 공급하여 냉·난방을 하는 것으로 덕트 스페이스가 필요 없고 각 실의 제어가 쉽다.

정답 57.③ 58.① 59.④ 60.②

# 2012년 4월 8일 시행

**문제 01** 냉동기의 메인 스위치를 차단하고 전기 시설을 점검하던 중 감전사고가 있었다면 어떤 전기부품 때문인가?
① 콘덴서   ② 마그네트
③ 릴레이   ④ 타이머

콘덴서[capacitor]

냉동기의 메인 스위치를 차단하더라도 압축기 기동용 콘덴서 등에는 전류가 흐르므로 감전의 우려가 있다.

**문제 02** 작업복에 대한 설명 중 옳지 않은 것은?
① 작업복의 스타일은 착용자의 연령, 성별 등은 고려할 필요가 없다.
② 화기사용 작업자는 방염성, 불연성의 작업복을 착용한다.
③ 작업복은 항상 깨끗이 하여야 한다.
④ 작업복은 몸에 맞고 동작이 편하며, 상의 끝이나 바지자락 등이 기계에 말려 들어갈 위험이 없도록 한다.

작업복의 스타일은 착용자의 연령, 성별 등을 고려할 필요가 있다.

**문제 03** 재해율 중 연천인율을 구하는 식으로 옳은 것은?
① 연천인율=(연간 재해자수/연평균 근로자수)×1000
② 연천인율=(연평균 근로자수/재해발생건수)×1000
③ 연천인율=(재해발생건수/근로총시간수)×1000
④ 연천인율=(근로총시간수/재해발생건수)×1000

연천인율 : 연근로자 1,000명당 발생하는 재해로 인한 재해자 수

$$연천인율 = \frac{연간\ 재해자수}{연\ 평균\ 근로자수} \times 1000$$

정답 01.① 02.① 03.①

2012년 4월 8일 시행

**문제 04** 가스용접토치가 과열되었을 때 가장 적절한 조치 사항은?

① 아세틸렌 가스를 멈추고 산소 가스만을 분출시킨 상태로 물속에서 냉각시킨다.
② 산소 가스를 멈추고 아세틸렌 가스만을 분출시킨 상태로 물속에서 냉각시킨다.
③ 아세틸렌과 산소 가스를 분출시킨 상태로 물속에서 냉각시킨다.
④ 아세틸렌 가스만을 분출시킨 상태로 팁 클리너를 사용하여 팁을 소제하고 공기 중에서 냉각시킨다.

　해설 가스용접토치가 과열되면 아세틸렌 가스를 멈추고 산소 가스만을 분출시킨 상태로 물속에서 냉각시킨다.

**문제 05** 보호장구는 필요할 때 언제라도 착용할 수 있도록 청결하고 성능이 유지된 상태에서 보관되어야 한다. 보관방법으로 틀린 것은?

① 광선을 피하고 통풍이 잘되는 장소에 보관할 것
② 부식성, 유해성, 인화성 액체 등과 혼합하여 보관하지 말 것
③ 모래, 진흙 등이 묻은 경우는 깨끗이 씻고 햇빛에서 말릴 것
④ 발열성 물질을 보관하는 주변에 가까이 두지 말 것

　해설 보호장구는 그늘에서 말린다.

**문제 06** 다음 중 불안전한 상태라 볼 수 없는 것은?

① 환기 불량　　　　　　　② 위험물의 방치
③ 안전교육의 미 참여　　　④ 기계기구의 정비 불량

　해설 간접 원인(관리적 원인) : 안전교육의 미 참여

　참고 물(物)적 원인(불안전한 상태)
　　① 물(物)자체의 결함　　　② 안전, 방호장치의 결함
　　③ 복장, 보호구의 결함　　④ 물(物)의 배치 및 작업장소 결함
　　⑤ 작업환경 결함　　　　　⑥ 생산공정의 결함
　　⑦ 경계표지, 설비의 결함

**문제 07** 냉동 제조 설비의 안전관리자의 인원에 대한 설명 중 올바른 것은?

① 냉동능력 300톤 초과(냉매가 프레온일 경우는 600톤 초과)인 경우 안전관리원은 3명 이상이어야 한다.
② 냉동능력이 100톤 초과 300톤 이하(냉매가 프레온일 경우는 200톤 초과 600톤 이하)인 경우 안전관리원은 1명 이상이어야 한다.
③ 냉동능력 50톤 초과 100톤 이하(냉매가 프레온인 경우 100톤 초과 200톤 이하)인 경우 안전 관리 총괄자는 없어도 상관없다.
④ 냉동능력 50톤 이하(냉매가 프레온인 경우 100톤 이하)인 경우 안전 관리 책임자는 없어도 상관없다.

**정답** 04. ①　05. ③　06. ③　07. ②

**해설** 냉동 제조 설비의 안전관리자

| 저장 또는 처리능력 | 선 임 구 분 | |
|---|---|---|
| | 안전관리자의 구분 및 선임인원 | 자 격 구 분 |
| 냉동능력 100톤초과 300톤 이하(프레온을 냉매로 사용하는것은 냉동능력 200톤 초과 600톤 이하) | 안전관리총괄자 : 1인 | |
| | 안전관리책임자 : 1인 | 공조냉동기계산업기사 또는 공조냉동기계기능사 중 현장실무 경력이 5년 이상인 자 |
| | 안전관리원 : 1인 이상 | 공조냉동기계기능사 또는 냉동시설안전관리자양성교육이수자 |

**문제 08** 보일러 파열사고의 원인으로 적절하지 못한 것은?
① 압력 초과  ② 취급 불량
③ 수위 유지  ④ 과열

**해설** 보일러 수위를 유지하고 있으면 보일러는 파열되지 않는다.

**문제 09** 수공구 안전에 대한 일반적인 유의사항으로 잘못된 것은?
① 사용전에 이상 유무를 반드시 점검한다.
② 작업에 적합한 공구가 없을 경우 대용으로 유사한 것을 사용한다.
③ 수공구 사용 시에는 필요한 보호구를 착용한다.
④ 수공구 사용전에 충분한 사용법을 숙지하고 익히도록 한다.

**해설** 작업에 적합한 수공구를 사용하여야 한다.

**문제 10** 응축기에서 응축 액화된 냉매가 수액기로 원활히 흐르지 못하는 가장 큰 원인은?
① 액 유입관경이 크다.
② 액 유출관경이 크다.
③ 안전밸브의 구경이 적다.
④ 균압관의 관경이 적다.

**해설** 균압관의 관경이 충분하지 않으면 응축기 응축 액화된 냉매가 수액기로 원활히 흐르지 못한다.

**문제 11** 전기화재 발생 시 가장 좋은 소화기는?
① 산·알칼리 소화기  ② 포말 소화기
③ 모래  ④ 분말 소화기

**해설** 전기화재(C급 화재)의 적응 소화약제
① 분말 소화기
② $CO_2$ 소화기
③ 할로겐 소화기

**정답** 08. ③  09. ②  10. ④  11. ④

2012년 4월 8일 시행

**문제 12** 산소용접 중 역화현상이 일어났을 때 조치 방법으로 가장 적합한 것은?
① 아세틸렌 밸브를 즉시 닫는다.
② 토치속의 공기를 배출한다.
③ 아세틸렌 압력을 높인다.
④ 산소압력을 용접조건에 맞춘다.

해설 역화현상 발생시 산소 및 아세틸렌 밸브를 즉시 닫는다.

**문제 13** 고압선과 저압 가공선이 병가된 경우 접촉으로 인해 발생하는 것과 변압기의 1, 2차 코일의 절연파괴로 인하여 발생하는 현상과 관계있는 것은?
① 단락　　　　　　　② 지락
③ 혼촉　　　　　　　④ 누전

해설 혼촉 : 고압선과 저압 가공선이 병가된 경우 접촉으로 인한 것과 변압기의 1, 2차 코일의 절연 파괴로 인하여 발생

**문제 14** 양중기의 종류 중 동력을 사용하여 중량물을 매달아 상하 및 좌우로 운반하는 기계 장치는?
① 크레인　　　　　　② 리프트
③ 곤돌라　　　　　　④ 승강기

해설 크레인 : 동력을 사용하여 중량물을 매달아 상하 및 좌우로 운반하는 기계

**문제 15** 사업주는 보일러의 안전한 운전을 위하여 근로자에게 보일러의 운전방법을 교육하여 안전사고를 방지하여야 한다. 다음 중 교육내용에 해당하지 않는 것은?
① 보일러의 각종 부속장치의 누설상태를 점검할 것
② 압력방출장치·압력제한스위치·화염검출기의 설치 및 정상 작동여부를 점검할 것
③ 압력방출장치의 개방된 상태를 확인할 것
④ 고저수위조절장치와 급수펌프와의 상호 기능상태를 점검할 것

해설 보일러의 안전운전을 위한 교육
① 가동중인 보일러에는 작업자가 항상 정위치를 떠나지 아니할 것
② 압력방출장치·압력제한스위치·화염검출기의 설치 및 정상 작동여부를 점검할 것
③ 압력방출장치의 봉인상태를 점검할 것
④ 고저수위조절장치와 급수펌프와의 상호 기능상태를 점검할 것
⑤ 보일러의 각종 부속장치의 누설상태를 점검할 것
⑥ 노내의 환기 및 통풍장치를 점검할 것

정답　12. ①　13. ③　14. ①　15. ③

**문제 16** 다음 용어 설명 중 잘못된 것은?

① 냉각(cooling) : 상온보다 낮은 온도로 열을 제거하는 것
② 동결(freezing) : 냉각작용에 의해 물질을 응고점 이하까지 열을 제거하여 고체 상태로 만든 것
③ 냉장(storage) : 냉각장치를 이용, 0℃ 이상의 온도에서 식품이나 공기 등을 상변화 없이 저장하는 것
④ 냉방(air conditioning) : 실내공기에 열을 가하여 주위 온도보다 높게 하는 방법

해설 냉방 : 실내공기에 열을 제거하여 주위 온도보다 낮게 유지하는 방법

**문제 17** 윤활유의 사용목적으로 거리가 먼 것은?

① 운동면에 윤활작용으로 마모 방지
② 기계적 효율 향상과 소손방지
③ 패킹재료를 보호하여 냉각작용을 억제
④ 유막형성으로 냉매가스 누설방지

해설 윤활유는 패킹을 보호하며 냉각작용을 한다.

**문제 18** 팽창밸브 선정 시 고려할 사항 중 관계없는 것은?

① 관의 두께                    ② 냉동기의 냉동능력
③ 사용냉매의 종류              ④ 증발기의 형식 및 크기

해설 팽창밸브 선정 시 고려사항
① 냉동능력                    ② 사용냉매 종류
③ 고저압의 압력차             ④ 증발기의 형식 및 크기

**문제 19** 다음 그림과 같이 20A 강관을 45° 엘보에 나사 연결할 때 관의 실제소요길이는 약 얼마인가? (단, 엘보중심 길이 25mm, 나사물림 길이 13mm이다.)

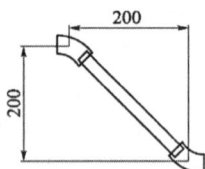

① 255.8mm                    ② 258.8mm
③ 274.8mm                    ④ 282.8mm

해설 관의 실제 소요길이
$l = L - 2(A - a) = (200 \times \sqrt{2}) - \{2 \times (25 - 13)\} = 258.8mm$

정답  16. ④  17. ③  18. ①  19. ②

2012년 4월 8일 시행

**문제 20** 2단 압축 1단 팽창 냉동장치에 대한 설명 중 옳은 것은?
① 단단 압축시스템에서 압축비가 작을 때 사용된다.
② 냉동부하가 감소하면 중간냉각기는 필요 없다.
③ 단단 압축시스템보다 응축능력을 크게 하기 위해 사용된다.
④ -30℃ 이하의 비교적 낮은 증발온도를 요하는 곳에 주로 사용된다.

해설 2단 압축의 목적 : -30℃ 이하의 비교적 낮은 증발온도를 요구하는 냉동장치에 사용

**문제 21** 2중 효용 흡수식 냉동기에 대한 설명 중 옳지 않은 것은?
① 단중 효용 흡수식 냉동기에 비해 효율이 높다.
② 2개의 재생기가 있다.
③ 2개의 증발기가 있다.
④ 2개의 열교환기를 가지고 있다.

해설 1중 효용식에 재생기를 1개 더 추가 설치한 것으로 2개의 재생기가 있으며 효율이 좋고 열교환기가 추가로 필요하다.

**문제 22** 아래와 같은 배관의 도시기호는 어느 이음인가?
① 나사식 이음
② 플랜지식 이음
③ 용접식 이음
④ 턱걸이식 이음

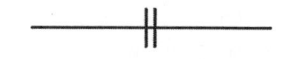

해설 플랜지식 이음의 도시기호이다.

**문제 23** 영국의 마력 1[HP]를 열량으로 환산할 때 맞는 것은?
① 102[kcal/h]   ② 632[kcal/h]
③ 860[kcal/h]   ④ 641[kcal/h]

해설 영국마력, 1HP=76[kg·m/sec]=641[kcal/h]

**문제 24** 저항 3Ω과 유도 리액턴스 4Ω이 직렬로 접속된 회로의 역률은?
① 0.4   ② 0.5
③ 0.6   ④ 0.8

해설 $\cos\theta = \dfrac{R}{\sqrt{R^2+\omega L^2}} = \dfrac{3}{\sqrt{3^2+4^2}} = 0.6$

참고 역률은 $\cos\theta$=유효전력/피상전력으로 전압과 전류의 위상차이다.

정답 20.④ 21.③ 22.② 23.④ 24.③

**문제 25** 동결장치 상부에 냉각코일을 집중적으로 설치하고 공기를 유동시켜 피 냉각물체를 동결시키는 장치는?

① 송풍 동결장치
② 공기 동결장치
③ 접촉 동결장치
④ 브라인 동결장치

예해설 송풍 동결장치 : 동결실의 상부에 냉각코일을 집중 설치하고 송풍기를 사용하여 공기를 3m/s로 유동시켜 정지공기 냉각보다 2~4배의 동결속도를 얻을 수 있다.

참고 침지식 동결장치 : 피동결물을 냉각한 부동액 중에 침지시켜 동결시키는 장치

**문제 26** 다음 $NH_3$ 표준 냉동사이클의 P-h선도이다. 플래시 가스열량은 얼마인가?

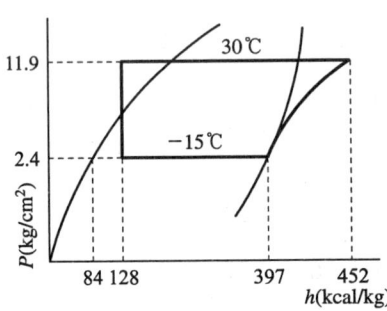

① 44kcal/kg
② 55kcal/kg
③ 313kcal/kg
④ 368kcal/kg

예해설 플래시 가스열량
$F_g = 128 - 84 = 44 [kcal/kg]$

**문제 27** 지열을 이용하는 열펌프(Heat Pump)의 종류가 아닌 것은?

① 엔진구동 열펌프
② 지하수 이용 열펌프
③ 지표수 이용 열펌프
④ 지중열 이용 열펌프

예해설 지열을 이용하는 열펌프 : 지하수 이용 열펌프, 지표수 이용 열펌프, 지중열 이용 열펌프

**문제 28** 냉동장치의 배관에 있어서 유의할 사항으로 틀린 것은?

① 관의 강도가 적합한 규격이어야 한다.
② 냉매의 종류에 따라 관의 재질을 선택해야 한다.
③ 관내부의 유체 압력 손실이 커야 한다.
④ 관의 온도 변화에 의한 신축을 고려해야 한다.

예해설 배관에서 관 내부의 유체 압력 손실이 작아야 한다.

정답 25.① 26.① 27.① 28.③

2012년 4월 8일 시행

**문제 29** 제빙용으로 브라인(brine)의 냉각에 적당한 증발기는?
① 관코일 증발기  ② 헤링본 증발기
③ 원통형 증발기  ④ 평판상 증발기

해설 헤링본 증발기 : 제빙용 증발기

**문제 30** 전자냉동은 어떠한 원리를 이용한 것인가?
① 제백효과  ② 안티효과
③ 펠티에효과  ④ 증발효과

해설 반도체(펠티에 효과)를 이용하는 냉동기 : 전자 냉동기

참고 펠티에 효과(Peltier effect) : 2개의 서로 다른 금속으로 된 회로에 전류를 흐르게 할때 한쪽 접합부는 냉각되고 다른 부위는 가열되는 현상

**문제 31** 증발기의 성애부착을 제거하기 위한 제상 방법이 아닌 것은?
① 전열제상  ② 핫 가스제상
③ 산 살포제상  ④ 부동액 살포제상

해설 증발기 제상방법
① 압축기 정지 제상  ② 온공기 제상
③ 전열제상  ④ 온수 살포제상
⑤ 브라인 살포제상  ⑥ 핫 가스제상

**문제 32** 증발 온도가 낮을 때 미치는 영향 중 틀린 것은?
① 냉동능력 감소
② 소요동력 감소
③ 압축비 증대로 인한 실린더 과열
④ 성적 계수 저하

해설 증발 온도가 낮아지면 압축비가 증가하며 압축기 소요동력도 증가한다.

**문제 33** 온도가 다른 두 물체를 접촉시키면 열은 고온에서 저온의 물체로 이동한다. 이것은 어떤 법칙인가?
① 주울의 법칙  ② 열역학 제2법칙
③ 헤스의 법칙  ④ 열역학 제1법칙

해설 열역학 제2법칙 : 열은 항상 고온에서 저온으로 이동한다.

정답  29. ②  30. ③  31. ③  32. ②  33. ②

**문제 34** 배관의 부식방지를 위해 사용하는 도료가 아닌 것은?
① 광명단
② 연산칼슘
③ 크롬산아연
④ 탄산마그네슘

해설 탄산마그네슘은 보온재에 해당된다.

**문제 35** 암모니아 냉매의 특성에 대한 것으로 틀린 것은?
① 동 및 동합금, 아연을 부식시킨다.
② 철 및 강을 부식시킨다.
③ 물에 잘 용해되지만 윤활유에는 잘 녹지 않는다.
④ 염산이나 유황의 불꽃과 반응하여 흰 연기를 발생시킨다.

해설 암모니아 냉매는 철 및 강을 부식시키지 않는다.

**문제 36** 강관용 이음쇠를 이음방법에 따라 분류한 것이 아닌 것은?
① 용접식
② 압축식
③ 플랜지식
④ 나사식

해설 압축식인 플레어 이음은 20[mm] 이하의 동관 이음 방법이다.
참고 강관의 이음 방법 : 나사식, 용접식, 플랜지식

**문제 37** 회전식(Rotary) 압축기의 설명 중 틀린 것은?
① 흡입밸브가 없다.
② 압축이 연속적이다.
③ 회전수가 200rpm 정도로 매우 적다.
④ 왕복동에 비해 구조가 간단하다.

해설 회전식 압축기는 회전수가 빠르다.

**문제 38** 냉매가 팽창밸브(expansion valve)를 통과할 때 변하는 것은? (단, 이론상의 표준냉동 사이클)
① 엔탈피와 압력
② 온도와 엔탈피
③ 압력과 온도
④ 엔탈피와 비체적

해설 냉매가 팽창밸브 통과시 압력과 온도가 저하되나 엔탈피는 일정하고 비체적은 증가한다.

정답 34.④ 35.② 36.② 37.③ 38.③

2012년 4월 8일 시행

**문제 39** 임계점에 대한 설명으로 맞는 것은?

① 어느 압력 이상에서 포화액이 증발이 시작됨과 동시에 건포화 증기로 변하게 되는데, 포화액선과 건포화 증기선이 만나는 점
② 포화온도 하에서 증발이 시작되어 모두 증발하기까지의 온도
③ 물이 어느 온도에 도달하면 온도는 더 이상 상승하지 않고 증발이 시작하는 온도
④ 일정한 압력하에서 물체의 온도가 변화하지 않고 상(相)이 변화하는 점

해설 임계점 : 어느 압력 이상에서 증발잠열이 0이 되어 증발현상이 없고 포화액이 증발이 시작됨과 동시에 건포화 증기로 변하게 되는 포화액선과 건조포화증기가 만나는 점

**문제 40** 다음 중 계전기 b 접점을 나타낸 것은?

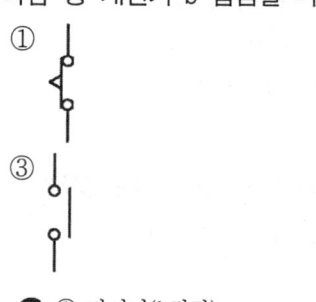 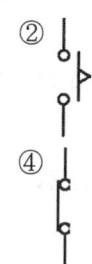

해설 ① 타이머(b접점)
② 타이머(a접점)
③ 계전기, 릴레이(a접점)
④ 계전기, 릴레이(b접점)

**문제 41** 냉동장치의 냉매계통 중에 수분이 침입하였을 때 일어나는 현상을 열거한 것 중 잘못된 것은?

① 유리된 수분이 물방울이 되어 프레온 냉매계통을 순환하다가 팽창밸브에서 동결한다.
② 침입한 수분이 냉매나 금속과 화학반응을 일으켜 냉매계통의 부식, 윤활유의 열화 등을 일으킨다.
③ 암모니아는 물에 잘 녹으므로 침입한 수분이 동결하는 장애가 적은 편이다.
④ R-12는 R-22 보다 많은 수분을 용해하므로, 팽창밸브 등에서의 수분동결의 현상이 적게 일어난다.

해설 R-12는 물에는 잘 용해되지 않으므로 수분 혼입시 팽창밸브에서 수분동결의 현상이 일어나므로 건조기를 사용하여야 하며 윤활유를 잘 용해시킨다.

정답 39. ① 40. ④ 41. ④

**문제 42** 증발식 응축기에 관한 설명으로 옳은 것은?
① 일반적으로 물의 소비량이 수냉식 응축기보다 현저하게 적다.
② 대기의 습구온도가 낮아지면 응축온도가 높아진다.
③ 송풍량이 적어지면 응축능력이 증가한다.
④ 냉각작용 3가지(수냉, 공냉, 증발) 중 1가지(증발)에 의해서만 응축이 된다.

해설 증발식 응축기는 물의 증발잠열을 이용하여 냉매를 응축시키므로 냉각수를 사용하는 수냉식 응축기보다 물의 소비량이 현저하게 적다.

**문제 43** 순저항(R)만으로 구성된 회로에 흐르는 전류와 전압과의 위상 관계는?
① 90° 앞선다.
② 90° 뒤진다.
③ 180° 앞선다.
④ 동위상이다.

해설 순저항만으로 구성된 회로의 전류와 전압은 동위상이다.

**문제 44** 냉동장치의 고압측에 안전장치로 사용되는 것 중 옳지 않은 것은?
① 스프링식 안전밸브
② 플로우트 스위치
③ 고압차단 스위치
④ 가용전

해설 플로우트 스위치는 액면을 일정하게 유지하기 위한 스위치로서 안전장치로서는 부적당하다.

**문제 45** 보기의 내용 중 브라인의 구비 조건으로 적절한 것만 골라놓은 것은?

[보기] ㉠ 비열과 열전도율이 클 것  ㉡ 끓는점이 높고, 불연성일 것
       ㉢ 동결온도가 높을 것       ㉣ 점성이 크고 부식성이 클 것

① ㉠, ㉡
② ㉠, ㉢
③ ㉡, ㉢
④ ㉠, ㉣

해설 ㉢ 동결온도가 낮을 것
     ㉣ 점성이 적고 부식성이 없을 것

**문제 46** 다음 중 개별 공기조화 방식은?
① 패키지유닛 방식
② 단일덕트 방식
③ 팬코일유닛 방식
④ 멀티존 방식

해설 개별식(냉매방식) : 룸에어콘, 패키지방식, 멀티유닛 등

정답 42.① 43.④ 44.② 45.① 46.①

2012년 4월 8일 시행

**문제 47** 다음 중 배연방식이 아닌 것은?
① 자연 배연방식
② 국소 배연방식
③ 스모크타워방식
④ 기계 배연방식

해설 배연방식 : 자연 배연방식, 기계 배연방식, 스모크타워방식

**문제 48** 공기조화의 개념을 가장 올바르게 설명한 것은?
① 실내 공기의 청정도를 적합하도록 조절하는 것
② 실내 공기의 온도를 적합하도록 조절하는 것
③ 실내 공기의 습도를 적합하도록 조절하는 것
④ 실내 또는 특정한 장소의 공기의 기류속도, 습도, 청정도 등을 사용 목적에 적합하도록 조절하는 것

해설 공기조화 : 일정한 장소의 요구에 알맞게 공기의 온도, 습도, 청정도, 기류속도 등을 사용 목적에 적합하도록 조절하는 것

**문제 49** 그림과 같이 공기가 상태변화를 하였을 때 바르게 설명한 것은?

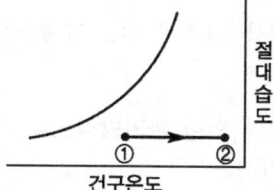

① 절대습도 증가
② 상대습도 감소
③ 수증기분압 감소
④ 현열량 감소

해설 공기가 가열되는 과정으로
① 절대습도 일정
② 상대습도 감소
③ 수증기분압 일정
④ 현열량 증가

**문제 50** 시간당 5000m³의 공기가 지름 80cm의 원형 덕트내를 흐를 때 풍속은 약 몇 m/s 인가?
① 1.81
② 2.32
③ 2.76
④ 3.25

해설 $V = \dfrac{4Q}{\pi D^2} = \dfrac{4 \times 5000}{3.14 \times 0.8^2 \times 3600} = 2.76 \, \text{m/s}$

정답 47.② 48.④ 49.② 50.③

**문제 51** 다음 중 부하의 양이 가장 큰 것은?
① 실내부하　　　　　② 냉각코일부하
③ 냉동기부하　　　　④ 외기부하

해설 냉동기부하 > 냉각코일부하 > 실내부하 > 외기부하

**문제 52** 온풍난방의 특징에 대한 설명 중 맞는 것은?
① 예열부하가 작아 예열시간이 짧다.
② 송풍기의 전력소비가 작다.
③ 송풍덕트의 스페이스가 필요 없다.
④ 실온과 동시에 실내의 습도와 기류의 조정이 어렵다.

해설 온풍난방은 예열부하가 작아 예열시간이 짧다.

**문제 53** 신축곡관이라고도 하며 관의 구부림을 이용하여 신축을 흡수하는 신축이음장치는?
① 슬리브형 신축이음　　② 벨로스형 신축이음
③ 루프형 신축이음　　　④ 스위블형 신축이음

해설 루프형 신축이음 : 신축곡관이라고 하며 관의 구부림을 이용하여 신축을 흡수하는 신축이음

**문제 54** 기계배기와 적당한 자연급기에 의한 환기방식으로서 화장실, 탕비실, 소규모 조리장의 환기 설비에 적당한 환기법은?
① 제1종 환기법　　　② 제2종 환기법
③ 제3종 환기법　　　④ 제4종 환기법

해설 기계 환기 방식
① 제1종 환기 : 급기팬+배기팬(보일러실, 병원수술실 등)
② 제2종 환기 : 급기팬(반도체무균실, 소규모 변전실, 창고 등)
③ 제3종 환기 : 배기팬(화장실, 탕비실, 조리장, 차고 등)

**문제 55** 감습장치에 대한 내용 중 옳지 않은 것은?
① 압축 감습장치는 동력소비가 작다.
② 냉각 감습장치는 노점온도 이하로 감습한다.
③ 흡수식 감습장치는 흡수성이 큰 용액을 이용한다.
④ 흡착식 감습장치는 고체 흡수제를 이용한다.

해설 압축 감습장치는 압축기를 사용하므로 동력소비가 크다.

정답　51. ③　52. ①　53. ③　54. ③　55. ①

2012년 4월 8일 시행

**문제 56** 공기조화설비의 구성요소 중에서 열원장치에 속하는 것은?
① 송풍기 ② 덕트
③ 자동제어장치 ④ 흡수식냉온수기

해설 열원장치 : 냉동기, 흡수식냉온수기, 빙축열냉동기, 보일러, 냉각탑 등

**문제 57** 어느 실내온도가 25°C이고, 온수방열기의 방열면적이 10m² EDR인 실내의 방열량은 얼마인가?
① 1250kcal/h ② 2500kcal/h
③ 4500kcal/h ④ 6000kcal/h

해설 난방부하 = EDR × 방열기 방열량 = 10 × 450 = 4500[kcal/h]

참고 상당방열면적(EDR)
$$EDR = \frac{난방부하(방열기전방열량)}{방열기 방열량}$$

**문제 58** 다음 공기조화방식 중에서 덕트방식이 아닌 것은?
① 팬코일유닛 방식 ② 유인유닛 방식
③ 각층유닛 방식 ④ 전공기 방식

해설 팬코일유닛 방식 : 수(배관)방식

**문제 59** 송풍기의 크기가 정수일 때 풍량은 회전속도비에 비례하며, 압력은 회전속도비의 2제곱에 비례하고, 동력은 회전속도비의 3제곱에 비례한다는 법칙으로 맞는 것은?
① 상압의 법칙 ② 상속의 법칙
③ 상사의 법칙 ④ 상동의 법칙

해설 송풍기의 상사법칙 : 회전수의 변화비에 따라 풍량($Q$)은 정비례하고 정압($P$)은 2제곱에 비례하고 소요동력($KW$)은 3제곱에 비례한다.

**문제 60** 실내공기의 흡입구 중 펀칭메탈형 흡입구의 자유면적비는 펀칭메탈의 관통된 구멍의 총면적과 무엇의 비율인가?
① 전체면적 ② 디퓨져의 수
③ 격자의 수 ④ 자유면적

해설 자유면적비 : 관통된 구멍의 총면적(자유면적)/전체면적

정답 56. ④ 57. ③ 58. ① 59. ③ 60. ①

## 2012년 7월 22일 시행

**문제 01** 중량물을 운반하기 위하여 크레인을 사용하고자 한다. 크레인의 안전한 사용을 위해 지정거리에서 권상을 정지시키는 방호장치는?
① 과부하 방지 장치
② 권과 방지 장치
③ 비상 정지 장치
④ 해지 장치

해설 권과 방지 장치 : 크레인이 지정거리에서 권상을 정지시키는 방호장치

**문제 02** 냉동기계 설치 시 각 기기의 위치를 정하기 위한 설명으로 옳지 않은 것은?
① 운전상 작업의 용이성을 고려할 것
② 실내의 기계 상태를 일부분만 볼 수 있게 하고 제어가 쉽도록 할 것
③ 실내의 조명과 환기를 고려할 것
④ 현장의 상황에 맞는가를 조사할 것

해설 실내의 기계 상태를 전부 볼 수 있게 하고 제어가 쉽도록 하여야 한다.

**문제 03** 안전화의 구비조건에 대한 설명으로 틀린 것은?
① 정전화는 인체에 대전된 정전기를 구두바닥을 통하여 땅으로 누전시킬 수 있는 재료를 사용할 것
② 가죽제 안전화는 가능한 한 무거울 것
③ 착용감이 좋고 작업에 편리할 것
④ 앞발가락 끝부분에 선심을 넣어 압박 및 충격에 대하여 착용자의 발가락을 보호할 수 있을 것

해설 안전화는 가능한 가벼워야 한다.

**문제 04** 누전 및 지락의 방지대책으로 적절하지 못한 것은?
① 절연 열화의 방지
② 퓨즈, 누전차단기 설치
③ 과열, 습기, 부식의 방지
④ 대전체 사용

해설 누전과 지락의 방지대책
① 절연 열화의 방지
② 과열, 습기, 부식의 방지
③ 퓨즈, 누전차단기 설치
④ 충전부와 금속체인 건물의 구조재, 수도관, 가스관 등과의 이격

참고 ① 누전 : 전류가 설계된 부분 이외의 곳에 흐르는 현상
② 지락 : 누전전류의 일부가 대지로 흐르게 되는 것

정답 01.② 02.② 03.② 04.④

2012년 7월 22일 시행

**문제 05** 보일러 취급 부주의에 의한 사고 원인이 아닌 것은?
① 이상 감수(減水)  ② 압력 초과
③ 수처리 불량  ④ 용접 불량

해설 보일러 사고의 원인
① 제작상 원인
　㉠ 재료불량　㉡ 구조 및 설계불량
　㉢ 강도불량　㉣ 용접불량
　㉤ 부속기기 설비 미비 등
② 취급상 원인
　㉠ 압력초과　㉡ 저수위
　㉢ 과열　　　㉣ 역화
　㉤ 부식　　　㉥ 미연소가스 폭발 등

**문제 06** 연소에 관한 설명이 잘못된 것은?
① 온도가 높을수록 연소속도가 빨라진다.
② 입자가 작을수록 연소속도가 빨라진다.
③ 촉매가 작용하면 연소속도가 빨라진다.
④ 산화되기 어려운 물질일수록 연소속도가 빨라진다.

해설 산화되기 쉬운 물질일수록 연소속도가 빨라진다.

**문제 07** 전기용접 작업의 안전사항에 해당되지 않는 것은?
① 용접 작업 시 보호구를 착용토록 한다.
② 홀더나 용접봉은 맨손으로 취급하지 않는다.
③ 작업 전에 소화기 및 방화사를 준비한다.
④ 용접이 끝나면 용접봉은 홀더에서 빼지 않는다.

해설 전기용접시 용접이 끝나면 홀더에서 용접봉은 반드시 빼 놓아야 한다.

**문제 08** 안전장치에 관한 사항으로 옳지 않은 것은?
① 해당설비에 적합한 안전장치를 사용한다.
② 안전장치는 수시로 점검한다.
③ 안전장치는 결함이 있을 때에는 즉시 조치한 후 작업한다.
④ 안전장치는 작업형편상 부득이한 경우에는 일시적으로 제거하여도 좋다.

해설 안전장치는 부득이한 경우라도 절대 제거하여서는 안된다.

정답 05.④ 06.④ 07.④ 08.④

**문제 09** 위험물 취급 및 저장 시의 안전조치 사항 중 틀린 것은?
① 위험물은 작업장과 별도의 장소에 보관하여야 한다.
② 위험물을 취급하는 작업장에는 너비 0.3m 이상, 높이 2m 이상의 비상구를 설치하여야 한다.
③ 작업장 내부에는 작업에 필요한 양만큼만 두어야 한다.
④ 위험물을 취급하는 작업장에는 출입구와 같은 방향에 있지 아니하고, 출입구로부터 3m 이상 떨어진 곳에 비상구를 설치하여야 한다.

해설 위험물을 취급하는 작업장에는 너비 0.75m 이상, 높이 1.5m 이상의 비상구를 설치하여야 한다.

**문제 10** 산소-아세틸렌 가스용접 시 역화현상이 발생하였을 때 조치사항으로 적절하지 못한 것은?
① 산소의 공급압력을 최대로 높인다.
② 팁 구명의 이물질제거 등 토치의 기능을 점검한다.
③ 팁을 물로 냉각한다.
④ 아세틸렌을 차단한다.

해설 산소공급 압력이 과대하면 역화가 발생할 수 있다.

**문제 11** 수공구 사용 시 주의사항으로 적당하지 않은 것은?
① 작업대 위의 공구는 작업 중에도 정리한다.
② 스패너 자루에 파이프를 끼어 사용해서는 안 된다.
③ 서피스 게이지의 바늘 끝은 위쪽으로 향하게 둔다.
④ 사용전에 이상 유무를 반드시 점검한다.

해설 서피스 게이지(금긋기 바늘)는 바늘 끝이 아래로 향하도록 한다.
참고 서피스 게이지 : 금긋기, 중심내기 등에 이용하는 금긋기 공구

**문제 12** 사업주는 그 작업조건에 적합한 보호구를 동시에 작업하는 근로자의 수 이상으로 지급하고 이를 착용하도록 하여야 한다. 이때 적합한 보호구 지급에 해당되지 않는 것은?
① 보안경 : 물체가 날아 흩어질 위험이 있는 작업
② 보안면 : 용접 시 불꽃 또는 물체가 날아 흩어질 위험이 있는 작업
③ 안전대 : 감전의 위험이 있는 작업
④ 방열복 : 고열에 의한 화상 등의 위험이 있는 작업

해설 안전대(안전벨트) : 높이 또는 깊이 2m 이상의 추락할 위험이 있는 장소에서의 작업

**정답** 09. ② 10. ① 11. ③ 12. ③

2012년 7월 22일 시행

**문제 13** 냉동설비의 설치공사 완료 후 시운전 또는 기밀시험을 실시할 때 사용할 수 없는 것은?

① 헬륨  ② 산소
③ 질소  ④ 탄산가스

해설 냉동장치의 기밀시험에는 조연성 가스인 산소를 사용하지 않는다.

**문제 14** 다음 보기의 설명에 해당되는 것은?

[보기]
• 실린더에 상이 붙는다.    • 토출가스 온도가 낮아진다.
• 냉동능력이 감소한다.    • 압축기의 손상이 우려된다.

① 액 햄머   ② 커퍼 플레이팅
③ 냉매과소 충전  ④ 플래쉬 가스 발생

해설 액 햄머 : 냉동부하 감소나 냉매순환량 증가로 인하여 액이 압축기로 유입되어 실린더에 상이 붙고 토출가스 온도 및 냉동능력은 낮아지며 심한 경우 압축기에 타격음이 발생하며 압축기가 파손되는 현상

**문제 15** 추락을 방지하기 위해 작업발판을 설치해야 하는 높이는 몇 m 이상인가?

① 2  ② 3
③ 4  ④ 5

해설 작업위치의 높이가 2m 이상일 경우에는 작업발판을 설치하거나 안전대를 착용하게 하는 등 위험방지를 위하여 필요한 조치를 할 것(산업안전기준에 관한 규칙)

**문제 16** 그림과 같은 회로에서 6[Ω]에 흐르는 전류[A]는 얼마인가?

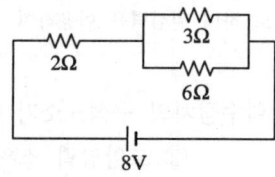

① $\frac{1}{3}$[A]  ② $\frac{2}{3}$[A]
③ $\frac{1}{2}$[A]  ④ $\frac{3}{2}$[A]

해설 $R = 2 + \frac{3 \times 6}{3+6} = 4[\Omega]$, $I = \frac{V}{R} = \frac{8}{4} = 2[A]$

∴ $I_{6A} = \frac{3}{3+6} \times 2 = \frac{2}{3}[A]$

정답 13. ② 14. ① 15. ① 16. ②

**문제 17** 이상기체의 엔탈피가 변하지 않는 과정은?
① 가역 단열과정   ② 등온과정
③ 비가역 압축과정  ④ 교축과정

> 등엔탈피 과정 : 교축과정

**문제 18** 다음 중 열펌프(Heat Pump)의 열원이 아닌 것은?
① 대기   ② 지열
③ 태양열  ④ 빙축열

> 열펌프의 열원 : 대기, 지열, 태양열 등

**문제 19** 수동나사 절삭 방법 중 잘못 된 것은?
① 관을 파이프 바이스에서 약 150mm 정도 나오게 하고 관이 찌그러지지 않게 주의하면서 단단히 물린다.
② 관 끝은 절삭날이 쉽게 들어갈 수 있도록 약간의 모따기를 한다.
③ 나사 절삭기를 관에 끼우고 래칫을 조정한 다음 약 30°씩 회전시킨다.
④ 나사가 완성되면 편심 핸들을 급히 풀고 절삭기를 뺀다.

> 나사가 완성되면 편심 핸들을 천천히 풀고 절삭기를 뺀다.

**문제 20** 원심력을 이용하여 냉매를 압축하는 형식으로 터보압축기라고도 하며, 흡입하는 냉매증기의 체적은 크지만 압축압력을 크게 하기 곤란한 압축기는?
① 원심식 압축기   ② 스크류 압축기
③ 회전식 압축기   ④ 왕복동식 압축기

> 원심식 압축기 : 터보압축기라고도 하며 원심력을 이용하여 냉매를 압축하는 압축기

**문제 21** 액을 수액기로 유입시키는 냉매 회수장치의 구성요소가 아닌 것은?
① 3방 밸브   ② 고압압력 스위치
③ 체크 밸브  ④ 플로우트 스위치

> 고압압력 스위치는 안전장치로 냉매 회수장치의 구성요소가 아니다.

**문제 22** 열역학 제1법칙을 설명한 것 중 옳은 것은?
① 열평형에 관한 법칙이다.
② 이론적으로 유도 가능하여 엔트로피의 뜻을 잘 설명한다.
③ 이상 기체에만 적용되는 열량 법칙이다.
④ 에너지 보존의 법칙 중 열과 일의 관계를 설명한 것이다.

**정답** 17.④ 18.④ 19.④ 20.① 21.② 22.④

2012년 7월 22일 시행

···해설 열열학 제1법칙 : 에너지 보존의 법칙으로 열과 일의 관계를 나타낸 법칙

**문제 23** 프레온 냉동장치에서 필요 없는 것은?
① 워터 자켓  ② 드라이어
③ 액분리기  ④ 유분리기

···해설 워터 자켓 : 비열비가 큰 암모니아 냉동장치는 압축기 토출가스 온도가 높으므로 워터 자켓을 설치하여 냉각수를 통수시켜 냉각 시킨다.

**문제 24** 고체 냉각식 동결장치의 종류에 속하지 않는 것은?
① 스파이럴식 동결장치
② 배치식 콘택트 프리져 동결장치
③ 연속식 싱글 스틸 벨트 프리져 동결장치
④ 드럼 프리져 동결장치

···해설 고체 냉각식 동결장치(접촉식 동결장치)
① 배치식 콘택트 프리져
② 연속식 싱글 스틸 벨트 프리져
③ 연속식 콘택트 프리져
④ 드럼 프리져

**문제 25** 압축식 냉동장치를 운전하였더니 다음 그림과 같은 사이클이 형성되었다. 이 장치의 성적계수는 약 얼마인가? (단, 각 점의 엔탈피는 $a$ : 115, $b$ : 143, $c$ : 154 kcal/kg이다.)

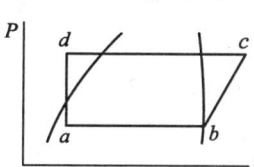

① 4.55  ② 3.55
③ 2.55  ④ 1.55

···해설 성적계수, $COP = \dfrac{q_2}{Aw} = \dfrac{143-115}{154-143} = 2.55$

**문제 26** 다음 중 배관의 부식방지용 도료가 아닌 것은?
① 광명단  ② 산화철
③ 규조토  ④ 타르 및 아스팔트

···해설 규조토 : 무기질 보온재

정답  23. ①  24. ①  25. ③  26. ③

**문제 27** 증기 압축식 냉동기와 흡수식 냉동기에 대한 설명 중 잘못된 것은?

① 증기를 값싸게 얻을 수 있는 장소에서는 흡수식이 경제적으로 유리하다.
② 냉매를 압축하기 위해 압축식에서는 기계적 에너지를 흡수식에서는 화학적 에너지를 이용한다.
③ 흡수식에 비해 압축식이 열효율이 높다.
④ 동일한 냉동능력을 갖기 위해서 흡수식은 압축식에 비해 장치가 커진다.

⋯⋯ 해설 흡수식 냉동기 : 열에너지 이용

**문제 28** 다음 전기에 대한 설명 중 틀린 것은?

① 전기가 흐르기 어려운 정도를 컨덕턴스라 한다.
② 일정시간 동안 전기에너지가 한 일의 양을 전력량이라 한다.
③ 일정한 도체에 가한 전압을 증가시키면 전류도 커진다.
④ 기전력은 전위차를 유지시켜 전류를 흘리는 원동력이 된다.

⋯⋯ 해설 컨덕턴스(Conductance) : 전기가 얼마나 잘 통하느냐 하는 정도를 나타내는 것으로 저항의 역수

**문제 29** 냉동장치에서 디스트리뷰터(distributor)의 역할로써 가장 적합한 것은?

① 냉매의 분배   ② 토출가스 과열
③ 증발온도 저하   ④ 플래시가스 발생

⋯⋯ 해설 냉매분배기(Distributor : 냉매 분류기) : 증발기로의 냉매분배를 균등히 하기 위하여 설치

**문제 30** 다음 그림은 무슨 냉동사이클 이라고 하는가?

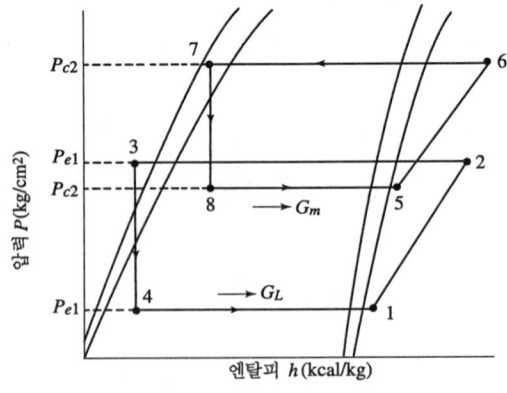

① 2단 압축 1단 팽창 냉동사이클   ② 2단 압축 2단 팽창 냉동사이클
③ 2원 냉동사이클   ④ 강제 순환식 2단 사이클

정답  27. ②  28. ①  29. ①  30. ③

⋯⋯ 📖 2원 냉동사이클 : 비등점이 각각 다른 2개의 냉동사이클을 병렬로 형성시켜 −70℃ 이하의 초저온을 얻기 위해 채용

**문제 31** 1psi는 약 몇 gf/cm²인가?
① 64.5
② 70.3
③ 82.5
④ 98.1

⋯⋯ 📖 압력의 환산 $x$PSI [Lb/in²] → [kgf/cm²]
$1.033 \times \frac{x}{14.7}$ 에서 $1.033 \times \frac{1}{14.7} = 0.07027$[kgf/cm²] = 70.3[gf/cm²]

**문제 32** 브라인에 암모니아 냉매가 누설되었을 때, 적합한 누설 검사 방법은?
① 비눗물 등의 발포액을 발라 검사한다.
② 누설 검지기로 검사한다.
③ 헬라이드 토치로 검사한다.
④ 네슬러 시약으로 검사한다.

⋯⋯ 📖 암모니아가 물이나 브라인에 용해되었을 경우에는 네슬러 시약을 적하하면 색깔이 변한다.
(소량누설 : 황색, 다량누설 : 자색)

**문제 33** 각종 밸브의 종류와 용도와의 관계를 설명한 것이다. 잘못된 것은?
① 글로브밸브 : 유량 조절용
② 체크밸브 : 역류 방지용
③ 안전밸브 : 이상 압력 조정용
④ 콕 : 0~180° 사이의 회전으로 유로의 느린 개폐용

⋯⋯ 📖 콕(cock) : 0~90° 회전으로 유로의 급속히 개폐용으로 사용

**문제 34** 다음 중 냉매의 성질로 옳은 것은?
① 암모니아는 강을 부식시키므로 구리나 아연을 사용한다.
② 프레온은 절연내력이 크므로 밀폐형에는 부적합하고 개방형에 사용된다.
③ 암모니아는 인조고무를 부식시키고 프레온은 천연고무를 부식시킨다.
④ 프레온은 수분과 분리가 잘되므로 드라이어를 설치할 필요는 없다.

⋯⋯ 📖 암모니아는 인조고무를 부식시키므로 천연고무를 사용하고 프레온은 인조고무를 사용한다.

**정답** 31. ② 32. ④ 33. ④ 34. ③

**문제 35** 2단 압축 냉동사이클에서 저압측 증발압력이 3 kgf/cm²g이고, 고압측 응축압력이 18 kgf/cm²g일 때 중간압력은 약 얼마인가? (단, 대기압은 1 kgf/cm²a이다.)

① 6.7kgf/cm²a  
② 7.8kgf/cm²a  
③ 8.7kgf/cm²a  
④ 9.5kgf/cm²a  

해설 중간압력, $P_m = \sqrt{(3+1) \times (18+1)} = 8.7 [kgf/cm^2 a]$

**문제 36** 브라인 동결 방지의 목적으로 사용되는 기기가 아닌 것은?

① 서모스탯  
② 단수 릴레이  
③ 흡입압력 조정 밸브  
④ 증발압력 조정 밸브  

해설 브라인의 동결 방지대책
① 증발압력조정밸브(EPR)를 설치
② 동결방지용 TC를 설치
③ 단수 릴레이 설치
④ 브라인에 부동액 첨가 사용
⑤ 냉수순환펌프와 압축기를 인터록

**문제 37** 왕복동 압축기의 기계효율($\eta_m$)에 대한 설명으로 옳은 것은? (단, 지시 동력은 가스를 압축하기 위한 압축기의 실제 필요 동력이고, 축 동력은 실제 압축기를 운전하는데 필요한 동력이며, 이론적 동력은 압축기의 이론상 필요한 동력을 말한다.)

① $\dfrac{\text{지시 동력}}{\text{축 동력}}$  
② $\dfrac{\text{이론적 동력}}{\text{지시 동력}}$  
③ $\dfrac{\text{지시 동력}}{\text{이론적 동력}}$  
④ $\dfrac{\text{축 동력} \times \text{지시 동력}}{\text{이론적 동력}}$  

해설 기계효율

$\eta_m = \dfrac{\text{실제로 가스를 압축하는데 필요한 동력(지시동력)}}{\text{실제 압축기를 운전하는데 필요한 동력(축동력)}}$

**문제 38** 자연적인 냉동방법 중 얼음을 이용하는 냉각법과 가장 관계가 많은 것은?

① 융해열  
② 증발열  
③ 승화열  
④ 응고열  

해설 얼음을 이용하는 냉동방법은 얼음의 융해열을 이용하여 냉각한다.

**정답** 35. ③  36. ③  37. ①  38. ①

2012년 7월 22일 시행

**문제 39** 2단 압축장치의 중간 냉각기 역할이 아닌 것은?
① 압축기로 흡입되는 액냉매를 방지하기 위함이다.
② 고압응축액을 냉각시켜 냉동능력을 증대시킨다.
③ 저단측 압축기 토출가스의 과열을 제거한다.
④ 냉매액을 냉각하여 그 중에 포함되어 있는 수분을 동결시킨다.

해설 중간 냉각기의 역할
① 고압 압축기로의 액유입방지
② 저단측 압축기의 토출가스의 과열을 제거
③ 증발기 공급액을 과냉각시켜 냉동효과, 냉동능력 증대

**문제 40** 역 카르노 사이클은 어떤 상태변화 과정으로 이루어져 있는가?
① 2개의 등온과정, 1개의 등압과정
② 2개의 등압과정, 2개의 교축작용
③ 2개의 단열과정, 1개의 교축과정
④ 2개의 단열과정, 2개의 등온과정

해설 역카르노 사이클 : 단열압축 → 등온압축 → 단열팽창 → 등온팽창

**문제 41** 터보 압축기의 특징으로 맞지 않는 것은?
① 임펠러에 의한 원심력을 이용하여 압축한다.
② 응축기에서 가스가 응축하지 않을 경우 이상고압이 발생된다.
③ 부하가 감소하면 서징을 일으킨다.
④ 진동이 적고, 1대로도 대용량이 가능하다.

해설 터보 압축기는 응축기에서 응축이 되지 않는 경우에도 이상고압으로 되지 않는다.

**문제 42** 강제급유식에 기어펌프를 많이 사용하는 이유로 가장 적합한 것은?
① 유체의 마찰저항이 크기 때문에
② 저속으로도 일정한 압력을 얻을 수 있기 때문에
③ 구조가 복잡하기 때문에
④ 대형으로만 높은 압력을 얻을 수 있기 때문에

해설 기어펌프를 많이 쓰는 이유
① 구조가 간단하고 고장이 적다.
② 저속으로도 일정한 압력을 얻을 수 있다.
③ 유체의 마찰저항이 적다.
④ 소형으로 고압을 얻을 수 있다.

정답 39. ④ 40. ④ 41. ② 42. ②

**문제 43** 압축기 및 응축기에서 심한 온도 상승을 방지하기 위한 대책이 아닌 것은?
① 불응축 가스를 제거한다.
② 규정된 냉매량보다 적은 냉매를 충전한다.
③ 충분한 냉각수를 보낸다.
④ 냉각수 배관을 청소한다.

해설 냉매량이 적으면 응축온도가 상승한다.

**문제 44** 관의 끝부분의 표시방법에서 종류별 그림기호를 나타낸 것으로 틀린 것은?
① 용접식 캡
② 체크포인트
③ 블라인더 플랜지
④ 나사박음식 캡

해설 ㉮ 용접식 캡
㉰ 막힘(블라인드) 플랜지
㉱ 나사(박음식) 캡

**문제 45** 냉동장치에서 압력과 온도를 낮추고 동시에 증발기로 유입되는 냉매량을 조절해 주는 곳은?
① 수액기
② 압축기
③ 응축기
④ 팽창밸브

해설 팽창밸브 : 냉동장치의 압력과 온도를 낮추고 동시에 증발기로 유입되는 냉매량을 조절하는 기기

**문제 46** 가습효율이 100%에 가까우며 무균이면서 응답성이 좋아 정밀한 습도제어가 가능한 가습기는?
① 물분무식 가습기
② 증발팬 가습기
③ 증기 가습기
④ 소형 초음파 가습기

해설 증기 가습기 : 가습효율이 100%에 가까우며 무균이면서 부하에 대한 응답이 좋아 정밀한 습도제어가 가능한 가습기

**문제 47** 송풍기의 종류 중 전곡형과 후곡형 날개 형태가 있으며 다익송풍기, 터보송풍기 등으로 분류되는 송풍기는?
① 원심 송풍기
② 축류 송풍기
③ 사류 송풍기
④ 관류 송풍기

해설 원심 송풍기 : 다익형, 터보형, 리밋로드, 플레이트형 등

정답 43.② 44.② 45.④ 46.③ 47.①

2012년 7월 22일 시행

**문제 48** 개별 공조방식의 특징이 아닌 것은?
① 국소적인 운전이 자유롭다.
② 중앙방식에 비해 소음과 진동이 크다.
③ 외기 냉방을 할 수 있다.
④ 취급이 간단하다.

해설 개별 공조방식은 외기의 도입이 어려워 외기도입에 따른 외기냉방이 어렵다.

**문제 49** 증기배관의 말단이나 방열기 환수구에 설치하여 증기관이나 방열기에서 발생한 응축수 및 공기를 배출시키는 장치는?
① 공기빼기밸브  ② 신축이음
③ 증기트랩  ④ 팽창탱크

해설 증기트랩(steam trap) : 증기배관 말단이나 방열기 환수구에 설치하여 증기관이나 방열기에서 발생한 응축수 및 공기를 배출하여 수격작용 및 배관의 부식을 방지하는 장치

**문제 50** 조화된 공기를 덕트에서 실내에 공급하기 위한 개구부는?
① 취출구  ② 흡입구
③ 펀칭메탈  ④ 그릴

해설 취출구(디퓨져) : 공기를 덕트에서 실내로 공급하기 위한 개구부

**문제 51** 공기조화기에 있어 바이패스 팩터(bypass factor)가 작아지는 경우에 해당되는 것이 아닌 것은?
① 전열면적이 클 때  ② 코일의 열수가 많을 때
③ 송풍량이 클 경우  ④ 핀 간격이 좁을 때

해설 송풍량이 크면 바이패스 팩터는 커진다.
참고 바이패스 팩터(By-pass factor : BF)
냉각 또는 가열코일과 접촉하지 않고 그대로 통과하는 공기의 비율로 BF가 작을수록 코일의 성능이 우수하다.

**문제 52** 온수난방 방식에서 방열량이 2500 kcal/h인 방열기에 공급되어야 할 온수량은 약 얼마인가? (단, 방열기 입구 온도는 80°C, 평균온도에 있어서 70°C, 물의 비열은 1.0kcal/kg°C, 평균온도에 있어서 물의 밀도는 977.5 kg/m³이다.)
① 0.135 m³/h  ② 0.255 m³/h
③ 0.345 m³/h  ④ 0.465 m³/h

해설 온수량, $G = \dfrac{2500}{1.0 \times (80-70) \times 977.5} = 0.255 [m^3/h]$

정답 48.③ 49.③ 50.① 51.③ 52.②

**문제 53** 쉘 튜브(shell & tube)형 열교환기에 관한 설명으로 옳은 것은?
① 전열관 내 유속은 내식성이나 내마모성을 고려하여 1.8m/s 이하가 되도록 하는 것이 바람직하다.
② 동관을 전열관으로 사용할 경우 유체 온도가 200°C 이상이 좋다.
③ 증기와 온수의 흐름은 열 교환 측면에서 병행류가 바람직하다.
④ 열 관류율은 재료와 유체의 종류에 상관없이 거의 일정하다.

해설 쉘 튜브형 열교환기의 유속은 1.2m/s 이하로 선정한다.

**문제 54** 환기방법 중 제1종 환기법으로 맞는 것은?
① 강제급기와 강제배기
② 강제급기와 자연배기
③ 자연급기와 강제배기
④ 자연급기와 자연배기

해설 제1종 환기 : 강제급기와 강제배기를 병용한 것으로 가장 환기가 잘 된다.

**문제 55** 공기조화 방식 중에서 중앙식의 전공기 방식에 속하는 것은?
① 패키지 유닛방식
② 복사 냉난방식
③ 팬코일 유닛방식
④ 2중 덕트방식

해설 2중 덕트방식 : 전공기 방식

**문제 56** 틈새바람에 의한 부하를 계산하는 방법에 속하지 않는 것은?
① 창 면적법
② 크랙(crack)법
③ 환기횟수법
④ 바닥 면적법

해설 극간풍(틈새바람)의 산출법
① 환기횟수법
② 면적법
③ 크랙(극간길이)법

**문제 57** 상당증발량이 3000kg/h이고 급수온도가 30°C, 발생증기 엔탈피가 635.2kcal/kg일 때 실제 증발량은 약 얼마인가?
① 2048kg/h
② 2200kg/h
③ 2472kg/h
④ 2672kg/h

해설 실제 증발량, $G_e = \dfrac{G_a(h_2 - h_1)}{539}$

$G_a = \dfrac{G_e \times 539}{h_2 - h_1} = \dfrac{3,000 \times 539}{635.2 - 30} = 2,672 [kg/h]$

정답 53.① 54.① 55.④ 56.④ 57.④

**참고** 상당 증발량

$$G_e = \frac{G_a(h_2 - h_1)}{539}$$

여기서
- $G_e$ : 상당(환산) 증발량(kg/h)
- $G_a$ : 실제 증발량(kg/h)
- $h_2$ : 발생증기 엔탈피(kcal/kg)
- $h_1$ : 급수의 엔탈피, 온도(kcal/kg)

**문제 58** 원통보일러의 장점에 속하지 않는 것은?
① 부하변동에 따른 압력변동이 적다.
② 구조가 간단하다.
③ 고장이 적으며 수명이 길다.
④ 보유수량이 적어 파열사고 발생 시 위험성이 적다.

**해설** 원통형 보일러는 보유수량이 많아 파열사고 발생시 위험성이 크다.

**문제 59** 공기의 설명 중 틀린 것은?
① 공기 중의 수분이 불포화 상태에서는 건구온도가 습구온도보다 높게 나타난다.
② 공기에 가습, 강습이 없어도 온도가 변하면 상대습도는 변한다.
③ 건공기는 수분을 전혀 함유하지 않은 공기이며, 습공기란 건조공기 중에 수분을 함유한 공기이다.
④ 공기 중의 수증기 일부가 응축하여 물방울이 맺히기 시작하는 점을 비등점이라 한다.

**해설** ④ 공기 중의 수증기의 일부가 응축하여 물방울이 맺히기 시작하는 점을 노점이라 한다.

**문제 60** 실내의 사람이 쾌적하게 생활할 수 있도록 조절해 주어야 할 사항으로 거리가 먼 것은?
① 공기의 온도       ② 공기의 습도
③ 공기의 압력       ④ 공기의 속도

**해설** 공기조화의 4요소 : 온도, 습도, 기류속도, 청정도

**정답** 58. ④  59. ④  60. ③

## 2012년 10월 20일 시행

**문제 01** 렌치 사용 시 유의사항이다. 적절하지 못한 것은?
① 항상 자기 몸 바깥쪽으로 밀면서 작업한다.
② 렌치에 파이프 등을 끼워서 사용해서는 안 된다.
③ 볼트를 죌 때에는 나사가 일그러질 정도로 과도하게 조이지 않아야 한다.
④ 사용한 렌치는 깨끗하게 닦아서 건조한 곳에 보관한다.

해설 렌치는 항상 자기 몸 안쪽으로 당기면서 작업한다.

**문제 02** 아크 용접작업 시 사망재해의 주원인은?
① 아크광선에 의한 재해
② 전격에 의한 재해
③ 가스 중독에 의한 재해
④ 가스폭발에 의한 재해

해설 아크 용접작업 시 사망재해의 주원인 : 전격에 의한 재해

**문제 03** 고압가스 운반등의 기준으로 적합하지 않은 것은?
① 충전용기를 차량에 적재하여 운반할 때에는 적재함에 세워서 운반할 것
② 독성가스 중 가연성가스와 조연성가스는 같은 차량의 적재함으로 운반하지 않을 것
③ 질량 500 kg 이상의 암모니아 운반 시는 운반 책임자를 동승시킨다.
④ 운반 중인 충전용기는 항상 40°C 이하를 유지할 것

해설 질량 3,000 kg 이상의 암모니아 운반 시는 운반 책임자를 동승시킨다.

**문제 04** 고압가스안전관리법 시행규칙에 의거 원심식 압축기의 냉동설비 중 그 압축기의 원동기 냉동능력 산정기준으로 맞는 것은?
① 정격출력 1.0 kW를 1일의 냉동능력 1톤으로 본다.
② 정격출력 1.2 kW를 1일의 냉동능력 1톤으로 본다.
③ 정격출력 1.5 kW를 1일의 냉동능력 1톤으로 본다.
④ 정격출력 2.0 kW를 1일의 냉동능력 1톤으로 본다.

해설 냉동능력 산정기준(1일의 냉동능력 1톤)
① 원심식 압축기를 사용하는 냉동설비 : 그 압축기의 원동기 정격출력 1.2 kW
② 흡수식 냉동설비 : 발생기를 가열하는 1시간의 입열량 6,640 kcal

정답 01.① 02.② 03.③ 04.②

2012년 10월 20일 시행

**문제 05** 보일러 파열사고 원인 중 구조물의 강도 부족에 의한 원인이 아닌 것은?
① 용접불량
② 재료불량
③ 동체의 구조불량
④ 용수관리의 불량

해설 용수관리의 불량은 취급상의 원인이다.

**문제 06** 공조실에서 용접작업 시 안전사항으로 적당하지 않은 것은?
① 전극 크램프 부분에는 작업 중 먼지가 많아도 그냥 두고 접속 부분의 접촉 저항만 크게 하면 된다.
② 용접기의 리드 단자와 케이블의 접속은 절연물로 보호한다.
③ 용접작업이 끝났을 경우 전원 스위치를 내린다.
④ 홀더나 용접봉은 맨손으로 취급하지 않는다.

해설 전기 크램프 부분에는 작업 중 먼지가 많으면 화재의 우려가 있으므로 제거하여야 한다.

**문제 07** 공구를 취급할 때 지켜야 될 사항에 해당되지 않는 것은?
① 공구는 떨어지기 쉬운 곳에는 놓지 않는다.
② 공구는 손으로 넘겨주거나 때에 따라서 던져서 주어도 무방하다.
③ 공구는 항상 일정한 장소에 놓고 사용한다.
④ 불량공구는 함부로 수리하지 않는다.

해설 공구는 던져 주어서는 안 된다.

**문제 08** 안전장치의 취급에 관한 사항 중 틀린 것은?
① 안전장치는 반드시 작업 전에 점검한다.
② 안전장치는 구조상의 결함유무를 항상 점검한다.
③ 안전장치가 불량할 때에는 즉시 수정한 다음 작업한다.
④ 안전장치는 작업 형편상 부득이한 경우에는 일시 제거해도 좋다.

해설 안전장치는 부득이한 경우라도 절대 제거하여서는 안 된다.

**문제 09** 감전사고 발생 시 위험도에 영향을 주는 것과 관계없는 것은?
① 통전전류의 크기
② 통전시간과 전격의 위상
③ 사용기기의 크기와 모양
④ 전원(직류 또는 교류)의 종류

해설 전격(감전)에 영향을 주는 요인
① 통전전류의 세기  ② 통전경로
③ 통전시간  ④ 전원의 종류
⑤ 인체저항  ⑥ 통전전압의 크기, 주파수, 파형
⑦ 전격(감전)시 심장박동 주기의 위상

정답  05. ④  06. ①  07. ②  08. ④  09. ③

**문제 10** 도수율(빈도율)이 20인 사업장의 연천인율은 얼마인가?
① 24 ② 48
③ 72 ④ 96

**해설** 연천인율과 도수율의 관계
연천인율＝도수율×2.4＝20×2.4＝48

**참고** 연천인율 ＝ $\dfrac{\text{연간 재해자수}}{\text{연 평균 근로자수}} \times 1,000$

**문제 11** 전기 화재의 원인으로 거리가 먼 것은?
① 누전 ② 합선
③ 접지 ④ 과전류

**해설** 전기 화재의 원인
단락(합선), 스파크, 누전, 지락, 접촉부의 과열, 절연 열화에 의한 발열, 과전류 등

**문제 12** 냉동기운전 전 점검사항으로 잘못된 것은?
① 냉매량 확인 ② 압축기 유면 점검
③ 전자밸브 작동 확인 ④ 모든 밸브의 닫힘을 확인

**해설** 냉동기운전 점검사항으로 밸브의 열림과 닫힘을 확인하여야 한다.

**문제 13** 안전 보호구 사용 시 주의할 점으로 잘못된 것은?
① 규정된 장갑, 앞치마, 발 덮개를 사용한다.
② 보호구나 장갑 등은 사용하기 전에 결함이 있는지 확인한다.
③ 독극물을 취급하는 작업 시 입었던 보호구는 다음 작업 시에도 계속 입고 작업한다.
④ 보안경은 차광도에 맞게 사용하고 작업에 임한다.

**해설** 독극물 취급 시 입었던 보호구는 재사용 하지 않는다.

**문제 14** 재해를 일으키는 원인 중 물적 원인(불안전한 상태)이라 볼 수 없는 것은?
① 불충분한 경보시스템
② 작업장소의 조명 및 환기불량
③ 안전수칙 및 지시의 불이행
④ 결함이 있는 기계나 기구의 배치

**해설** 안전수칙 및 지시의 불이행은 불안전한 행동으로 인적 원인에 해당된다.

**정답** 10. ② 11. ③ 12. ④ 13. ③ 14. ③

2012년 10월 20일 시행

**문제 15** 안전관리의 주된 목적을 바르게 설명한 것은?
① 사고 후 처리
② 사상자의 치료
③ 생산가의 절감
④ 사고의 미연방지

해설 안전관리의 가장 중요한 목적 : 산업재해 예방에 따른 인간존중(사고의 미연방지)

**문제 16** 강관의 명칭과 KS규격기호가 잘못된 것은?
① 배관용 합금강관 : SPA
② 고압 배관용 탄소강관 : SPW
③ 고온 배관용 탄소강관 : SPHT
④ 압력 배관용 탄소강관 : SPPS

해설 고압 배관용 탄소강관 : SPPH

**문제 17** 그림과 같이 25A×25A×25A의 티에 20A관을 직접 A부에 연결하고자 할 때 필요한 이음쇠는?

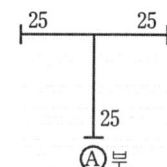

① 유니언
② 캡
③ 부싱
④ 플러그

해설 25A×25A×25A의 티(암나사)에서 20A관(숫나사)를 축소 연결하고자 할 때에는 부싱을 사용한다.

**문제 18** 작동전에는 열려있고, 조작할 때 닫히는 접점은 무엇이라고 하는가?
① 브레이크 접점
② 메이크 접점
③ 보조 접점
④ b 접점

해설 a 접점(메이크 접점) : 작동전에는 열려있고, 조작할 때 닫히는 접점(NO 접점)

**문제 19** 어떤 증발기의 열통과율이 500 kcal/m²h°C이고 대수평균온도차가 7.5°C, 냉각능력이 15RT일 때, 이 증발기의 전열면적은 약 얼마인가?
① 13.3m²
② 16.6m²
③ 18.2m²
④ 24.4m²

해설 증발기의 전열면적
$$F = \frac{Q_2}{K \cdot \Delta t_m} = \frac{15 \times 3,320}{500 \times 7.5} = 13.3[\text{m}^2]$$

정답 15.④ 16.② 17.③ 18.② 19.①

**문제 20** 단수 릴레이의 종류에 속하지 않는 것은?
① 단압식 릴레이
② 차압식 릴레이
③ 수류식 릴레이
④ 비례식 릴레이

해설 단수 릴레이의 종류 : 단압식, 차압식, 수류식

**문제 21** 열전도가 좋아 급유관이나 냉각, 가열관으로 사용되나 고온에서 강도가 떨어지는 관은?
① 강관
② 플라스틱관
③ 주철관
④ 동관

해설 동관 : 열전도가 좋아 급유관이나 냉각, 가열관으로 많이 사용되나 고온에서는 강도가 떨어진다.

**문제 22** 냉동 장치에서 가스 퍼져(purger)를 설치할 경우, 가스의 인입선은 어디에 설치해야 하는가?
① 응축기와 수액기의 균압관에 한다.
② 수액기와 팽창 밸브 사이에 한다.
③ 압축기의 토출관으로부터 응축기의 3/4 되는 곳에 한다.
④ 응축기와 증발기 사이에 한다.

해설 가스 퍼져 설치 시 불응축 가스의 인입선 : 응축기와 수액기 상부 균압관

**문제 23** 한쪽에는 구동원으로 바이메탈과 전열기가 조립된 바이메탈 부분과 다른 한쪽은 니들밸브가 조립되어 있는 밸브 본체 부분으로 구성되어 있는 팽창밸브로 맞는 것은?
① 온도식 자동 팽창밸브
② 정압식 자동 팽창밸브
③ 열전식 팽창밸브
④ 플로트식 팽창밸브

해설 열전식 팽창밸브 : 한쪽에는 구동원으로 바이메탈과 전열기(히터)가 조립된 바이메탈 부분과 다른 한쪽은 니들밸브가 조립되어 있는 밸브 본체 부분으로 구성되어 팽창밸브 본체와 온도센서 및 전자제어부를 조립하여 과열도 제어 등 각종 기능을 하는 팽창밸브

**문제 24** SI단위에서 비체적의 설명으로 맞는 것은?
① 단위 엔트로피당 체적이다.
② 단위 체적당 중량이다.
③ 단위 체적당 엔탈피이다.
④ 단위 질량당 체적이다.

해설 비체적(부피) : 단위 질량당 체적($m^3/kg$)

정답 20.④ 21.④ 22.① 23.③ 24.④

## 문제 25
냉매의 명칭과 표기방법이 잘못된 것은?

① 아황산가스 : R-764
② 물 : R-718
③ 암모니아 : R-717
④ 이산화탄소 : R-746

해설) 이산화탄소 냉매 : R-744

## 문제 26
관 용접작업 시 지켜야 할 안전에 대한 사항으로 옳지 않은 것은?

① 실내나 지하실 등에서는 통기가 잘 되도록 조치한다.
② 인화성 물질이나 전기 배선으로부터 충분히 떨어지도록 한다.
③ 관내에 남아있는 잔류 기름이나 약품 따위를 가스 토치로 태운 후 작업한다.
④ 자신뿐만 아니라 옆 사람의 안전에도 최대한 주의한다.

해설) 관내에 남아있는 잔류 기름이나 약품은 완전히 제거한 후 작업하여야 하며, 태워서 제거하지 않는다.

## 문제 27
제빙장치 중 결빙한 얼음을 제빙관에서 떼어낼 때 관내의 얼음 표면을 녹이기 위해 사용하는 기기는?

① 주수조
② 양빙기
③ 저빙고
④ 용빙조

해설) 용빙조 : 결빙한 얼음을 제빙관에서 떼어낼 때 관내의 얼음 표면을 녹이기 위해서 상온수 또는 온수로 따뜻하게 하여 탈빙하기 쉽도록 하는 기기

## 문제 28
펌프의 캐비테이션 방지책으로 잘못된 것은?

① 양흡입 펌프를 사용한다.
② 흡입관의 손실을 줄이기 위해 관지름을 굵게, 굽힘을 적게 한다.
③ 펌프의 설치 위치를 낮춘다.
④ 펌프 회전수를 빠르게 한다.

해설) 펌프의 회전수를 빠르게 하면 마찰손실이 증가하여 캐비테이션이 더욱 발생하게 된다.

## 문제 29
브라인 부식방지처리에 관한 설명으로 틀린 것은?

① 공기와 접촉하면 부식성이 증대하므로 가능한 공기와 접촉하지 않도록 한다.
② 염화칼슘 브라인 1 L에는 중크롬산소다 1.6g을 첨가하고 중크롬산소다 100g마다 가성소다 27g씩 첨가한다.
③ 브라인은 산성을 띠게 되면 부식성이 커지므로 pH7.5~8.2로 유지되도록 한다.
④ NaCl 브라인 1 L에 대하여 중크롬산소다 0.9g을 첨가하고 중크롬산소다 100kg 마다 가성소다 1.3g씩 첨가한다.

정답 25.④ 26.③ 27.④ 28.④ 29.④

⊙ NaCl 브라인 : 브라인 1 L당 중크롬산소다 3.2g씩 첨가, 중크롬산소다 100g당 가성소다 27[g]씩 첨가한다.

**문제 30** 0°C의 얼음 3.5kg을 융해 시 필요한 잠열은 약 몇 kcal 인가?
① 245　　　　　　　　② 280
③ 326　　　　　　　　④ 630

⊙ $q_L = G \cdot r = 3.5 \times 80 = 280[\text{kcal}]$

**문제 31** 수냉식 응축기의 응축압력에 관한 설명 중 옳은 것은?
① 수온이 일정한 경우 유막 물때가 두껍게 부착 하여도 수량을 증가하면 응축압력에는 영향이 없다.
② 응축부하가 크게 증가하면 응축압력 상승에 영향을 준다.
③ 냉각수량이 풍부한 경우에는 불응축 가스의 혼입 영향이 없다.
④ 냉각수량이 일정한 경우에는 수온에 의한 영향은 없다.

⊙ 응축부하가 크게 증가하면 응축압력은 상승하게 된다.

**문제 32** 프레온 응축기에 대하여 맞는 것은?
① 냉각관내의 유속을 빠르게 하면 할수록 열전달이 잘 되므로 빠를수록 좋다.
② 냉각수가 오염 되어도 응축온도는 상승 하지 않는다.
③ 냉매 중에 공기가 혼입되면 응축 압력이 상승하고 부식의 원인이 된다.
④ 냉각 수량이 부족하면 응축 온도는 상승하고 응축 압력은 하강한다.

⊙ 냉매 중에 공기가 혼입하면 응축 압력은 상승하고 부식의 원인이 된다.

**문제 33** 흡수식 냉동기의 설명으로 잘못된 것은?
① 운전 시의 소음 및 진동이 거의 없다.
② 증기, 온수 등 배열을 이용할 수 있다.
③ 압축식에 비해서 설치면적 및 중량이 크다.
④ 흡수식은 냉매를 기계적으로 압축하는 방식이며 열적(熱的)으로 압축하는 방식은 증기압축식이다.

⊙ 증기압축식 : 냉매를 기계적으로 압축하는 방식

정답　30. ②　31. ②　32. ③　33. ④

**문제 34** 다음은 R-22 표준냉동사이클의 P-h선도이다. 건조도는 약 얼마인가?

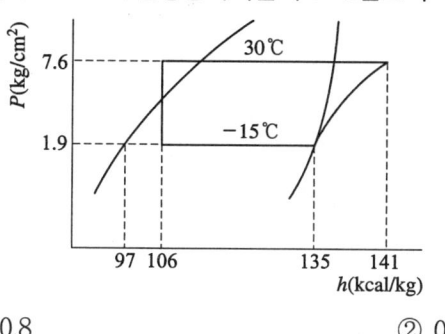

① 0.8
② 0.21
③ 0.24
④ 0.36

해설 건조도, $x = \dfrac{플래쉬가스}{증발잠열} = \dfrac{106-97}{135-97} = 0.24$

**문제 35** 팽창 밸브에서 냉매액이 팽창할 때 냉매의 상태 변화에 관한 사항으로 옳은 것은?
① 압력과 온도는 내려가나 엔탈피는 변하지 않는다.
② 압력은 내려가나 온도와 엔탈피는 변하지 않는다.
③ 온도는 변하지 않으나 압력과 엔탈피가 감소한다.
④ 엔탈피만 감소하고 압력과 온도는 변하지 않는다.

해설 팽창 밸브에서는 압력과 온도는 내려가고 엔탈피는 변화지 않음.

**문제 36** 증기분사 냉동법 설명으로 가장 옳은 것은?
① 융해열을 이용하는 방법
② 승화열을 이용하는 방법
③ 증발열을 이용하는 방법
④ 펠티어 효과를 이용하는 방법

해설 증발열 이용하는 냉동법 : 증기압축식, 증기분사식, 흡수식 등

**문제 37** 다음 그림에서 전류 $I$값은 몇 [A]인가?
① 5
② 10
③ 15
④ 20

해설 $6+4=3+2+I$
$I=5\text{A}$

참고 키르히호프의 제1법칙(전류평형의 법칙)
회로 내의 임의점에서 들어오는 전류와 나가는 전류의 총합은 0이다.

정답 34. ③  35. ①  36. ③  37. ①

**문제 38** 단열압축, 등온압축, 폴리트로픽압축에 관한 사항 중 틀린 것은?
① 압축일량은 단열압축이 제일 크다.
② 압축일량은 등온압축이 제일 작다.
③ 실제 냉동기의 압축 방식은 폴리트로픽압축이다.
④ 압축가스 온도는 폴리트로픽압축이 제일 높다.

**해설** 압축일량의 크기 및 압축기 토출가스온도 상승률
단열압축 > 폴리트로픽압축 > 등온압축

**문제 39** 금속패킹의 재료로 적당치 않은 것은?
① 납   ② 구리
③ 연강   ④ 탄산마그네슘

**해설** 금속패킹의 재료 : 납, 구리, 연강, 스테인레스강 등

**문제 40** 단상 유도 전동기 중 기동토크가 가장 큰 것은?
① 콘덴서기동형   ② 분상기동형
③ 반발기동형   ④ 세이딩코일형

**해설** 단상 유도 전동기 중 기동토크가 큰 순서
반발기동형 > 반발유도형 > 콘덴서기동형 > 분상기동형 > 세이딩코일형

**문제 41** 냉동기 계통 내에 스트레이너가 필요 없는 곳은?
① 압축기의 토출구   ② 압축기의 흡입구
③ 팽창변 입구   ④ 크랭크케이스 내의 저유통

**해설** 냉동기 계통 내 스트레이너(여과기)의 설치
: 압축기 흡입구, 팽창변 입구, 크랭크케이스 내의 저유통 등

**문제 42** 가스 용접에서 용제를 사용하는 이유는?
① 모재의 용융 온도를 낮게 하기 위하여
② 용접 중 산화물 등의 유해물을 제거하기 위하여
③ 침탄이나 질화작용을 돕기 위하여
④ 용접봉의 용융속도를 느리게 하기 위하여

**해설** 가스 용접시 용제(flux)는 용접 중에 발생하는 산화물이나 유해물 제거, 용해하고, 용접부의 결함을 양호하게 하고 표면을 깨끗이 한다.

**정답** 38.④ 39.④ 40.③ 41.① 42.②

## 문제 43. 다음 그림 기호의 밸브 종류는?

① 볼 밸브
② 게이트 밸브
③ 풋 밸브
④ 안전 밸브

**예설** 게이트 밸브(슬루스 밸브) 도시기호이다.

## 문제 44. 2단 압축 냉동 사이클에 대한 설명으로 틀린 것은?

① 2단 압축이란 증발기에서 증발한 냉매 가스를 저단 압축기와 고단 압축기로 구성되는 2대의 압축기를 사용하여 압축하는 방식이다.
② $NH_3$ 냉동장치에서 증발온도가 −35℃ 정도 이하가 되면 2단 압축을 하는 것이 유리하다.
③ 압축비가 16 이상이 되는 냉동장치인 경우에만 2단 압축을 해야 한다.
④ 최근에는 1대의 압축기가 2대의 압축기 역할을 할 수 있는 콤파운드 압축기를 사용하기도 한다.

**예설** 2단 압축의 채용 : 압축비가 6 이상일 때

## 문제 45. 표준 냉동 사이클에서 토출가스 온도가 제일 높은 냉매는?

① R-11
② R-22
③ $NH_3$
④ $CH_3Cl$

**예설** 기준 냉동 사이클에서의 압축기 토출가스 온도
① R-12 : 37.8 [℃]
② R-22 : 55 [℃]
③ $NH_3$ : 98 [℃]
④ $CH_3Cl$(R-40) : 77.8 [℃]

## 문제 46. 다음 중 환기의 목적이 아닌 것은?

① 연소가스의 도입
② 신선한 외기도입
③ 실내의 사람에 대한 건강과 작업 능률을 유지
④ 공기환경의 악화로부터 제품과 주변기기의 손상방지

**예설** 환기의 목적
① 신선한 외기도입
② 실내의 사람에 대한 건강과 작업 능률을 유지
③ 공기환경의 악화로부터 제품과 주변기기기의 손상방지

**정답** 43. ② 44. ③ 45. ③ 46. ①

**문제 47** 다음 공조방식 중 개별식 공기조화 방식은?
① 팬코일 유닛방식
② 정풍량 단일덕트 방식
③ 패키지 유닛방식
④ 유인 유닛방식

해설 개별식(냉매방식) : 룸에어콘, 패키지 방식, 멀티유닛 등

**문제 48** 전 공기방식에 비해 반송동력이 적고, 유닛 1대로서 조운을 구성하므로 조우닝이 용이하며, 개별제어가 가능한 장점이 있어 사무실, 호텔, 병원 등의 고층건물에 적합한 공기 조화 방식은?
① 단일덕트 방식
② 유인 유닛 방식
③ 이중 덕트 방식
④ 재열 방식

해설 유인 유닛 방식 : 개별제어가 가능하므로 사무실, 호텔객실, 병원의 병실 등의 고층건물에 적합한 공조방식

**문제 49** 공기조화설비 중에서 열원장치의 구성 요소가 아닌 것은?
① 냉각탑
② 냉동기
③ 보일러
④ 덕트

해설 덕트, 배관 : 열운반장치
참고 열원장치 : 냉동기, 보일러, 빙축열설비, 흡수식냉온수기, 냉각탑 등

**문제 50** 물과 공기의 접촉면적을 크게 하기 위해 증발포를 사용하여 수분을 자연스럽게 증발시키는 가습방식은?
① 초음파식
② 가열식
③ 원심분리식
④ 기화식

해설 증발식(기화식) : 물과 공기의 접촉면적을 크게 하기 위해 증발포를 사용하여 수분을 자연증발시키는 방식

**문제 51** 펌프에 관한 설명 중 부적당한 것은?
① 양수량은 회전수에 비례한다.
② 양정은 회전수의 제곱에 비례한다.
③ 축동력은 회전수의 3승에 비례한다.
④ 토출속도는 회전수의 4승에 비례한다.

해설 펌프의 상사법칙 : 펌프는 회전수에 따라 양수량은 비례, 양정에 제곱에 비례, 축동력은 3승에 비례한다.

정답 47.③ 48.② 49.④ 50.④ 51.④

**문제 52** 보일러의 열 출력이 150000 kcal/h, 연료소비율이 20 kg/h이며 연료의 저위 발열량이 10000 kcal/kg이라면 보일러의 효율은 얼마인가?

① 65%   ② 70%
③ 75%   ④ 80%

**해설** $\eta = \dfrac{Q}{G_f \cdot H_l} = \dfrac{150,000}{20 \times 10,000} = 0.75 = 75\%$

**참고** 열효율 $= \dfrac{유효열}{입열} = \dfrac{열출력}{입열} = \dfrac{열출력}{연료소비율 \times 저위 발열량}$

**문제 53** 온수난방에 대한 설명으로 잘못된 것은?

① 예열부하가 증기난방에 비해 작다.
② 한냉지에서는 동결의 위험성이 있다.
③ 온수온도에 의해 보통온수식과 고온수식으로 구분한다.
④ 난방부하에 따라 온도조절이 용이하다.

**해설** 온수는 증기보다 열용량이 커 예열시간이 길어 예열부하가 크다.

**문제 54** 주철제 방열기의 종류가 아닌 것은?

① 2주형   ② 3주형
③ 4세주형   ④ 5세주형

**해설** 주철제 방열기의 종류 : 2주형, 3주형, 3세주형, 5세주형

**문제 55** 공기조화용 취출구 종류 중 1차공기에 의한 2차공기의 유인성능이 좋고, 확산반경이 크고 도달거리가 짧기 때문에 천장 취출구로 많이 사용하는 것은?

① 팬(pan)형   ② 라인(line)형
③ 아네모스탯(annemostat)형   ④ 그릴(grille)형

**해설** 아네모스탯형 취출구 : 확산형 취출구의 일종으로 몇 개의 콘(cone)이 있어 1차공기에 의한 2차공기의 내부 유인성능이 좋은 취출구로서 확산반경이 크고 도달거리가 짧아 천장 취출구로 많이 사용한다.

**문제 56** 공기조화기 구성 요소가 아닌 것은?

① 댐퍼   ② 필터
③ 펌프   ④ 가습기

**해설** 공조기의 구성 요소 : 에어필터, 공기냉각기, 공기가열기, 가습기, 댐퍼 등

**정답** 52. ③  53. ①  54. ③  55. ③  56. ③

**문제 57** 결로를 방지하기 위한 방법이 아닌 것은?
① 벽면의 온도를 올려준다.   ② 다습한 외기를 도입한다.
③ 벽면을 단열 시킨다.   ④ 강제로 온풍을 해 준다.

해설 다습한 외기를 도입하면 결로가 더욱 발생하게 된다.

**문제 58** 클린룸(병원 수술실 등)의 공기조화 시 가장 중요시해야 할 사항은?
① 공기의 청정도   ② 공기 소음
③ 기류속도   ④ 공기 압력

해설 클린룸에서는 공기의 청정도가 가장 중요하다.

참고 클린룸 : 공기 중에 부유하는 입자 뿐만 아니라 온도, 습도, 조도, 기류, 공기압 등에 관해서 요구 규정에 따라 환경적으로 제어되는 밀폐된 공간

**문제 59** 외기온도 −5°C, 실내온도 18°C, 벽면적 15m$^2$인 벽체를 통한 손실 열량은 몇 kcal/h 인가? (단, 벽체의 열통과율은 1.30 kcal/m$^2$h°C이며, 방위계수는 무시한다.)
① 448.5   ② 529
③ 645   ④ 756.5

해설 벽체를 통한 손실열량
$q = K \cdot A \cdot \Delta t \times k = 1.3 \times 15 \times (18+5) = 448.5$ [kcal/h]

**문제 60** 공기조화기기에서 송풍기를 배출압력에 따라 분류할 때 블로어(blower)의 일반적인 압력범위는?
① 0.1 kgf/cm$^2$ 미만   ② 0.1 kgf/cm$^2$ ~ 1 kgf/cm$^2$
③ 1 kgf/cm$^2$ ~ 2 kgf/cm$^2$   ④ 2 kgf/cm$^2$ 이상

해설 ① 팬 : 0.1kgf/cm$^2$ 미만
② 블로어(송풍기) : 0.1kgf/cm$^2$ 이상~1kgf/cm$^2$ 미만
③ 압축기 : 1kgf/cm$^2$ 이상

정답 57. ②  58. ①  59. ①  60. ②

## 2013년 1월 27일 시행

**문제 01** 냉동장치에서 안전상 운전 중에 점검해야 할 중요 사항에 해당되지 않는 것은?
① 냉매의 각부 압력 및 온도
② 윤활유의 압력과 온도
③ 냉각수 온도
④ 전동기의 회전방향

해설 전동기 회전방향은 운전 전에 점검하여야 한다.

**문제 02** 가스보일러의 점화시 주의사항 중 맞지 않는 것은?
① 연소실 내의 용적 4배 이상의 공기로 충분히 환기를 행할 것
② 점화는 3~4회로 착화될 수 있도록 할 것
③ 착화 실패나 갑작스런 실화 시에는 연료공급을 중단하고 환기 후 그 원인을 조사할 것
④ 점화버너의 스파크 상태가 정상인가 확인할 것

해설 가스보일러의 점화는 1회로 착화될 수 있도록 하여야 한다.

**문제 03** 재해의 직접적 원인이 아닌 것은?
① 보호구의 잘못 사용
② 불안전한 조작
③ 안전지식 부족
④ 안전장치의 기능제거

해설 안전지식의 부족은 정신적 원인으로 간접적 원인에 해당된다.
참고 산업재해의 원인은 불안전 행동(인적 원인)과 불안전한 상태(물적 원인)는 직접적인 원인이 된다.

**문제 04** 근로자가 보호구를 선택 및 사용하기 위해 알아 두어야 할 사항으로 거리가 먼 것은?
① 올바른 관리 및 보관방법
② 보호구의 가격과 구입방법
③ 보호구의 종류와 성능
④ 올바른 사용(착용)방법

해설 보호구의 가격과 구입방법은 보호구 선택 및 사용하기 위하여 알아두어야 사항과 거리가 멀다.

정답 01.④ 02.② 03.③ 04.②

### 문제 05 전기용접기 사용상의 준수사항으로 적합하지 않은 것은?

① 용접기 설치장소는 습기나 먼지 등이 많은 곳은 피하고 환기가 잘 되는 곳을 선택한다.
② 용접기의 1차측에는 용접기 근처에 규정 값보다 1.5배 큰 퓨즈(fuse)를 붙인 안전 스위치를 설치한다.
③ 2차측 단자의 한 쪽과 용접기 케이스는 접지(earth)를 확실히 해 둔다.
④ 용접 케이블 등의 파손된 부분은 즉시 절연 테이프로 감아야 한다.

해설 용접기의 1차측에는 용접기 근처에 퓨즈를 붙인 안전 스위치(safety switch)를 설치해야 한다. 이 퓨즈는 규정 값보다 큰 것이나 구리선 등을 사용해서는 안 된다.

### 문제 06 보안경을 사용하는 이유로 적합하지 않은 것은?

① 중량물의 낙하시 얼굴을 보호하기 위해
② 유해약물로부터 눈을 보호하기 위해서
③ 칩의 비산으로부터 눈을 보호하기 위해서
④ 유해 광선으로부터 눈을 보호하기 위해서

해설 안전모 : 물체의 낙하, 비래 또는 추락에 의한 위험을 방지 또는 감전에 의한 위험을 방지하기 위한 보호구

### 문제 07 일반 공구 사용시 주의사항으로 적합하지 않은 것은?

① 공구는 사용 전보다 사용 후에 점검한다.
② 본래의 용도 이외에는 절대로 사용하지 않는다.
③ 항상 작업주위 환경에 주의를 기울이면서 작업한다.
④ 공구는 항상 일정한 장소에 비치하여 놓는다.

해설 공구는 사용 전이나 사용후에 모두 점검한다.

### 문제 08 가연성 가스의 화재, 폭발을 방지하기 위한 대책으로 틀린 것은?

① 가연성 가스를 사용하는 장치를 청소하고자 할 때는 가연성 가스로 한다.
② 가스가 발생하거나 누출될 우려가 있는 실내에서는 환기를 충분히 시킨다.
③ 가연성 가스가 존재할 우려가 있는 장소에서는 화기를 엄금한다
④ 가스를 연료로 하는 연소설비에서는 점화하기 전에 누출유무를 반드시 확인한다.

해설 가연성 가스를 사용하는 장치를 청소하고자 할 때는 불연성 가스로 한다

정답 05. ② 06. ① 07. ① 08. ①

2013년 1월 27일 시행

**문제 09** 고압가스 안전관리법에서 규정한 용어를 바르게 설명한 것은?

① "저장소"라 함은 산업통상자원부령이 정하는 일정량 이상의 고압가스를 용기나 저장탱크로 저장하는 일정한 장소를 말한다.
② "용기"라 함은 고압가스를 운반하기 위한 것(부속품을 포함하지 않음)으로써 이동할 수 있는 것을 말한다.
③ "냉동기"라 함은 고압가스를 사용하여 냉동을 하기 위한 모든 기기를 말한다.
④ "특정설비"라 함은 저장탱크와 모든 고압가스 관계 설비를 말한다.

**해설** 저장소 : 산업통상자원부령이 정하는 일정량 이상의 고압가스를 용기 또는 저장탱크에 저장하는 일정한 장소

**참고** 고압가스 용어
① 용기 : 고압가스를 충전하기 위한 것(부속품을 포함한다)으로서 이동할 수 있는 것
② 저장탱크 : 고압가스를 저장하기 위한 것으로서 일정한 위치에 고정 설치된 것
③ 냉동기 : 고압가스를 사용하여 냉동을 하기위한 기기(機器)로서 산업통상자원부령으로 정하는 냉동능력 이상인 것
④ 특정설비 : 저장탱크와 산업통상자원부령으로 정하는 고압가스 관련 설비
⑤ 정밀안전검진 : 대형 가스사고를 방지하기위하여 오래되어 낡은 고압가스 제조시설의 가동을 중지한 상태에서 가스안전관리 전문기관이 정기적으로 첨단장비와 기술을 이용하여 잠재된 위험요소와 원인을 찾아내고 그 제거방법을 제시하는 것

**문제 10** 공기조화용으로 사용되는 교류 3상 220V의 전동기가 있다. 전동기의 외함 및 철대에 제3종 접지 공사를 하는 목적에 해당되지 않는 것은?

① 감전 사고의 방지
② 성능을 좋게 하기 위해서
③ 누전 화재의 방지
④ 기기, 배관 등의 파괴 방지

**해설** 접지의 목적 : 화재방지, 감전방지, 기기의 손상 방지

**문제 11** 압축기 토출압력이 정상보다 너무 높게 나타나는 경우 그 원인에 해당하지 않는 것은?

① 냉각수량이 부족한 경우
② 냉매 계통에 공기가 혼합되어 있는 경우
③ 냉각수 온도가 낮은 경우
④ 응축기 수 배관에 물때가 낀 경우

**해설** 냉각수 온도가 높은 경우에 압축기 토출압력이 정상보다 높게 나타난다.

**정답** 09. ① 10. ② 11. ③

**문제 12** 보일러에서 폭발구(방폭문)을 설치하는 이유는?
① 연소의 촉진을 도모하기 위하여
② 연료의 절약을 위하여
③ 연소실의 화염을 검출하기 위하여
④ 폭발가스의 외부배기를 위하여

해설 방폭문(폭발구) : 연소실(노내)내에서 연료누입이나 미연소가스 체류 등으로 노내압의 이상 상승시 폭발에 대비하여 보일러 후부측에 설치하여 폭발가스를 방출시킨다.

**문제 13** 전기로 인한 화재발생시의 소화재로서 가장 알맞은 것은?
① 모래              ② 포말
③ 물                ④ 탄산가스

해설 전기 화재시 소화약제 : 탄산가스($CO_2$)소화약제, 할로겐화합물소화약제, 분말소화약제 등

**문제 14** 가스용접에서 토치의 취급상 주의사항으로서 적합하지 않는 것은?
① 토치나 팁은 작업장 바닥이나 흙 속에 방치하지 않는다.
② 팁을 바꿀 때에는 반드시 가스밸브를 잠그고 한다.
③ 토치를 망치 등 다른 용도로 사용해서는 안 된다.
④ 토치에 기름이나 그리스를 주입하여 관리한다.

해설 가스용접 토치에는 기름이나 그리이스가 묻을 경우 화재의 우려가 있다.

**문제 15** 재해예상의 4가지 기본원칙에 해당되지 않는 것은?
① 대책선정의 원칙
② 손실우연의 원칙
③ 예방가능의 원칙
④ 재해통계의 원칙

해설 산업재해예방의 4원칙
① 예방 가능의 원칙 : 천재지변을 제외한 모든 인재는 예방이 가능하다.
② 손실 우연의 원칙 : 사고의 결과 손실의 유무나 대소는 사고 당시의 조건에 따라 우연적으로 발생한다.
③ 원인 연계의 원칙 : 사고에는 반드시 원인이 있고 원인은 대부분 복합적 연계 원인이다.
④ 대책 선정의 원칙 : 사고의 원인이나 불안전요소가 발견되며 반드시 대책이 선정 실시 되어야 하며, 대책 선정이 가능하다.

**문제 16** 냉동의 원리에 이용되는 열의 종류가 아닌 것은?
① 증발열              ② 승화열
③ 융해열              ④ 전기 저항열

정답 12. ④  13. ④  14. ④  15. ④  16. ④

2013년 1월 27일 시행

해설 냉동에 이용되는 열
① 고체의 융해잠열(얼음)
② 액체의 증발잠열(물, 프레온, 암모니아 등)
③ 고체의 승화잠열(드라이 아이스)
④ 기한제 이용(식염수 등)

**문제 17** 압축기에 관한 설명으로 옳은 것은?
① 토출가스 온도는 압축기의 흡입가스 과열도가 클수록 높아진다.
② 프레온 12를 사용하는 압축기에는 토출온도가 낮아 워터자켓(water jacket)을 부착한다.
③ 톱 클리어런스(top clearance)가 클수록 체적 효율이 커진다.
④ 토출가스 온도가 상승하여도 체적 효율은 변하지 않는다.

해설 토출가스온도는 압축기의 흡입가스 과열도가 클수록 높아진다.

**문제 18** 증발식 응축기의 엘리미네이트에 대한 설명으로 맞는 것은?
① 물의 증발을 양호하게 한다.
② 공기를 흡수하는 장치다.
③ 물이 과냉각되는 것을 방지한다.
④ 냉각관에 분사되는 냉각수가 대기 중에 비산되는 것을 막아주는 장치다.

해설 엘리미네이터 : 냉각수가 공기와 함께 대기중으로 비산되는 것을 방지

**문제 19** 다음 설명 중 내용이 맞는 것은?
① 1[BTU]는 물 1[lb]를 1[℃] 높이는데 필요한 열량이다.
② 절대압력은 대기압의 상태를 0으로 기준하여 측정한 압력이다.
③ 이상기체를 단열팽창 시켰을 때 온도는 내려간다.
④ 보일-샬의 법칙이란 기체의 부피는 절대압력에 비례하고 절대온도에 반비례한다

해설 ① 1[BTU]는 물 1[Lb]을 1[°F] 높이는 데 필요한 열량이다.
② 절대압력은 완전진공을 0으로 기준하여 측정한 압력이다.
③ 이상기체를 단열팽창 시켰을 때 압력과 온도는 내려가고 엔탈피는 일정하다.
④ 보일-샬의 법칙은 기체의 부피는 압력에 반비례하고 절대온도에 비례한다.

**문제 20** 정현파 교류전류에서 크기를 나타내는 실효치를 바르게 나타낸 것은? ( $I_m$은 전류의 최대치이다.)

① $I_m \sin \omega t$  
② $0.636\ I_m$  
③ $\sqrt{2}$  
④ $0.707\ I_m$

해설 정현파 교류에서 전류의 실효치
$I = 0.707\ I_m$

정답  17. ①  18. ④  19. ③  20. ④

**문제 21** 흡수식 냉동장치의 적용대상이 아닌 것은?
① 백화점 공조용
② 산업 공조용
③ 제빙공장용
④ 냉난방장치용

해설 흡수식 냉동장치는 냉난방 및 공조용으로 사용한다

**문제 22** 다음 그림의 기호가 나타내는 밸브로 맞는 것은?

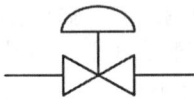

① 슬루스 밸브　　　　② 글로브 밸브
③ 다이어프램 밸브　　④ 감압 밸브

해설 다이어프램 밸브(나사이음형)

**문제 23** 탄성이 부족하여 석면, 고무, 금속 등과 조합하여 사용되며 내열범위는 -260~260 정도로 기름에 침식되지 않는 패킹은?
① 고무 패킹
② 석면조인트 시이트
③ 합성수지 패킹
④ 오일시이트 패킹

해설 합성수지패킹에 대한 설명이다.

**문제 24** 증발기에 대한 제상방식이 아닌 것은?
① 전열 제상　　　　② 핫 가스 제상
③ 살수 제상　　　　④ 피냉제거 제상

해설 증발기 제상방법
① 압축기 정지 제상
② 온공기 제상
③ 전열 제상
④ 온수 살포제상
⑤ 브라인 살포제상
⑥ 핫 가스 제상

정답  22.③  23.③  24.④  25.①

2013년 1월 27일 시행

**문제 25** 사용압력이 비교적 낮은(10kgf/cm² 이하) 증기, 물, 기름 가스 및 공기 등의 각종 유체를 수송하는 관으로, 일명 가스관이라고도 하는 관은?

① 배관용 탄소 강관
② 압력 배관 탄소 강관
③ 고압 배관용 탄소 강관
④ 고온 배관용 탄소 강관

해설 배관용 탄소강관(SPP) : 일명 가스관이라고도 하며 350℃ 정도 이하의 비교적 사용압력이 낮은 10kgf/cm²의 증기, 물, 가스, 공기배관에 사용

**문제 26** OR회로를 나타내는 논리기호로 맞는 것은?

①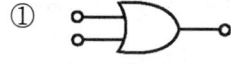
②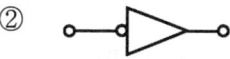
③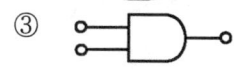
④

해설 ① OR 회로 : A접점 또는 B접점 중 한 개만 누르면 동작되는 회로

**문제 27** 암모니아 냉동기에 사용되는 수냉 응축기의 전열계수(열통과율)가 800kcal/m²h이며, 응축온도와 냉각수 입출구의 평균 온도차가 8℃일 때 1 냉동톤당의 응축기 전열면적은 약 얼마인가? (단, 방열계수는 1.3으로 한다.)

① 0.52 m²
② 0.67 m²
③ 0.97 m²
④ 1.7 m²

해설 응축부하
$Q_1 = Q_2 \cdot C = K \cdot F \cdot \Delta t_m$
$F = \dfrac{Q_2 \cdot C}{K \cdot \Delta t_m} = \dfrac{1 \times 3,320 \times 1.3}{800 \times 8} = 0.67\,m^2$

**문제 28** 2차 냉매의 열전달 방법은?

① 상태 변화에 의한다.
② 온도 변화에 의하지 않는다.
③ 잠열로 전달한다.
④ 감열로 전달한다.

해설 2차 냉매(브라인, 간접냉매) : 감열(현열)로 열을 전달

**문제 29** 프레온 냉매 중 냉동능력이 가장 좋은 것은?

① R - 113
② R - 11
③ R - 12
④ R - 22

정답  26.①  27.②  28.④  29.④

[해설] 냉동효과가 클수록 냉동능력이 증가한다.

[참고] 기준 냉동사이클에서의 냉동효과 ($q_2$, [kcal/kg])
R-22 > R-11 > R-113 > R-12
40.15   38.57   30.9   29.52

**문제 30** 응축온도 및 증발온도가 냉동기의 성능에 미치는 영향에 관한 사항 중 옳은 것은?
① 응축온도가 일정하고 증발온도가 낮아지면 압축비가 증가한다.
② 증발온도가 일정하고 응축온도가 높아지면 압축비는 감소한다.
③ 응축온도가 일정하고 증발온도가 높아지면 토출가스온도는 상승한다.
④ 응축온도가 일정하고 증발온도가 낮아지면 냉동능력은 증가한다.

[해설] 응축온도가 일정하고 증발온도가 낮아지면 압축비가 증가한다.

**문제 31** 왕복동 압축기의 용량제어 방법으로 적합하지 않은 것은?
① 흡입밸브 조정에 의한 방법
② 회전수 가감법
③ 안전스프링의 강도 조정법
④ 바이패스 방법

[해설] 안전스프링의 강도 조정법과 왕복동 압축기의 용량제어와는 관계가 없다.

[참고] 왕복동압축기의 용량제어 방법
① 회전수 조절법
② 흡입밸브 개조 조절법
③ 바이패스법
④ 언로더장치에 의한 방법
⑤ 클리어런스 증대법
⑦ 타임드 밸브에 의한 방법

**문제 32** 냉동 사이클에서 액관 여과기의 규격은 보통 몇 메쉬(mesh) 정도인가?
① 40~60                 ② 80~100
③ 150~220               ④ 250~350

[해설] 여과기의 규격
① 액관인 경우 : 80~100[mesh]
② 가스관인 경우 : 40[mesh]

**문제 33** 역률에 대한 설명 중 잘못된 것은?
① 유효전력과 피상전력과의 비이다.
② 저항만이 있는 교류회로에서는 1이다.
③ 유효전류와 전전류의 비이다.
④ 값이 0인 경우는 없다.

[정답] 30. ①   31. ③   32. ②   33. ④

…… 해설 역률 = $\dfrac{유효전력}{피상전력} = \dfrac{유효전력}{전압 \times 전류}$
= $\cos \theta$

참고 유효전력(전력)은 일반적으로 피상전력보다 작다. 따라서 역률은 대체로 1보다 작지만 전압과 전류의 위상이 맞을 때는 1이 된다. 역률은 최고가 1이고 최저는 0이다.

### 문제 34  압력표시에서 1atm과 값이 다른 것은?

① 1.01325 bar
② 1.10325 MPa
③ 760 mmHg
④ 1.0322 kgf/cm²

…… 해설 표준대기압
1atm=0.1MPa

### 문제 35  2단압축 2단팽창 냉동사이클을 모리엘 선도에 표시한 것이다. 옳은 것은?

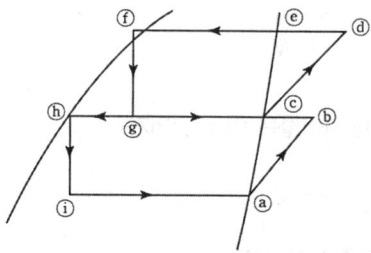

① 중간냉각기의 냉동효과 : ⓒ~ⓖ
② 증발기의 냉동효과 : ⓑ~ⓘ
③ 팽창변 통과직후의 냉매위치 : ⓓ~ⓔ
④ 응축기의 방출열량 : ⓗ~ⓑ

…… 해설 ① 중간 냉각기의 냉동효과 : ⓒ~ⓖ
② 증발기의 냉동효과 : ⓐ~ⓘ
③ 팽창밸브 통과직후의 냉매위치 : ⓖ, ⓘ
④ 응축기의 방출열량 : ⓓ~ⓕ

### 문제 36  터보냉동기의 운전 중에 서징(surging)현상이 발생하였다. 그 원인으로 맞지 않는 것은?

① 흡입가이드 베인을 너무 조일 때
② 가스 유량이 감소될 때
③ 냉각수온이 너무 낮을 때
④ 어떤 한계치 이하의 가스유량으로 운전할 때

정답  34. ②  35. ①  36. ③

…… 터보 냉동기에서 흡입가스 유량이 감소하여 어느 한계치 이하로 운전될 때 서징(맥동)현상이 발생할 수 있으며 이 때 고압이 저하하고 저압이 상승하여 압력계 및 전류계의 지침이 심하게 흔들리고 심한 소음과 진동이 발생한다.

**문제 37** 회전식 압축기의 피스톤 압출량(V)을 구하는 공식은 어느 것인가? (단, $D$=실린더 내경(m), $d$=회전 피스톤의 외경(m), $t$=실린더의 두께(m), $R$=회전수(rpm), $n$=기통수, $L$=실린더 길이이다.)

① $V = 60 \times 0.785 \times (D^2 - d^2) tnR \, (\mathrm{m^3/h})$
② $V = 60 \times 0.785 \times D^2 tnR \, (\mathrm{m^3/h})$
③ $V = 60 \times \dfrac{\pi D^2}{4} LnR \, (\mathrm{m^3/h})$
④ $V = \dfrac{\pi DR}{4} \, (\mathrm{m^3/h})$

…… 회전식 압축기의 피스톤 압출량 [$\mathrm{m^3/h}$]
$$V = \frac{\pi}{4}(D^2 - d^2) \cdot t \cdot N \times 60$$
$$= 0.785(D^2 - d^2) \cdot t \cdot N \times 60$$
$$= 60 \times 0.785(D^2 - d^2) \cdot t \cdot N$$

**문제 38** 다음 그림에서 습 압축 냉동사이클은 어느 것인가?

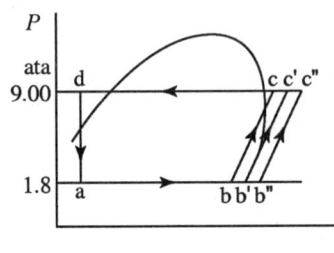

① ab″c′da   ② bb″c″cb
③ ab″c″da   ④ abcda

…… ① 건조압축 사이클   ③ 과열압축 사이클   ④ 습압축

**문제 39** 어떤 냉동기에서 0℃의 물로 0℃의 얼음 2톤(Ton)을 만드는데 40kWh의 일이 소요된다면 이 냉동기의 성적계수는 약 얼마인가? (단, 얼음의 융해 잠열은 80kcal/kg이다.)

① 2.72    ② 3.04
③ 4.04    ④ 4.65

…… 성적계수
$$\mathrm{COP} = \frac{Q_2}{AW} = \frac{G \cdot r}{kW \times 860} = \frac{2,000 \times 80}{40 \times 860} = 4.65$$

정답  37. ①  38. ④  39. ④

**문제 40** 동관 굽힘 가공에 대한 설명으로 옳지 않은 것은?
① 열간 굽힘시 큰 직경으로 관 두께가 두꺼운 경우에는 관내에 모래를 넣어 굽힘한다.
② 열간 굽힘시 가열온도는 100℃ 정도로 한다.
③ 굽힘 가공성이 강관에 비해 좋다.
④ 연질관은 핸드벤더(hand bender)를 사용하여 쉽게 굽힐 수 있다.

해설 동관 벤딩시 온도 : 600~700[℃]

**문제 41** 어느 제빙공장의 냉동능력은 6RT이다. 응축기 방열량은 얼마인가? (단, 방열계수는 1.3이다.)
① 10948kcal/h
② 11248kcal/h
③ 15952kcal/h
④ 25896kcal/h

해설 응축부하
$Q_1 = Q_2 \times$ 방열계수
$= 6 \times 3,320 \times 1.3 = 25,896 \, kcal/h$

**문제 42** 2원 냉동장치 냉매로 많이 사용되는 R-290은 어느 것인가?
① 프로판
② 에틸렌
③ 에탄
④ 부탄

해설 ① 프로판 : R-290  ② 에틸렌 : R-1150
③ 에탄 : R-170  ④ 부탄 : R-600

**문제 43** P-h 선도상의 각 번호에 대한 명칭 중 맞는 것은?

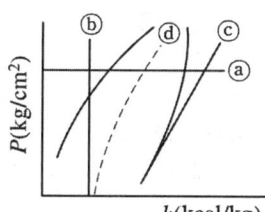

① ⓐ : 등비체적선
② ⓑ : 등엔트로피선
③ ⓒ : 등엔탈비선
④ ⓓ : 등건조도선

해설 ① 등압선  ② 등엔탈피선
③ 등엔트로피선  ④ 등건조도선

**문제 44** 분해조립이 필요한 부분에 사용하는 배관연결 부속은?
① 부싱, 티이
② 플러그, 캡
③ 소켓, 엘보
④ 플랜지, 유니온

정답  40.② 41.④ 42.① 43.④ 44.④

⋯⋯**예실** 분해조립이 가능한 배관 부속 : 플랜지, 유니온

**문제 45** 인버터 구동 가변 용량형 공기조화장치나 증발온도가 낮은 냉동장치에서는 냉매유량조절의 특성 향상과 유량제어 범위의 확대 등이 중요하다. 이러한 목적으로 사용되는 팽창밸브로 적당한 것은?
① 온도식 자동 팽창밸브    ② 정압식 자동 팽창밸브
③ 열전식 팽창밸브        ④ 전자식 팽창밸브
⋯⋯**예실** 전자식팽창밸브에 대한 설명이다.

**문제 46** 온수난방방식의 분류로 적당하지 않은 것은?
① 강제순환식    ② 복관식
③ 상향공급식    ④ 진공환수식
⋯⋯**예실** 진공환수식은 진공난방방식중 응축수 환수방식의 분류이다.

**문제 47** 공조방식 중 패키지 유닛방식의 특징으로 틀린 것은?
① 공조기로의 외기도입이 용이하다.
② 각 층을 독립적으로 운전할 수 있으므로 에너지 절감효과가 크다.
③ 실내에 설치하는 경우 급기를 위한 덕트 샤프트가 필요없다.
④ 송풍기 정압이 낮으므로 제진효율이 떨어진다.
⋯⋯**예실** 패키지 유닛방식은 공조기로의 외기도입이 어렵다.

**문제 48** 가변풍량 단일덕트 방식의 특징이 아닌 것은?
① 송풍기의 동력을 절약할 수 있다.
② 실내공기의 청정도가 떨어진다.
③ 일사량 변화가 심한 존(zone)에 적합하다.
④ 각 실이나 존(zone)의 온도를 개별제어하기가 어렵다.
⋯⋯**예실** 가변풍량 단일덕트 방식은 각 실이나 존의 온도를 개별제어하기가 쉽다.

**문제 49** 송풍기 선정시 고려해야 할 사항 중 옳은 것은?
① 소요 송풍량과 풍량조절 댐퍼 유무
② 필요 유효정압과 전동기 모양
③ 송풍기 크기와 공기 분출 방향
④ 소요 송풍량과 필요 정압
⋯⋯**예실** 송풍기 선정시 고려사항 : 소요 송풍량과 필요 정압

**정답** | 45. ④  46. ④  47. ①  48. ①  49. ①

2013년 1월 27일 시행

**문제 50** 감습장치에 대한 설명이다. 옳은 것은?
① 냉각식 감습장치는 감습만을 목적으로 사용하는 경우 경제적이다.
② 압축식 감습장치는 감습만을 목적으로 하면 소요동력이 커서 비경제적이다.
③ 흡착식 감습법은 액체에 의한 감습법보다 효율이 좋으나 낮은 노점까지 감습이 어려워 주로 큰 용량의 것에 적합하다.
④ 흡수식 감습장치는 흡착식에 비해 감습효율이 떨어져 소규모 용량에만 적합하다.

해설 압축식 감습장치는 소요동력이 커 비경제적이다.

**문제 51** 실내의 취득열량을 구했더니 현열이 28000 kcal/h, 잠열이 12000kcal/h 였다. 실내를 21℃, 60%(RH)로 유지하기 위해 취출온도차 10℃로 송풍할 때, 현열비는 얼마인가?
① 0.7　　② 1.8
③ 1.4　　④ 0.4

해설 현열비
$$SHF = \frac{현열}{현열 + 잠열} = \frac{28,000}{28,000 + 12,000} = 0.7$$

**문제 52** 공조용 급기덕트에서 취출된 공기가 어느 일정 거리만큼 진행했을 때의 기류 중심선과 취출구 중심과의 거리를 무엇이라고 하는가?
① 도달거리　　② 1차 공기거리
③ 2차 공기거리　　④ 강하거리

해설 강하거리 : 수평으로 취출된 공기가 어느 거리만큼 진행했을 때의 기류 중심선과 취출구 중심과의 거리

**문제 53** 다음 공기의 성질에 대한 설명 중 틀린 것은?
① 최대한도의 수증기를 포함한 공기를 포화공기라 한다.
② 습공기의 온도를 낮추면 물방울이 맺히기 시작하는 온도를 그 공기의 노점온도라고 한다.
③ 건공기 1kg에 혼합된 수증기의 질량비를 절대습도라 한다.
④ 우리 주변에 있는 공기는 대부분의 경우 건공기이다.

해설 우리 주변의 공기는 대부분 습공기이다.

**문제 54** 공조부하 계산시 잠열과 현열을 동시에 발생시키는 요소는?
① 벽체로부터의 취득열량
② 송풍기에 의한 취득열량
③ 극간풍에 의한 취득열량
④ 유리로부터의 취득열량

정답　50. ②　51. ①　52. ④　53. ④　54. ③

해설 공조부하 계산시 잠열과 현열을 동시 발생시키는 요소
① 극간풍 부하
② 인체부하
③ 기구발생부하
④ 외기부하

**문제 55** 다익형 송풍기의 임펠러 직경이 600mm일 때 송풍기 번호는 얼마인가?
① No 2
② No 3
③ No 4
④ No 6

해설 송풍기 번호(다익형)
$$No = \frac{임펠러의\ 지름(mm)}{150}$$
$$= \frac{600}{150} = 4$$

**문제 56** 공연장의 건물에서 관람객이 500명이고 1인당 $CO_2$ 발생량이 0.05m³/h일 때 환기량(m³/h)은 얼마인가? (단, 실내 허용 $CO_2$ 농도는 600ppm, 외기 $CO_2$ 농도는 100ppm 이다.)
① 30000
② 35000
③ 40000
④ 50000

해설 환기량
$$Q = \frac{오염발생량}{실내허용\ CO_2농도 - 외기\ CO_2농도}$$
$$= \frac{500 \times 0.05}{\left(\frac{600-100}{10^6}\right)} = 50,000\ m^3/h$$

**문제 57** 증기 가열 코일의 설계시 증기코일의 열수가 적은점을 고려하여 코일의 전면풍속은 어느 정도가 가장 적당한가?
① 0.1m/s
② 1~2m/s
③ 3~5m/s
④ 7~9m/s

해설 증기 가열 코일은 열수가 적으므로 코일의 전면풍속은 3~5m/s로 한다.

**문제 58** 난방방식 중 방열체가 필요 없는 것은?
① 온수난방
② 증기난방
③ 복사난방
④ 온풍난방

해설 온풍난방은 온풍을 직접 방출하므로 방열체가 필요없다.

정답  55. ③  56. ④  57. ③  58. ④

2013년 1월 27일 시행

**문제 59** 중앙식 공조기에서 외기측에 설치되는 기기는?
① 공기예열기　　　　② 엘리미네이터
③ 가습기　　　　　　④ 송풍기

해설 공기예열기 : 공조기 외기측에 설치하여 도입외기를 예열

**문제 60** 보일러에서의 상용출력이란?
① 난방부하
② 난방부하+급탕부하
③ 난방부하+급탕부하+배관부하
④ 난방부하+급탕부하+배관부하+예열부하

해설 상용출력=난방부하+급탕부하+배관부하
참고 정격출력=난방부하+급탕부하+배관부하+예열부하

정답　59. ①　60. ③

## 2013년 4월 14일 시행

**문제 01** 재해 조사 시 유의할 사항이 아닌 것은?
① 조사자는 주관적이고 공정한 입장을 취한다.
② 조사목적에 무관한 조사는 피한다.
③ 목격자나 현장 책임자의 진술을 듣는다.
④ 조사는 현장이 변경되기 전에 실시한다.

해설 재해 조사자는 객관적이고 공정한 입장을 취해야 한다.

**문제 02** 다음 중 보일러의 부식원인과 가장 관계가 적은 것은?
① 온수에 불순물이 포함될 때
② 부적당한 급수처리 시
③ 더러운 물을 사용 시
④ 증기 발생량이 적을 때

해설 증기 발생량과 보일러 부식과는 관계가 적다.

**문제 03** 보일러 취급 부주의로 작업자가 화상을 입었을 때 응급처치 방법으로 적당하지 않은 것은?
① 냉수를 이용하여 화상부위의 화기를 빼도록 한다.
② 물집이 생겼으면 터뜨리지 말고 그냥 둔다.
③ 기계유나 변압기유를 바른다.
④ 상처부위를 깨끗이 소독한 다음 상처를 보호한다.

해설 화상을 입었을 때 : 화상부를 냉수에 담가 화기(열기)를 뺀 후 아연화연고를 바른다.

**문제 04** 전기용접 작업 시 주의사항 중 맞지 않는 것은?
① 눈 및 피부를 노출시키지 말 것
② 우천시 옥외 작업을 하지 말 것
③ 용접이 끝나고 슬래그 제거 작업 시 보안경과 장갑은 벗고 작업할 것
④ 홀더가 가열되면 자연적으로 열이 제거될 수 있도록 할 것

해설 슬래그 제거 작업시에는 보안경과 장갑을 쓰고 할 것

정답  01. ①  02. ④  03. ③  04. ③

2013년 4월 14일 시행

**문제 05** 연삭작업시의 주의 사항이다. 옳지 않은 것은?
① 숫돌은 장착하기 전에 균열이 없는가를 확인한다.
② 작업 시에는 반드시 보호안경을 착용한다.
③ 숫돌은 작업개시 전 1분 이상, 숫돌교환 후 3분 이상 시운전한다.
④ 소형 숫돌은 측압에 강하므로 측면을 사용하여 연삭한다.
⋯⋯ 해설 숫돌은 가능한 측면보다 전면을 사용한다.

**문제 06** 안전관리자가 수행하여야 할 직무에 해당되는 내용이 아닌 것은?
① 사업장 생산 활동을 위한 노무배치 및 관리
② 사업장 순회점검·지도 및 조치의 건의
③ 산업재해 발생의 원인조사
④ 해당 사업장의 안전교육계획의 수립 및 실시
⋯⋯ 해설 안전관리자의 직무
① 안전 기계·기구 구입 시 적격품의 선정
② 해당 사업장 안전교육계획의 수립 및 실시
③ 사업장 순회점검·지도 및 조치의 건의
④ 산업재해 발생의 원인 조사 및 재발 방지를 위한 기술적 지도·조언
⑤ 산업재해에 관한 통계의 유지·관리를 위한 지도·조언
⑥ 안전에 관한 사항을 위반한 근로자에 대한 조치의 건의
⑦ 업무수행 내용의 기록·유지 등

**문제 07** 전동공구 작업시 감전의 위험성을 방지하기 위해 해야 하는 조치는?
① 단전                ② 감지
③ 단락                ④ 접지
⋯⋯ 해설 접지의 목적
화재방지, 감전방지, 기기의 손상 방지

**문제 08** 줄 작업시 안전수칙에 대한 내용으로 잘못된 것은?
① 줄 손잡이가 빠졌을 때에는 조심하여 끼운다.
② 줄의 칩은 브러시로 제거한다.
③ 줄 작업시 공작물의 높이는 작업자의 어깨높이 이상으로 하는 것이 좋다.
④ 줄은 경도가 높고 취성이 커서 잘 부러지므로 충격을 주지 않는다.
⋯⋯ 해설 줄 작업의 높이는 작업자의 팔꿈치 높이로 하여야 무리가 가지 않는다.

**문제 09** 산소 용접토치 취급법에 대한 설명 중 잘못된 것은?
① 용접 팁을 흙바닥에 놓아서는 안 된다.
② 작업목적에 따라서 팁을 선정한다.
③ 토치는 기름으로 닦아 보관해 두어야 한다.
④ 점화전에 토치의 이상 유무를 검사한다.

**정답** 05.④ 06.① 07.④ 08.③ 09.③

…… 해설 산소 용접토치는 기름으로 닦지 않는다.

**문제 10** 신규 검사에 합격된 냉동용 특정설비의 각인 사항과 그 기호의 연결이 올바르게 된 것은?
① 용기의 질량 : TM
② 내용적 : TV
③ 최고 사용 압력 : FT
④ 내압 시험 압력 : TP

…… 해설 ① 용기의 질량 : TW
② 내용적 : V
③ 최고 사용 압력 : FP
④ 내압 시험 압력 : TP

**문제 11** 방진 마스크가 갖추어야 할 조건으로 적당한 것은?
① 안면에 밀착성이 좋아야 한다.
② 여과효율은 불량해야 한다.
③ 흡기, 배기 저항이 커야 한다.
④ 시야는 가능한 한 좁아야 한다.

…… 해설 방진마스크는 안면에 밀착성이 좋아야 한다

**문제 12** 물을 소화재로 사용하는 가장 큰 이유는?
① 연소하지 않는다.
② 산소를 잘 흡수한다.
③ 기화잠열이 크다.
④ 취급하기가 편리하다.

…… 해설 물은 증발잠열이 커 냉각소화에 적당하다.

**문제 13** 진공시험의 목적을 설명한 것으로 옳지 않은 것은?
① 장치의 누설 여부를 확인
② 장치내 이물질이나 수분제거
③ 냉매를 충전하기 전에 불응축 가스배출
④ 장치내 냉매의 온도변화 측정

…… 해설 진공시험의 목적
① 장치의 누설여부 확인
② 장치내 이물질이나 수분제거
③ 냉매 충전 전 불응축가스 제거

정답  10. ④  11. ①  12. ③  13. ④

2013년 4월 14일 시행

**문제 14** 고온액체, 산, 알칼리 화학약품 등의 취급 작업을 할 때 필요 없는 개인 보호구는?
① 모자
② 토시
③ 장갑
④ 귀마개

해설 귀마개 : 소음으로부터 청력을 보호하기 위한 방음 보호구

**문제 15** 보일러 사고원인 중 취급상의 원인이 아닌 것은?
① 저수위
② 압력초과
③ 구조불량
④ 역화

해설 보일러에 구조불량은 제작상 사고원인에 해당한다.

**문제 16** 100000kcal의 열로 0°C의 얼음 약 몇 kg을 융해시킬 수 있는가?
① 1000kg
② 1050kg
③ 1150kg
④ 1250kg

해설 $Q = Gr$

$$G = \frac{Q}{r} = \frac{100,000}{80} = 1,250 \text{ kg}$$

**문제 17** 다음 그림과 같은 회로의 합성저항은 얼마인가?

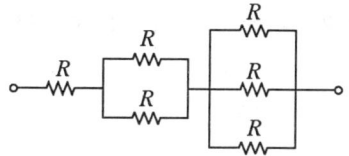

① 6R
② $\frac{2}{3}$R
③ $\frac{8}{5}$R
④ $\frac{11}{6}$R

해설 합성저항

$$R_T = R + \frac{RR}{R+R} + \frac{RRR}{R+R+R} = 1R + \frac{1}{2}R + \frac{1}{3}R = \frac{11}{6}R$$

**문제 18** 공비 혼합 냉매가 아닌 것은?
① 프레온 500
② 프레온 501
③ 프레온 502
④ 프레온 152a

정답 14. ④  15. ③  16. ④  17. ④  18. ④

⋯⋯**해설** 공비혼합냉매는 프레온냉매를 혼합한 것으로 R-500번 단위로 시작한다.
① R-500 : R-12+R-152
② R-501 : R-12+R-22
③ R-502 : R-22+R-115
④ R-503 : R-13+R-23

**문제 19** 냉동사이클의 변화에서 증발온도가 일정할 때 응축온도가 상승할 경우의 영향으로 맞는 것은?
① 성적계수 증대
② 압축일량 감소
③ 토출가스 온도 저하
④ 플래쉬(flash)가스 발생량 증가

⋯⋯**해설** 응축온도 상승에 따른 응축압력 상승으로 압축비가 증가하므로 압축일량 증가, 토출가스 온도 상승, 성적계수가 감소하며 플래쉬 가스 발생량은 증가하게 된다.

**문제 20** 온도가 일정할 때 가스압력과 체적은 어떤 관계가 있는가?
① 체적은 압력에 반비례한다.
② 체적은 압력에 비례한다.
③ 체적은 압력과 무관하다.
④ 체적은 압력의 제곱에 비례한다.

⋯⋯**해설** 가스압력과 체적은 반비례한다.

**문제 21** 모리엘(Mollier)선도에서 등온선과 등압선이 서로 평행한 구역은?
① 액체 구역
② 습증기 구역
③ 건증기 구역
④ 평행인 구역은 없다.

⋯⋯**해설** 등온선과 등압선이 평행한 구역 : 습증기 구역

**문제 22** 냉동사이클에서 응축온도를 일정하게 하고, 압축기 흡입가스의 상태를 건포화 증기로 할 때 증발온도를 상승시키면 어떤 결과가 나타나는가?
① 압축비 증대
② 냉동효과 감소
③ 성적계수 상승
④ 압축일량 증가

⋯⋯**해설** 응축온도가 일정하고 증발온도가 상승하면 압축비 감소, 냉동효과 증가, 성적계수 상승, 압축일량은 감소한다.

**정답** 19.④ 20.① 21.② 22.③

2013년 4월 14일 시행

**문제 23** 자동제어장치의 구성에서 동작신호를 만드는 부분으로 맞는 것은?
① 조절부  ② 조작부
③ 검출부  ④ 제어부

해설 조절부 : 동작신호를 만들어 조작부로 보내는 부분

**문제 24** 2단 압축방식을 채용하는 이유로서 맞지 않는 것은?
① 압축기의 체적효율과 압축효율 증가를 위해
② 압축비를 감소시켜서 냉동능력을 감소하기 위해
③ 압축비를 감소시켜서 압축기의 과열을 방지하기 위해
④ 냉동기유의 변질과 압축기 수명단축 예방을 위해

해설 각단의 압축비를 감소시켜서 냉동능력을 증가시키기 위하여

**문제 25** 다음 그림과 같은 강관 이음부(A)에 적합하게 사용될 이음쇠로 맞는 것은?

① 동경 소켓  ② 이경 소켓
③ 니플      ④ 유니언

해설 이경 소켓(레듀셔) : 배관과 배관의 관경을 변경(20A → 15A)하고자 할 때

**문제 26** 드라이아이스(고체$CO_2$)는 어떤 열을 이용하여 냉동효과를 얻는가?
① 승화잠열  ② 응축잠열
③ 증발잠열  ④ 융해잠열

해설 드라이아이스(고형탄산)는 승화잠열에 의해 냉동효과를 얻음

**문제 27** 관의 결합방식 표시방법에서 결합방식의 종류와 그림기호가 틀린 것은?
① 일반 : ——┼——     ② 플랜지식 : ——╢——
③ 용접식 : ——•——   ④ 소켓식 : ——╫——

해설 소켓(턱걸이)이음의 도시기호
——⇀——

정답  23. ①  24. ②  25. ②  26. ①  27. ④

**문제 28** 냉매에 관한 설명 중 올바른 것은?

① 암모니아 냉매는 증발잠열이 크고 냉동효과가 좋으나 구리와 그 합금을 부식시킨다.
② 일반적으로 특정 냉매용으로 설계된 장치에도 다른 냉매를 그대로 사용할 수 있다.
③ 프레온 냉매의 누설시 리트머스 시험지가 청색으로 변한다.
④ 암모니아 냉매의 누설검사는 헬라이드 토오치를 이용하여 검사한다.

해설 암모니아 냉매
① 암모니아는 증발잠열이 커 냉매로써 성능이 우수하나 가연성 및 독성이 있다.
② 암모니아는 동 또는 동을 62% 이상 함유한 동합금을 부식시킨다.

**문제 29** 동관의 분기이음 시 주관에는 지관보다 얼마정도의 큰 구멍을 뚫고 이음하는가?

① 8~9mm  ② 6~7mm
③ 3~5mm  ④ 1~2mm

해설 동관 분기이음 시 지관보다 1~2mm 큰 구멍을 뚫고 사용한다.

**문제 30** 냉동기의 냉동능력이 24000kcal/h, 압축일 5kcal/kg, 응축열량이 35kcal/kg일 경우 냉매 순환량은 얼마인가?

① 600kg/h  ② 800kg/h
③ 700kg/h  ④ 4000kg/h

해설 냉매순환량

$$G = \frac{냉동능력(Q_2)}{냉동효과(q_2)} = \frac{Q_2}{q_1 - Aw}$$
$$= \frac{24,000}{35 - 5} = 800 \, [kg/h]$$

**문제 31** 다음의 모리엘(Mollier)선도를 참고로 했을 때 3 냉동톤(RT)의 냉동기 냉매 순환량은 약 얼마인가?

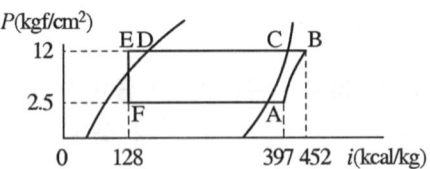

① 37.0 kg/h  ② 51.3 kg/h
③ 49.4 kg/h  ④ 67.7 kg/h

해설 냉매순환량

$$G = \frac{Q_2}{q_2} = \frac{3 \times 3,320}{(397 - 128)} = 37 \, [kg/h]$$

정답  28. ①  29. ④  30. ②  31. ①

2013년 4월 14일 시행

**문제 32** 교류 전압계의 일반적인 지시값은?
① 실효값　　　　　　　　② 최대값
③ 평균값　　　　　　　　④ 순시값

해설 일반적으로 표시되는 전압 및 전류는 실효값을 나타낸다.

**문제 33** 압축기 보호장치에 해당되는 것은?
① 냉각수 조절 밸브
② 유압보호 스위치
③ 증발압력 조절 밸브
④ 응축기용 팬 콘트롤

해설 압축기 보호장치 : 안전두, 고압차단스위치, 안전밸브, 유압보호스위치 등

**문제 34** 냉동장치에 관한 설명 중 올바른 것은?
① 응축기에서 방출하는 열량은 증발기에서 흡수하는 열량과 같다.
② 응축기의 냉각수 출구 온도는 응축온도보다 낮다.
③ 증발기에서 방출하는 열량은 응축기에서 흡수하는 열량보다 크다.
④ 증발기의 냉각수 출구온도는 응축온도보다 높다.

해설 응축기의 냉각수 입·출구온도는 응축온도보다 낮다.

**문제 35** 만액식 냉각기에 있어서 냉매측의 열전달률을 좋게 하기 위한 방법이 아닌 것은?
① 냉각관이 액 냉매에 접촉하거나 잠겨 있을 것
② 관 간격이 좁을 것
③ 유막이 존재하지 않을 것
④ 관면이 매끄러울 것

해설 관면이 매끄러우면 열전달률이 작아진다.

**문제 36** 다음 그림은 8핀 타이머의 내부회로도이다. ⑤-⑧접점을 옳게 표시한 것은?

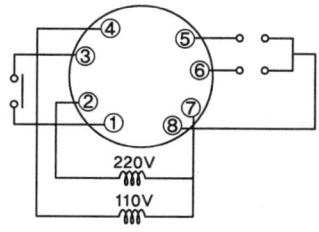

① ⑤ ─○△○─ ⑧　　　　② ⑤ ─○△○─ ⑧
③ ⑤ ─○ ○─ ⑧　　　　④ ⑤ ─○ ○─ ⑧

정답  32. ①  33. ②  34. ②  35. ④  36. ①

① 타이머(b접점) ② 타이머(a접점)
③ 릴레이(a접점) ④ 릴레이(b접점)

## 문제 37. 압력계의 지침이 9.80cmHgv였다면 절대압력은 약 몇 kgf/cm²a인가?

① 0.9 ② 1.3
③ 2.1 ④ 3.5

**해설** 압력 환산식
$h[\text{cmHgV}] \rightarrow P[\text{kgf/cm}^2 a]$
$P = 1.033 \times \left(1 - \dfrac{h}{76}\right)$
$\quad = 1.033 \times \left(1 - \dfrac{9.8}{76}\right) = 0.9 \,[\text{kgf/cm}^2 a]$

## 문제 38. 물-LiBr계 흡수식 냉동기의 순환 과정이 옳은 것은?

① 발생기 → 응축기 → 흡수기 → 증발기
② 발생기 → 응축기 → 증발기 → 흡수기
③ 흡수기 → 응축기 → 증발기 → 발생기
④ 흡수기 → 응축기 → 발생기 → 증발기

**해설** 흡수식 냉동기의 4대 사이클
흡수기 → 발생기 → 응축기 → 증발기

## 문제 39. 다음 그림은 냉동용 그림기호(KS B 0063)에서 무엇을 표시하는가?

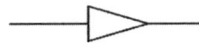

① 리듀서 ② 디스트리뷰터
③ 줄임 플랜지 ④ 플러그

**해설** 리듀서 표시기호이다.

## 문제 40. 글랜드 패킹의 종류가 아닌 것은?

① 바운드 패킹 ② 석면 각형 패킹
③ 아마존 패킹 ④ 몰드 패킹

**해설** 글랜드 패킹의 종류 : 석면 각형 패킹, 석면 야안 패킹, 아마존 패킹, 몰드 패킹

**정답** 37. ① 38. ② 39. ① 40. ①

2013년 4월 14일 시행

**문제 41** 프레온 냉동장치에서 오일이 압력과 온도에 상당하는 양의 냉매를 용해하고 있다가 압축기 기동시 오일과 냉매가 급격히 분리되어 크랭크 케이스 내의 유면이 약동하고 심하게 거품이 일어나는 현상은?

① 오일 해머
② 동 부착
③ 에멀존
④ 오일 포밍

해설 오일 포밍(Oil foaming) 현상
프레온 냉동장치의 압축기 기동시 크랭크케이스 내에 오일중에 섞여있던 냉매가 분리되면서 유면이 약동하고 거품이 일어나는 현상으로 크랭크케이스내 오일히터를 설치하여 압축기 가동전에 히터를 켜두면 냉매 중의 오일이 분리되어 방지할 수 있다.

**문제 42** 저압수액기와 액펌프의 설치 위치로 가장 적당한 것은?

① 저압수액기 위치를 액펌프보다 약 1.2m 정도 높게 한다.
② 응축기 높이와 일정하게 한다.
③ 액펌프와 저압 수액기 위치를 같게 한다.
④ 저압 수액기를 액펌프보다 최소한 5m 낮게 한다.

해설 액펌프식 증발기에는 저압수액기를 액 펌프보다 약 1.2[m] 정도 높게 설치하여 냉매액 펌프에서의 공동현상발생을 방지한다.

**문제 43** 강관의 전기용접 접합 시의 특징(가스용접에 비해)으로 맞는 것은?

① 유해광선의 발생이 적다.
② 용접속도가 빠르고 변형이 적다.
③ 박판용접에 적당하다.
④ 열량조절이 비교적 자유롭다.

해설 전기용접은 가스용접에 비해 용접속도가 빠르고 변형이 적다.

**문제 44** 압축기의 과열원인이 아닌 것은?

① 냉매 부족
② 밸브 누설
③ 윤활 불량
④ 냉각수 과냉

해설 냉각수가 과열되면 압축기의 과열의 원인이 된다.

**문제 45** 브라인의 구비조건으로 틀린 것은?

① 비열이 클 것
② 점성이 클 것
③ 전열작용이 좋을 것
④ 응고점이 낮을 것

해설 브라인은 점성이 적고 부식성이 없을 것

정답  41. ④  42. ①  43. ②  44. ④  45. ②

**문제 46** 공조방식을 개별식과 중앙식으로 구분하였을 때 중앙식에 해당되는 것은?
① 패키지 유닛방식
② 멀티 유닛형 룸쿨러방식
③ 팬 코일 유닛방식(덕트병용)
④ 룸쿨러방식

해설 개별식(냉매방식) : 룸에어콘, 패키지방식, 멀티유닛 등

**문제 47** 환기횟수를 시간당 0.6회로 할 경우에 체적이 2000m³/h인 실의 환기량은 얼마인가?
① 800m³/h
② 1000m³/h
③ 1200m³/h
④ 1440m³/h

해설 환기량=환기횟수×실내체적
$= 0.6 \times 2,000 = 1,200 [m^3/h]$

**문제 48** 송풍기의 축동력 산출시 필요한 값이 아닌 것은?
① 송풍량
② 덕트의 길이
③ 전압효율
④ 전압

해설 송풍기 축동력 산출시 송풍량, 전압, 전압효율이 필요하다.

참고 송풍기 축동력 공식
$$kW = \frac{Q \times P_T}{102 \times 60 \times \eta_T}$$
여기서, $Q$ : 송풍량[m³/min]
$P_T$ : 전압[mmAq]
$\eta_T$ : 전압효율

**문제 49** 5℃인 350kg/h의 공기를 65℃가 될 때까지 가열하는 경우 필요한 열량은 몇 kcal/h인가? (단, 공기의 비열은 0.24kcal/kg℃이다.)
① 4464
② 5040
③ 6564
④ 6590

해설 $q_s = G \cdot C \cdot \Delta t$
$= 350 \times 0.24 \times (65-5) = 5,040 [kcal/h]$

**문제 50** 펌프에서 흡입양정이 크거나 회전수가 고속일 경우 흡입관의 마찰저항 증가에 따른 압력강하로 수중에 다수의 기포가 발생되고 소음 및 진동이 일어나는 현상은?
① 플라이밍 현상
② 캐비테이션 현상
③ 수격 현상
④ 포밍 현상

정답 46.③ 47.③ 48.② 49.② 50.②

2013년 4월 14일 시행

> 공동(캐비테이션)현상 : 펌프에서 흡입측의 마찰저항이 증가하거나 물의 온도가 높아지면 흡입측에서 물이 증발하여 기포가 발생하여 임펠러를 거쳐 넘어가면 압력상승과 소음 및 진동이 일어나는 현상

**문제 51** 설치가 쉽고 설치 면적도 적으며 소규모 난방에 많이 사용되는 보일러는?

① 입형 보일러  ② 노통 보일러
③ 연관 보일러  ④ 수관 보일러

> 입형 보일러 : 구조가 간단하고 설치면적이 작으며 비교적 효율이 낮아 소규모 난방에 사용

**문제 52** 수조내의 물이 진동자의 진동에 의해 수면에서 작은 물방울이 발생되어 가습되는 가습기의 종류는?

① 초음파  ② 원심식
③ 전극식  ④ 증발식

> 초음파식 : 수조내의 물에 전력을 사용하여 초음파를 가하면 진동자의 진동에 의해 수면으로부터 작은 물방울이 발생되어 가습하는 것으로 용량이 비교적 작아서 일반 가정 및 전산실이나 소규모 사무실 등에 사용

**문제 53** 덕트설계 시 고려사항으로 거리가 먼 것은?

① 송풍량
② 덕트방식과 경로
③ 덕트내 공기의 엔탈피
④ 취출구 및 흡입구 수량

> 덕트설계 시 덕트내 공기의 엔탈피는 고려하지 않는다.

**문제 54** 보건용 공기조화가 적용되는 장소가 아닌 것은?

① 병원  ② 극장
③ 전산실  ④ 호텔

> 공장, 연구소, 전산실 등과 같은 곳은 산업용 공기조화이다

**문제 55** 밀폐식 수열원 히트 펌프 유닛방식의 설명으로 옳지 않은 것은?

① 유닛마다 제어기구가 있어 개별운전이 가능하다.
② 냉·난방부하를 동시에 발생하는 건물에서 열회수가 용이하다.
③ 외기냉방이 가능하다.
④ 중앙 기계실에 냉동기가 필요하지 않아 설치면적상 유리하다.

> 밀폐식 수열원 히트 펌프 유닛방식에서는 외기난방이 어렵다.

> 참고 밀폐식 수열원 히트 펌프 유닛방식
> 소형 수냉 히트 펌프 유닛을 열원수 배관에 접속시켜 밀폐식 냉각탑과 보조 열원장치로 밀폐회로에 연결한 시스템

**정답** 51.① 52.① 53.③ 54.③ 55.③

**문제 56** 증기난방의 환수관 배관 방식에서 환수주관을 보일러의 수면보다 높은 위치에 배관하는 것은?
① 진공 환수식
② 강제 환수식
③ 습식 환수식
④ 건식 환수식

해설 증기난방의 환수관 배관 방식
① 건식 환수식 : 응축수 환수주관이 보일러 수면보다 높은 위치
② 습식 환수식 : 응축수 환수주관이 보일러 수면보다 낮은 위치

**문제 57** 공기를 냉각하였을 때 증가되는 것은?
① 습구온도
② 상대습도
③ 건구온도
④ 엔탈피

해설 공기 냉각시 상대습도는 증가하며 건구온도, 습구온도, 절대습도, 엔탈피, 비체적 등은 저하한다.

**문제 58** 회전식 전열교환기의 특징 설명으로 옳지 않은 것은?
① 로우터의 상부에 외기공기를 통과하고 하부에 실내공기가 통과한다.
② 배기공기는 오염물질이 포함되지 않으므로 필터를 설치할 필요가 없다.
③ 일반적으로 효율은 로우터 회전수가 5rpm 이상에서는 대체로 일정하고 10rpm 전후 회전수가 사용된다.
④ 로우터를 회전시키면서 실내공기의 배기공기와 외기공기를 열교환한다.

해설 회전식 전열교환기는 배기 공기중의 오염 물질이 소량 존재하므로 하류의 공조기에 설치된 필터로 제거하도록 한다.

**문제 59** 온풍난방에 대한 설명으로 옳지 않은 것은?
① 예열시간이 짧고 간헐 운전이 가능하다.
② 실내 온도분포가 균일하여 쾌적성이 좋다.
③ 방열기나 배관 등의 시설이 필요 없어 설비비가 비교적 싸다.
④ 송풍기로 인한 소음이 발생할 수 있다.

해설 온풍난방의 단점
① 공기를 강제적으로 보내므로 소음 발생이 크다.
② 토출공기의 온도가 높고 실내 온도분포가 좋지 않아 쾌적성이 떨어진다.
③ 덕트나 연도의 과열에 따른 화재에 우려가있다.

**문제 60** 다음 용어 중 환기를 계획할 때 실내 허용 오염도의 한계를 의미하는 것은?
① 불쾌지수
② 유효온도
③ 쾌감온도
④ 서한도

해설 서한도 : 환기를 계획할 때 실내 허용 오염도의 한계를 말하며 %나 ppm으로 나타내는 용어

정답 56.④ 57.② 58.② 59.② 60.④

## 2013년 7월 21일 시행

**문제 01** 연삭기 숫돌의 파괴 원인에 해당되지 않는 것은?

① 숫돌의 회전속도가 너무 느릴 때
② 숫돌의 측면을 사용하며 작업할 때
③ 숫돌의 치수가 부적당할 때
④ 숫돌 자체에 균열이 있을 때

**해설** 연삭숫돌의 사용속도가 숫돌에 표기한 최고 사용 주속도의 기준을 초과하여 사용할 때 파괴될 수 있다.

**문제 02** 근로자의 안전을 위해 지급되는 보호구를 설명한 것이다. 이 중 작업조건에 맞는 보호구로 올바른 것은?

① 용접시 불꽃 또는 물체가 날아 흩어질 위험이 있는 작업 : 보안면
② 물체가 떨어지거나 날아올 위험 또는 근로자가 감전되거나 추락할 위험이 있는 작업 : 안전대
③ 감전의 위험이 있는 작업 : 보안경
④ 고열에 의한 화상 등의 위험이 있는 작업 : 방한복

**해설** 안전 보호구
① 물체가 떨어지거나 날아올 위험 또는 근로자가 추락할 위험이 있는 작업 : 안전모
② 높이 또는 깊이 2미터 이상의 추락할 위험이 있는 장소에서 하는 작업 : 안전대
③ 물체의 낙하·충격, 물체에의 끼임, 감전 또는 정전기의 대전에 의한 위험이 있는 작업 : 안전화
④ 물체가 흩날릴 위험이 있는 작업 : 보안경
⑤ 용접 시 불꽃이나 물체가 흩날릴 위험이 있는 작업 : 보안면
⑥ 감전의 위험이 있는 작업 : 절연용 보호구
⑦ 고열에 의한 화상 등의 위험이 있는 작업 : 방열복
⑧ 선창 등에서 분진이 심하게 발생하는 하역작업 : 방진마스크
⑨ 섭씨 영하 18도 이하인 급냉동어창에서 하는 하역작업 : 방한모·방한복·방한화·방한장갑

**문제 03** 방폭 전기설비를 선정할 경우 중요하지 않은 것은?

① 대상가스의 종류
② 방호벽의 종류
③ 폭발성 가스의 폭발 등급
④ 발화도

**해설** 방폭 전기설비 선정시 중요사항 : 대상가스의 종류, 폭발성 가스의 폭발 등급, 발화도

**참고** 전기설비의 방폭(폭발방지) : 전기설비가 원인이 되어 가연성 가스나 증기 또는 분진에 인화되거나 착화되어 발생되는 폭발사고를 방지하는 것

**정답** 01. ① 02. ① 03. ②

**문제 04** 산업안전보건기준에 관한 규칙에서 정한 가스장치실을 설치하는 경우 설치구조에 대한 내용에 해당 되지 않는 것은?

① 벽에는 불연성 재료를 사용할 것
② 지붕과 천장에는 가벼운 불연성재료를 사용할 것
③ 가스가 누출된 경우에는 그 가스가 정체되지 않도록 할 것
④ 방음장치를 설치할 것

해설 가스장치실의 구조
① 가스가 누출된 경우에는 그 가스가 정체되지않도록 할 것
② 지붕과 천장에는 가벼운 불연성 재료를 사용할 것
③ 벽에는 불연성 재료를 사용할 것

**문제 05** 산소가 충전되어 있는 용기의 취급상 주의사항으로 틀린 것은?

① 용기밸브는 녹이 생겼을 때 잘 열리지 않으므로 그리스 등 기름을 발라둔다.
② 용기밸브의 개폐는 천천히 하며, 산소누출여부 검사는 비눗물을 사용한다.
③ 용기밸브가 얼어서 녹일 경우에는 약 40℃정도의 따뜻한 물로 녹여야 한다.
④ 산소용기는 눕혀두거나 굴리는 등 충격을 주지 말아야 한다.

해설 산소는 조연성가스로서 그리스 등 인화성물질을 발라두지 않는다.

**문제 06** 정 작업 시 안전수칙으로 옳지 않은 것은?

① 작업 시 보호구를 착용한다.
② 열처리 한 것은 정 작업을 하지 않는다.
③ 공구의 사용전 이상 유무를 반드시 확인한다.
④ 정의 머리부분에는 기름을 칠해 사용한다.

해설 정의 머리가 둥글게 된 것이나 찌그러진 것은 사용하지 않는다.

**문제 07** 발화온도가 낮아지는 조건을 나열한 것으로 옳은 것은?

① 발열량이 높을수록
② 압력이 낮을수록
③ 산소농도가 낮을수록
④ 열전도도가 낮을수록

해설 발열량이 높을수록 발화온도는 낮아진다.

참고 발화온도(발화점)
가연성물질이 공기중에서 점화원이 없이 스스로 연소를 개시할 수 있는 최저온도

정답  04.④  05.①  06.④  07.①

2013년 7월 21일 시행

**문제 08** 안전사고 예방을 위한 기술적 대책이 될 수 없는 것은?
① 안전기준의 설정
② 정신교육의 강화
③ 작업공정의 개선
④ 환경설비의 개선

해설 정신교육의 강화는 기술적 대책에 해당되지 않는다.

**문제 09** 사고 발생의 원인 중 정신적 요인에 해당되는 항목으로 맞는 것은?
① 불안과 초조
② 수면부족 및 피로
③ 이해부족 및 훈련미숙
④ 안전수칙의 미 제정

해설 정신적 원인
① 안전지식의 부족 ② 주의력 부족
③ 방심 및 공상   ④ 개성적 결함 요소
⑤ 판단력부족 또는 그릇된 판단

참고 신체적 원인
① 피로, 수면부족 ② 시력 및 청각기능 이상
③ 근육운동의 부적합   ④ 육체적 능력초과

**문제 10** 안전모를 착용하는 목적과 관계가 없는 것은?
① 감전의 위험방지
② 추락에 의한 위험경감
③ 물체의 낙하에 의한 위험방지
④ 분진에 의한 재해방지

해설 분진에 의한 재해방지 : 방진마스크
참고 안전모 : 물체가 떨어지거나 날아올 위험 또는 근로자가 추락할 위험이 있는 작업

**문제 11** 정전기의 예방 대책으로 적합하지 않은 것은?
① 설비 주변에 적외선을 쪼인다.
② 적정 습도를 유지해 준다.
③ 설비의 금속 부분을 접지한다.
④ 대전 방지제를 사용한다.

해설 정전기 제거와 적외선을 쪼이는 것은 관계가 없다.
참고 정전기 재해의 방지대책
① 접지 및 본딩
② 도전성 향상

정답 08. ② 09. ① 10. ④ 11. ①

③ 보호구의 착용(정전화, 정전 작업의)
④ 제전기 사용
⑤ 가습(상대습도 70% 이상으로 유지)
⑥ 유속제한 및 정치시간 확보
⑦ 대전체의 정전차폐

**문제 12** 냉동기의 기동전 유의사항으로 틀린 것은?

① 토출밸브는 완전히 닫고 기동한다.
② 압축기의 유면을 확인한다.
③ 액관중에 있는 전자밸브의 작동을 확인한다.
④ 냉각수 펌프의 작동 유무를 확인한다.

해설 냉동기의 압축기 토출밸브는 완전히 열고 기동한다.

**문제 13** 재해 발생 중 사람이 건축물, 비계, 기계, 사다리, 계단 등에서 떨어지는 것을 무엇이라고 하는가?

① 도괴
② 낙하
③ 비래
④ 추락

해설 추락 : 사람이 건축물, 비계, 기계, 사다리, 경사면, 계단 등에서 떨어지는 것

**문제 14** 보일러 압력계의 최고눈금은 보일러의 최고사용압력의 몇 배 이상 지시할 수 있는 것이어야 하는가?

① 0.5배
② 0.75배
③ 1.0배
④ 1.5배

해설 압력계의 최고눈금 : 보일러의 최고사용압력의 1.5배 이상 3배 이하

**문제 15** 고압 전선이 단선된 것을 발견하였을 때 어떠한 조치가 가장 안전한 것인가?

① 위험표시를 하고 돌아온다.
② 사고사항을 기록하고 다음 장소의 순찰을 계속한다.
③ 발견 즉시 회사로 돌아와 보고한다.
④ 통행의 접근을 막는 조치를 한다.

해설 전선 단선시 사고를 예방하기 위하여 일반인의 접근 및 통행을 막고 주변을 감시하고 사고처리를 한다.

정답  12. ①  13. ④  14. ④  15. ④

## 2013년 7월 21일 시행

**문제 16** 프레온 냉매의 일반적인 특성으로 틀린 것은?
① 누설되어 식품 등과 접촉하면 품질을 떨어뜨린다.
② 화학적으로 안정되고 연소되지 않는다.
③ 전기절연성이 양호하다.
④ 비열비가 작아 압축기를 공냉식으로 할 수 있다.

해설 암모니아 냉매는 누설되어 식품 등과 접촉하면 품질을 떨어뜨린다.

**문제 17** 다음 그림과 같은 회로는 무슨 회로인가?

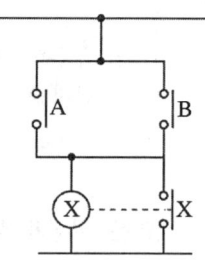

① AND회로　　　② OR회로
③ NOT회로　　　④ NAND회로

해설 OR 회로(논리합 회로) : 입력, 중 어느 하나에만 있어도 출력 $X$가 발생 ($A+B=X$)

**문제 18** 흡입관경이 20mm(7/8″) 이하일 때 감온통의 부착 위치로 적당한 것은? (단, ● 표시가 감온통임)

① 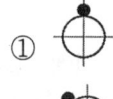　　　②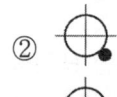

③ 　　　④

해설 감온통의 설치
① 증발기 출구측 가까이 흡입관과 수평으로 설치
② ㉠ 흡입관경이 7/8″(20mm) 이하일 때 : 흡입관의 수직 상단
　　㉡ 흡입관경이 7/8″(20mm) 이상일 때 : 흡입관 수평의 45° 하단

**문제 19** 다음 그림기호 중 정압식 자동팽창 밸브를 나타내는 것은?

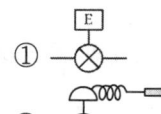

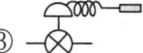

해설 ① 전자식 자동팽창 밸브　② 정압식 자동팽창 밸브
　　③ 온도식 자동팽창 밸브　④ 플로트식 자동팽창 밸브

정답　16. ①　17. ②　18. ①　19. ②

**문제 20** 프레온 냉동장치에서 오일포밍(oil foaming)현상과 관계 없는 것은?

① 오일해머(oil hammer)의 우려가 있다.
② 응축기, 증발기 등에 오일이 유입되어 전열효과를 증가시킨다.
③ 크랭크케이스 내에 오일부족현상을 초래한다.
④ 오일포밍을 방지하기 위해 크랭크케이스내에 히터를 설치한다.

**해설** 오일포밍시 응축기, 증발기 등에 오일이 유입되어 전열효과를 감소시킨다.

**문제 21** 서로 친화력을 가진 두 물질의 용해 및 유리작용을 이용하여 압축효과를 얻는 냉동법은 어느 것인가?

① 증기압축식 냉동법　　② 흡수식 냉동법
③ 증기분사식 냉동법　　④ 전자냉동법

**해설** 흡수식 냉동법 : 서로 친화력을 가진 두 물질의 용해 및 유리작용을 이용하는 냉동기

**문제 22** 회전식 압축기에서 회전식 베인형의 베인은 어떻게 회전하는가?

① 무게에 의하여 실린더에 밀착되어 회전한다.
② 고압에 의하여 실린더에 밀착되어 회전한다.
③ 스프링 힘에 의하여 실린더에 밀착되어 회전한다.
④ 원심력에 의하여 실린더에 밀착되어 회전한다.

**해설** 회전식 베인형(회전익형) : 회전 로우터와 함께 블레이드(베인)가 실린더 내면에 접촉하면서 회전하여 원심력에 의해 냉매가스를 압축하는 형식

**참고** 고정베인형 : 스프링에 의해 고정된 블레이드와 회전축에 의한 회전자와 실린더(피스톤)와의 접촉에 의해 냉매가스를 압축하는 형식

**문제 23** 냉동능력이 40냉동톤인 냉동장치의 수직형 쉘 엔드 튜브 응축기에 필요한 냉각수량은 약 얼마인가? (단, 응축기 입구 온도는 23℃이며, 응축기 출구 온도는 28℃이다.)

① 51870(L/h)　　② 43200(L/h)
③ 38844(L/h)　　④ 34528(L/h)

**해설** 응축기에 필요한 냉각수량
$Q_1 = w \cdot C \cdot \Delta t$
$w = \dfrac{Q_1}{c \cdot \Delta t} = \dfrac{40 \times 3320 \times 1.3}{1 \times (28-25)}$
$= 34,528 \text{ kg/h(L/h)}$

**문제 24** 동결점이 최저로 되는 용액의 농도를 공융농도라 하고 이때의 온도를 공융온도라 하는데, 다음 브라인 중에서 공융온도가 가장 낮은 것은?

① 염화칼슘　　② 염화나트륨
③ 염화마그네슘　　④ 에틸렌글리콜

**정답** 20.② 21.② 22.④ 23.④ 24.①

2013년 7월 21일 시행

해설 공융온도(공정점)가 가장 낮은 순서
① 염화칼슘(-55℃)  ② 염화마그네슘(-33.6℃)
③ 에틸렌글리콜(-33℃)  ④ 염화나트륨(-21.2℃)

**문제 25** 1대의 압축기를 이용해 저온의 증발 온도를 얻으려 할 경우 여러 문제점이 발생되어 2단 압축 방식을 택한다. 1단 압축으로 발생되는 문제점으로 틀린 것은?
① 압축기의 과열  ② 냉동능력 증가
③ 체적효율 감소  ④ 성적계수 저하

해설 1단 압축으로는 냉동능력이 감소하므로 2단 압축 방식을 채택한다.

**문제 26** 할로겐화탄화수소 냉매가 아닌 것은?
① R - 114  ② R - 115
③ R - 134a  ④ R - 717

해설 R - 717 : 암모니아

**문제 27** 다음 냉동 사이클에서 이론적 성적계수가 5.0일 때 압축기 토출가스의 엔탈피는 얼마인가?

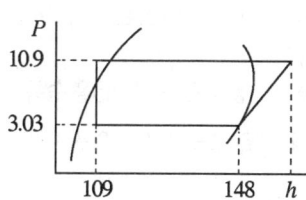

① 17.8 kcal/kg  ② 138.9 kcal/kg
③ 19.5 kcal/kg  ④ 155.8 kcal/kg

해설 성적계수
$$COP = \frac{q_2}{Aw}$$ 에서
$$5 = \frac{148-109}{h-148}, \quad h = 155.8 \text{ kcal/kg}$$

**문제 28** 고속다기통 압축기의 장점으로 틀린 것은?
① 동적(動的)평형이 양호하여 진동이 적고 운전이 정숙하다.
② 압축비가 증가하여도 체적효율이 감소하지 않는다.
③ 냉동능력에 비해 압축기가 작아져 설치면적이 작아진다.
④ 부품의 교환이 간단하고 수리가 용이하다.

해설 압축비가 증가하면 체적효율은 감소한다.

정답 25. ② 26. ④ 27. ④ 28. ②

**문제 29** 만액식 증발기의 전열을 좋게 하기 위한 것이 아닌 것은?
① 냉각관이 냉매액에 잠겨있거나 접촉해 있을 것
② 증발기 관에 핀(fin)을 부착할 것
③ 평균 온도차가 작고 유속이 빠를 것
④ 유막이 없을 것

해설 평균 온도차가 크고 유속이 빠를 것

**문제 30** 증발기에 대한 설명 중 틀린 것은?
① 건식 증발기는 냉매액의 순환량이 많아 액분리가 필요하다.
② 프레온을 사용하는 만액식 증발기에서 증발기내 오일이 체류할 수 있으므로 유회수 장치가 필요하다.
③ 반 만액식 증발기는 냉매액이 간식보다 많아 전열이 양호하다.
④ 건식 증발기는 주로 공기냉각용으로 많이 사용한다.

해설 건식 증발기는 냉매액의 순환량이 적어 액분리가 필요없다.

**문제 31** 열펌프에 대한 설명 중 옳은 것은?
① 저온부에서 열을 흡수하여 고온부에서 열을 방출한다.
② 성적계수는 냉동기 성적계수보다 압축소요동력 만큼 낮다.
③ 제빙용으로 사용이 가능하다.
④ 성적계수는 증발온도가 높고, 응축온도가 낮을수록 작다.

해설 열펌프(heat pump) : 저온부에 열을 흡수하여 고온부로 방출하여 난방을 행함

**문제 32** 무기질 단열재에 해당되지 않는 것은?
① 코르크      ② 유리섬유
③ 암면        ④ 규조토

해설 유기질 보온재 : 코르크, 펠트, 기포성수지, 텍스류 등

**문제 33** 냉동장치에 사용하는 냉동기유의 구비조건으로 잘못된 것은?
① 적당한 점도를 가지며, 유막형성 능력이 뛰어날 것
② 인화점이 충분히 높아 고온에서도 변하지 않을 것
③ 밀폐형에 사용하는 것은 전기절연도가 클 것
④ 냉매와 접촉하여도 화학반응을 하지 않고, 냉매와의 분리가 어려울 것

해설 냉매와의 분리가 쉬울 것

정답  29. ③  30. ①  31. ①  32. ①  33. ④

## 2013년 7월 21일 시행

**문제 34** 냉동장치의 흡입관 시공시 흡입관의 입상이 매우 길 때에는 약 몇 m마다 중간에 트랩을 설치하는가?

① 5m  ② 10m
③ 15m  ④ 20m

해설) 흡입관의 입상이 매우 길 때에는 약 몇 10m 마다 중간에 트랩을 설치한다.

**문제 35** 압축기 보호장치 중 고압차단 스위치(HPS)의 작동압력은 정상적인 고압에 몇 kgf/cm² 정도 높게 설정하는가?

① 1  ② 4
③ 10  ④ 25

해설) 고압차단 스위치 작동압력
정상고압 + 4 kgf/cm²

**문제 36** 브라인을 사용할 때 금속의 부식방지법으로 맞지 않는 것은?

① 브라인 pH를 7.5~8.2 정도로 유지 한다.
② 방청제를 첨가 한다.
③ 산성이 강하면 가성소다로 중화시킨다.
④ 공기와 접촉시키고, 산소를 용입시킨다.

해설) 공기와 접촉을 차단한다.

**문제 37** 냉동관련 설명에 대한 내용 중에서 잘못된 것은?

① 1Btu란 물 1Lb를 1°F 높이는데 필요한 열량이다.
② 1kcal란 물 1kg을 1℃ 높이는데 필요한 열량이다.
③ 1Btu는 3.968kcal에 해당된다.
④ 기체에서 정압비열은 정적비열보다 크다.

해설) 1kcal=3.968Btu, 1Btu=0.252kcal

**문제 38** 100V 교류 전원에 1kW 배연용 송풍기를 접속하였더니 15A의 전류가 흘렀다. 이 송풍기의 역률은 약 얼마인가?

① 0.57  ② 0.67
③ 0.77  ④ 0.87

해설) 역률 = $\frac{유효전력}{피상전력}$ = $\frac{W}{I^2R}$ = $\frac{1000}{15^2 \times 6.67}$ = 0.67

여기서, $R = \frac{V}{I} = \frac{100}{15} = 6.67 \Omega$

참고) 역률 : 실제 공급된 피상전력에 대한 유효전력의 비

**정답** 34. ② 35. ② 36. ④ 37. ③ 38. ②

**문제 39** 핀 튜브에 관한 설명 중 틀린 것은?
① 관내에 냉각수, 관외부에 프레온 냉매가 흐를 때 관 외측에 부착한다.
② 증발기에 핀 튜브를 사용하는 것은 전열 효과를 크게하기 위함이다.
③ 핀은 열전달이 나쁜 유체 쪽에 부착한다.
④ 관내에 냉각수, 관외부에 프레온 냉매가 흐를 때 관 내측에 부착한다.

> 해설 핀은 열전달이 불량한 쪽에 설치하므로 전열이 냉각수보다 불량한 프레온측인 관 외부에 부착한다.

**문제 40** 냉동 사이클의 구성 순서가 바른 것은?
① 증발→응축→팽창→압축
② 압축→응축→증발→팽창
③ 압축→응축→팽창→증발
④ 팽창→압축→증발→응축

> 해설 증기압축식 냉동 사이클의 구성 순서
> 압축→응축→팽창→증발

**문제 41** 물이 얼음으로 변할 때의 동결잠열은 얼마인가?
① 79.68kJ/kg   ② 632kJ/kg
③ 333.62kJ/kg  ④ 0.5kJ/kg

> 해설 물이 얼음으로 변할 때의 동결잠열(0℃)
> r=79.68kcal/kg=333.62kJ/kg

**문제 42** 압축기의 축봉장치에서 슬립링형 축봉장치의 종류에 속하는 것은?
① 소프트 패킹식    ② 메탈릭 패킹식
③ 스터핑 박스식    ④ 금속 벨로우즈식

> 해설 축봉장치의 종류
> ① 스터핑 박스형 : 소프트 패킹, 메탈릭 패킹
> ② 슬립링형 축봉장치 : 금속벨로우즈식, 고무벨로우즈식

**문제 43** 다음 중 동관작업에 필요하지 않는 공구는?
① 튜브 벤더    ② 사이징 툴
③ 플레어링 툴  ④ 클립

> 해설 클립 : 주철관의 소켓이음시 필요한 공구

**정답** 39.④ 40.③ 41.③ 42.④ 43.④

2013년 7월 21일 시행

**문제 44** 다음 중 냉동능력이 단위로 옳은 것은?
① kcal/kg·m³
② kJ/h
③ m²/h
④ kcal/kg℃

해설 냉동능력의 단위
1RT=3,320kcal/h=13,911kJ/h=3.86kW

**문제 45** 냉동기의 정상적인 운전상태를 파악하기 위하여 운전관리 상 검토해야 할 사항으로 틀린 것은?
① 윤활유의 압력, 온도 및 청정도
② 냉각수 온도 또는 냉각공기 온도
③ 정지 중의 소음 및 진동
④ 압축기용 전동기의 전압 및 전류

해설 냉동기의 정상적인 운전상태를 파악하기 위하여 운전 중의 소음 및 진동상태를 파악한다.

**문제 46** 실내에 있는 사람이 느끼는 더위, 추위의 체감에 영향을 미치는 수정 유효온도의 주요 요소는?
① 기온, 습도, 기류, 복사열
② 기온, 기류, 불쾌지수, 복사열
③ 기온, 사람의 체온, 기류, 복사열
④ 기온, 주위의 백연온도, 기류, 복사열

해설 수정 유효온도 주요 요소 : 기온, 습도, 기류, 복사열

**문제 47** 송풍기의 법칙에 대한 내용 중 잘못된 것은?
① 동력은 회전속도비의 2제곱에 비례하여 변화한다.
② 풍량은 회전속도비에 비례하여 변화한다.
③ 압력은 회전속도비의 2제곱에 비례하여 변화한다.
④ 풍량은 송풍기 크기비의 3제곱에 비례하여 변화한다.

해설 동력은 회전속도비의 3제곱에 비례하여 변화한다.

**문제 48** 실내 냉방시 현열부하가 8000kcal/h인 실내를 26℃로 냉방하는 경우 20℃의 냉풍으로 송풍하면 필요한 송풍량은 약 몇 m³/h인가? (단, 공기의 비열은 0.24kcal/kg℃이며, 비중량은 1.2kg/m³이다.)
① 2893
② 4630
③ 5787
④ 9260

정답 44. ② 45. ③ 46. ① 47. ① 48. ②

해설 송풍량 계산

$$Q = \frac{q_s}{\gamma C \Delta t}$$
$$= \frac{8000}{1.2 \times 0.24 \times (26-20)} = 4630 \text{ m}^3/\text{h}$$

**문제 49** 유체의 역류방지용으로 가장 적당한 밸브는?

① 게이트 밸브(gate valve)
② 글로브 밸브(globe valve)
③ 앵글 밸브(angle valve)
④ 체크 밸브(check valve)

해설 역류방지용 밸브 : 체크 밸브(check valve)

**문제 50** 냉방부하를 줄이기 위한 방법으로 적당하지 않은 것은?

① 외벽 부분의 단열화
② 유리창 면적의 증대
③ 틈새바람의 차단
④ 조명기구 설치축소

해설 유리창 면적의 증대하면 일사부하가 증가하여 냉방부하가 증가하게 된다.

**문제 51** 덕트 시공에 대한 내용 중 잘못된 것은?

① 덕트의 단면적비가 75% 이하의 축소부분은 압력손실을 적게 하기 위해 30° 이하(고속덕트 에서는 15° 이하)로 한다.
② 덕트의 단면변화 시 정해진 각도를 넘을 경우에는 가이드 베인을 설치한다.
③ 덕트의 단면적비가 75% 이하의 확대부분은 압력손실을 적게하기 위해 15° 이하(고속덕트 에서는 8° 이하)로 한다.
④ 덕트와 경로는 될 수 있는 한 최장거리로 한다.

해설 덕트와 경로는 될 수 있는 한 최단거리로 한다.

**문제 52** 공기조화기의 열원장치에 사용되는 온수보일러의 개방형 팽창탱크에 설치되지 않는 부속 설비는?

① 통기관　　　　　　　　② 수위계
③ 팽창관　　　　　　　　④ 배수관

해설 수위계는 밀폐형 팽창탱크에 설치된다.

정답 49. ④　50. ②　51. ④　52. ②

2013년 7월 21일 시행

**문제 53** 환기방식 중 환기의 효과가 가장 낮은 환기법은?

① 제1종 환기  ② 제2종 환기
③ 제3종 환기  ④ 제4종 환기

해설 제4종 환기는 자연 환기법으로 환기의 효과가 가장 낮다.

**문제 54** 건구온도 20℃, 절대습도 0.008kg/kg(DA)인 공기의 비엔탈피는 약 얼마인가? (단, 공기의 정압비열은 0.24kcal/kg℃, 수증기의 정압비열은 0.441kcal/kg℃이다.)

① 7kcal/kg(DA)  ② 8.3kcal/kg(DA)
③ 9.6kcal/kg(DA)  ④ 11kcal/kg(DA)

해설 습공기 엔탈피
$$h = c_{pa} \cdot t + (c_{pw} \cdot t + r)x$$
$$= 0.24t + (0.441t + 597.5)x$$
$$= (0.24 \times 20) + \{(0.441 \times 20) + 597.5\} \times 0.008$$
$$= 9.65 \text{ kcal/kg}$$

**문제 55** 개별공조방식의 특징으로 틀린 것은?

① 개별제어가 가능하다.
② 실내유닛이 분리되어 있지 않는 경우는 소음과 진동이 크다.
③ 취급이 용이하며, 국소운전이 가능하다.
④ 외기냉방이 용이하다.

해설 개별공조방식은 냉매방식으로 외기냉방이 어렵다.

**문제 56** 역 환수(reverse return)방식을 채택하는 이유로 가장 적합한 것은?

① 환수량을 늘리기 위하여
② 배관으로 인한 마찰저항이 균등해지도록 하기 위하여
③ 온수 귀환관을 가장 짧은 거리로 배관하기 위하여
④ 열손실을 줄이기 위하여

해설 역 환수(reverse return)방식
공급관과 환수관의 마찰저항을 동일하게 하여 유량이 균등해지도록 하기 위하여

**문제 57** 보일러의 종류에 따른 전열면적당 증발량으로 틀린 것은?

① 노통보일러 : 46~65(kgf/m²h) 정도
② 연관보일러 : 30~65(kgf/m²h) 정도
③ 입형보일러 : 15~20(kgf/m²h) 정도
④ 노통연관보일러 : 30~60(kgf/m²h) 정도

해설 노통보일러 : 20~40(kgf/m²h) 정도

정답  53. ④  54. ③  55. ④  56. ②  57. ①

**문제 58** 팬형가습기(증발식)에 대한 설명으로 틀린 것은?
① 팬속의 물을 강제적으로 증발시켜 가습한다.
② 가습장치 중 효율이 가장 우수하며, 가습량을 자유로이 변화시킬 수 있다.
③ 가습의 응답속도가 느리다.
④ 패키지형의 소형 공조기에 많이 사용한다.

해설 팬형가습기(전열식) : 수조(가습 pan)에 물을 넣고 증기나 전열기를 이용하여 수면에서 발생하는 증기를 이용하여 가습하며 효율이 나쁘고 응답속도가 느려 패키지 등의 소형장치에 사용한다.

**문제 59** 공기 가열코일의 종류에 해당되지 않는 것은?
① 전열 코일　　　　② 습 코일
③ 증기 코일　　　　④ 온수 코일

해설 습 코일은 냉각코일의 종류이다.

참고 공기 가열코일의 종류
온수코일, 증기코일, 전열코일

**문제 60** 이중 덕트 공기조화 방식의 특징이라고 할 수 없는 것은?
① 열매체가 공기이므로 실온의 응답이 빠르다.
② 혼합으로 인한 에너지 손실이 없으므로 운전비가 적게 든다.
③ 실내습도의 제어가 어렵다.
④ 실내부하에 따라 개별제어가 가능하다.

해설 혼합으로 인한 에너지 손실 커 운전비가 많이 든다

정답　58. ②　59. ②　60. ②

## 2013년 10월 12일 시행

**문제 01** 산업재해 원인분류 중 직접원인에 해당되지 않는 것은?
① 불안전한 행동
② 안전보호장치 결함
③ 작업자의 사기의욕 저하
④ 불안전한 환경

해설 작업자의 사기의욕 저하는 정신적인 원인으로 간접원인에 해당된다.

**문제 02** 전기화재의 소화에 사용하기에 부적당한 것은?
① 분말 소화기
② 포말 소화기
③ $CO_2$ 소화기
④ 할로겐 소화기

해설 전기화재시 소화기
① 분말 소화기
② $CO_2$ 소화기
③ 강화액 소화기
④ 할로겐 소화기

**문제 03** 전기설비의 방폭성능 기준 중 용기 내부에 보호가스를 압입하여 내부압력을 유지함으로써 가연성 가스가 용기 내부로 유입되지 아니하도록 한 구조를 말하는 것은?
① 내압방폭구조
② 유입방폭구조
③ 압력방폭구조
④ 안전증방폭구조

해설 압력방폭구조 : 용기 내부에 보호가스(신선한 공기 또는 불활성가스)를 압입하여 내부압력을 유지함으로써 가연성가스가 용기 내부로 유입되지 아니하도록 한 구조

**문제 04** 산업현장에서 위험이 잠재한 곳이나 현존하는 곳에 안전표지를 부착하는 목적으로 적당한 것은?
① 작업자의 생산능률을 저하시키기 위함
② 예상되는 재해를 방지하기 위함
③ 작업장의 환경미화를 위함
④ 작업자의 피로를 경감시키기 위함

해설 안전표지의 사용목적
① 유해위험기계 기구 자재 등의 위험성을 표시하여 작업자로 하여금 예상되는 재해를 사전에 예방
② 작업대상의 유해 위험성의 성질에 따라 작업행위를 통제하고 대상물을 신속 용이하게 판별하여 안전한 행동을 하게 함으로써 재해와 사고를 미연에 방지

정답 01.③ 02.② 03.③ 04.②

**문제 05** 산업재해의 발생 원인별 순서로 맞는 것은?

① 불안전한 상태 > 불안전한 행동 > 불가항력
② 불안전한 행동 > 불가항력 > 불안전한 상태
③ 불안전한 상태 > 불가항력 > 불안전한 행동
④ 불안전한 행동 > 불안전한 상태 > 불가항력

**해설** 사고발생이 많이 일어나는 순서 : 불안전한 행동(행위) > 불안전한 상태 > 불가항력

**문제 06** 전기의 접지 목적에 해당되지 않는 것은?

① 화재 방지
② 설비 증설 방지
③ 감전 방지
④ 기기손상 방지

**해설** 전기 크램프 부분에는 작업 중 먼지가 많으면 화재의 우려가 있으므로 제거하여야 한다.

**문제 07** 냉동제조의 시설 및 기술기준으로 적당하지 못한 것은?

① 냉매설비에는 긴급상태가 발생하는 것을 방지하기 위하여 자동제어 장치를 설치할 것
② 압축기 최종단에 설치한 안전장치는 3년에 1회이상 압력 시험을 할 것
③ 제조설비는 진동, 충격, 주식 등으로 냉매 가스가 누설되지 않을 것
④ 가연성 가스의 냉동설비 부근에는 작업에 필요한 양 이상의 연소하기 쉬운 물질을 두지 않을 것

**해설** 압축기 최종단에 설치한 안전장치는 1년에 1회 이상 작동시험을 실시하여 설계압력 이상 내압시험압력의 8/10 이하의 압력에서 작동하도록 조정할 것

**문제 08** 산업안전보건기준에 관한 규칙에 의거 사다리식 통로 등을 설치하는 경우에 대한 내용으로 잘못된 것은?

① 견고한 구조로 할 것
② 발판과 벽과의 사이는 15cm 이상의 간격을 유지할 것
③ 폭은 55cm 이상으로 할 것
④ 발판의 간격은 일정하게 할 것

**해설** 사다리식 통로 등의 구조
① 견고한 구조로 할 것
② 심한 손상·부식 등이 없는 재료를 사용할 것
③ 발판의 간격은 일정하게 할 것
④ 발판과 벽과의 사이는 15센티미터 이상의 간격을 유지할 것
⑤ 폭은 30센티미터 이상으로 할 것
⑥ 사다리가 넘어지거나 미끄러지는 것을 방지하기 위한 조치를 할 것
⑦ 사다리의 상단은 걸쳐놓은 지점으로부터 60센티미터 이상 올라가도록 할 것
⑧ 사다리식 통로의 길이가 10미터 이상인 경우에는 5미터 이내마다 계단참을 설치할 것
⑨ 사다리식 통로의 기울기는 75도 이하로 할 것. 다만, 고정식 사다리식 통로의 기울기는 90도 이하로 하고, 그 높이가 7미터 이상인 경우에는 바닥으로부터 높이가 2.5미터 되는 지점부터 등받이울을 설치할 것
⑩ 접이식 사다리 기둥은 사용 시 접혀지거나 펼쳐지지 않도록 철물 등을 사용하여 견고하게 조치할 것

**정답** 05.④ 06.② 07.② 08.③

2013년 10월 12일 시행

**문제 09** 냉동장치의 운전관리에서 운전준비사항으로 잘못된 것은?
① 압축기의 유면을 점검한다.
② 응축기의 냉매량을 확인한다.
③ 응축기, 압축기의 흡입측 밸브를 닫는다.
④ 전기결선, 조작회로를 점검하고, 절연저항을 측정한다.

해설 운전준비 시 응축기, 압축기 흡입측이나 토출측의 밸브는 모두 열어야 한다.

**문제 10** 드라이버 작업 시 유의사항으로 올바른 것은?
① 드라이버를 정이나 지렛대 대용으로 사용한다.
② 작은 공작물은 바이스에 물리지 말고 손으로 잡고 사용한다.
③ 드라이버의 날끝이 홈의 폭과 길이가 같은 것을 사용한다.
④ 전기작업 시 금속부분이 자루 밖으로 나와 있어 전기가 잘 통하는 드라이버를 사용한다.

해설 드라이버 날끝이 용도에 맞는 것을 사용한다.(+, -드라이버나 크기에 주의)

**문제 11** 안전모가 내전압성을 가졌다는 말은 최대 몇 볼트의 전압에 견디는 것을 말하는가?
① 600V　　　　② 720V
③ 1000V　　　 ④ 7000V

해설 내전압성 : 7,000V 이하의 전압에 견디는 것

**문제 12** 수공구에 의한 재해를 방지하기 위한 내용 중 적당하지 않은 것은?
① 결함이 없는 공구를 사용할 것
② 작업에 꼭 알맞은 공구가 없을 시에는 유사한 것을 대용할 것
③ 사용전에 충분한 사용법을 숙지하고 익히도록 할 것
④ 공구는 사용 후 일정한 장소에 정비보관할 것

해설 수공구는 작업에 적합한 것을 사용하여야 한다.

**문제 13** 다음 내용의 ( )에 알맞은 것은?

> 업주는 아세틸렌 용접장치를 사용하여 금속의 용접·용단 또는 가열작업을 하는 경우에는 게이지압력이 ( )킬로파스칼을 초과하는 압력의 아세틸렌을 발생시켜 사용해서는 아니 된다.

① 12.7　　　　② 20.5
③ 127　　　　 ④ 205

정답　09. ③　10. ③　11. ④　12. ②　13. ③

⋯⋯ 해설 아세틸렌 용접장치의 압력의 제한 : 사업주는 아세틸렌 용접장치를 사용하여 금속의 용접·용단 또는 가열작업을 하는 경우에는 게이지 압력이 127킬로파스칼을 초과하는 압력의 아세틸렌을 발생시켜 사용해서는 아니 된다.

## 문제 14
액화가스의 저장탱크에는 그 저장탱크 내용적의 몇 %를 초과하여 충전하면 안 되는가?

① 90%  ② 80%
③ 75%  ④ 60%

⋯⋯ 해설 액화가스의 저장탱크에는 그 저장탱크 내용적의 90%를 초과하여 충전하지 않는다.

## 문제 15
보일러의 사고 원인을 열거하였다. 이중 취급자의 부주의로 인한 것은?

① 구조의 불량
② 판 두께의 부족
③ 보일러수의 부족
④ 재료의 강도 부족

⋯⋯ 해설 보일러의 사고 원인
① 제작상 원인
  ㉠ 재료불량 ㉡ 구조 및 설계불량 ㉢ 강도불량 ㉣ 용접불량 ㉤ 부속기기 설비 미비 등
② 취급상 원인
  ㉠ 압력초과 ㉡ 저수위 ㉢ 과열 ㉣ 역화
  ㉤ 부식 ㉥ 미연소가스 폭발 등

## 문제 16
암모니아 냉동기에서 일반적으로 압축비가 얼마 이상일 때 2단 압축을 하는가?

① 2  ② 3
③ 4  ④ 6

⋯⋯ 해설 압축비가 6 이상일 경우 2단 압축을 채용한다.

## 문제 17
공정점이 -55℃이고 저온용 브라인으로서 일반적으로 제빙, 냉장 및 공업용으로 많이 사용되고 있는 것은?

① 염화칼슘
② 염화나트륨
③ 염화마그네슘
④ 프로필렌글리콜

⋯⋯ 해설 염화칼슘($CaCl_2$) 브라인 : 무기질 브라인으로 공정점이 -55℃이고 저온용 브라인으로 가장 많이 사용된다.

**정답** 14. ①  15. ③  16. ④  17. ①

2013년 10월 12일 시행

**문제 18** 다음 중 자연적인 냉동 방법이 아닌 것은?
① 증기분사식을 이용하는 방법
② 융해열을 이용하는 방법
③ 증발잠열을 이용하는 방법
④ 승화열을 이용하는 방법

> 해설 자연적인 냉동방법
> ① 고체의 융해잠열 이용
> ② 액체의 증발잠열 이용
> ③ 고체의 승화잠열 이용
> ④ 기한제를 이용

**문제 19** 프레온 냉동장치에서 오일 포밍 현상이 일어나면 실린더내로 다량의 오일이 올라가 오일을 압축하여 실린더 헤드부에서 이상음이 발생하게 되는 현상은?
① 에멀존 현상
② 동부착 현상
③ 오일 포밍 현상
④ 오일 해머 현상

> 해설 오일 해머 현상 : 프레온 냉동장치에서 오일 포밍 현상이 급격히 일어나면 피스톤 상부로 다량의 오일이 올라가 오일을 압축하게 되는데 이때 이상음이 발생하고 압축기가 파손되는 현상

**문제 20** 정상적으로 운전되고 있는 증발기에 있어서, 냉매 상태의 변화에 관한 사항 중 옳은 것은? (단, 증발기는 건식 증발기이다.)
① 증기의 건조도가 감소한다.
② 증기의 건조도가 증대한다.
③ 포화액이 과냉각액으로 된다.
④ 과냉각액이 포화액으로 된다.

> 해설 증발기에서는 냉매가 피냉각물체로부터 열을 흡수하여 증발하므로 냉매 증기의 건조도는 증가한다.

**문제 21** 구조에 따라 증발기를 분류하여 그 명칭들과 동시에 주 용도를 나타내었다. 틀린 것은?
① 핀 튜브형 : 주로 0℃ 이상의 물 냉각용
② 탱크식 : 제빙용 브라인 냉각용
③ 판냉각형 : 가정용 냉장고의 냉각용
④ 보데로(Baudelot)식 : 우유, 각종 기름류 등의 냉각용

> 해설 핀 튜브형은 주로 공기 냉각용으로 사용한다.

정답 18. ① 19. ④ 20. ② 21. ①

**문제 22** 실린더 내경 20cm, 피스톤 행정 20cm, 기통수 2개, 회전수 300rpm인 압축기의 피스톤 배출량은 약 얼마인가?

① $182m^3/h$  
② $201m^3/h$  
③ $226m^3/h$  
④ $263m^3/h$

해설 왕복동 압축기의 피스톤 배출량

$$V_a = \frac{\pi}{4} D^2 \cdot L \cdot N \cdot R \times 60$$
$$= \frac{\pi}{4} \times 0.2^2 \times 0.2 \times 2 \times 300 \times 60$$
$$= 226 m^3/h$$

**문제 23** 저장품을 동결하기 위한 동결부하 계산에 속하지 않는 것은?

① 동결 전 부하  
② 동결 후 부하  
③ 동결 잠열  
④ 환기 부하

해설 동결부하의 종류
① 동결전 부하
② 동결잠열
③ 동결후 부하
④ 동결고의 침입부하
⑤ 조명 및 전동송풍기의 열부하

**문제 24** 관을 절단하는데 사용하는 공구는?

① 파이프 리머  
② 파이프 커터  
③ 오스터  
④ 드레서

해설 파이프 커터 : 관 절단시 사용하는 공구

**문제 25** 다음 중 입력신호가 모두 1일 때만 출력신호가 0인 논리게이트는?

① AND게이트  
② OR게이트  
③ NOR게이트  
④ NAND게이트

해설 NAND회로 : AND회로와 NOT회로를 조합한것으로 AND 출력을 부정하여 출력하는 회로로 입력신호가 모두 1일 때만 출력신호가 0이 되는 논리게이트

**문제 26** 냉동기유의 구비 조건으로 맞지 않는 것은?

① 냉매와 접하여도 화학적 작용을 하지 않을 것
② 왁스 성분이 많을 것
③ 유성이 좋을 것
④ 인화점이 높을 것

정답  22. ③  23. ④  24. ②  25. ④  26. ②

2013년 10월 12일 시행

해설 윤활유의 구비조건
① 응고점 및 유동점이 낮을 것
② 인화점이 높고 점도가 적당할 것
③ 항 유화성이 있을 것
④ 불순물이 적고 절연내력이 클 것
⑤ 방청능력 및 냉매와의 용해성이 적을 것
⑥ 왁스성분이 적고 저온에서 왁스성분이 분리되지 않을 것
⑦ 금속이나 패킹류를 부식시키지 않을 것

**문제 27** 압축기에서 보통 안전밸브의 작동압력으로 옳은 것은?
① 저압 차단 스위치 작동압력과 같게 한다.
② 고압 차단 스위치 작동압력보다 다소 높게 한다.
③ 유압 보호 스위치 작동압력과 같게 한다.
④ 고저압 차단 스위치 작동압력보다 낮게 한다.

해설 안전밸브 작동압력은 고압 차단 스위치(HPS)의 작동압력보다 다소 높게 한다.

**문제 28** 다음 모리엘 선도에서의 성적계수는 약 얼마인가?

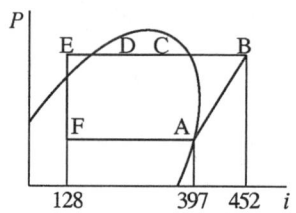

① 2.4　　　　　　　　② 4.9
③ 5.4　　　　　　　　④ 6.3

해설 성적계수
$$COP = \frac{q_2}{A_w} = \frac{397-128}{452-397} = 4.9$$

**문제 29** 다음 기호 중 콕의 도시기호는?

① 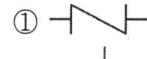　　　　②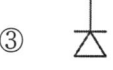

③ 　　　　④

해설 ① 체크밸브　② 슬루우스밸브
　　　③ 풋밸브　　④ 콕

정답 27.② 28.② 29.④

**문제 30** 흡수식냉동기에서 냉매순환과정을 바르게 나타낸 것은?

① 재생(발생)기 → 응축기 → 냉각(증발)기 → 흡수기
② 재생(발생기) → 냉각(증발)기 → 흡수식 → 응축기
③ 응축기 → 재생(발생)기 → 냉각(증발)기 → 흡수식
④ 냉각(증발)기 → 응축기 → 흡수기 → 재생(발생)기

해설 흡수식냉동기의 냉매순환과정
재생기(발생기) → 응축기 → 증발기(냉각기) → 흡수기

**문제 31** 온도 자동팽창 밸브에서 감온통의 부착위치는?

① 팽창밸브 출구　　② 증발기 입구
③ 증발기 출구　　④ 수액기 출구

해설 온도 자동팽창 밸브에서 감온통의 부착위치 : 증발기 출구

**문제 32** 응축기 중 외기습도가 응축기 능력을 좌우하는 것은?

① 횡형 쉘엔 튜브식 응축기
② 이중관식 응축기
③ 7통로식 응축기
④ 증발식 응축기

해설 증발식 응축기의 특징
① 물의 증발잠열을 이용하므로 냉각수 소비량이 적다.
② 외기의 습구온도 영향을 많이 받는다.
③ 관이 가늘고 길기 때문에 냉매의 압력강하가 크다.
④ 겨울철에는 공냉식으로도 사용이 가능하다.
⑤ 펌프(pump), 팬(Fan), 노즐(nozzle) 등의 부속설비가 많다.

**문제 33** 관 또는 용기 안의 압력을 항상 일정한 수준으로 유지하여 주는 밸브는?

① 릴리프 밸브　　② 체크 밸브
③ 온도조정 밸브　　④ 감압 밸브

해설 방출밸브(릴리프밸브) : 관이나 내부의 압력을 일정 이상 되지 않도록 유지

**문제 34** 시트 모양에 따라 삽입형, 홈꼴형, 랩형 등으로 구분되는 배관의 이음방법은?

① 나사 이음　　② 플레어 이음
③ 플랜지 이음　　④ 납땜 이음

해설 시트 모양에 따른 플랜지 이음방법
삽입형, 홈꼴형, 유합형 등

**정답** 30. ① 31. ③ 32. ④ 33. ① 34. ③

2013년 10월 12일 시행

**문제 35** 불응축가스의 침입을 방지하기 위해 액순환식 증발기와 액펌프 사이에 부착하는 것은?
① 감압 밸브
② 여과기
③ 역지 밸브
④ 건조기

해설 액순환식 증발기와 액펌프 사이 (냉매액 펌프 출구)에는 역지밸브를 설치하여 증발기내 액이 역류하지 않도록 역지밸브(체크밸브)를 설치한다.

**문제 36** 어떤 물질의 산성, 알칼리성 여부를 측정하는 단위는?
① CHU
② RT
③ pH
④ B.T.U

해설 산성, 알카리성의 여부 측정 : pH

**문제 37** 0℃의 물 1kg을 0℃의 얼음으로 만드는 데 필요한 응고잠열은 대략 얼마 정도인가?
① 80kcal/kg
② 540kcal/kg
③ 100kcal/kg
④ 50kcal/kg

해설 고유잠열
① 0℃ 물의 응고잠열＝80kcal/kg
② 100℃ 물의 증발잠열＝539kcal/kg

**문제 38** 냉동장치의 온도 관계에 대한 사항 중 올바르게 표현한 것은? (단, 표준냉동 사이클을 기준으로 할 것)
① 응축온도는 냉각수 온도보다 낮다.
② 응축온도는 압축기 토출가스 온도와 같다.
③ 팽창밸브 직후의 냉매온도는 증발온도보다 낮다.
④ 압축기의 흡입가스 온도는 증발온도와 같다.

해설 표준냉동사이클에서 증발온도와 압축기 흡입가스의 온도는 같다.

**문제 39** "회로 내의 임의의 점에서 들어오는 전류와 나가는 전류의 총합은 0이다." 라는 법칙으로 맞는 것은?
① 키르히호프의 제1법칙
② 키르히호프의 제2법칙
③ 줄의 법칙
④ 암페르의 오른나사법칙

해설 키르히호프의 제1법칙(전류평형의 법칙) : 회로 내의 임의점에서 들어오는 전류와 나가는 전류의 총합은 0이다.

정답 35. ③ 36. ③ 37. ① 38. ④ 39. ①

**문제 40** 옴의 법칙에 대한 설명으로 적절한 것은?
① 도체에 흐르는 전류(I)는 전압(V)에 비례한다.
② 도체에 흐르는 전류(I)는 저항(R)에 비례한다.
③ 도체에 흐르은 전압(V)은 저항(R)의 값과는 상관없다.
④ 도체에 흐르는 전류 $I=\dfrac{R}{V}$ [A]이다.

> **해설** 오옴의 법칙($I=\dfrac{V}{R}$)
> 도체에 흐르는 전류(I)는 전압(V)에 비례하고 저항(R)에 반비례한다.

**문제 41** 용적형 압축기에 대한 설명으로 맞지 않는 것은?
① 압축실내의 체적을 감소시켜 냉매의 압력을 증가시킨다.
② 압축기의 성능은 냉동능력, 소비동력, 소음, 진동값 및 수명 등 종합적인 평가가 요구된다.
③ 압축기의 성능을 측정하는데 유용한 두 가지 방법은 성능계수와 단위 냉동능력당 소비동력을 측정하는 것이다.
④ 개방형 압축기의 성능계수는 전동기와 압축기의 운전효율을 포함하는 반면, 밀폐형 압축기의 성능계수에는 전동기효율이 포함되지 않는다.

> **해설** 밀폐형 압축기를 사용하는 냉동기의 성능계수에는 전동기 효율이 포함되어야 한다.

**문제 42** 터보 냉동기의 구조에서 불응축 가스 퍼어지, 진공작업, 냉매 재생 등의 기능을 갖추고 있는 장치는?
① 플로우트 챔버 장치   ② 추기회수 장치
③ 엘리미네이터 장치   ④ 전동 장치

> **해설** 터보 냉동기의 추기회수 장치
> ① 불응축 가스 퍼지
> ② 진공 작업
> ③ 냉매 충전
> ④ 불응축가스 중 냉매의 재생

**문제 43** 고체에서 기체로 상태가 변화할 때 필요로 하는 열을 무엇이라 하는가?
① 증발열   ② 융해열
③ 기화열   ④ 승화열

> **해설** 승화열 : 고체를 기체로 바꾸는데 필요한 열

**정답** 40. ①  41. ④  42. ②  43. ④

2013년 10월 12일 시행

**문제 44** 스윙(swing)형 체크밸브에 관한 설명으로 틀린 것은?
① 호칭치수가 큰 관에 사용된다.
② 유체의 저항이 리프트(lift)형보다 적다.
③ 수평배관에만 사용할 수 있다.
④ 핀을 축으로 하여 회전시켜 개폐한다.

해설 스윙식 체크밸브
　　 수평 및 수직배관에 모두 사용

**문제 45** 냉동장치 내에 냉매가 부족할 때 일어나는 현상으로 옳은 것은?
① 흡입관에 서리가 보다 많이 붙는다.
② 토출압력이 높아진다.
③ 냉동능력이 증가한다.
④ 흡입압력이 낮아진다.

해설 냉매가 부족하면 토출압력과 흡입압력 모두 낮아진다.

**문제 46** 온풍난방의 특징을 바르게 설명한 것은?
① 예열시간이 짧다.
② 조작이 복잡하다.
③ 설비비가 많이 든다.
④ 소음이 생기지 않는다.

해설 온풍난방은 예열부하가 적어 예열시간이 짧다.

**문제 47** 겨울철 창면을 따라서 존재하는 냉기에 의해 외기와 접한 창면에 접해있는 사람은 더욱 추위를 느끼게 되는 현상을 콜드 드래프트라 한다. 이 콜드 드래프트의 원인으로 볼 수 없는 것은?
① 인체 주위의 온도가 너무 낮을 때
② 주위벽면의 온도가 너무 낮을 때
③ 창문의 틈새가 많을 때
④ 인체 주위 기류속도가 너무 느릴 때

해설 콜드 드래프트의 원인
　　 ① 인체 주위의 공기온도가 너무 낮을 때
　　 ② 기류 속도가 너무 빠를 때
　　 ③ 습도가 낮을 때
　　 ④ 벽면의 온도가 너무 낮을 때
　　 ⑤ 극간풍이 많을 때

정답  44. ③  45. ④  46. ①  47. ④

**문제 48** 일반적으로 덕트의 종횡비(aspect ratio)는 얼마를 표준으로 하는가?
① 2 : 1   ② 6 : 1
③ 8 : 1   ④ 10 : 1

해설 덕트의 종횡비(아스펙트비)는 4 : 1 이하가 바람직하다.

**문제 49** 복사난방의 특징이 아닌 것은?
① 외기온도의 급 변화에 따른 온도조절이 곤란하다.
② 배관시공이나 수리가 비교적 곤란하고 설비비용이 비싸다.
③ 공기의 대류가 많아 쾌감도가 나쁘다.
④ 방열기가 불필요하다.

해설 복사난방은 공기의 대류가 적어 쾌감도가 좋다.

**문제 50** 공기조화 방식의 중앙식 공조방식에서 수-공기방식에 해당되지 않는 것은?
① 이중 덕트방식
② 팬 코일 유닛방식(덕트병용)
③ 유인 유닛방식
④ 복사 냉난방 방식(덕트병용)

해설 이중 덕트방식 : 전공기 방식

참고 이중 덕트방식 : 공기조화기에서 나온 냉풍과 온풍을 각각 별개의 덕트를 통해 나온 냉온풍을 혼합상자에서 혼합된 후 취출하여 에너지 손실이 크고 단일덕트 방식에 비해 덕트 스페이스가 크다.

**문제 51** 다음 난방방식에 대한 설명으로 틀린 것은?
① 온풍난방은 습도를 가습 또는 감습할 수 있는 장치를 설치할 수 있다.
② 증기난방의 응축수환수관 연결 방식은 습식과 건식이 있다.
③ 온수난방의 배관에는 팽창탱크를 설치하여야 하며 밀폐식과 개방식이 있다.
④ 복사난방은 천장이 높은 실(室)에는 부적합하다.

해설 복사난방은 천장이 높은 실에도 적합하다.

**문제 52** 공기상태에 관한 내용 중 틀린 것은?
① 포화습공기의 상대습도는 100%이며 건조공기의 상대습도는 0%가 된다.
② 공기를 가습, 감습하지 않으면 노점온도 이하가 되어도 절대습도는 변함이 없다.
③ 습공기 중의 수분 중량과 포화습공기 중의 수분의 비를 상대습도라 한다.
④ 공기 중의 수증기가 분리되어 물방울이 되기 시작하는 온도를 노점온도라 한다.

해설 공기가 노점온도 이하가 되면 절대습도는 떨어진다.

정답 48. ① 49. ③ 50. ① 51. ④ 52. ②

**문제 53** 수조내의 물에 초음파를 가하여 작은 물방울을 발생시켜 가습을 행하는 초음파 가습장치는 어떤 방식에 해당하는가?

① 수분무식
② 증기 발생식
③ 증발식
④ 에어와셔식

**해설** 수분무식 : 원심식, 초음파식, 분무식

**참고** 초음파식 : 수조 내 물에 120~130W의 전력을 사용하여 초음파를 가하면 수면으로부터 수 $\mu m$의 작은 물방울이 발생된다. 이는 용량이 비교적 작아 1.3~4 $\ell$/h 정도의 일반 가정이나 전산실, 소규모의 사무실 등에 사용된다.

**문제 54** 개별식 공기조화방식으로 볼 수 있는 것은?

① 사무실 내에 패케이지형 공조기를 설치하고, 여기에서 조화된 공기는 패케이지 상부에 있는 취출구로 실내에 송풍한다.
② 사무실 내에 유인유닛형 공조기를 설치하고, 외부의 공기조화기로부터 유인유닛에 공기를 공급한다.
③ 사무실 내에 팬코일 유닛형 공조기를 설치하고, 외부의 열원기기로부터 팬코일 유닛에 냉온수를 공급한다.
④ 사무실 내에는 덕트만 설치하고, 외부의 공기조화기로부터 덕트 내에 공기를 공급한다.

**해설** 개별식(냉매방식) : 룸쿨러, 패케이지방식, 멀티유닛 등

**문제 55** 유체의 속도가 20m/s일 때 이 유체의 속도수두는 얼마인가?

① 5.1m
② 10.2m
③ 15.5m
④ 20.4m

**해설** 속도수두

$$H = \frac{V^2}{2g} = \frac{20^2}{2 \times 9.8} = 20.4 \text{ m}$$

**문제 56** 어떤 보일러에서 발생되는 실제증발량을 1000kg/h, 발생증기의 엔탈피를 614kcal/kg, 급수의 온도를 20℃라 할 때, 상당증발량은 얼마인가? (단, 증발잠열은 540kcal/kg 으로 한다.)

① 847kg/h
② 1100kg/h
③ 1250kg/h
④ 1450kg/h

**해설** 상당증발량

$$G_e = \frac{G_a(h_2 - h_1)}{r} = \frac{1,000 \times (614 - 20)}{540} = 1,100 \text{ kg/h}$$

**정답** 53.① 54.① 55.④ 56.②

**문제 57** 풍량 조정용으로 사용되지 않는 댐퍼는?
① 방화 댐퍼
② 버터플라이 댐퍼
③ 루버 댐퍼
④ 스플릿 댐퍼

해설 방화 댐퍼 : 화염 차단용 댐퍼

**문제 58** 열이 이동되는 3가지 기본현상(형식)이 아닌 것은?
① 전도
② 관류
③ 대류
④ 복사

해설 열의 이동 방법 : 전도, 대류, 복사

**문제 59** 실내 필요한 환기량을 결정하는 조건과 거리가 먼 것은?
① 실의 종류
② 실의 위치
③ 재실자의 수
④ 실내에서 발생하는 오염물질 정도

해설 실의 위치는 환기량 결정 조건과는 거리가 멀다.

**문제 60** 송풍기의 특성곡선에 나타나 있지 않는 것은?
① 효율
② 축동력
③ 전압
④ 풍속

해설 송풍기의 특성곡선 : 송풍기의 특성을 하나의 선도로 나타낸 것으로 횡축을 풍량, 종축을 압력, 효율, 축동력으로 하여 이들의 상호관계를 나타낸 곡선

정답 57.① 58.② 59.② 60.④

## 2014년 1월 26일 시행

**문제 01** 보일러 점화 직전 운전원이 반드시 제일 먼저 점검해야 할 사항은?
① 공기온도 측정
② 보일러 수위 확인
③ 연료의 발열량 측정
④ 연소실의 잔류가스 측정

해설 보일러 점화 직전에는 제일 먼저 보일러 수위를 확인하여야 한다.

**문제 02** 소화효과의 원리가 아닌 것은?
① 질식 효과
② 제거 효과
③ 희석 효과
④ 단열 효과

해설 소화방법
냉각소화, 질식소화, 제거소화, 희석소화, 화학소화(부촉매 효과)

**문제 03** 드릴작업시 주의사항으로 틀린 것은?
① 드릴회전 중에는 칩을 입으로 불어서는 안 된다.
② 작업에 임할 때는 복장을 단정히 한다.
③ 가공 중 드릴 끝이 마모되어 이상한 소리가 나면 즉시 바꾸어 사용한다.
④ 이송레버에 파이프를 끼워 걸고 재빨리 돌린다.

해설 드릴작업시 이송레버를 파이프에 걸고 무리하게 돌리지 않는다.

**문제 04** 안전관리 관리 감독자의 업무가 아닌 것은?
① 안전작업에 관한 교육훈련
② 작업 전·후 안전점검 실시
③ 작업의 감독 및 지시
④ 재해 보고서 작성

해설 안전관리 관리 감독자는 작업 전 안전점검을 실시한다.

정답 01. ② 02. ④ 03. ④ 04. ②

**문제 05** 물체가 떨어지거나 날아올 위험 또는 근로자가 추락할 위험이 있는 작업시에 착용할 보호구로 적당한 것은?

① 안전모
② 안전벨트
③ 방열복
④ 보안면

**해설** 안전모
물체가 떨어지거나 날아올 위험 또는 근로자가 감전되거나 추락할 위험이 있는 작업

**문제 06** 전기 사고 중 감전의 위험 인자에 대한 설명으로 옳지 않은 것은?

① 전류량이 클수록 위험하다.
② 통전시간이 길수록 위험하다.
③ 심장에 가까운 곳에서 통전되면 위험하다.
④ 인체에 습기가 없으면 저항이 감소하여 위험하다.

**해설** 인체에 습기가 많으면 저항이 감소하여 위험하다.

**참고** 감전에 영향을 미치는 요소
① 통전전류의 크기 : 많은 전류가 인체에 흐를수록 위험도 증가
② 통전경로 : 같은 크기의 전류도 심장을 통과할 경우 위험
③ 통전시간 : 오랜시간 감전시 위험도 증가
④ 전원의 종류 : 직류 보다 교류가 훨씬 위험
⑤ 감전된 사람의 습기상태
⑥ 계절에 따라 : 고온다습한 여름철이 더 위험

**문제 07** 산소 용기 취급 시 주의사항으로 옳지 않은 것은?

① 용기를 운반시 밸브를 닫고 캡을 씌워서 이동할 것
② 용기는 전도, 충돌, 충격을 주지 말 것
③ 용기는 통풍이 안 되고 직사광선이 드는 곳에 보관할 것
④ 용기는 기름이 묻은 손으로 취급하지 말 것

**해설** 통풍이 잘되고 직사광선을 피하는 장소에 보관할 것

**문제 08** 용기의 파열사고 원인에 해당하지 않는 것은?

① 용기의 용접불량
② 용기 내부압력의 상승
③ 용기 내에서 폭발성 혼합가스에 의한 발화
④ 안전밸브의 작동

**해설** 안전밸브가 작동되면 용기의 파열사고를 사전에 방지할 수 있다.

**정답** 05. ① 06. ④ 07. ③ 08. ④

**문제 09** 냉동시스템에서 액 해머링의 원인이 아닌 것은?
① 부하가 감소했을 때
② 팽창밸브의 열림이 너무 적을 때
③ 만액식 증발기의 경우 부하변동이 심할 때
④ 증발기 코일에 유막이나 서리(霜)가 끼었을 때

해설 팽창밸브의 열림이 너무 클 때 액 햄머가 발생될 수 있다.

**문제 10** 냉동설비의 설치공사 후 기밀시험시 사용되는 가스로 적합하지 않은 것은?
① 공기　② 산소
③ 질소　④ 아르곤

해설 냉동설비의 설치공사 또는 변경공사가 완공된 때에는 산소 외의 가스를 사용하여 시운전 또는 기밀시험을 실시(공기를 사용하는 때에는 미리 냉매설비중의 가연성 가스를 방출한 후에 실시)하여 정상인 것을 확인한 후에 사용할 것

**문제 11** 교류 용접기의 규격란에 AW200이라고 표시되어 있을 200이 나타내는 값은?
① 정격 1차 전류값　② 정격 2차 전류값
③ 1차 전류 최댓값　④ 2차 전류 최댓값

해설 AW200 : 정격 2차 전류값

**문제 12** 가스용접 작업 중에 발생되는 재해가 아닌 것은?
① 전격　② 화재
③ 가스폭발　④ 가스중독

해설 전격(감전)은 전기용접 작업에서 일어나는 재해이다.

**문제 13** 크레인(crane)의 방호장치에 해당하지 않는 것은?
① 권과방지장치　② 과부하방지장치
③ 비상정지장치　④ 과속방지장치

해설 크레인에 과부하방지장치·권과방지장치·비상정지장치 및 브레이크장치 등 방호장치를 부착하고 유효하게 작동될 수 있도록 미리 조정하여 두어야 한다.

참고 ① 권과방지장치 : 크레인이 지정거리에서 권상을 정지시키는 방호장치
② 과부하방지장치 : 크레인 사용시 하중이 초과할 경우 리미트스위치에 의해 권상을 정지시키는 장치

정답 09.② 10.② 11.② 12.① 13.④

**문제 4** 해머작업시 지켜야 할 사항 중 적절하지 못한 것은?
① 녹슨 것을 때릴 때 주의하도록 한다.
② 해머는 처음부터 힘을 주어 때리도록 한다.
③ 작업 시에는 타격하려는 곳에 눈을 집중시킨다.
④ 열처리 된 것은 해머로 때리지 않도록 한다.

해설 해머는 처음부터 힘을 주어 때리지 않도록 한다.

**문제 5** 산소가 결핍되어 있는 장소에서 사용되는 마스크는?
① 송기 마스크        ② 방진 마스크
③ 방독 마스크        ④ 전안면 방독 마스크

해설 송기(송풍) 마스크 : 산소가 결핍된 곳이나 유해물의 농도가 짙은 곳에서 사용

**문제 6** 다음 그림이 나타내는 관의 결합방식으로 맞는 것은?

① 용접식            ② 플랜지식
③ 소켓식            ④ 유니언식

해설 소켓(턱걸이)이음의 도시기호이다.

**문제 7** 냉매와 화학 분자식이 옳게 짝지어진 것은?
① R113 : $CCl_3F_3$
② R114 : $CCl_2F_4$
③ R500 : $CCl_2F_2+CH_2CHF_2$
④ R502 : $CHClF_2+C_2ClF_5$

해설 ① R-113 : $C_2Cl_3F_3$
② R-114 : $C_2Cl_2F_4$
③ R-500 : R-12($CCl_2F_2$)+R-152($C_2H_4F_2$)
④ R-502 : R-22($CHClF_2$)+R-115($C_2ClF_5$)

**문제 8** 탄산마그네슘 보온재에 대한 설명 중 옳지 않은 것은?
① 열전도율이 적고 300~320℃정도에서 열분해한다.
② 방습 가공한 것은 습기가 많아 옥외 배관에 적합하다.
③ 250℃ 이하의 파이프, 탱크의 보냉용으로 사용된다.
④ 유기질 보온재의 일종이다.

해설 탄산마그네슘 보온재는 무기질 보온재이다.

정답  14. ②  15. ①  16. ③  17. ④  18. ④

2014년 1월 26일 시행

**문제 19** 냉매 R-22의 분자식으로 옳은 것은?
① CCl₄
② CCl₃F
③ CHCl₂F
④ CHClF₂

해설 ① R-10  ② R-11  ③ R-21  ④ R-22

**문제 20** 다음 중 브라인(brine)의 구비조건으로 옳지 않은 것은?
① 응고점이 낮을 것
② 전열이 좋을 것
③ 열용량이 작을 것
④ 점성이 작을 것

해설 브라인은 열용량(비열)이 크고 전열(열통과율)이 양호할 것

**문제 21** 암모니아 냉매의 성질에서 압력이 상승할 때 성질변화에 대한 것으로 맞는 것은?
① 증발잠열은 커지고 증기의 비체적은 작아진다.
② 증발잠열은 작아지고 증기의 비체적은 커진다.
③ 증발잠열은 작아지고 증기의 비체적도 작아진다.
④ 증발잠열은 커지고 증기의 비체적도 커진다.

해설 압력이 상승하면 온도는 상승하고 증발잠열과 비체적은 작아진다.

**문제 22** 동력나사 절삭기의 종류가 아닌 것은?
① 오스터식
② 다이 헤드식
③ 로터리식
④ 호브(hob)식

해설 동력나사 절삭기의 종류
오스터식, 다이 헤드식, 호브식

**문제 23** 저온을 얻기 위해 2단 압축을 했을 때의 장점은?
① 성적계수가 향상된다.
② 설비비가 적게 된다.
③ 체적효율이 저하한다.
④ 증발압력이 높아진다.

해설 2단 압축시 성적계수는 향상된다.

정답  19. ④  20. ③  21. ③  22. ③  23. ①

**문제 24** 지수식 응축기라고도 하며 나선 모양의 관에 냉매를 통과시키고 이 나선관을 구형 또는 원형의 수조에 담고 순환시켜 냉매를 응축시키는 응축기는?

① 쉘 앤 코일식 응축기
② 증발식 응축기
③ 공랭식 응축기
④ 대기식 응축기

해설 쉘 앤 코일식 응축기(지수식 응축기)
나선 모양의 관에 냉매를 통과시키고 이 나선관을 구형 또는 원형의 수조에 담고 순환시켜 냉매를 응축시키는 응축기

**문제 25** 유분리기의 종류에 해당하지 않는 것은?

① 배플형
② 어큐뮬레이터형
③ 원심분리형
④ 철망형

해설 유분리기의 종류
원심분리형, 가스충돌형, 유속 감소형(배플형, 원심분리형, 철망형, 사이클론형 등)

**문제 26** 기체의 비열에 관한 설명 중 옳지 않은 것은?

① 비열은 보통 압력에 따라 다르다.
② 비열이 큰 물질일수록 가열이나 냉각하기가 어렵다.
③ 일반적으로 기체의 정적비열은 정압비열보다 크다.
④ 비열에 따라 물체를 가열, 냉각하는 데 필요한 열량을 계산할 수 있다.

해설 기체의 정적비열은 정압비열보다 작다.

**문제 27** 다음 냉매 중 대기압 하에서 냉동력이 가장 큰 냉매는?

① R-11
② R-12
③ R-21
④ R-717

해설 기준 냉동 사이클에서의 냉동효과(냉동력, kcal/kg)
① R-11 : 38.57  ② R-12 : 29.52
③ R-21 : 50.94  ④ R-717 : 269

정답  24. ①  25. ②  26. ③  27. ④

## 문제 28. 냉동장치 배관 설치시 주의사항으로 틀린 것은?

① 냉매의 종류, 온도 등에 따라 배관재료를 선택한다.
② 온도변화에 의한 배관의 신축을 고려한다.
③ 기기 조작, 보수, 점검에 지장이 없도록 한다.
④ 굴곡부는 가능한 적게 하고 곡률 반경을 작게 한다.

해설 굴곡부는 가능한 적게 하고 곡률 반경을 크게 한다.

## 문제 29. 1초 동안에 76kgf·m의 일을 할 경우 시간당 발생하는 열량은 약 몇 kcal/h인가?

① 641kcal/h  ② 658kcal/h
③ 673kcal/h  ④ 685kcal/h

해설 1kW=102kgf·m/sec=860kcal/h
1HP=76kgf·m/sec=641kcal/h
1PS=75kgf·m/sec=632kcal/h

## 문제 30. 증기를 단열 압축할 때 엔트로피의 변화는?

① 감소한다.
② 증가한다.
③ 일정하다.
④ 감소하다가 증가한다.

해설 단열 압축과정 : 엔탈피, 온도, 압력은 상승하며 엔트로피는 일정하다.

## 문제 31. 냉동장치의 계통도에서 팽창 밸브에 대한 설명으로 옳은 것은?

① 압축 증대장치로 압력을 높이고 냉각시킨다.
② 액봉이 쉽게 일어나고 있는 곳이다.
③ 냉동부하에 따른 냉매액의 유량을 조절한다.
④ 플래시 가스가 발생하지 않는 곳이며, 일명 냉각 장치라 부른다.

해설 팽창밸브는 일반적으로 부하변동에 따라 자동적으로 냉매 유량을 조절한다.(정압식은 반대)

## 문제 32. 브롬화리튬(LiBr) 수용액이 필요한 냉동장치는?

① 증기 압축식 냉동장치
② 흡수식 냉동장치
③ 증기 분사식 냉동장치
④ 전자 냉동장치

해설 흡수식 냉동장치 : 냉매-물($H_2O$), 흡수제-브롬화리튬(LiBr)

정답  28. ④  29. ①  30. ③  31. ③  32. ②

**문제 33** 표준사이클을 유지하고 암모니아의 순환량을 186[kg/h]로 운전했을 때의 소요동력(kW)은 약 얼마인가? (단, NH₃ 1kg을 압축하는 데 필요한 열량은 모리엘 선도상에서는 56kcal/kg이라 한다.)

① 12.1  ② 24.2
③ 28.6  ④ 36.4

해설 $kW = \dfrac{G \times Aw}{860} = \dfrac{186 \times 56}{860} = 12.1[kW]$

**문제 34** 강관의 이음에서 지름이 서로 다른 관을 연결하는 데 사용하는 이음쇠는?

① 캡(cap)
② 유니언(union)
③ 리듀서(reducer)
④ 플러그(plug)

해설 지름이 서로 다른 관을 연결할 때 사용하는 부품
리듀서(이경소켓), 부싱

**문제 35** 압축기의 흡입 및 토출밸브의 구비조건으로 적당하지 않은 것은?

① 밸브의 작동이 확실하고, 개폐하는 데 큰 압력이 필요하지 않을 것
② 밸브의 관성력이 크고, 냉매의 유동에 저항을 많이 주는 구조일 것
③ 밸브가 닫혔을 때 냉매의 누설이 없을 것
④ 밸브가 마모와 파손에 강할 것

해설 밸브의 관성력이 작고, 냉매의 유동에 저항을 많이 주지 않을 것

**문제 36** 전자밸브에 대한 설명 중 틀린 것은?

① 전자코일에 전류가 흐르면 밸브는 닫힌다.
② 밸브의 전자코일을 상부로 하고 수직으로 설치한다.
③ 일반적으로 소용량에는 직동식, 대용량에는 파일롯트 전자밸브를 사용한다.
④ 전압과 용량에 맞게 설치한다.

해설 전자코일에 전기가 통하면 플런져가 상승하여 열리고, 전기가 통하지 않으면 닫힌다.

**문제 37** 온수난방의 배관 시공시 적당한 구배로 맞는 것은?

① 1/100 이상  ② 1/150 이상
③ 1/200 이상  ④ 1/250 이상

해설 온수난방배관은 일반적으로 팽창탱크를 향해 상향구배로 하며 일반적으로 1/250 이상 비교적 완만한 경사도를 갖는다.

정답  33. ①  34. ③  35. ②  36. ①  37. ④

2014년 1월 26일 시행

**문제 38** 냉동장치에 사용하는 브라인(Brine)의 산성도(pH)로 가장 적당한 것은?
① 9.2 ~ 9.5
② 7.5 ~ 8.2
③ 6.5 ~ 7.0
④ 5.5 ~ 6.0

해설 브라인의 적정 수소이온농도(pH)
7.5~8.2(약알칼리성)

**문제 39** 가용전(fusible plug)에 대한 설명으로 틀린 것은?
① 불의의 사고(화재 등)시 일정온도에서 녹아 냉동장치의 파손을 방지하는 역할을 한다.
② 용융점은 냉동기에서 68~75℃ 이하로 한다.
③ 구성 성분은 주석, 구리, 납으로 되어 있다.
④ 토출가스의 영향을 직접 받지 않는 곳에 설치해야 한다.

해설 가용합금의 성분은 납(Pb), 주석(Sn), 안티몬(Sb), 카드뮴(Cd), 비스무트(Bi) 등으로 구리는 사용하지 않는다.

**문제 40** 압축기 용량제어의 목적이 아닌 것은?
① 경제적 운전을 하기 위하여
② 일정한 증발온도를 유지하기 위하여
③ 경부하 운전을 하기 위하여
④ 응축압력을 일정하게 유지하기 위하여

해설 응축압력을 일정하게 유지하기 위해서는 별도의 응축압력 제어장치(FCS 등)가 필요하다.

**문제 41** 전력의 단위로 맞는 것은?
① C
② A
③ V
④ W

해설 ① C : 전하량  ② A : 전류  ③ V : 전압  ④ W : 전력

**문제 42** 증발 온도가 낮을 때 미치는 영향 중 틀린 것은?
① 냉동능력 감소
② 소요동력 증대
③ 압축비 증대로 인한 실린더 과열
④ 성적계수 증가

해설 증발 온도가 낮아지면 압축비가 증가하고, 토출가스온도가 상승하며, 냉동효과 및 냉능력이 감소하므로 성적계수도 감소한다.

정답 38.② 39.③ 40.④ 41.④ 42.④

**문제 43** 1분간에 25℃의 순수한 물 100L를 3℃로 냉각하기 위하여 필요한 냉동기의 냉동톤은 약 얼마인가?

① 0.66 RT
② 39.76 RT
③ 37.67 RT
④ 45.18 RT

해설 $RT = \dfrac{Q_2}{3,320} = \dfrac{100 \times 1 \times (25-3) \times 60}{3,320} = 39.76 [RT]$

**문제 44** 다음 P-h 선도는 $NH_3$를 냉매로 하는 냉동 장치의 운전상태를 냉동 사이클로 표시한 것이다. 이 냉동장치의 부하가 45000kcal/h일 때 $NH_3$의 냉매 순환량은 약 얼마인가?

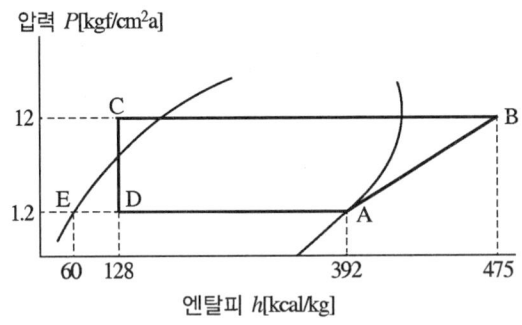

① 189.4 kg/h
② 602.4 kg/h
③ 170.5 kg/h
④ 120.5 kg/h

해설 냉매순환량

$G = \dfrac{Q_2}{q_2} = \dfrac{45,000}{(392-128)} = 170.5 [kg/h]$

**문제 45** 냉동 부속 장치 중 응축기와 팽창 밸브 사이의 고압관에 설치하며 증발기의 부하 변동에 대응하여 냉매 공급을 원활하게 하는 것은?

① 유분리기
② 수액기
③ 액분리기
④ 중간 냉각기

해설 (고압) 수액기
응축기와 팽창밸브 사이의 고압측에 설치하여 냉매를 저장하는 장치

정답 43. ② 44. ③ 45. ②

2014년 1월 26일 시행

**문제 46** 다음 중 개별제어 방식이 아닌 것은?
① 유인유닛 방식
② 패키지유닛 방식
③ 단일덕트 정풍량 방식
④ 단일덕트 변풍량 방식

해설 단일덕트 정풍량 방식은 중앙식으로 중앙제어방식이다.

**문제 47** 공조방식의 분류에서 2중덕트 방식은 어느 방식에 속하는가?
① 물 – 공기 방식
② 전수 방식
③ 전공기 방식
④ 냉매 방식

해설 공조방식의 분류

| 구분 | 열매체에 의한 분류 | 방식 |
|---|---|---|
| 중앙식 | 전공기 방식 | 단일 덕트 방식(정풍량, 변풍량) |
| | | 2중 덕트 방식 |
| | | 각층 유닛 방식 |
| | 수-공기 방식<br>(공기-수방식) | 팬코일 유닛 방식(덕트병용) |
| | | 유인(인덕션)유닛 방식 |
| | | 복사냉난방 방식 |
| | 수방식 | 팬코일 유닛 방식 |
| 개별식 | 냉매방식 | 룸 쿨러(룸 에어컨) |
| | | 패키지 유닛 방식 |
| | | 멀티 유닛 등 |

**문제 48** 공기가 노점온도보다 낮은 냉각코일을 통과하였을 때의 상태를 기술한 것 중 틀린 것은?
① 상대습도 감소
② 절대습도 감소
③ 비체적 감소
④ 건구온도 저하

해설 공기의 노점온도보다 낮은 냉각코일(습코일)을 공기가 통과하면 건구온도, 비체적, 절대습도는 저하하고 상대습도는 높아진다.

정답  46. ③  47. ③  48. ①

**문제 49** 덕트 설계시 주의사항으로 올바르지 않은 것은?
① 고속 덕트를 이용하여 소음을 줄인다.
② 덕트 재료는 가능하면 압력손실이 적은 것을 사용한다.
③ 덕트 단면은 장방형이 좋으나 그것이 어려울 경우 공기 이동이 원활하고 덕트 재료도 적게 들도록 한다.
④ 각 덕트가 분기되는 지점에 댐퍼를 설치하여 압력이 평형을 유지할 수 있도록 한다.

⋯⋯해설 고속덕트를 이용하면 소음이 더 발생한다.

**문제 50** 난방부하에서 손실열량의 요인으로 볼 수 없는 것은?
① 조명기구의 발열
② 벽 및 천장의 전도열
③ 문틈의 틈새바람
④ 환기용 도입외기

⋯⋯해설 난방부하 계산시 인체발생부하와 조명기구부하 등은 실내에서 발생하는 부하로 손실열량의 요인이 아니다.

**문제 51** 공기조화설비의 구성요소 중에서 열원장치에 속하지 않는 것은?
① 보일러          ② 냉동기
③ 공기 여과기     ④ 열펌프

⋯⋯해설 열원장치
냉동기, 흡수식냉온수기, 빙축열냉동기, 보일러, 냉각탑 등

**문제 52** 실내 냉방부하 중에서 현열부하가 2500kcal/h, 잠열부하가 500kcal/h일 때 현열비는 약 얼마인가?
① 0.21          ② 0.83
③ 1.2           ④ 1.85

⋯⋯해설 $SHF = \dfrac{\text{현열}}{\text{현열}+\text{잠열}} = \dfrac{2,500}{2,500+500} = 0.83$

**문제 53** 송풍기의 풍량을 증가시키기 위해 회전속도를 변화시킬 때 송풍기의 법칙에 대한 설명 중 옳은 것은?
① 축동력은 회전수의 제곱에 반비례하여 변화한다.
② 축동력은 회전수의 3제곱에 비례하여 변화한다.
③ 압력은 회전수의 3제곱에 비례하여 변화한다.
④ 압력은 회전수의 제곱에 반비례하여 변화한다.

**정답** 49.① 50.① 51.③ 52.② 53.②

2014년 1월 26일 시행

..... 해설 송풍기의 상사법칙
회전수의 변화비에 따라 풍량은 정비례하고 정압은 2제곱에 비례하고 소요동력(kW)은 3제곱에 비례한다.

## 문제 54  1보일러마력은 약 몇 kcal/h의 증발량에 상당하는가?

① 7205 kcal/h
② 8435 kcal/h
③ 9600 kcal/h
④ 10800 kcal/h

..... 해설 보일러 마력(B-HP)
① 표준대기압에서 100℃의 포화수 15.65kg을 1시간에 100℃의 건조포화증기로 바꿀 수 있는 능력
② 상당증발량이 15.65kg인 보일러의 능력
③ 정격출력으로 8,435kcal/h인 보일러의 능력

## 문제 55  겨울철 창문의 창면을 따라서 존재하는 냉기가 토출기류에 의하여 밀려 내려와서 바닥을 따라 거주구역으로 흘러 들어와 인체의 과도한 차가움을 느끼는 현상을 무엇이라 하는가?

① 쇼크 현상
② 콜드 드래프트
③ 도달거리
④ 확산 반경

..... 해설 콜드 드래프트(Draft)
실내기류와 온도에 따라서 인체의 어떠한 부분에 차가움이나 과도한 뜨거움을 느끼게 되는 현상

## 문제 56  증기배관 설계시 고려사항으로 잘못된 것은?

① 증기의 압력은 기기에서 요구되는 온도조건에 따라 결정하도록 한다.
② 배관관경, 부속기기는 부분부하나 예열부하시의 과열부하도 고려해야 한다.
③ 배관에는 적당한 구배를 주어 응축수가 고이지 않도록 해야 한다.
④ 증기배관은 가동시나 정지시 온도차이가 없으므로 온도변화에 따른 열응력을 고려할 필요가 없다.

..... 해설 증기배관은 온도차가 있으므로 온도변화에 따른 열응력을 고려하여야 한다.

정답  54. ②  55. ②  56. ④

**문제 57** 팬코일 유닛 방식의 특징으로 옳지 않은 것은?
① 외기 송풍량을 크게 할 수 없다.
② 수 배관으로 인한 누수의 염려가 있다.
③ 유닛별로 단독운전이 불가능하므로 개별 제어도 불가능하다.
④ 부분적인 팬코일 유닛만의 운전으로 에너지 소비가 적은 운전이 가능하다.

⋯⋯**해설** 팬코일 유닛 방식은 수방식으로 외기를 도입할 수 없어 외기 송풍량을 크게 할 수 없으며 수배관을 해야 하고 팬코일의 부분적인 운전이 가능하여 개별제어 가능하다.

**문제 58** 보일러의 부속장치에서 댐퍼의 설치목적으로 틀린 것은?
① 통풍력을 조절한다.
② 연료의 분무를 조절한다.
③ 주연도와 부연도가 있을 경우 가스흐름을 전환한다.
④ 배기가스의 흐름을 조절한다.

⋯⋯**해설** 보일러 댐퍼의 설치목적
① 배기가스의 흐름을 조절
② 통풍력을 조절
③ 주연도와 부연도가 있을 경우 가스흐름을 전환

**문제 59** 코일의 열수 계산시 계산항목에 해당하지 않는 것은?
① 코일의 열관류율
② 코일의 정면면적
③ 대수평균온도차
④ 코일 내를 흐르는 유체의 유속

⋯⋯**해설** $N = \dfrac{q_{cc}}{K \times A \times C_{ws} \times MTD}$

여기서, $q_{cc}$ : 냉각코일부하(kcal/h), $A$ : 코일의 정면면적($m^2$)
$K$ : 열관류율(kcal/$m^2$h℃), $C_{ws}$ : 습윤면 보정계수
$MTD$ : 대수평균온도차(℃)

**문제 60** 방열기의 EDR이란 무엇을 뜻하는가?
① 최대방열면적
② 표준방열면적
③ 상당방열면적
④ 최소방열면적

⋯⋯**해설** 상당방열면적(EDR) = $\dfrac{\text{난방부하(방열기 전 방열량)}}{\text{방열기 방열량}}$

**정답** 57. ③ 58. ② 59. ④ 60. ③

## 2014년 4월 6일 시행

**문제 01** 와이어로프를 양중기에 사용해서는 아니 되는 기준으로 잘못된 것은?
① 열과 전기충격에 의해 손상된 것
② 지름의 감소가 공칭지름의 7%를 초과하는 것
③ 심하게 변형 또는 부식된 것
④ 이음매가 없는 것

**해설** 와이어로프를 양중기에 사용해서는 아니 되는 기준
① 이음매가 있는 것
② 와이어로프의 한 꼬임에서 끊어진 소선(素線)의 수가 10% 이상인 것
③ 지름의 감소가 공칭지름의 7%를 초과하는 것
④ 꼬인 것
⑤ 심하게 변형되거나 부식된 것
⑥ 열과 전기충격에 의해 손상된 것

**문제 02** 응축압력이 높을 때의 대책이라 볼 수 없는 것은?
① 가스 퍼저(gas purger)를 점검하고 불응축가스를 배출시킬 것
② 설계 수량을 검토하고 막힌 곳이 없는가를 조사 후 수리할 것
③ 냉매를 과충전하여 부하를 감소시킬 것
④ 냉각면적에 대한 설계계산을 검토하여 냉각면적을 추가할 것

**해설** 냉매를 과충전하면 응축압력은 상승하게 된다.

**문제 03** 아세틸렌 용접기에서 가스가 새어 나올 경우 적당한 검사방법은?
① 촛불로 검사한다.
② 기름을 칠해 본다.
③ 성냥불로 검사한다.
④ 비눗물을 칠해 검사한다.

**해설** 아세틸렌 가스의 누설검사는 비눗물을 칠해 검사한다.

**문제 04** 전기기계 · 기구의 퓨즈 사용 목적으로 가장 적합한 것은?
① 기동 전류차단　　　② 과전류 차단
③ 과전압 차단　　　　④ 누설 전류차단

**해설** 퓨즈(fuse) : 일정한 값 이상의 과전류가 흐를 경우 전류에 의해 발생하는 열로 퓨즈가 녹아서 끊어져 회로 및 기기기를 보호한다.

**정답** 01. ④　02. ③　03. ④　04. ②

**문제 05** 안전표시를 하는 목적이 아닌 것은?
① 작업환경을 통제하여 예상되는 재해를 사전에 예방함
② 시각적 자극으로 주의력을 키움
③ 불안전한 행동을 배제하고 재해를 예방함
④ 사업장의 경계를 구분하기 위해 실시함

해설 안전표시는 사업장의 경계구분을 위한 목적이 아니다.

**문제 06** 수공구인 망치(hammer)의 안전 작업수칙으로 올바르지 못한 것은?
① 작업 중 해머 상태를 확인할 것
② 담금질한 것은 처음부터 힘을 주어 두들길 것
③ 장갑이나 기름 묻은 손으로 자루를 잡지 않는다.
④ 해머의 공동 작업 시에는 서로 호흡을 맞출 것

해설 담금질한 것은 함부로 두들겨서는 안 된다.

**문제 07** 안전사고 발생의 심리적 요인에 해당하는 것은?
① 감정                    ② 극도의 피로감
③ 육체적 능력의 초과      ④ 신경계통의 이상

해설 신체적 요인
① 극도의 피로감
② 육체적 능력의 초과
③ 신경계통의 이상

**문제 08** 다음 중 C급 화재에 적합한 소화기는?
① 건조사                  ② 포말 소화기
③ 물 소화기              ④ 분말 소화기와 $CO_2$ 소화기

해설 C급(전기) 화재의 적응 소화약제
① 분말 소화기
② $CO_2$ 소화기
③ 할론 소화기 등

**문제 09** 상용주파수(60 Hz)에서 전류의 흐름을 느낄 수 있는 최소전류 값으로 옳은 것은?
① 1 mA                   ② 5 mA
③ 10 mA                  ④ 20 mA

해설 전류의 흐름을 느낄 수 있는 최소전류 값(최소감지전류) : 1~2 mA

**정답** 05. ④  06. ②  07. ①  08. ④  09. ①

2014년 4월 6일 시행

**문제 10** 연삭기의 받침대와 숫돌차의 중심 높이에 대한 내용으로 적합한 것은?
① 서로 같게한다.
② 받침대를 높게 한다.
③ 받침대를 낮게 한다.
④ 받침대가 높든 낮든 관계없다.

해설 연삭기의 받침대와 숫돌차의 중심 높이는 서로 같게 한다.

**문제 11** 동력에 의해 운전되는 컨베이어 등에 근로자의 신체의 일부가 말려드는 등 근로자에게 위험을 미칠 우려가 있을 때는 설치해야 할 장치는 무엇인가?
① 권과방지장치  ② 비상정지장치
③ 해지장치  ④ 이탈 및 역주행 방지장치

해설 비상정지장치 : 컨베이어 등에 근로자의 신체의 일부가 말려드는 등 근로자에게 위험을 미칠 우려가 있는 때 및 비상시에는 즉시 컨베이어 등의 운전을 정지시킬 수 있는 장치

**문제 12** 산소의 저장설비 주위 몇 m 이내에는 화기를 취급해서는 안 되는가?
① 5 m  ② 6 m
③ 7 m  ④ 8 m

해설 산소 저장설비 주위 화기와의 거리 : 5m

**문제 13** 안전사고 예방을 위하여 신는 작업용 안전화의 설명으로 틀린 것은?
① 중량물을 취급하는 작업장에서는 앞 발가락 부분이 고무로 된 신발을 착용한다.
② 용접공은 구두창에 쇠붙이가 없는 부도체의 안전화를 신어야 한다.
③ 부식성 약품 사용 시에는 고무제품 장화를 착용한다.
④ 작거나 헐거운 안전화는 신지 말아야 한다.

해설 중량물을 취급하는 작업장에서 앞 발가락 부분이 강제선심으로 된 안전화를 착용하여야 한다.

**문제 14** 보일러 휴지 시 보존방법에 관한 내용 중 틀린 것은?
① 휴지기간이 6개월 이상인 경우에는 건조보존법을 택한다.
② 휴지기간이 3개월 이내인 경우에는 만수보존법을 택한다.
③ 만수보존 시의 pH값은 4~5정도로 유지하는 것이 좋다.
④ 건조보존 시에는 보일러를 청소하고 완전히 건조시킨다.

해설 만수보존(단기보존) 시 pH값 : 11 정도유지

정답 10. ① 11. ② 12. ① 13. ① 14. ③

**문제 15** 보일러에 사용하는 안전밸브의 필요조건이 아닌 것은?
① 분출압력에 대한 작동이 정확할 것
② 안전밸브의 크기는 보일러의 정격용량 이상을 분출할 것
③ 밸브의 개폐동작이 완만할 것
④ 분출 전·후에 증기가 새지 않을 것

…해설 안전밸브의 개폐동작은 신속하여야 한다.

**문제 16** 절대 압력과 게이지 압력과의 관계식으로 옳은 것은?
① 절대압력＝대기압력＋게이지압력
② 절대압력＝대기압력－게이지압력
③ 절대압력＝대기압력×게이지압력
④ 절대압력＝대기압력÷게이지압력

…해설 절대압력＝게이지압력＋대기압력

**문제 17** 제빙 장치에서 브라인의 온도가 －10℃이고, 결빙소요시간이 48시간일 때 얼음의 두께는 약 몇 mm인가? (단, 결빙계수는 0.56이다.)
① 253 mm  ② 273 mm
③ 293 mm  ④ 313 mm

…해설 얼음의 두께
$$t = \sqrt{\frac{H \times (-t_b)}{0.56}} = \sqrt{\frac{48 \times 10}{0.56}} = 29.28\,\text{cm} = 293\,\text{mm}$$

**문제 18** 2단 압축장치의 구성 기기에 속하지 않는 것은?
① 증발기  ② 팽창 밸브
③ 고단 압축기  ④ 캐스케이드 응축기

…해설 캐스케이드 응축기는 2원 냉동장치의 구성 기기이다.

**문제 19** 수평배관을 서로 직선 연결할 때 사용되는 이음쇠는?
① 캡  ② 티
③ 유니온  ④ 엘보우

…해설 수평배관의 직선 연결이음쇠 : 소켓, 니플, 유니온, 플랜지

정답  15. ③  16. ①  17. ③  18. ④  19. ③

**문제 20** 냉동기의 보수계획을 세우기 전에 실행하여야 할 사항으로 옳지 않은 것은?
① 인사기록철의 완비
② 설비 운전기록의 완비
③ 보수용 부품 명세의 기록 완비
④ 설비 인·허가에 관한 서류 및 기록 등의 보존

해설 냉동기 보수계획과 인사기록철의 완비는 관계가 없다.

**문제 21** 온도식 자동팽창 밸브에 관한 설명으로 옳은 것은?
① 냉매의 유량은 증발기 입구의 냉매가스 과열도에 의해 제어된다.
② R-12에 사용하는 팽창밸브를 R-22 냉동기에 그대로 사용해도 된다.
③ 팽창 밸브가 지나치게 적으면 압축기 흡입가스의 과열도는 크게 된다.
④ 증발기가 너무 길어 증발기의 출구에서 압력 강하가 커지는 경우에는 내부균압형을 사용한다.

해설 팽창밸브가 지나치게 적으면 냉매공급량이 적어 압축기 흡입가스의 과열도는 크게 된다.

**문제 22** 냉매에 관한 설명으로 옳은 것은?
① 비열비가 큰 것이 유리하다.
② 응고온도가 낮을수록 유리하다.
③ 임계온도가 낮을수록 유리하다.
④ 증발온도에서의 압력은 대기압보다 약간 낮은 것이 유리하다.

해설 냉매는 응고온도가 낮을수록 유리하다.

**문제 23** 2원 냉동장치에 사용하는 저온측 냉매로서 옳은 것은?
① R-717  ② R-718
③ R-14   ④ R-22

해설 2원 냉동장치에 사용하는 냉매
① 고온측 냉매 : R-12, R-22 등
② 저온측 냉매 : R-13, R-14, 메탄, 에탄, 에틸렌 등

**문제 24** 회로망 중의 한 점에서의 전류의 흐름이 그림과 같을 때 전류 $I$는 얼마인가?
① 2A
② 4A
③ 6A
④ 8A

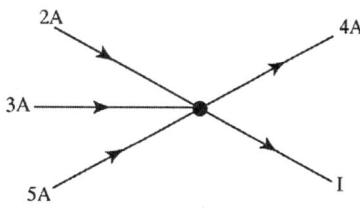

정답  20. ①  21. ③  22. ②  23. ③  24. ③

……해설 키르히호프 제1법칙에 의해 들어오는 전류와 나가는 전류와의 합은 0이다.
$I = (2+3+5) - 4 = 6[A]$

**문제 25** 냉동 효과의 증대 및 플래쉬(flash) 가스 방지에 적당한 싸이클은?
① 건조 압축 싸이클
② 과열 압축 싸이클
③ 습압축 싸이클
④ 과냉각 싸이클

……해설 과냉각 싸이클 : 냉동효과 증대 및 플래쉬가스 방지에 적당하다.

**문제 26** 수액기 취급 시 주의 사항으로 옳은 것은?
① 직사광선을 받아도 무방하다.
② 안전밸브를 설치할 필요가 없다.
③ 균압관은 지름이 작은 것을 사용한다.
④ 저장 냉매액을 3/4 이상 채우지 말아야 한다.

……해설 ① 직사광선을 받으면 냉매의 증발로 폭발의 우려가 있다.
② 안전밸브를 설치하여 수액기의 폭발을 방지한다.
③ 응축기와 수액기 상부간의 균압관의 지름은 충분한 것으로 하여야 한다.
④ 수액기의 냉매액 저장량은 3/4(75%) 이상을 채우지 말아야 한다.

**문제 27** 15°C의 1ton의 물을 0°C의 얼음으로 만드는데 제거해야 할 열량은? (단, 물의 비열 4.2 kJ/kg·K, 응고잠열 334 kJ/kg이다.)
① 63000 kJ
② 271600 kJ
③ 334000 kJ
④ 397000 kJ

……해설
15°C물  0°C물  0°C얼음
$Q_1 = GC\Delta t = 1,000 \times 4.2 \times (15-0) = 63,000 [kJ]$
$Q_2 = Gr = 1,000 \times 334 = 334,000 [kJ]$
$Q_T = Q_1 + Q_2 = 63,000 + 334,000 = 397,000 [kJ]$

**문제 28** 다음 중 브라인의 동파방지책으로 옳지 않은 것은?
① 부동액을 첨가한다.
② 단수릴레이를 설치한다.
③ 흡입압력조절밸브를 설치한다.
④ 브라인 순환펌프와 압축기 모터를 인터록 한다.

……해설 브라인의 동파방지대책
① 증발압력조정밸브(EPR)를 설치
② 동결방지용 TC를 설치
③ 단수릴레이 설치
④ Brine에 부동액 첨가
⑤ 냉수순환펌프와 압축기 모터를 인터록 시킴

**정답** 25. ④ 26. ④ 27. ④ 28. ③

문제 29 다음 중 수소, 염소, 불소, 탄소로 구성된 냉매계열은?
① HFC계  ② HCFC계
③ CFC계  ④ 할론계

해설 HCFC(Hydro Chloro Fluoro Carbon)계 냉매 : 수소(H), 염소(Cl), 불소(F), 탄소(C)로 구성된 냉매로 염소가 포함되어 있어도 공기중에서 쉽게 분해되지 않아 오존층에 대한 영향이 적음(R-22, R-123, R-124, R-141b 등)

문제 30 15A 강관을 45°로 구부릴 때 곡관부의 길이(mm)는? (단, 굽힘 반지름은 100 mm이다.)
① 78.5  ② 90.5
③ 157  ④ 209

해설 곡관부의 길이
$$l = 2\pi r \frac{\theta}{360} = 2 \times 3.14 \times 100 \times \frac{45}{360} = 78.5 [\text{mm}]$$

문제 31 유니언 나사이음의 도시기호로 옳은 것은?

해설 ① 플랜지이음 ② 나사이음 ③ 유니언이음 ④ 용접이음

문제 32 탱크형 증발기에 관한 설명으로 옳지 않은 것은?
① 만액식에 속한다.
② 주로 암모니아용으로 제빙용에 사용된다.
③ 상부에는 가스헤드, 하부에는 액헤드가 존재한다.
④ 브라인의 유동속도가 늦어도 능력에는 변화가 없다.

해설 브라인의 유동속도가 너무 느리면 열전달능력이 떨어져 냉동능력은 감소한다.

문제 33 증발식 응축기 설계시 1RT당 전열면적은? (단, 응축온도는 43℃로 한다.)
① $1.2 \text{ m}^2/\text{RT}$  ② $3.5 \text{ m}^2/\text{RT}$
③ $6.5 \text{ m}^2/\text{RT}$  ④ $7.5 \text{ m}^2/\text{RT}$

해설 증발식 응축기의 1RT당 전열면적
① 응축온도 43℃ : $1.2 [\text{m}^2/\text{RT}]$
② 응축온도 35℃ : $2.8 [\text{m}^2/\text{RT}]$

정답 29. ② 30. ① 31. ③ 32. ④ 33. ①

**문제 34** 회전식과 비교한 왕복동식 압축기의 특징으로 옳지 않은 것은?
① 진동이 크다.
② 압축능력이 적다.
③ 압축이 단속적이다.
④ 크랭크 케이스 내부압력이 저압이다.

해설 회전식 압축기보다 왕복동 압축기의 압축능력이 크다.

**문제 35** 증발열을 이용한 냉동법이 아닌 것은?
① 증기분사식 냉동법
② 압축 기체 팽창 냉동법
③ 흡수식 냉동법
④ 증기 압축식 냉동법

해설 압축 기체 팽창 냉동법 : 압축기에서 고온고압으로 압축된 공기는 냉각기에서 냉각되어 팽창기로 들어가 압력과 온도가 저하하게 되며 이러한 저온의 공기를 냉동에 이용하는 냉동법(엔진용 압축기를 이용할 수 있는 항공기 등에서 사용)

**문제 36** 다음 그림(P-h 선도)에서 응축부하를 구하는 식으로 맞는 것은?

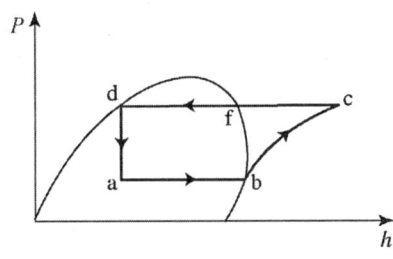

① $h_c - h_d$
② $h_c - h_b$
③ $h_b - h_a$
④ $h_d - h_a$

해설 ① 응축부하 $q_1 = h_b - h_d$
② 냉동효과 $q_2 = h_a - h_d$
③ 압축열량 $Aw = h_b - h_a$

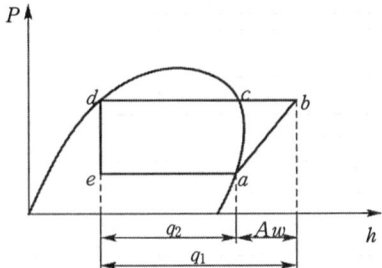

정답 34.② 35.② 36.①

2014년 4월 6일 시행

**문제 37** 동관을 용접 이음하려고 한다. 다음 중 가장 적당한 것은?
① 가스 용접
② 스폿 용접
③ 테르밋 용접
④ 프라즈마 용접

해설 동관 용접이음은 가스 용접하여 이음한다.

**문제 38** 최대값이 $I_m$인 사인파 교류전류가 있다. 이 전류의 파고율은?
① 1.11
② 1.414
③ 1.71
④ 3.14

해설 파고율 = $\dfrac{최대값}{실효값}$ = $\sqrt{2}$ = 1.414

**문제 39** 4방 밸브를 이용하여 겨울에는 고온부 방출열로 난방을 행하고, 여름에는 저온부로 열을 흡수하여 냉방을 행하는 장치는?
① 열펌프
② 열전 냉동기
③ 증기분사 냉동기
④ 공기사이클 냉동기

해설 열펌프(히트펌프)에 대한 설명이다.

**문제 40** 압축방식에 의한 분류 중 체적 압축식 압축기에 속하지 않는 것은?
① 왕복동식 압축기
② 회전식 압축기
③ 스크류식 압축기
④ 흡수식 압축기

해설 체적(용적)식 압축기 : 왕복동식, 회전식, 스크류식, 터보식

**문제 41** 다음 중 입력신호가 0이면 출력이 1이 되고 반대로 입력신호가 1이면 출력이 0이 되는 회로는?
① NAND 회로
② OR 회로
③ NOR 회로
④ NOT 회로

해설 NOT회로 : 입력신호가 0이면 출력은 1, 입력이 1이면 출력이 0인 되는 회로

정답 37. ① 38. ② 39. ① 40. ④ 41. ④

문제 42. 다음의 역 카르노 사이클에서 냉동장치의 각 기기에 해당되는 구간이 바르게 연결된 것은?

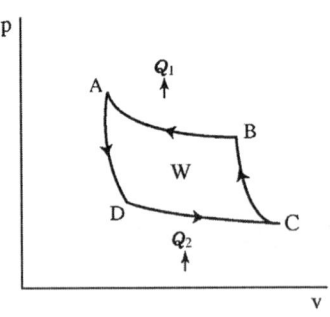

① B→A : 응축기, C→B : 팽창변, D→C : 증발기, A→D : 압축기
② B→A : 증발기, C→B : 압축기, D→C : 응축기, A→D : 팽창변
③ B→A : 응축기, C→B : 압축기, D→C : 증발기, A→D : 팽창변
④ B→A : 압축기, C→B : 응축기, D→C : 증발기, A→D : 팽창변

해설 ① C→B : 압축기(단열압축)  ② B→A : 응축기(등온압축)
③ A→D : 팽창밸브(단열팽창)  ④ D→C : 증발기(등온팽창)

문제 43. 냉동기 오일에 관한 설명으로 옳지 않은 것은?
① 윤활 방식에는 비말식과 강제급유식이 있다.
② 사용 오일은 응고점이 높고 인화점이 낮아야 한다.
③ 수분의 함유량이 적고 장기간 사용하여도 변질이 적어야 한다.
④ 일반적으로 고속다기통 압축기의 경우 윤활유의 온도는 50~60℃ 정도이다.

해설 냉동기 오일은 응고점이 낮고 인화점은 높을수록 좋다.

문제 44. 다음 중 냉동장치에서 전자밸브의 사용 목적과 가장 거리가 먼 것은?
① 온도 제어
② 습도 제어
③ 냉매, 브라인의 흐름제어
④ 리키드 백(Liquid back) 방지

해설 전자밸브의 사용 목적
① 액압축(liquid back) 방지
② 냉매 브라인의 흐름제어
③ 온도제어

정답 42. ③  43. ②  44. ②

2014년 4월 6일 시행

**문제 45** 수증기를 열원으로 하여 냉방에 적용시킬 수 있는 냉동기는?
① 원심식 냉동기   ② 왕복식 냉동기
③ 흡수식 냉동기   ④ 터보식 냉동기

해설 수증기를 열원으로 하여 냉방할 수 있는 냉동기 : 흡수식 냉동기

**문제 46** 터보형 펌프의 종류에 해당하지 않는 것은?
① 볼류트 펌프   ② 터빈 펌프
③ 축류 펌프     ④ 수격 펌프

해설 수격 펌프는 특수형 펌프에 해당된다.
참고 터보형 펌프 : 원심(볼류트, 터빈), 사류, 축류 펌프 등

**문제 47** 벌집모양의 로터를 회전시키면서 윗 부분으로 외기를 아래쪽으로 실내배기를 통과하면서 외기와 배기의 온도 및 습도를 교환하는 열교환기는?
① 고정식 전열교환기   ② 현열교환기
③ 히트 파이프         ④ 회전식 전열교환기

해설 회전식 전열교환기 : 벌집모양의 로터를 회전시키면서 윗부분으로 외기가 통하고 아래쪽으로 배기가 통하면서 외기와 배기의 온도 및 습도(현열 및 잠열)를 교환하는 열교환기

**문제 48** 공기조화 설비의 구성은 열원장치, 공기조화기, 열 운반장치 등으로 구분하는데, 이 중 공기조화기에 해당하지 않는 것은?
① 여과기   ② 제습기
③ 가열기   ④ 송풍기

해설 공기조화기의 구성요소 : 공기여과기, 냉각코일(제습기), 가열코일, 공기세정기(가습기)

**문제 49** 수-공기 방식의 팬 코일 유닛(fan coil unit) 방식의 장점으로 옳지 않은 것은?
① 개별제어가 가능하다.
② 부하변경에 따른 증설이 비교적 간단하다.
③ 전공기 방식에 비해 이송동력이 적다.
④ 부분 부하 시 도입 외기량이 많아 실내공기의 오염이 적다.

해설 부분 부하 시 도입 외기량이 적어 실내 공기의 오염이 크다.

정답 45. ③  46. ④  47. ④  48. ④  49. ④

**문제 50** 습공기 선도에서 표시되어 있지 않은 값은?
① 건구온도  ② 습구온도
③ 엔탈피  ④ 엔트로피

해설 엔트로피는 습공기선도에서 알 수 없으며, 냉매의 몰리엘선도에 나타나 있다.

**문제 51** 송풍기의 정압에 대한 내용으로 옳은 것은?
① 정압=정압×전압  ② 정압=동압÷전압
③ 정압=전압-동압  ④ 정압=전압+동압

해설 전압=정압+동압에서 정압=전압-동압

**문제 52** 보일러의 증발량이 20 ton/h이고 본체 전열면적이 400 m²일 때, 이 보일러의 증발률은 얼마인가?
① 30 kg/m²h  ② 40 kg/m²h
③ 50 kg/m²h  ④ 60 kg/m²h

해설 전열면 증발율 $= \dfrac{\text{실제 증발량}(G_a)}{\text{전열면적}(A)} = \dfrac{20 \times 1,000}{400} = 50 [\text{kg/m}^2\text{h}]$

**문제 53** 적당한 위치에 배기구를 설치하고 송풍기에 의하여 외기를 강제적으로 도입하여 배기는 배기구에서 자연적으로 환기되도록 하는 환기법은?
① 제1종 환기  ② 제2종 환기
③ 제3종 환기  ④ 제4종 환기

해설 기계 환기
① 제1종 환기 : 강제급기+강제배기
② 제2종 환기 : 강제급기+자연배기(배기구)
③ 제3종 환기 : 자연급기(급기구)+강제배기

**문제 54** 냉방부하 계산 시 현열부하에만 속하는 것은?
① 인체에서의 발생열
② 실내 기구에서의 발생열
③ 송풍기의 동력열
④ 틈새바람에 의한 열

해설 덕트 및 송풍기의 동력 발생열은 현열부하만 존재한다.

정답 50. ④  51. ③  52. ③  53. ②  54. ③

**2014년 4월 6일 시행**

**문제 55** 온풍난방의 특징에 대한 설명으로 옳은 것은?
① 예열시간이 짧아 간헐운전이 가능하다.
② 온·습도 조정을 할 수 없다.
③ 실내 상하온도차가 적어 쾌적성이 좋다.
④ 공기를 공급하므로 소음발생이 적다.

해설 온풍난방은 예열시간이 짧아 간헐 운전이 가능하다.

**문제 56** 콜드 드래프트(cold draft) 현상의 원인에 해당하지 않는 것은?
① 주위 벽면의 온도가 낮을 때
② 동절기 창문의 극간풍이 없을 때
③ 기류의 속도가 클 때
④ 주위 공기의 습도가 낮을 때

해설 콜드 드래프트의 원인
① 인체 주위의 공기온도가 너무 낮을 때
② 기류 속도가 너무 빠를 때
③ 습도가 낮을 때
④ 벽면의 온도가 너무 낮을 때
⑤ 극간풍이 많을 때

**문제 57** 공기조화기용 코일의 배열방식에 따른 분류에 해당하지 않는 것은?
① 풀 서킷 코일      ② 더블 서킷 코일
③ 슬릿 핀 서킷 코일  ④ 하프 서킷 코일

해설 슬릿 핀 코일은 슬릿 핀을 관 외부에 부착한 코일로 핀의 종류에 따른 분류에 해당된다.
참고 공기조화용 코일의 배열방식(코일수로 형식)에 따른 분류
풀 서킷, 더블 서킷, 하프 서킷

**문제 58** 온도, 습도, 기류를 1개의 지수로 나타낸 것으로 상대습도 100%, 풍속 0 m/s인 경우의 온도는?
① 복사온도      ② 유효온도
③ 불쾌온도      ④ 효과온도

해설 유효온도(ET)
① 감각온도라 한다.
② 결정조건 : 온도, 습도, 기류속도
③ 상대습도 100%, 기류 0m/s인 경우의 기온 값
④ 어떤 온·습도하에서 방에서 느끼는 쾌감과 동일한 쾌감을 얻을 수 있는 온도

정답  55. ①  56. ②  57. ③  58. ②

**문제 59** 독립계통으로 운전이 자유롭고 냉수 배관이나 복잡한 덕트 등이 없기 때문에 소규모 상점이나 사무실 등에서 사용되는 경제적인 공조 방식은?

① 중앙식 공조 방식　　② 복사 냉난방 공조 방식
③ 유인유닛 공조 방식　④ 패키지 유닛 공조 방식

해설) 패키지 유닛 공조 방식 : 개별식으로 냉동기 및 냉각코일, 송풍기 등이 내장되어 있는 유닛을 실내에 설치하여 공조하는 방식으로 운전이 자유롭고 냉수배관이나 복잡한 덕트 등이 없어 소규모 상점이나 사무실 등에서 사용

**문제 60** 다익형 송풍기의 임펠러 지름이 450 mm인 경우 이 송풍기의 번호는 몇 번 인가?

① NO 2　　② NO 3
③ NO 4　　④ NO 5

해설) 송풍기 번호(다익형)

$$No = \frac{\text{임펠러의 지름(mm)}}{150} = \frac{450}{150} = 3$$

정답　59. ④　60. ②

## 2014년 7월 20일 시행

**문제 01** 고압가스 냉동제조 시설에서 압축기의 최종단에 설치한 안전장치의 작동 점검기준으로 옳은 것은? (단, 액체의 열팽창으로 인한 배관의 파열방지용 안전밸브는 제외한다.)

① 3개월에 1회 이상  ② 6개월에 1회 이상
③ 1년에 1회 이상  ④ 2년에 1회 이상

해설 고압가스 안전관리법 시행규칙 [별표 7] 고압가스 냉동제조의 시설·기술·검사 기준
안전장치(액체의 열팽창으로 인한 배관의 파열방지용 안전밸브는 제외) 중 압축기의 최종단에 설치한 안전장치는 1년에 1회 이상, 그 밖의 안전밸브는 2년에 1회 이상 조정을 하여 고압가스설비가 파손되지 않도록 적절한 압력 이하에서 작동이 되도록 할 것

**문제 02** 산업재해의 직접적인 원인에 해당하지 않는 것은?

① 안전장치의 기능 상실  ② 불안전한 자세와 동작
③ 위험물의 취급 부주의  ④ 기계장치 등의 설계불량

해설 ①, ②, ③항 : 불안전한 행동에 따른 인적원인으로 직접적인 원인에 해당한다.
④항 : 기계장치 등의 설계불량은 기술적인 원인으로 간접적인 원인에 해당한다.
참고 산업재해의 원인
① 직접적인 원인 : 불안전 행동(인적 원인)과 불안전한 상태(물적 원인)
② 간접적인 원인 : 관리적인 원인(기술적, 교육적, 신체적, 정신적, 작업관리상 원인)

**문제 03** 작업조건에 따라 착용하여야 하는 보호구의 연결로 틀린 것은?

① 고열에 의한 화상 등의 위험이 있는 작업 - 안전대
② 근로자가 추락할 위험이 있는 작업 - 안전모
③ 물체가 흩날릴 위험이 있는 작업 - 보안경
④ 감전의 위험이 있는 작업 - 절연용 보호구

해설 높이 또는 깊이 2m 이상의 추락할 위험이 있는 장소에서의 작업 : 안전대
참고 고열에 의한 화상 등의 위험이 있는 작업 : 방열복

**문제 04** 피로의 원인 중 외부인자로 볼 수 있는 것은?

① 경험  ② 책임감
③ 생활조건  ④ 신체적 특성

해설 생활조건은 피로의 외부인자에 해당한다.

정답 01. ③  02. ④  03. ①  04. ③

**문제 05** 전기용접 작업할 때 안전관리 사항 중 적합하지 않은 것은?
① 피 용접물은 완전히 접지시킨다.
② 우천 시에는 옥외작업을 하지 않는다.
③ 용접봉은 홀더로부터 빠지지 않도록 정확히 끼운다.
④ 옥외용접 시에는 헬멧이나 핸드실드를 사용하지 않는다.

해설 옥외용접 작업 시에도 헬멧이나 핸드실드를 사용하여야 한다.

**문제 06** 압축기 운전 중 이상음이 발생하는 원인으로 가장 거리가 먼 것은?
① 기초 볼트의 이완
② 피스톤 하부에 오일이 고임
③ 토출밸브, 흡입밸브의 파손
④ 크랭크 샤프트 및 피스톤 핀의 마모

해설 피스톤 하부에는 오일이 있어 압축기의 윤활이 양호하므로 이상음이 발생하지 않는다.

**문제 07** 보일러 파열사고의 원인으로 가장 거리가 먼 것은?
① 역화의 발생　　　　　② 강도 부족
③ 취급 불량　　　　　　④ 계기류의 고장

해설 역화의 발생보다 가스누설 등에 의한 폭발에 따라 보일러 파열사고가 일어날 수 있다.

**문제 08** 작업장에서 계단을 설치할 때 계단의 폭은 최소 얼마 이상으로 하여야 하는가? (단, 급유용·보수용·비상용 계단 및 나선형 계단이 아닌 경우)
① 0.5 m　　　　　　　② 1 m
③ 2 m　　　　　　　　④ 5 m

해설 계단의 폭
① 사업주는 계단을 설치하는 경우 그 폭을 1m 이상으로 하여야 한다.(단, 급유용·보수용·비상용 계단 및 나선형 계단인 경우에는 예외)
② 사업주는 계단에 손잡이 외의 다른 물건 등을 설치하거나 쌓아 두어서는 아니 된다.

**문제 09** 다음의 안전·보건표지가 의미하는 것은?
① 사용금지
② 보행금지
③ 탑승금지
④ 출입금지

정답　05.④　06.②　07.①　08.②　09.①

2014년 7월 20일 시행

**문제 10** 가스용접 작업의 안전사항으로 틀린 것은?

① 기름 묻은 옷은 인화의 위험이 있으므로 입지 않도록 한다.
② 역화하였을 때에는 산소밸브를 조금 더 연다.
③ 역화의 위험을 방지하기 위하여 역화 방지기를 사용하도록 한다.
④ 밸브를 열 때는 용기 앞에서 몸을 피하도록 한다.

해설 역화하였을 때에는 산소밸브를 잠그도록 한다.

**문제 11** 드릴로 뚫어진 구멍의 내벽이나 절단한 관의 내벽을 다듬어서 구멍의 치수를 정확하게 하고, 구멍 내면을 다듬는 구멍 수정용 공구는?

① 평줄         ② 리머
③ 드릴         ④ 렌치

해설 구멍 내면을 다듬는 공구 : 리머

**문제 12** 드릴링 머신의 작업 시 일감의 고정 방법에 관한 설명으로 틀린 것은?

① 일감이 작을 때 - 바이스로 고정
② 일감이 클 때 - 볼트와 고정구(클램프) 사용
③ 일감이 복잡할 때 - 볼트와 고정구(클램프) 사용
④ 대량 생산과 정밀도를 요구할 때 - 이동식 바이스 사용

해설 대량 생산과 정밀도를 요구할 때 : 고정식 바이스 사용

**문제 13** 목재 화재 시에는 물을 소화제로 이용하는데, 주된 소화 효과는?

① 제거효과       ② 질식효과
③ 냉각효과       ④ 억제효과

해설 물은 증발잠열이 커 냉각소화에 적당하다.

정답  10. ②  11. ②  12. ④  13. ③

**문제 14** 냉동 장치 내에 공기가 유입되었을 경우 나타나는 현상으로 가장 거리가 먼 것은?
① 응축 압력이 높아진다.
② 압축비가 높게 되어 체적 효율이 증가된다.
③ 냉매와 증발관과의 열전달을 방해하여 냉동능력이 감소된다.
④ 공기침입 시 수분도 혼입되어 프레온 냉동 장치에서 부식이 일어난다.

해설 공기침입시 압축비가 높게 되어 체적효율은 감소한다.

**문제 15** 보호구 사용 시 유의사항으로 틀린 것은?
① 작업에 적절한 보호구를 선정한다.
② 작업장에는 필요한 수량의 보호구를 비치한다.
③ 보호구는 사용하는 데 불편이 없도록 관리를 철저히 한다.
④ 작업을 할 때 개인에 따라 보호구는 사용 안 해도 된다.

해설 작업을 할 때 개인에 따라 필요한 보호구를 반드시 사용하여야 한다.

**문제 16** 강관의 보온 재료로 가장 거리가 먼 것은?
① 규조토　　　　　　② 유리면
③ 기포성 수지　　　　④ 광명단

해설 광명단 : 부식방지용 도료

**문제 17** 이론상의 표준냉동사이클에서 냉매가 팽창밸브를 통과할 때 변하는 것은?
① 엔탈피와 압력
② 온도와 엔탈피
③ 압력과 온도
④ 엔탈피와 비체적

해설 냉매가 팽창밸브 통과시 : 압력과 온도가 저하되나, 엔탈피는 일정하고 비체적은 증가한다.

**문제 18** 냉동 장치에서 자동제어를 위해 사용되는 전자밸브(Solenoide valve)의 역할로 가장 거리가 먼 것은?
① 액압축 방지
② 냉매 및 브라인 흐름 제어
③ 용량 및 액면 제어
④ 고수위 경보

해설 고수위 경보용 전자밸브는 보일러의 제어장치이다.

정답 14. ② 15. ④ 16. ④ 17. ③ 18. ④

2014년 7월 20일 시행

**문제 19** 강관의 나사식 이음쇠 중 벤드의 종류에 해당하지 않는 것은?
① 암수 롱 벤드
② 45° 롱 벤드
③ 리턴 벤드
④ 크로스 벤드

해설 크로스는 벤드(엘보)에 해당되지 않는다.

**문제 20** 압축기 종류에 따른 정상적인 유압이 아닌 것은?
① 터보＝정상저압＋6 kg/cm²
② 입형저속＝정상저압＋0.5 ～ 1.5 kg/cm²
③ 소형＝정상저압＋0.5 kg/cm²
④ 고속다기통＝정상저압＋6 kg/cm²

해설 고속다기통 압축기의 유압＝정상저압＋1.5～3 [kg/cm²]

**문제 21** 암모니아 냉동장치에서 실린더 직경 150mm, 행정이 90mm, 회전수 1170rpm, 기통수 6기통일 때, 법정 냉동능력(RT)은? (단, 냉매상수는 8.4이다.)
① 약 98.2
② 약 79.7
③ 약 59.2
④ 약 38.9

해설 냉동능력 산정
$$R = \frac{V}{C} = \frac{669.55}{8.4} = 79.7 RT$$
여기서, 피스톤 압출량은
$$V = \frac{\pi}{4}D^2 \cdot l \cdot N \cdot R \times 60 = \frac{\pi}{4} \times 0.15^2 \times 0.09 \times 6 \times 1,170 \times 60 = 669.55 [m^3/h]$$

**문제 22** 동결장치 상부에 냉각코일을 집중적으로 설치하고 공기를 유동시켜 피 냉각물체를 동결시키는 장치는?
① 송풍 동결장치
② 공기 동결장치
③ 접촉 동결장치
④ 브라인 동결장치

해설 송풍 동결장치 : 동결실의 상부에 냉각코일을 집중 설치하고 송풍기를 사용하여 공기를 3m/s로 유동시켜 정지공기 냉각보다 2～4배의 동결속도를 얻을 수 있다.
참고 침지식 동결장치 : 피동결물을 냉각한 부동액 중에 침지시켜 동결시키는 장치

**문제 23** 건포화증기를 압축기에서 압축시킬 경우 토출되는 증기의 상태는?
① 과열증기
② 포화증기
③ 포화액
④ 습증기

해설 건포화증기를 압축하면 과열증기가 된다.

정답 19.④ 20.④ 21.② 22.① 23.①

**문제 24** 냉동기용 전동기의 시동릴레이는 전동기 정격속도의 얼마에 달할 때까지 시동권선에 전류를 흐르게 하는가?

① 1/2　　　　　　　　　　② 2/3
③ 1/4　　　　　　　　　　④ 1/5

해설 냉동기용 전동기의 시동릴레이는 전동기 정격속도가 2/3에 도달할 때까지 시동권선에 전류를 흐르게 한다.

**문제 25** 열전달률에 대한 설명 중 옳은 것은?

① 열이 관벽 또는 브라인(Brine) 등의 재질 내에서의 이동을 나타내며, 단위는 $kcal/m \cdot h \cdot ℃$이다.
② 액체면과 기체면 사이의 열의 이동을 나타내며, 단위는 $kcal/m \cdot h \cdot ℃$이다.
③ 유체와 고체 사이의 열의 이동을 나타내며, 단위는 $kcal/m^2 \cdot h \cdot ℃$이다.
④ 유체와 기체 사이의 한정된 열의 이동을 나타내며, 단위는 $kcal/m^3 \cdot h \cdot ℃$이다.

해설 열전달률 : 유체와 고체 사이의 열의 이동(단위 : $kcal/m^2 \cdot h \cdot ℃$, $W/m^2 \cdot K$)

**문제 26** 표준냉동사이클의 증발과정 동안 압력과 온도는 어떻게 변화 하는가?

① 압력과 온도가 모두 상승한다.
② 압력과 온도가 모두 일정하다.
③ 압력은 상승하고, 온도는 일정하다.
④ 압력은 일정하고, 온도는 상승한다.

해설 증발과정에서는 압력과 온도 모두 일정하고, 냉매증기가 과열되면 온도는 상승한다.

**문제 27** 흡수식 냉동장치에서 냉매로 암모니아를 사용할 때, 흡수제로 가장 적당한 것은?

① LiBr　　　　　　　　　② $CaCl_2$
③ LiCl　　　　　　　　　④ $H_2O$

해설 흡수식 냉동기의 냉매에 따른 흡수제

| 냉 매 | 흡 수 제 |
|---|---|
| 암모니아 | 물 |
| 물 | 취화리튬 |
| 염화메틸 | 사염화에틸 |
| 톨루엔 | 파라핀유 |

**문제 28** 냉동 장치에서 다단 압축을 하는 목적으로 옳은 것은?

① 압축비 증가와 체적 효율 감소　　② 압축비와 체적 효율 증가
③ 압축비와 체적 효율 감소　　　　④ 압축비 감소와 체적 효율 증가

해설 다단 압축의 목적은 압축기의 압축비 및 소요동력 감소와 체적효율을 증가시키기 위해서다.

정답 24. ②　25. ③　26. ②　27. ④　28. ④

2014년 7월 20일 시행

**문제 29** 동력의 단위 중 값이 큰 순서대로 바르게 나열된 것은?

① 1 kW > 1 PS > 1 kgf·m/sec > 1 kcal/h
② 1 kW > 1 kcal/h > 1 kgf·m/sec > 1 PS
③ 1 PS > 1 kgf·m/sec > 1 kcal/h > 1 kW
④ 1 PS > 1 kgf·m/sec > 1 kcal/h > 1 kW

해설 1 kW > 1 PS > 1 kg·m/sec > 1 kcal/h

참고 ① 1 kW = 860 kcal/h
② 1 PS = 632 kcal/h
③ 1 kgf·m/s = 8.4 kcal/h
④ 1 kcal/h

**문제 30** 암모니아 냉동장치에 대한 설명 중 틀린 것은?

① 윤활유에는 잘 용해되나, 수분과의 용해성이 극히 작다.
② 연소성, 폭발성, 독성 및 악취가 있다.
③ 전열 성능이 양호하다.
④ 프레온 냉동장치에 비해 비열비가 크다.

해설 암모니아는 수분에는 잘 용해되나, 윤활유에는 용해성이 적다.

**문제 31** 온도식 자동팽창 밸브에서 감온통의 부착위치는?

① 응축기 출구   ② 증발기 입구
③ 증발기 출구   ④ 수액기 출구

해설 온도식 자동팽창 밸브에서 감온통의 부착위치 : 증발기 출구

**문제 32** 냉동장치 운전에 관한 설명으로 옳은 것은?

① 흡입압력이 저하되면 토출가스 온도가 저하된다.
② 냉각수온이 높으면 응축압력이 저하된다.
③ 냉매가 부족하면 증발압력이 상승한다.
④ 응축압력이 상승되면 소요동력이 증가한다.

해설 응축압력이 상승하거나 증발압력이 낮아지면 압축기 소요동력은 증가한다.

**문제 33** 다음 보기 중 브라인의 구비 조건으로 적절한 것은?

| (가) 비열과 열전도율이 클 것 | (나) 끓는점이 높고, 불연성일 것 |
| (다) 동결온도가 높을 것 | (라) 점성이 크고 부식성이 클 것 |

① (가), (나)   ② (가), (다)
③ (나), (다)   ④ (가), (라)

정답  29. ①  30. ①  31. ③  32. ④  33. ①

**해설** 브라인의 구비조건
① 열용량(비열)이 크고 열전달이 양호할 것
② 비등점이 높고 불연성일 것
③ 점성이 적고 부식성이 없을 것
④ 공정점과 동결온도가 낮을 것
⑤ 냉장물품에 누설시 손상이 없을 것
⑥ 가격이 싸고 구입이 용이할 것
⑦ pH값이 적당할 것(7.5~8.2 정도)

**문제 34** 냉동능력이 5냉동톤(한국냉동톤)이며, 압축기의 소요동력이 5마력(PS)일 때 응축기에서 제거하여야 할 열량(kcal/h)은?

① 약 18790 kcal/h  ② 약 19760 kcal/h
③ 약 20900 kcal/h  ④ 약 21100 kcal/h

**해설** 응축부하 = 냉동능력 + 압축열량
$Q_1 = Q_2 + AW = (5 \times 3320) + (5 \times 632) = 19760 [kcal/h]$

**문제 35** 동일한 증발온도일 경우 간접팽창식과 비교하여 직접팽창식 냉동장치에 대한 설명으로 틀린 것은?

① 소요동력이 적다.
② 냉동톤(RT)당 냉매 순환량이 적다.
③ 감열에 의해 냉각시키는 방법이다.
④ 냉매 증발온도가 높다.

**해설** 직접팽창식은 1차 냉매를 사용하는 것으로 잠열에 의해 냉각시킨다.

**참고** 직접팽창식과 간접팽창식의 비교

| 조 건 | 직접팽창식 | 간접팽창식 |
|---|---|---|
| 열의 운반 | 잠 열 | 감 열 |
| 증발 온도 | 높 음 | 낮 음 |
| 냉매 순환량 | 적 음 | 많 음 |
| 냉매 충전량 | 많 음 | 적 음 |
| 냉동 능력 | 적 음 | 많 음 |
| 소용 동력 | 적 음 | 많 음 |
| 설비의 복잡성 | 간 단 | 복 잡 |

**문제 36** 증발기에 대한 설명으로 옳은 것은?

① 증발기 입구 냉매온도는 출구 냉매온도보다 높다.
② 탱크형 냉각기는 주로 제빙용에 쓰인다.
③ 1차 냉매는 감열로 열을 운반한다.
④ 브라인은 무기질이 유기질보다 부식성이 작다.

**해설** 헤링본식(탱크형) 증발기 : 제빙장치의 브라인냉각용 증발기로 사용

**정답** 34. ② 35. ③ 36. ②

2014년 7월 20일 시행

**문제 37** 냉동기의 스크류 압축기(screw compressor)에 대한 특징으로 틀린 것은?

① 암·수나사 2개의 로터나사의 맞물림에 의해 냉매가스를 압축한다.
② 왕복동식 압축기와 동일하게 흡입, 압축, 토출의 3행정으로 이루어진다.
③ 액격 및 유격이 비교적 크다.
④ 흡입·토출 밸브가 없다.

해설 스크류 압축기는 액격(액햄머) 및 유격(오일햄머)이 적다.

**문제 38** 증발식 응축기에 대한 설명 중 옳은 것은?

① 냉각수의 사용량이 많아 증발량도 커진다.
② 응축능력은 냉각관 표면의 온도와 외기 건구온도차에 비례한다.
③ 냉각수량이 부족한 곳에 적합하다.
④ 냉매의 압력강하가 작다.

해설 증발식 응축기의 특징
① 물의 증발잠열을 이용하므로 냉각수 소비량이 적어 냉각수량이 부족한 곳에 적합하다.
② 외기의 습구온도 영향을 많이 받는다.
③ 관이 가늘고 길기 때문에 냉매의 압력강하가 크다.
④ 겨울철에는 공랭식으로도 사용이 가능하다.
⑤ 펌프(pump), 팬(fan), 노즐(nozzle) 등의 부속설비가 많다.

**문제 39** 시간적으로 변화하지 않는 일정한 입력신호를 단속신호로 변환하는 회로로서 경보용 부저 신호에 많이 사용하는 것은?

① 선택 회로
② 플리커 회로
③ 인터로크 회로
④ 자기유지 회로

해설 플리커 회로 : 시간적으로 변화하지 않는 일정한 입력 신호를 단속신호로 변환하는 회로로서 경보용 부저신호 발생 등에 사용한다.

**문제 40** 저압 차단 스위치의 작동에 의해 장치가 정지 되었을 때, 행하는 점검사항 중 가장 거리가 먼 것은?

① 응축기의 냉각수 단수 여부 확인
② 압축기의 용량제어 장치의 고장 여부 확인
③ 저압측 적상 유무 확인
④ 팽창밸브의 개도 점검

해설 응축기의 냉각수 단수 여부는 고압차단 스위치 작동시 점검 사항이다.

정답 37. ③ 38. ③ 39. ② 40. ①

**문제 41** 왕복동 압축기와 비교하여 원심 압축기의 장점으로 틀린 것은?
① 흡입밸브, 토출밸브 등의 마찰부분이 없으므로 고장이 적다.
② 마찰에 의한 손상이 적어서 성능저하가 적다.
③ 저온장치에는 압축단수를 1단으로 가능하다.
④ 왕복동 압축기에 비해 구조가 간단하다.

해설 원심 압축기를 저온장치에 사용시 1단압축으로는 어렵다.

**문제 42** 냉동장치에서 응축기나 수액기 등 고압부에 이상이 생겨 점검 및 수리를 위해 고압측 냉매를 저압측으로 회수하는 작업은?
① 펌프아웃(pump out)  ② 펌프다운(pump down)
③ 바이패스아웃(bypass out)  ④ 바이패스다운(bypass down)

해설 펌프아웃(pump out) : 고압측의 냉매를 저압측으로 회수하는 작업

**문제 43** 응축 온도가 13℃이고, 증발온도가 −13℃인 이론적 냉동사이클에서 냉동기의 성적 계수는?
① 0.5  ② 2
③ 5  ④ 10

해설 $COP = \dfrac{T_2}{T_1 - T_2} = \dfrac{(-13+273)}{(13+273)-(-13+273)} = 10$

**문제 44** 입형 셸 앤 튜브식 응축기의 특징으로 가장 거리가 먼 것은?
① 옥외 설치가 가능하다.  ② 액냉매의 과냉각이 쉽다.
③ 과부하에 잘 견딘다.  ④ 운전 중 청소가 가능하다.

해설 입형 셸 앤 튜브식 응축기에서는 냉매가스와 냉각수의 흐름이 병류이므로 과냉각이 어렵다.

**문제 45** 동관을 구부릴 때 사용되는 동관전용 벤더의 최소 곡률 반지름은 관지름의 약 몇 배인가?
① 약 1~2배  ② 약 4~5배
③ 약 7~8배  ④ 약 10~11배

해설 동관 벤딩시 곡률 반지름은 지름의 4~5배 정도로 하며 관지름이 20mm 이하인 관을 구부릴 때는 동관 전용 벤더를 사용한다.

참고 최소곡률 반지름
① 강관 : 3~4배 정도  ② 동관 : 4~5배 정도

정답 41. ③ 42. ① 43. ④ 44. ② 45. ②

2014년 7월 20일 시행

**문제 46** 사무실의 공기조화를 행할 경우, 다음 중 전체 열부하에서 가장 큰 비중을 차지하는 항목은?

① 바닥에서 침입하는 열과 재실자로부터의 발생열
② 문을 열 때 들어오는 열과 문틈으로 들어오는 열
③ 재실자로부터의 발생열과 조명기구로부터의 발생열
④ 벽, 창, 천장 등에서 침입하는 열과 일사에 의해 유리창을 투과하여 침입하는 열

해설 공조부하 중 비중이 가장 큰 부하
① 벽, 천장, 바닥, 창을 통한 침입열량
② 유리창을 통한 일사열량

**문제 47** 실내의 오염된 공기를 신선한 공기로 희석 또는 교환하는 것을 무엇이라고 하는가?

① 환기    ② 배기
③ 취기    ④ 송기

해설 환기 : 실내의 오염된 공기를 신선한 공기로 희석 또는 교환하는 것

**문제 48** 보일러 스케일 방지책으로 적절하지 않은 것은?

① 청정제를 사용한다.
② 보일러 판을 미끄럽게 한다.
③ 급수 중의 불순물을 제거한다.
④ 수질분석을 통한 급수의 한계 값을 유지한다.

해설 보일러 판을 미끄럽게 하는 것은 스케일 생성방지 대책에 해당하지 않는다.

**문제 49** 냉방부하 계산 시 인체로부터의 취득열량에 대한 설명으로 틀린 것은?

① 인체 발열부하는 작업 상태와 관계없다.
② 땀의 증발, 호흡 등을 잠열이라 할 수 있다.
③ 인체의 발열량은 재실 인원수와 현열량과 잠열량으로 구한다.
④ 인체 표면에서 대류 및 복사에 의해 방사되는 열은 현열이다.

해설 인체 발열부하는 활동 상태 및 작업 상태에 따라 달라진다.

**문제 50** 보일러 송기장치의 종류로 가장 거리가 먼 것은?

① 비수방지관    ② 주증기밸브
③ 증기헤더      ④ 화염검출기

해설 송기장치 : 보일러에서 발생한 증기를 부하측에 공급하는 장치
(비수방지관, 주증기밸브, 주증기관, 증기헤더 등)

정답 46. ④ 47. ① 48. ② 49. ① 50. ④

**문제 51** 건물 내 장소에 따라 부하변동의 상황이 달라질 경우, 구역구분을 통해 구역마다 공조기를 설치하여 부하처리를 하는 방식은?

① 단일덕트 재열방식  ② 단일덕트 변풍량방식
③ 단일덕트 정풍량방식  ④ 단일덕트 각층 유닛방식

해설 단일덕트 정풍량방식 : 중앙기계실에 공조기를 설치하여 중앙식의 단일덕트 방식을 채용하는 경우와 각층 및 장소에 따라 부하변동이 달라질 경우 구역 구분을 통해 구역마다 공조기를 설치하여 부하를 처리하는 각 존별로 공조기를 설치하는 분산방식 등이 있다.

**문제 52** 복사난방에 대한 설명으로 틀린 것은?

① 설비비가 적게 든다.
② 매립 코일이 고장나면 수리가 어렵다.
③ 외기침입이 있는 곳에도 난방감을 얻을 수 있다.
④ 실내의 벽, 바닥 등을 가열하여 평균복사온도를 상승시키는 방법이다.

해설 복사난방은 바닥에 온수코일을 매립하여야 하므로 설비비가 많이 든다.

**문제 53** 다음 설명에 알맞은 취출구의 종류는?

- 취출 기류의 방향조정이 가능하다.
- 댐퍼가 있어 풍량조절이 가능하다.
- 공기저항이 크다.
- 공장, 주방 등의 국소 냉방에 사용된다.

① 다공판형  ② 베인격자형
③ 펑커루버형  ④ 아네모스탯형

해설 펑커루버형 : 취출 기류의 방향조정이 가능하고 댐퍼가 있어 풍량조절이 가능하나 공기저항이 크며 공장, 주방 등의 국소 냉방에 적합한 취출구

**문제 54** 공기조화용 에어필터의 여과효율을 측정하는 방법으로 가장 거리가 먼 것은?

① 중량법  ② 비색법
③ 계수법  ④ 용적법

해설 여과효율 측정하는 방법
① 중량법  ② 비색법(변색도법)  ③ 계수법(DOP법)

**문제 55** 열원이 분산된 개별공조방식에 대한 설명으로 틀린 것은?

① 써모스탯이 내장되어 개별제어가 가능하다.
② 외기냉방이 가능하여 중간기에는 에너지 절약형이다.
③ 유닛에 냉동기를 내장하고 있어 부분운전이 가능하다.
④ 장래의 부하증가, 증축 등에 대해 쉽게 대응할 수 있다.

해설 개별공조방식은 냉매방식으로 외기도입이 어려워 외기냉방이 어렵다.

정답  51. ③  52. ①  53. ③  54. ④  55. ②

2014년 7월 20일 시행

**문제 56** 실내에서 폐기되는 공기 중의 열을 이용하여 외기 공기를 예열하는 열 회수방식은?
① 열펌프 방식
② 팬코일 방식
③ 열파이프 방식
④ 런 어라운드 방식

해설 런 어라운드(run around) 방식 : 실내에서 폐기되는 공기 중의 열을 이용하여 외기 공기를 예열하는 열 회수방식

**문제 57** 유체의 속도가 15m/s일 때, 이 유체의 속도수두는?
① 약 5.1m
② 약 11.5m
③ 약 15.5m
④ 약 20.4m

해설 속도수두
$$H = \frac{v^2}{2g} = \frac{15^2}{2 \times 9.8} = 11.5\text{m}$$

**문제 58** 흡수식 감습장치에 주로 사용하는 흡수제는?
① 실리카겔
② 염화리튬
③ 아드 소울
④ 활성 알루미나

해설
- 흡수식 감습장치(액체 제습제) : 염화리튬, 트리에틸렌글리콜
- 흡착식 감습장치(고체 제습제) : 실리카겔, 활성 알루미나, 몰레큘러시브

**문제 59** 습공기의 엔탈피에 대한 설명으로 틀린 것은?
① 습공기가 가열되면 엔탈피가 증가된다.
② 습공기 중에 수증기가 많아지면 엔탈피는 증가한다.
③ 습공기의 엔탈피는 온도, 압력, 풍속의 함수로 결정된다.
④ 습공기 중의 건공기 엔탈피와 수증기 엔탈피의 합과 같다.

해설 습공기의 엔탈피는 온도, 습도 등의 함수로 결정된다.

**문제 60** 공기조화기의 자동제어 시 제어요소가 바르게 나열된 것은?
① 온도제어 – 습도제어 – 환기제어
② 온도제어 – 습도제어 – 압력제어
③ 온도제어 – 차압제어 – 환기제어
④ 온도제어 – 수위제어 – 환기제어

해설 공기조화기의 제어요소 : 온도제어 – 습도제어 – 환기제어

정답 56. ④ 57. ② 58. ② 59. ③ 60. ①

# D-day 5 — 2014년 10월 11일 시행

**문제 01** 전기용접 작업의 안전사항으로 옳은 것은?
① 홀더는 파손되어도 사용에는 관계없다.
② 물기가 있거나 땀에 젖은 손으로 작업해서는 안 된다.
③ 작업장은 환기를 시키지 않아도 무방하다.
④ 용접봉을 갈아 끼울 때는 홀더의 충전부가 몸에 닿도록 한다.

해설 전기용접 작업 중에는 물기가 있거나 젖은 손으로 작업시 감전의 우려가 있다.

**문제 02** 고압 전선이 단선된 것을 발견하였을 때 조치로 가장 적절한 것은?
① 위험하다는 표시를 하고 돌아온다.
② 사고사항을 기록하고 다음 장소의 순찰을 계속한다.
③ 발견 즉시 회사로 돌아와 보고한다.
④ 일반인의 접근 및 통행을 막고 주변을 감시한다.

해설 전선 단선시 사고를 예방하기 위하여 일반인의 접근 및 통행을 막고 주변을 감시하고 사고처리를 한다.

**문제 03** 다음 중 감전사고 예방을 위한 방법으로 틀린 것은?
① 전기 설비의 점검을 철저히 한다.
② 전기 기기에 위험 표시를 해 둔다.
③ 설비의 필요 부분에는 보호 접지를 한다.
④ 전기 기계 기구의 조작은 필요 시 아무나 할 수 있게 한다.

해설 전기 기계 기구의 조작은 관련 기술자가 하여야 한다.

**문제 04** 연삭 숫돌을 교체한 후 시험운전 시 최소 몇 분 이상 공회전을 시켜야 하는가?
① 1분 이상
② 3분 이상
③ 5분 이상
④ 10분 이상

해설 연삭 숫돌을 사용하는 작업에 있어서 작업을 시작하기 전에 1분 이상, 연삭숫돌을 교체한 후에 3분 이상 시운전을 하고, 당해 기계에 이상이 있는지의 여부를 확인하여야 한다.

**정답** 01. ② 02. ④ 03. ④ 04. ②

**문제 05** 아세틸렌-산소를 사용하는 가스용접장치를 사용할 때 조정기로 압력 조정 후 점화 순서로 옳은 것은?

① 아세틸렌과 산소 밸브를 동시에 열어 조연성 가스를 많이 혼합 후 점화시킨다.
② 아세틸렌 밸브를 열어 점화시킨 후 불꽃 상태를 보면서 산소밸브를 열어 조정한다.
③ 먼저 산소 밸브를 연 다음 아세틸렌 밸브를 열어 점화시킨다.
④ 먼저 아세틸렌 밸브를 연 다음 산소 밸브를 열어 적정하게 혼합한 후 점화시킨다.

해설 가스용접기는 아세틸렌 밸브를 연 다음 산소 밸브를 열어 적정하게 혼합한 후 점화시켜 사용한다.

**문제 06** 압축기의 탑 클리어런스(top clearance)가 클 경우에 일어나는 현상으로 틀린 것은?

① 체적효율 감소
② 토출가스온도 감소
③ 냉동능력 감소
④ 윤활유의 열화

해설 탑 클리어런스(틈새) 증가시 현상
체적효율 감소, 토출가스온도 상승, 윤활유 열화, 냉동능력 감소 등

**문제 07** 위험을 예방하기 위하여 사업주가 취해야 할 안전상의 조치로 틀린 것은?

① 시설에 대한 안전조치
② 기계에 대한 안전조치
③ 근로수당에 대한 안전조치
④ 작업방법에 대한 안전조치

해설 근로수당에 대한 조치는 위험을 예방하기 위하여 사업주가 취해야 할 안전상 조치에 해당하지 않는다.

**문제 08** 유류 화재 시 사용하는 소화기로 가장 적합한 것은?

① 무상수 소화기
② 봉상수 소화기
③ 분말 소화기
④ 방화수

해설 유류 화재 시 적합한 소화기
① 포말 소화기   ② 분말 소화기
③ 강화액 소화기  ④ $CO_2$ 소화기
⑤ 할론 소화기

**문제 09** 냉동설비에 설치된 수액기의 방류둑 용량에 관한 설명으로 옳은 것은?

① 방류둑 용량은 설치된 수액기 내용적의 90% 이상으로 할 것
② 방류둑 용량은 설치된 수액기 내용적의 80% 이상으로 할 것
③ 방류둑 용량은 설치된 수액기 내용적의 70% 이상으로 할 것
④ 방류둑 용량은 설치된 수액기 내용적의 60% 이상으로 할 것

정답  05. ④  06. ②  07. ③  08. ③  09. ①

해설 방류둑의 용량
① 액화산소의 저장탱크 : 저장능력 상당용적의 60%
② 2기 이상의 저장탱크를 집합 방류둑 내에 설치한 저장탱크 : 저장탱크 중 최대저장탱크의 저장 능력 상당용적에 잔여 저장탱크 총 저장능력 상당용적의 10% 용적을 가산
③ 냉동설비 수액기 : 방류둑 내에 설치된 수액기 내용적의 90% 이상의 용적일 것

**문제 10** 보일러 운전상의 장애로 인한 역화(back fire) 방지 대책으로 틀린 것은?
① 점화 방법이 좋아야 하므로 착화를 느리게 한다.
② 공기를 노 내에 먼저 공급하고 다음에 연료를 공급한다.
③ 노 및 연도 내에 미연소 가스가 발생하지 않도록 취급에 유의한다.
④ 점화 시 댐퍼를 열고 미연소 가스를 배출시킨 뒤 점화한다.

해설 역화는 연소실에 미연소가스가 체류하여 폭발하는 현상으로, 점화시 착화를 빨리 하여야 한다.

**문제 11** 다음 산업안전대책 중 기술적인 대책이 아닌 것은?
① 안전설계　　　　　　② 근로의욕의 향상
③ 작업행정의 개선　　　④ 점검보전의 확립

해설 근로의욕의 향상은 기술적인 대책에 해당하지 않는다.

**문제 12** 공장 설비 계획에 관하여 기계 설비의 배치와 안전의 유의사항으로 틀린 것은?
① 기계설비의 주위에는 충분한 공간을 둔다.
② 공장 내외에는 안전 통로를 설정한다.
③ 원료나 제품의 보관 장소는 충분히 설정한다.
④ 기계 배치는 안전과 운반에 관계없이 가능한 가깝게 설치한다.

해설 기계 배치는 안전과 운반을 고려하여 가능한 충분히 공간을 확보한다.

**문제 13** 화물을 벨트, 롤러 등을 이용하여 연속적으로 운반하는 컨베이어의 방호장치에 해당하지 않는 것은?
① 이탈 및 역주행 방지장치　　② 비상 정지 장치
③ 덮개 또는 울　　　　　　　　④ 권과방지장치

해설 권과방지장치 : 크레인이 지정거리에서 권상을 정지시키는 방호장치

참고 권과방지(卷過防止)장치 : 훅·버킷 등 달기구의 윗면이 드럼·상부도르래·트롤리프레임 등 권상장치의 아랫면과 접촉할 우려가 있는 때에는 그 간격이 0.25m 이상[직동식(直動式) 권과방지장치는 0.05m 이상]이 되도록 조정하여야 한다.

정답　10. ①　11. ②　12. ④　13. ④

**문제 14** 가스용접 또는 가스절단 시 토치 관리의 잘못으로 인한 가스누출 부위로 타당하지 않은 것은?

① 산소밸브, 아세틸렌 밸브의 접속 부분
② 팁과 본체의 접속 부분
③ 절단기의 산소관과 본체의 접속 부분
④ 용접기와 안전홀더 및 어스선 연결 부분

해설 ④항, 전기용접기 사용시 점검사항에 해당한다.

**문제 15** 보일러 사고원인 중 제작상의 원인이 아닌 것은?

① 재료불량                ② 설계불량
③ 급수처리불량            ④ 구조불량

해설 보일러 사고의 원인별 구분
① 제작상 원인 : 재료불량, 구조 및 설계불량, 강도불량, 용접불량, 부속장비 미비 등
② 취급상 원인 : 압력초과, 저수위, 급수처리 불량, 과열, 역화, 부식 등

**문제 16** 동관의 이음방식이 아닌 것은?

① 플레어 이음            ② 빅토릭 이음
③ 납땜 이음              ④ 플랜지 이음

해설 동관의 이음방식
① 납땜 이음
② 용접 이음
③ 플레어 이음(압축이음)
④ 플랜지 이음

참고 주철관 접합법 : 소켓 이음, 플랜지 이음, 빅토릭 이음, 메카니컬(기계적) 이음 등

**문제 17** 다음과 같은 냉동장치의 $P-h$ 선도에서 이론 성적계수는?

① 3.7
② 4
③ 4.7
④ 5

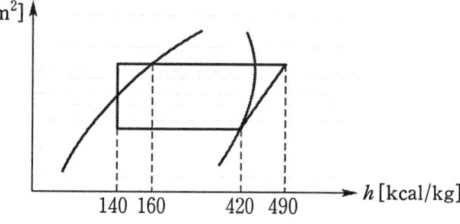

해설 이론적 성적계수 $COP = \dfrac{q_2}{A_W} = \dfrac{420-140}{490-420} = 4$

정답 14. ④  15. ③  16. ②  17. ②

**문제 18** 브라인에 대한 설명 중 옳은 것은?
① 브라인은 잠열 형태로 열을 운반한다.
② 에틸렌글리콜, 프로필렌글리콜, 염화칼슘 용액은 유기질 브라인이다.
③ 염화칼슘 브라인은 그 중에 용해되고 있는 산소량이 많을수록 부식성이 적다.
④ 프로필렌글리콜은 부식성이 적고, 독성이 없어 냉동식품의 동결용으로 사용된다.

⋯⋯해설 프로필렌글리콜(유기질 브라인) : 물보다 약간 무거우며 점성이 크고 무색이며, 독성과 부식성이 거의 없어 냉동식품의 동결용 브라인으로 많이 사용된다.

**문제 19** 프레온 냉매 액관을 시공할 때 플래시가스 발생 방지 조치로서 틀린 것은?
① 열교환기를 설치한다.
② 지나친 입상을 방지한다.
③ 액관을 방열한다.
④ 응축 설계온도를 낮게 한다.

⋯⋯해설 플래시 가스(flash gas)의 발생원인
① 액관이 현저하게 입상되었거나 길 때
② 스트레이너, 드라이어 등이 막힌 경우
③ 액관 구경이 현저하게 가늘 경우
④ 전자밸브, 스톱밸브, 드라이어, 스트레이너 등의 구경이 적은 경우
⑤ 수액기나 액관이 직사광선에 노출된 경우
⑥ 액관을 보온없이 고온 장소에 통과시킨 경우
⑦ 과도하게 응축온도가 낮아진 경우

**문제 20** 다음 냉매 중 물에 용해성이 좋아서 흡수식 냉동기의 냉매로 가장 적합한 것은?
① R-502    ② 황산
③ 암모니아    ④ R-22

⋯⋯해설 흡수식 냉동기의 냉매에 따른 흡수제

| 냉 매 | 흡 수 제 |
|---|---|
| 암모니아 | 물 |
| 물 | 브롬화리튬(LiBr) |
| 염화메틸 | 사염화에틸 |
| 톨루엔 | 파라핀유 |

**문제 21** 완전 기체에서 단열압축 과정 동안 나타나는 현상은?
① 비체적이 커진다.
② 전열량의 변화가 없다.
③ 엔탈피가 증가한다.
④ 온도가 낮아진다.

⋯⋯해설 단열압축시 엔탈피는 증가한다.

**정답** 18. ④  19. ④  20. ③  21. ③

## 2014년 10월 11일 시행

**문제 22** 팽창 밸브를 적게 열었을 때 일어나는 현상으로 옳은 것은?
① 증발 압력 상승
② 토출 온도 상승
③ 증발 온도 상승
④ 냉동 능력 상승

해설 팽창밸브를 적게 열면 증발압력 및 증발온도는 저하하여 압축비가 상승하게 되므로 압축기 토출가스 온도는 상승하게 된다.

**문제 23** 프레온 누설 검사 중 헬라이드 토치 시험에서 냉매가 다량으로 누설될 때 변화된 불꽃의 색깔은?
① 청색
② 녹색
③ 노랑
④ 자색

해설 헬라이드 토치에서의 불꽃의 변화
① 누설이 없을 때 : 청색
② 소량 누설시 : 녹색
③ 다량 누설시 : 자색
④ 과량 누설시 : 꺼짐

**문제 24** 교류 주기가 0.004sec일 때 주파수는?
① 400 Hz
② 450 Hz
③ 200 Hz
④ 250 Hz

해설 주파수$(f) = \dfrac{1}{주기(T)} = \dfrac{1}{0.004} = 250 [Hz]$

**문제 25** 다음의 기호가 표시하는 밸브로 옳은 것은?
① 볼 밸브
② 게이트 밸브
③ 수동 밸브
④ 앵글 밸브

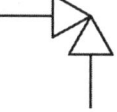

해설 앵글 밸브 : 유체의 흐름을 직각으로 바꿔 주는 동시에 유량을 조절하는 밸브

정답 22. ② 23. ④ 24. ④ 25. ④

**문제 26** 다음 그림은 2단압축, 2단팽창 이론 냉동사이클이다. 이론 성적계수를 구하는 공식으로 옳은 것은? (단, $G_L$ 및 $G_H$는 각각 저단, 고단 냉매순환량이다.)

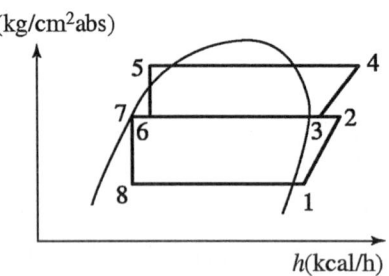

① $COP = \dfrac{G_L \times (h_1 - h_8)}{(G_L + G_H) \times (h_4 - h_1)}$

② $COP = \dfrac{G_L \times (h_1 - h_8)}{(G_L - G_H) \times (h_4 - h_1)}$

③ $COP = \dfrac{G_H \times (h_1 - h_8)}{G_L \times (h_2 - h_1) + G_H \times (h_4 - h_3)}$

④ $COP = \dfrac{G_L \times (h_1 - h_8)}{G_L \times (h_2 - h_1) + G_H \times (h_4 - h_3)}$

**해설** 2단압축 2단팽창 냉동사이클에서의 성적계수

$$COP = \dfrac{Q_2}{AW} = \dfrac{G_L(h_1 - h_8)}{G_L(h_2 - h_1) + G_H(h_4 - h_3)}$$

**문제 27** 프레온 응축기(수냉식)에서 냉각수량이 시간당 18000L, 응축기 냉각관의 전열면적 20m², 냉각수입구온도 30°C, 출구온도 34°C인 응축기의 열통과율 900kcal/m²·h·°C라고 할 때 응축온도는? (단, 냉매와 냉각수와의 평균온도차는 산술평균치로 하고 열손실은 없는 것으로 한다.)

① 32°C  ② 34°C
③ 36°C  ④ 38°C

**해설** 응축열량=냉각수가 흡수하는 열량=열통과에 의한 열량

$Q_1 = w \cdot c \cdot (tw_2 - tw_1) = K \cdot F \cdot \Delta t_m$ 이므로

$\Delta t_m = \dfrac{w \cdot c \cdot (tw_2 - tw_1)}{K \cdot F} = \dfrac{18,000 \times 1 \times 1 \times (34-30)}{900 \times 20} = 4°C$

$\Delta t_m = t_c - \dfrac{(tw_1 + tw_2)}{2}$ 에서 $t_c = \Delta t_m + \dfrac{tw_1 + tw_2}{2} = 4 + \dfrac{30+34}{2} = 36°C$

정답 26. ④ 27. ③

2014년 10월 11일 시행

**문제 36** 고속 다기통 압축기의 흡입 및 토출밸브에 주로 사용하는 것은?
① 포핏 밸브　　　② 플레이트 밸브
③ 리이드 밸브　　④ 와샤 밸브

해설 ① 포핏 밸브 : $NH_3$ 입형 저속 압축기에 사용
② 링플레이트 밸브 : 고속 다기통 압축기의 흡입 및 토출밸브에 사용

**문제 37** 표준 냉동 사이클의 온도조건으로 틀린 것은?
① 증발온도 : −15°C
② 응축온도 : 30°C
③ 팽창밸브 입구에서의 냉매액 온도 : 25°C
④ 압축기 흡입가스 온도 : 0°C

해설 기준 냉동 사이클
① 증발온도 : −15[°C]
② 응축온도 : 30[°C]
③ 팽창밸브 직전의 냉매액의 온도 : 25[°C]
④ 압축기 흡입가스 온도 : −15[°C]의 건포화증기

**문제 38** 냉동장치의 냉각기에 적상이 심할 때 미치는 영향이 아닌 것은?
① 냉동능력 감소　　　　　　② 냉장고 내 온도 저하
③ 냉동 능력당 소요동력 증대　④ 리키드 백(Liquid back) 발생

해설 냉각기에 적상 : 전열불량으로 냉장고 내 온도는 상승된다.

**문제 39** 냉매배관에 사용되는 저온용 단열재에 요구되는 성질로 틀린 것은?
① 열전도율이 작을 것
② 투습 저항이 크고 흡습성이 작을 것
③ 팽창 계수가 클 것
④ 불연성 또는 난연성일 것

해설 단열재는 팽창 계수가 작아야 한다.

**문제 40** 아래의 기호에 대한 설명으로 적절한 것은?

① 누르고 있는 동안만 접점이 열린다.
② 누르고 있는 동안만 접점이 닫힌다.
③ 누름/안누름 상관없이 언제나 접점이 열린다.
④ 누름/안누름 상관없이 언제나 접점이 닫힌다.

정답 36. ② 37. ④ 38. ② 39. ③ 40. ①

······ⓘ b접점(NC 접점) : 버튼을 누르고 있는 동안만 접점이 열려 전기가 통하지 않는 접점
　　ⓘ 전기접점의 종류
　　　① a접점 : 버튼을 누르면 전기가 통하는 접점(NO 접점)
　　　② b접점 : 버튼을 누르면 전기가 통하지 않는 접점(NC 접점)
　　　③ c접점 : 가동접점부를 공유하는 a+b 접점을 조합한 접점

## 문제 41
건포화 증기를 흡입하는 압축기가 있다. 고압이 일정한 상태에서 저압이 내려가면 이 압축기의 냉동 능력은 어떻게 되는가?

① 증대한다.　　　　　　　　② 변하지 않는다.
③ 감소한다.　　　　　　　　④ 감소하다가 점차 증대한다.

······ⓘ 저압이 내려가면 냉동효과가 감소하므로 냉동능력이 감소한다.

## 문제 42
압축기의 토출가스 압력의 상승 원인이 아닌 것은?

① 냉각수온의 상승　　　　　② 냉각수량의 감소
③ 불응축가스의 부족　　　　④ 냉매의 과충전

······ⓘ 불응축가스가 존재하면 압축기 토출가스 압력은 상승한다.
　　ⓘ 불응축 가스 존재시 장치에 미치는 악영향
　　　① 응축압력 상승으로 압축비 증대　② 압축기 소요동력 증대 등
　　　③ 압축기 과열로 토출가스 온도 상승　④ 냉동능력 및 성적계수 감소

## 문제 43
유기질 브라인으로 부식성이 적고, 독성이 없으므로 주로 식품냉동의 동결용에 사용되는 브라인은?

① 염화마그네슘　　　　　　② 염화칼슘
③ 에틸렌글리콜　　　　　　④ 프로필렌글리콜

······ⓘ 프로필렌글리콜(유기질 브라인)은 부식성이 적고 독성이 없어 주로 식품냉동의 동결용으로 사용된다.

## 문제 44
2원 냉동사이클에 대한 설명으로 가장 거리가 먼 것은?

① 각각 독립적으로 작동하는 저온측 냉동사이클과 고온측 냉동사이클로 구성된다.
② 저온측의 응축기 방열량을 고온측의 증발기로 흡수하도록 만든 냉동사이클이다.
③ 보통 저온측 냉매는 임계점이 낮은 냉매, 고온측은 임계점이 높은 냉매를 사용한다.
④ 일반적으로 −180℃ 이하의 저온을 얻고자 할 때 이용하는 냉동사이클이다.

······ⓘ 2원 냉동사이클 : 비등점이 각각 다른 2개의 냉동사이클을 병렬로 형성시켜 −70℃ 정도 이하의 초저온 냉동장치에 주로 사용된다.

정답　41. ③　42. ③　43. ④　44. ④

**문제 45** 개방식 냉각탑의 종류로 가장 거리가 먼 것은?

① 대기식 냉각탑  ② 자연 통풍식 냉각탑
③ 강제 통풍식 냉각탑  ④ 증발식 냉각탑

해설 냉각탑의 종류
① 개방식 : 대기식, 자연통풍, 기계(강제)통풍식
② 밀폐식 : 건식, 증발식

참고 열전달 방법에 따른 냉각탑의 구분
① 개방형 : 냉각수와 공기가 직접 접촉하며 냉각수의 증발이 수반되어 열을 교환하는 형태
② 밀폐형 : 냉각수와 공기가 간접 접촉하여 열을 교환하는 형태

**문제 46** 건물의 바닥, 벽, 천장 등에 온수코일을 매설하고 열원에 의해 패널을 직접 가열하여 실내를 난방하는 방식은?

① 온수 난방  ② 열펌프 난방
③ 온풍 난방  ④ 복사 난방

해설 복사난방 : 건물의 바닥, 천장, 벽 등에 온수관을 매설하여 방열면으로 사용하며 아파트, 주택 등에 많이 사용하는 난방방식

**문제 47** 보일러에서 연도로 배출되는 배기열을 이용하여 보일러 급수를 예열하는 부속장치는?

① 과열기  ② 연소실
③ 절탄기  ④ 공기예열기

해설 절탄기(급수예열기, Economizer) : 보일러 배기가스의 폐열을 이용하여 급수를 예열하는 장치

**문제 48** 환기에 대한 설명으로 틀린 것은?

① 환기는 배기에 의해서만 이루어진다.
② 환기는 급기, 배기의 양자를 모두 사용하기도 한다.
③ 공기를 교환해서 실내 공기 중의 오염물 농도를 희석하는 방식은 전체환기라고 한다.
④ 오염물이 발생하는 곳과 주변의 국부적인 공간에 대해서 처리하는 방식을 국소환기라고 한다.

해설 환기는 급기, 배기 모두를 사용한다.

**문제 49** 캐비테이션(공동현상)의 방지대책으로 틀린 것은?

① 펌프의 흡입양정을 짧게 한다.
② 펌프의 회전수를 적게 한다.
③ 양흡입 펌프를 단흡입 펌프로 바꾼다.
④ 흡입관경은 크게 하며 굽힘을 적게 한다.

정답 45. ④  46. ④  47. ③  48. ①  49. ③

해설 캐비테이션(공동현상) 방지대책
① 흡입측의 손실수두(흡입양정)를 작게 한다.
② 펌프의 설치위치를 낮춘다.
③ 펌프 회전수를 낮춘다.
④ 양흡입 펌프를 사용한다.
⑤ 펌프의 회전차를 수중에 완전히 잠기게 한다.

**문제 50** 공기조화기의 가열코일에서 건구온도 3°C의 공기 2500kg/h를 25°C까지 가열하였을 때 가열 열량은? (단, 공기의 비열은 0.24kcal/kg·°C이다.)

① 7200 kcal/h  ② 8700 kcal/h
③ 9200 kcal/h  ④ 13200 kcal/h

해설 가열량, $q_s = G \cdot C \cdot \Delta t = 2500 \times 0.24 \times (25-3) = 13200$ [kcal/h]

**문제 51** 공기 중의 미세먼지 제거 및 클린룸에 사용되는 필터는?

① 여과식 필터  ② 활성탄 필터
③ 초고성능 필터  ④ 자동감기용 필터

해설 초고성능 필터(ULPA Filter) : 공기 중의 미세먼지 제거 및 클린룸에 사용되는 필터

**문제 52** 덕트 보온 시공 시 주의사항으로 틀린 것은?

① 보온재를 붙이는 면은 깨끗하게 한 후 붙인다.
② 보온재의 두께가 50 mm 이상인 경우는 두 층으로 나누어 시공한다.
③ 보의 관통부 등은 반드시 보온 공사를 실시한다.
④ 보온재를 다층으로 시공할 때는 종횡의 이음이 한 곳에 합쳐지도록 한다.

해설 보온재를 다층으로 시공할 때는 종횡의 이음이 두 곳에서 합쳐지지 않도록 보온한다.

**문제 53** 다음 공조방식 중 개별 공기조화 방식에 해당하는 것은?

① 팬코일 유닛 방식  ② 2중덕트 방식
③ 복사·냉난방 방식  ④ 패키지 유닛 방식

해설 개별식 공조방식 : 패키지 방식, 룸 쿨러, 멀티 쿨러 방식 등

**문제 54** 원심식 송풍기의 종류에 속하지 않는 것은?

① 터보형 송풍기  ② 다익형 송풍기
③ 플레이트형 송풍기  ④ 프로펠러형 송풍기

정답 50.④ 51.③ 52.④ 53.④ 54.④

2014년 10월 11일 시행

···· 해설 송풍기의 종류
　　① 원심식 송풍기 : 다익형, 터보형, 익형 등
　　② 축류형 송풍기 : 프로펠러형

**문제 55** 공기조화에서 시설 내 일산화탄소의 허용되는 오염기준은 시간당 평균 얼마인가?
① 25 ppm 이하
② 30 ppm 이하
③ 35 ppm 이하
④ 40 ppm 이하

···· 해설 실내 일산화탄소(CO)함유량은 일반적으로 10ppm(0.001%) 이하로 한다.

참고 다중이용시설 등의 실내공기질관리법 시행규칙에 따른 실내 공기질 유지기준[개정 2014.3.20.]

| 다중이용시설 \ 오염물질 항목 | 미세먼지 ($\mu g/m^3$) | 이산화탄소 (ppm) | 폼알데하이드 ($\mu g/m^3$) | 총부유세균 ($CFU/m^3$) | 일산화탄소 (ppm) |
|---|---|---|---|---|---|
| 지하역사, 지하도상가, 여객자동차터미널의 대합실, 철도역사의 대합실, 공항시설 중 여객터미널, 항만시설 중 대합실, 도서관·박물관 및 미술관, 장례식장, 목욕장, 대규모점포, 영화상영관, 학원, 전시시설, 인터넷컴퓨터게임시설제공업 영업시설 | 150 이하 | 1,000 이하 | 100 이하 |  | 10 이하 |
| 의료기관, 어린이집, 노인요양시설, 산후조리원 | 100 이하 |  |  | 800 이하 |  |
| 실내주차장 | 200 이하 |  |  |  | 25 이하 |

[비고] 도서관, 영화상영관, 학원, 인터넷컴퓨터게임시설제공업 영업시설 중 자연환기가 불가능하여 자연환기설비 또는 기계환기설비를 이용하는 경우에는 이산화탄소의 기준을 1,500ppm 이하로 한다.

**문제 56** 복사난방에 대한 설명으로 틀린 것은?
① 실내의 쾌감도가 높다.
② 실내온도 분포가 균등하다.
③ 외기 온도의 급변에 대한 방열량 조절이 용이하다.
④ 시공, 수리, 개조가 불편하다.

···· 해설 복사난방은 외기 온도의 급변에 대한 방열량 조절은 어렵다.

**문제 57** 온풍난방에 대한 설명으로 틀린 것은?
① 예열시간이 짧다.
② 송풍온도가 고온이므로 덕트가 대형이다.
③ 설치가 간단하며 설비비가 싸다.
④ 별도의 가습기를 부착하여 습도조절이 가능하다.

···· 해설 온풍난방은 송풍온도가 고온이므로 덕트가 소형이다.

**정답** 55. ① 56. ③ 57. ②

**문제 58** 난방부하를 줄일 수 있는 요인으로 가장 거리가 먼 것은?
① 천장을 통한 전도열 ② 태양열에 의한 복사열
③ 사람에서의 발생열 ④ 기계의 발생열

해설 난방부하를 줄일 수 있는 요소
① 태양에 의한 복사열
② 인체 발생열
③ 조명, 기계의 발생열

**문제 59** 열의 운반을 위한 방법 중 공기방식이 아닌 것은?
① 단일덕트 방식 ② 이중덕트 방식
③ 멀티존유닛 방식 ④ 패키지유닛 방식

해설 개별식(냉매방식) 공조방식 : 패키지 방식, 룸쿨러, 멀티쿨러 방식 등

**문제 60** 30°C인 습공기를 80°C 온수로 가열가습한 경우 상태변화로 틀린 것은?
① 절대습도가 증가한다.
② 건구온도가 감소한다.
③ 엔탈피가 증가한다.
④ 노점온도가 증가한다.

해설 가열가습 시에는 건구온도는 상승한다.

정답 58. ① 59. ④ 60. ②

## 2015년 1월 25일 시행

**문제 01** 다음 중 정전기 방전의 종류가 아닌 것은?
① 불꽃 방전  ② 연면 방전
③ 분기 방전  ④ 코로나 방전

해설 정전기 방전의 종류
① 코로나 방전 : 대전된 부도체와 가는 선상의 도체 또는 뾰족한 선단을 가진 도체와의 사이에서 발생하는 미약한 발광과 소리를 수반하는 방전
② 불꽃 방전 : 도체가 대전되었을 때 접지된 도체와의 사이에서 발생하는 강한 발광과 파괴음을 수반하는 방전
③ 연면 방전 : 대전이 큰 엷은 층상의 부도체를 박리할 때 또는 엷은 층상의 대전된 부도체의 뒷면에 밀접한 접지체가 있을 때 표면에 연한 복수의 수지상(樹枝狀)의 발광을 수반하여 발생하는 방전
④ 스트리머 방전 : 대전량이 많은 부도체와 비교적 곡률반경이 큰 선단을 가진 도체와의 사이에서 발생하는 수지상의 발광과 펄스상의 파괴음을 수반하는 방전
⑤ 뇌상 방전 : 공기중의 뇌상으로 부유하는 대전입자의 규모가 커졌을 때 대전운에게 번개형의 발광을 수반하여 발생하는 방전

**문제 02** 보일러 운전 중 과열에 의한 사고를 방지하기 위한 사항으로 틀린 것은?
① 보일러의 수위가 안전저수면 이하가 되지 않도록 한다.
② 보일러수의 순환을 교란시키지 말아야 한다.
③ 보일러 전열면을 국부적으로 과열하여 운전한다.
④ 보일러수가 농축되지 않게 운전한다.

해설 보일러 전열면을 국부적으로 과열하여 운전하면 과열사고의 우려가 크다.
참고 보일러 과열에 의한 사고의 원인
① 보일러 저수위시
② 동내면에 스케일 생성시
③ 보일러수가 농축되어 있을 때
④ 보일러수의 순환이 불량할 때
⑤ 전열면에 국부적인 열을 받았을 때

**문제 03** 보일러의 수압시험을 하는 목적으로 가장 거리가 먼 것은?
① 균열의 유무를 조사
② 각종 덮개를 장치한 후의 기밀도 확인
③ 이음부의 누설정도 확인
④ 각종 스테이의 효력을 조사

해설 수압시험으로는 각종 스테이의 효력을 조사할 수 없다.
참고 보일러 수압시험의 목적 : 균열과 기밀도 및 누설정도 확인

정답 01. ③  02. ③  03. ④

**문제 04** 응축압력이 지나치게 내려가는 것을 방지하기 위한 조치방법 중 틀린 것은?
① 송풍기의 풍량을 조절한다.
② 송풍기 출구에 댐퍼를 설치하여 풍량을 조절한다.
③ 수냉식일 경우 냉각수의 공급을 증가시킨다.
④ 수냉식일 경우 냉각수의 온도를 높게 유지한다.

해설 수냉식 응축기에서 냉각수의 공급을 증가시키면 응축압력은 내려간다.

**문제 05** 작업 시 사용하는 해머의 조건으로 적절한 것은?
① 쐐기가 없는 것
② 타격면에 홈이 있는 것
③ 타격면이 평탄한 것
④ 머리가 깨어진 것

해설 해머는 타격면이 평탄하여야 한다.

**문제 06** 팽창밸브가 냉동 용량에 비하여 너무 작을 때 일어나는 현상은?
① 증발압력 상승
② 압축기 소요동력 감소
③ 소요전류 증대
④ 압축기 흡입가스 과열

해설 팽창밸브의 용량이 너무 작으면 냉매 순환량이 감소하여 압축기 흡입가스는 과열된다.

**문제 07** 보일러의 운전 중 파열사고의 원인으로 가장 거리가 먼 것은?
① 수위상승
② 강도의 부족
③ 취급의 불량
④ 계기류의 고장

해설 보일러의 파열사고는 강도부족, 취급불량(증기압력초과, 저수위, 스케일에 의한 과열 등), 계측기의 고장 등에 의하여 파열될 수 있으나, 수위상승 시에는 고수위사고가 발생한다.

**문제 08** 전기화재의 원인으로 고압선과 저압선이 나란히 설치된 경우, 변압기의 1, 2차 코일의 절연파괴로 인하여 발생하는 것은?
① 단락
② 지락
③ 혼촉
④ 누전

해설 ① 단락 : 2개 이상의 전선이 서로 접촉하여 열이 발생하여 녹아 버리는 현상
② 지락 : 누전전류의 일부가 대지로 흐르게 되는 것
③ 혼촉 : 고압선과 저압선이 나란히 설치된 경우, 변압기의 1, 2차 코일의 절연파괴로 인하여 발생
④ 누전 : 전류가 설계된 부분 이외의 곳에 흐르는 현상

정답 04. ③  05. ③  06. ④  07. ①  08. ③

**2015년 1월 25일 시행**

**문제 09** 기계 작업 시 일반적인 안전에 대한 설명 중 틀린 것은?
① 취급자나 보조자 이외에는 사용하지 않도록 한다.
② 칩이나 절삭된 물품에 손을 대지 않는다.
③ 사용법을 확실히 모르면 손으로 움직여 본다.
④ 기계는 사용 전에 점검한다.

····**해설** 기계 작업 시 기계의 사용법을 확실히 파악하고 작동시켜야 한다.

**문제 10** 보호구의 적절한 선정 및 사용 방법에 대한 설명 중 틀린 것은?
① 작업에 적절한 보호구를 선정한다.
② 작업장에는 필요한 수량의 보호구를 비치한다.
③ 보호구는 방호 성능이 없어도 품질이 양호해야 한다.
④ 보호구는 착용이 간편해야 한다.

····**해설** 보호구는 충분한 방호 성능이 있어야 하며 품질이 양호해야 한다.

**문제 11** 냉동기를 운전하기 전에 준비해야 할 사항으로 틀린 것은?
① 압축기 유면 및 냉매량을 확인한다.
② 응축기, 유냉각기의 냉각수 입·출구 밸브를 연다.
③ 냉각수 펌프를 운전하여 응축기 및 실린더 자켓의 통수를 확인한다.
④ 암모니아 냉동기의 경우는 오일 히터를 기동 30~60분 전에 통전한다.

····**해설** 프레온 냉동기의 경우는 오일 포밍현상을 방지하기 위하여 오일 히터를 압축기 기동 30~60분 전에 통전한다.

**문제 12** 냉동기 검사에 합격한 냉동기 용기에 반드시 각인해야 할 사항은?
① 제조업체의 전화번호        ② 용기의 번호
③ 제조업체의 등록번호        ④ 제조업체의 주소

····**해설** 합격 용기에 대한 각인 표시
① 용기제조업자의 명칭 또는 약호
② 충전하는 가스의 명칭
③ 용기의 번호
④ 내용적(기초 : V, 단위 : L)
⑤ 초저온용기외의 용기는 밸브 및 부속품을 포함하지 아니한 용기의 질량(기호 : W, 단위 : kg)
⑥ 아세틸렌가스 충전용기는 ⑤의 질량에 용기의 다공물질·용제 및 밸브의 질량을 합한 질량(기호 : TW, 단위 : kg)
⑦ 내압시험에 합격한 연월
⑧ 내압시험압력(기호 : TP, 단위 : MPa)
⑨ 최고충전압력(기호 : FP, 단위 : MPa)
⑩ 내용적이 500L를 초과하는 용기에는 동판의 두께(기호 : t, 단위 : mm)
⑪ 충전량(g) (납붙임 또는 접합용기에 한정)

**정답** 09. ③  10. ③  11. ④  12. ②

**문제 13** 가스용접 작업 시 주의사항이 아닌 것은?
① 용기밸브는 서서히 열고 닫는다.
② 용접 전에 소화기 및 방화사를 준비한다.
③ 용접 전에 전격방지기 설치 유무를 확인한다.
④ 역화방지를 위하여 안전기를 사용한다.

> 해설 전격방지기는 전기용접기에 설치하여 전격(감전)을 방지한다.

**문제 14** 전기 기기의 방폭구조의 형태가 아닌 것은?
① 내압 방폭구조
② 안전증 방폭구조
③ 유입 방폭구조
④ 차동 방폭구조

> 해설 방폭구조(폭발방지구조)의 종류
> ① 내압 방폭구조  ② 유입 방폭구조
> ③ 압력 방폭구조  ④ 안전증 방폭구조
> ⑤ 본질안전증 방폭구조  ⑥ 특수 방폭구조

**문제 15** 수공구 사용에 대한 안전사항 중 틀린 것은?
① 공구함에 정리를 하면서 사용한다.
② 결함이 없는 완전한 공구를 사용한다.
③ 작업완료 시 공구의 수량과 훼손 유무를 확인한다.
④ 불량공구는 사용자가 임시 조치하여 사용한다.

> 해설 불량공구는 사용하지 않도록 한다.

**문제 16** 표준냉동사이클로 운전될 경우, 다음 왕복동 압축기용 냉매 중 토출가스 온도가 제일 높은 것은?
① 암모니아
② R-22
③ R-12
④ R-500

> 해설 표준냉동사이클에서의 압축기 토출가스온도
> ① 암모니아 : 98[℃]   ② R-22 : 55[℃]
> ③ R-12 : 37.8[℃]   ④ R-500 : 40[℃]

**문제 17** 증기압축식 냉동사이클의 압축 과정 동안 냉매의 상태변화로 틀린 것은?
① 압력 상승
② 온도 상승
③ 엔탈피 증가
④ 비체적 증가

> 해설 압축 과정 동안 압력, 온도, 엔탈피는 증가하고 비체적은 감소하고 엔트로피는 일정하다.

**정답** 13. ③  14. ④  15. ④  16. ①  17. ④

## 2015년 1월 25일 시행

**문제 18** 다음 중 동관작업용 공구가 아닌 것은?
① 익스팬더　② 티뽑기
③ 플레어링 툴　④ 클립

해설 클립 : 주철관 소켓(HUB) 이음에 필요한 공구

**문제 19** 유체의 입구와 출구의 각이 직각이며, 주로 방열기의 입구 연결 밸브나 보일러 주증기 밸브로 사용되는 밸브는?
① 슬루스 밸브(Sluice valve)　② 체크 밸브(Check valve)
③ 앵글 밸브(Angle valve)　④ 게이트 밸브(Gate valve)

해설 앵글 밸브(Angle valve) : 유체의 흐름을 직각으로 바꿔 주는 동시에 유량을 조절하는 밸브로 주로 방열기의 입구 연결 밸브나 보일러 주증기 밸브로 사용된다.

**문제 20** 횡형 쉘 앤 튜브(Horizental shell and tube)식 응축기에 부착되지 않는 것은?
① 역지 밸브　② 공기배출구
③ 물 드레인 밸브　④ 냉각수 배관 출·입구

해설 횡형 쉘 앤 튜브식 응축기에는 역류방지밸브인 역지밸브는 부착하지 않는다.
참고 횡형 쉘 앤 튜브식 응축기의 구조

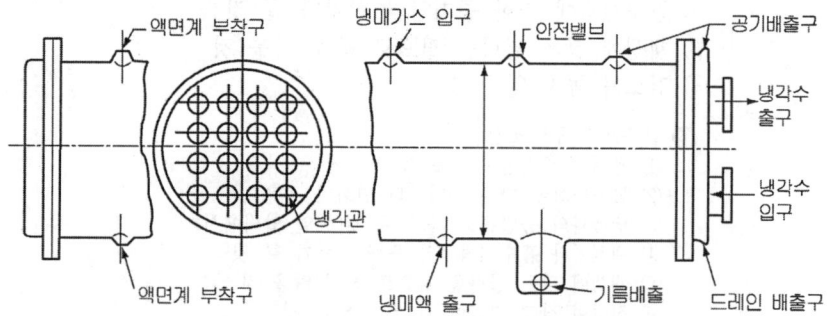

**문제 21** 냉동장치의 냉매배관에서 흡입관의 시공상 주의점으로 틀린 것은?
① 두 개의 흐름이 합류하는 곳은 T이음으로 연결한다.
② 압축기가 증발기보다 밑에 있는 경우, 흡입관은 증발기 상부보다 높은 위치까지 올린 후 압축기로 가게 한다.
③ 흡입관의 입상이 매우 길 때는 약 10m마다 중간에 트랩을 설치한다.
④ 각각의 증발기에서 흡인 주관으로 들어가는 관은 주관 위에서 접속한다.

해설 두 개의 흐름이 합류하는 곳은 T이음으로 하지 말고 Y이음으로 연결한다.

**정답** 18. ④　19. ③　20. ①　21. ①

**문제 22** 압축기의 상부간격(Top Clearance)이 크면 냉동 장치에 어떤 영향을 주는가?
① 토출가스 온도가 낮아진다.
② 체적 효율이 상승한다.
③ 윤활유가 열화되기 쉽다.
④ 냉동능력이 증가한다.

해설 상부간격(Top Clearance)가 크면
㉮ 압축기 토출가스 온도 상승
㉯ 압축기 과열에 따른 윤활유의 열화 및 탄화
㉰ 압축기 체적 효율 저하
㉱ 냉매순환량 감소로 냉동능력 저하

**문제 23** 200V, 300W의 전열기를 100V 전압에서 사용할 경우 소비전력은?
① 약 50kW
② 약 75kW
③ 약 100kW
④ 약 150kW

해설 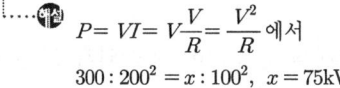 에서
$300 : 200^2 = x : 100^2$, $x = 75$kW

**문제 24** 흡수식 냉동기에 사용되는 흡수제의 구비조건으로 틀린 것은?
① 용액의 증기압이 낮을 것
② 농도변화에 의한 증기압의 변화가 클 것
③ 재생에 많은 열량을 필요로 하지 않을 것
④ 점도가 높지 않을 것

해설 흡수제의 구비조건
① 용액의 증기압이 낮을 것
② 농도변화에 따른 증기압의 변화가 적을 것
③ 냉매와의 증발온도 차가 클 것(동일 압력에서)
④ 재생기와 흡수기에서의 용해도 차가 클 것
⑤ 재생에 많은 열량을 필요로 하지 않을 것
⑥ 점성이 작고 결정이 잘 되지 않을 것
⑦ 부식성이 없을 것

**문제 25** 냉동장치의 능력을 나타내는 단위로서 냉동톤(RT)이 있다. 1냉동톤에 대한 설명으로 옳은 것은?
① 0℃의 물 1kg을 24시간에 0℃의 얼음으로 만드는데 필요한 열량
② 0℃의 물 1ton을 24시간에 0℃의 얼음으로 만드는데 필요한 열량
③ 0℃의 물 1kg을 1시간에 0℃의 얼음으로 만드는데 필요한 열량
④ 0℃의 물 1ton을 1시간에 0℃의 얼음으로 만드는데 필요한 열량

해설 1냉동톤(1RT=3,320kcal/h=3.86kW)
0℃의 물 1ton을 24시간에 0℃의 얼음으로 만드는데 필요한 열량

정답 22.③ 23.② 24.② 25.②

## 문제 26  암모니아 냉매의 특성으로 틀린 것은?

① 물에 잘 용해된다.
② 밀폐형 압축기에 적합한 냉매이다.
③ 다른 냉매보다 냉동효과가 크다.
④ 가연성으로 폭발의 위험이 있다.

해설 암모니아는 전기 절연물을 열화 및 침식시키므로 밀폐형 압축기에 부적합한 냉매이다.

## 문제 27  동관에 관한 설명 중 틀린 것은?

① 전기 및 열전도율이 좋다.
② 가볍고 가공이 용이하며 일반적으로 동파에 강하다.
③ 산성에는 내식성이 강하고 알칼리성에는 심하게 침식된다.
④ 전연성이 풍부하고 마찰저항이 적다.

해설 동관은 알카리에 강하고 산성에는 약하다.

## 문제 28  회전 날개형 압축기에서 회전 날개의 부착은?

① 스프링 힘에 의하여 실린더에 부착한다.
② 원심력에 의하여 실린더에 부착한다.
③ 고압에 의하여 실린더에 부착한다.
④ 무게에 의하여 실린더에 부착한다.

해설 회전 날개형 : 원심력에 의하여 실린더에 부착한다.
참고 고정 날개형 : 스프링 힘에 의하여 실린더에 부착한다.

## 문제 29  회전식 압축기의 특징에 관한 설명으로 틀린 것은?

① 조립이나 조정에 있어서 고도의 정밀도가 요구된다.
② 대형 압축기와 저온용 압축기에 많이 사용한다.
③ 왕복동식보다 부품수가 적으며 흡입밸브가 없다.
④ 압축이 연속적으로 이루어져 진공펌프로도 사용된다.

해설 회전식 압축기는 소형의 룸에어컨이나 자동차에어컨, 쇼케이스, 전기 냉장고 등에 주로 사용한다.

## 문제 30  고체 냉각식 동결장치가 아닌 것은?

① 스파이럴식 동결장치
② 배치식 콘택트 프리져 동결장치
③ 연속식 싱글 스틸 벨트 프리져 동결장치
④ 드럼 프리져 동결장치

정답 26. ② 27. ③ 28. ② 29. ② 30. ①

…… 해설 고체 냉각식 동결장치(접촉식 동결장치)
① 배치식 콘택트 프리져    ② 연속식 싱글 스틸 벨트 프리져
③ 연속식 콘택트 프리져    ④ 드럼 프리져

**문제 31** 흡수식 냉동장치의 주요구성 요소가 아닌 것은?
① 재생기        ② 흡수기
③ 이젝터        ④ 용액펌프

…… 해설 흡수식 냉동장치의 4대 사이클
흡수기 → 용액펌프 → 발생기(재생기) → 응축기 → 증발기

**문제 32** 단단 증기압축식 냉동사이클에서 건조압축과 비교하여 과열압축이 일어날 경우 나타나는 현상으로 틀린 것은?
① 압축기 소비동력이 커진다.    ② 비체적이 커진다.
③ 냉매 순환량이 증가한다.     ④ 토출가스의 온도가 높아진다.

…… 해설 과열압축 시 흡입냉매가스의 비체적이 커지므로 냉매 순환량은 감소한다.

**문제 33** 다음 P-h선도(Mollier Diagram)에서 등온선을 나타낸 것은?

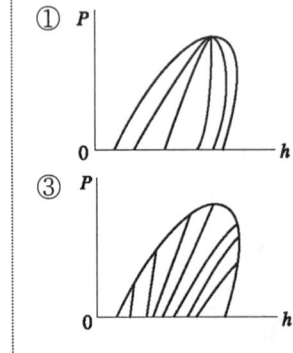

…… 해설 ① 등건조도선    ② 등온선
③ 등엔트로피선   ④ 등비체적선

**문제 34** 냉동기의 2차 냉매인 브라인의 구비조건으로 틀린 것은?
① 낮은 응고점으로 낮은 온도에서도 동결되지 않을 것
② 비중이 적당하고 점도가 낮을 것
③ 비열이 크고 열전달 특성이 좋을 것
④ 증발이 쉽게 되고 잠열이 클 것

…… 해설 2차 냉매(브라인, 간접냉매)는 감열을 이용하므로 열용량(비열)이 커야 한다.

정답  31. ③  32. ③  33. ②  34. ④

## 2015년 1월 25일 시행

**문제 35** 두 전하 사이에 작용하는 힘의 크기는 두 전하 세기의 곱에 비례하고, 두 전하 사이의 거리의 제곱에 반비례하는 법칙은?

① 옴의 법칙
② 쿨롱의 법칙
③ 패러데이의 법칙
④ 키르히호프의 법칙

해설 쿨롱의 법칙 : 두 전하 사이에 작용하는 힘의 크기는 두 전하 세기의 곱에 비례하고, 두 전하 사이의 거리의 제곱에 반비례하는 법칙

**문제 36** 2단압축 1단팽창 사이클에서 중간냉각기 주위에 연결되는 장치로 적당하지 않은 것은?

① (가) : 수액기
② (나) : 고단측압축기
③ (다) : 응축기
④ (라) : 증발기

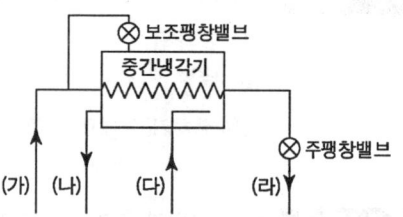

해설 (다) : 저단측압축기

**문제 37** 지열을 이용하는 열펌프(Heat Pump)의 종류로 가장 거리가 먼 것은?

① 엔진 구동 열펌프
② 지하수 이용 열펌프
③ 지표수 이용 열펌프
④ 토양 이용 열펌프

해설 지열을 이용하는 열펌프 : 지하수 이용 열펌프, 지표수 이용 열펌프, 지중열(토양) 이용 열펌프

**문제 38** 냉동사이클에서 응축온도는 일정하게 하고 증발온도를 저하시키면 일어나는 현상으로 틀린 것은?

① 냉동능력이 감소한다.
② 성능계수가 저하한다.
③ 압축기의 토출온도가 감소한다.
④ 압축비가 증가한다.

해설 증발온도의 변화에 따른 영향

| 구 분 | 증발온도 저하 | 증발온도 상승 |
|---|---|---|
| 압축비 | 증가 | 감소 |
| 냉동능력 | 감소 | 증가 |
| 소요동력 | 증가 | 감소 |
| 토출가스온도 | 상승 | 저하 |
| 성적계수 | 감소 | 증가 |

**정답** 35. ② 36. ③ 37. ① 38. ③

**문제 39** 점토 또는 탄산마그네슘을 가하여 형틀에 압축 성형한 것으로 다른 보온재에 비해 단열효과가 떨어져 두껍게 시공하며, 500℃ 이하의 파이프, 탱크노벽 등의 보온에 사용하는 것은?

① 규조토  ② 합성수지 패킹
③ 석면  ④ 오일시일 패킹

규조토 : 점토 또는 탄산마그네슘을 가하여 형틀에 압축 성형한 것으로 다른 보온재에 비해 단열효과가 떨어져 두껍게 시공하며, 500℃ 이하의 파이프, 탱크노벽 등의 보온에 사용하는 무기질 보온재

**문제 40** 액체가 기체로 변할 때의 열은?

① 승화열  ② 응축열
③ 증발열  ④ 융해열

액체가 기체로 변할 때의 열 : 증발열(기화열)

**문제 41** 다음 그림과 같이 15A 강관을 45° 엘보에 동일부속 나사 연결할 때 관의 실제 소요길이는? (단, 엘보중심 길이가 21mm, 나사물림 길이가 11mm이다.)

① 약 255.8mm
② 약 258.8mm
③ 약 274.8mm
④ 약 262.8mm

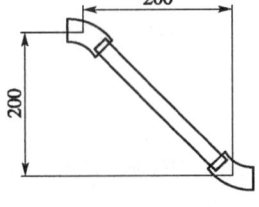

배관의 실제 소요길이
$l = L - 2(A-a) = 282.84 - \{2 \times (21-11)\}$
$= 262.8[mm]$
여기서, 45[°] 배관의 전체(중심)길이 : $L = 200 \times \sqrt{2} = 200 \times 1.414 = 282.84[mm]$

**문제 42** 기준냉동사이클에 의해 작동되는 냉동장치의 운전 상태에 대한 설명 중 옳은 것은?

① 증발기 내의 액냉매는 피냉각 물체로부터 열을 흡수함으로써 증발기 내를 흘러 감에 따라 온도가 상승한다.
② 응축온도는 냉각수 입구온도보다 높다.
③ 팽창과정 동안 냉매는 단열팽창하므로 엔탈피가 증가한다.
④ 압축기 토출 직후의 증기온도는 응축과정 중의 냉매 온도보다 낮다.

① 증발기 내의 액냉매는 열을 흡수함으로써 증발되며 증발온도는 일정하다.
② 팽창과정 동안 냉매는 단열팽창하므로 엔탈피는 일정하다.
③ 압축기 토출 직후의 증기온도는 냉동장치 중 가장 높다.

정답  39. ①  40. ③  41. ④  42. ②

**문제 43** 표준냉동사이클의 P-h(압력-엔탈피)선도에 대한 설명으로 틀린 것은?
① 응축과정에서는 압력이 일정하다.
② 압축과정에서는 엔트로피가 일정하다.
③ 증발과정에서는 온도와 압력이 일정하다.
④ 팽창과정에서는 엔탈피와 압력이 일정하다.

해설 팽창과정에서는 엔탈피가 일정하고 압력은 저하한다.

**문제 44** 냉동장치의 압축기에서 가장 이상적인 압축과정은?
① 등온 압축  ② 등엔트로피 압축
③ 등압 압축  ④ 등엔탈피 압축

해설 압축기에서 가장 이상적인 압축과정 : 등엔트로피 압축

**문제 45** 다음은 $NH_3$ 표준냉동사이클의 P-h선도이다. 플래시 가스 열량(kcal/kg)은 얼마인가?
① 48
② 55
③ 313
④ 368

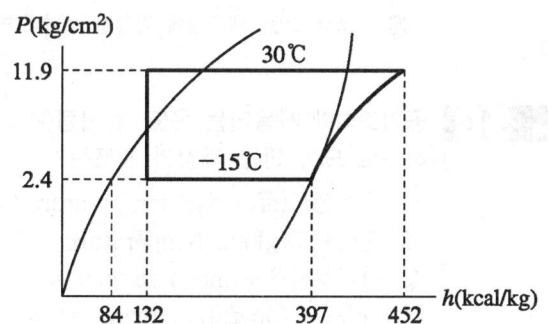

해설 플래시 가스 열량
$Fg = 132 - 84 = 48 [\text{kcal/kg}]$

**문제 46** 15℃의 공기 15kg과 30℃의 공기 5kg을 혼합할 때 혼합 후의 공기온도는?
① 약 22.5℃  ② 약 20℃
③ 약 19.2℃  ④ 약 18.7℃

해설 혼합공기의 온도
$t_3 = \dfrac{G_1 t_1 + G_2 t_2}{G_1 + G_2} = \dfrac{(15 \times 15) + (5 \times 30)}{15 + 5} = 18.75 [°C]$

**문제 47** 동절기의 가열코일의 동결방지 방법으로 틀린 것은?
① 온수코일은 야간 운전정지 중 순환펌프를 운전한다.
② 운전 중에는 전열교환기를 사용하여 외기를 예열하여 도입한다.
③ 외기와 환기가 혼합되지 않도록 별도의 통로를 만든다.
④ 증기코일의 경우 $0.5 kg/cm^2$ 이상의 증기를 사용하고 코일 내에 응축수가 고이지 않도록 한다.

해설 외기와 환기가 충분히 혼합되도록 한다.

정답 43.④ 44.② 45.① 46.④ 47.③

**문제 48** 송풍기의 효율을 표시하는데 사용되는 정압 효율에 대한 정의로 옳은 것은?
① 팬의 축 동력에 대한 공기의 저항력
② 팬의 축 동력에 대한 공기의 정압 동력
③ 공기의 저항력에 대한 팬의 축 동력
④ 공기의 정압 동력에 대한 팬의 축 동력

해설 축동력 = $\dfrac{정압동력}{정압효율}$ 에서 정압효율 = $\dfrac{정압동력}{축동력}$

**문제 49** 노통 연관 보일러에 대한 설명으로 틀린 것은?
① 노통 보일러와 연관 보일러의 장점을 혼합한 보일러이다.
② 보유수량에 비해 보일러 열효율이 80~85% 정도로 좋다.
③ 형체에 비해 전열면적이 크다.
④ 구조상 고압, 대용량에 적합하다.

해설 구조상 고압, 대용량에 적합한 보일러는 수관식 보일러이다.

**문제 50** 공기조화에 사용되는 온도 중 사람이 느끼는 감각에 대한 온도, 습도, 기류의 영향을 하나로 모아 만든 쾌감의 지표는?
① 유효온도(effective temperature : ET)
② 흑구온도(globe temperature : GT)
③ 평균복사온도(mean radiant temperature : MRT)
④ 작용온도(operation temperature : OT)

해설 유효온도(ET : Effective Temperature)
사람이 느끼는 감각에 대한 온도, 습도, 기류의 영향을 하나로 모아 만든 쾌감의 지표

**문제 51** 핀(fin)이 붙은 튜브형 코일을 강판형 박스에 넣은 것으로 대류를 이용한 방열기는?
① 콘벡터(convector)     ② 팬코일 유닛(fan coil unit)
③ 유닛 히터(unit heater)   ④ 라디에이터(radiator)

해설 콘벡터(convector) : 핀(fin)이 붙은 튜브형 코일을 강판형 박스에 넣은 것으로 대류를 이용한 방열기

**문제 52** 단일 덕트 방식의 특징으로 틀린 것은?
① 단일 덕트 스페이스가 비교적 크게 된다.
② 외기 냉방운전이 가능하다.
③ 고성능 공기정화장치의 설치가 불가능하다.
④ 공조기가 집중되어 있으므로 보수관리가 용이하다.

정답  48. ②  49. ④  50. ①  51. ①  52. ③

2015년 1월 25일 시행

……해설 단일 덕트 방식은 공조기의 고성능 공기정화장치의 설치가 가능하다.

**문제 53** 건축물에서 외기와 접하지 않는 내벽, 내창, 천장 등에서의 손실열량을 계산할 때 관계 없는 것은?

① 열관류율
② 면적
③ 인접실과 온도차
④ 방위계수

……해설 난방부하 중 벽체(내벽)를 통한 열손실
$q = K \cdot A \cdot \Delta t$
여기서, $q$ : 벽체를 통한 열량[kcal/h]
$K$ : 열관류율[kcal/m²h℃]
$A$ : 벽체 면적[m²]
$t_1$ : 인접실과의 온도차[℃]

**문제 54** 공기조화방식 중에서 외기도입을 하지 않아 덕트 설비가 필요 없는 방식은?

① 팬코일 유닛방식
② 유인 유닛방식
③ 각층 유닛방식
④ 멀티존 방식

……해설 팬코일 유닛방식 : 수방식으로 외기도입이 되지 않는다.

**문제 55** 다음 그림에서 설명하고 있는 냉방 부하의 변화 요인은?

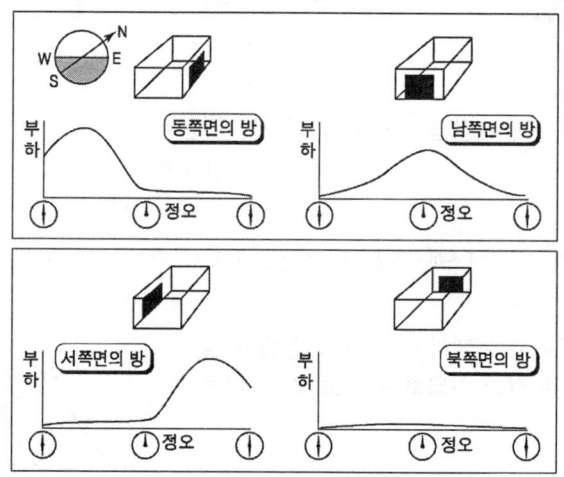

① 방의 크기
② 방의 방위
③ 단열재의 두께
④ 단열재의 종류

……해설 동서남북의 방위별 일사에 따른 냉방 부하의 변화를 나타낸다.

정답 53. ④ 54. ① 55. ②

**문제 56** 개별 공조방식이 아닌 것은?
① 패키지 방식
② 룸쿨러 방식
③ 멀티 유닛방식
④ 팬코일 유닛방식

해설 개별 공조방식 : 룸쿨러 방식, 패키지 방식, 멀티 유닛방식 등

**문제 57** 판형 열교환기에 관한 설명 중 틀린 것은?
① 열전달 효율이 높아 온도차가 작은 유체 간의 열교환에 매우 효과적이다.
② 전열판에 요철 형태를 성형시켜 사용하므로 유체의 압력손실이 크다.
③ 셸튜브형에 비해 열관류율이 매우 높으므로 전열면적을 줄일 수 있다.
④ 다수의 전열판을 겹쳐 놓고 볼트로 고정시키므로 전열면의 점검 및 청소가 불편하다.

해설 다수의 전열판을 겹쳐 놓고 볼트로 고정시키므로 전열면의 점검 및 청소가 용이하다.

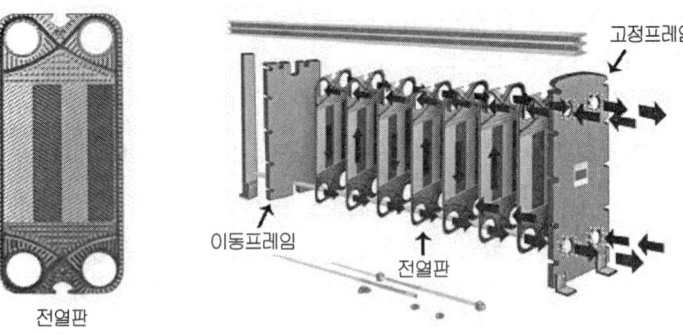
전열판 / 이동프레임 / 전열판 / 고정프레임

**문제 58** 난방 방식의 분류에서 간접 난방에 해당하는 것은?
① 온수난방
② 증기난방
③ 복사난방
④ 히트펌프난방

해설 간접 난방 방식 : 공기조화, 온풍난방, 열펌프난방 등

**문제 59** 다음의 공기선도에서 (2)에서 (1)로 냉각, 감습을 할 때 현열비(SHF)의 값을 식으로 나타낸 것 중 옳은 것은?

① $\dfrac{i_2 - i_3}{i_2 - i_1}$
② $\dfrac{i_3 - i_1}{i_2 - i_1}$
③ $\dfrac{i_2 - i_1}{i_3 - i_1}$
④ $\dfrac{i_3 + i_2}{i_2 + i_1}$

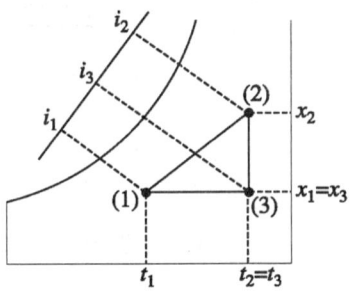

정답 56.④ 57.④ 58.④ 59.②

2015년 1월 25일 시행

····[해설] 현열비 = $\dfrac{\text{현열량}}{\text{전열량}} = \dfrac{\text{현열}}{\text{현열+잠열}} = \dfrac{i_3 - i_1}{i_2 - i_1} = \dfrac{i_3 - i_1}{(i_3 - i_1) + (i_2 - i_3)}$

**문제 60** 덕트 속에 흐르는 공기의 평균 유속 10m/s, 공기의 비중량 1.2kgf/m³, 중력 가속도가 9.8m/s²일 때 동압은?

① 약 3mmAq  ② 약 4mmAq
③ 약 5mmAq  ④ 약 6mmAq

····[해설] 동압, $P_v = \dfrac{v^2}{2g}\gamma = \dfrac{10^2}{2 \times 9.8} \times 1.2 = 6.12 [\text{mmAq}]$

정답 60. ④

## 2015년 4월 4일 시행

**문제 01** 전기스위치 조작 시 오른손으로 하기를 권장하는 이유로 가장 적당한 것은?
① 심장에 전류가 직접 흐르지 않도록 하기 위하여
② 작업을 손쉽게 하기 위하여
③ 스위치 개폐를 신속히 하기 위하여
④ 스위치 조작 시 많은 힘이 필요하므로

해설 심장은 가슴 정중앙 왼쪽으로 살짝 치우쳐 있으므로 심장에 전류가 직접 흐르지 않도록 하기 위하여 전기스위치 조작 시 오른손으로 하기를 권장한다.

**문제 02** 작업복 선정 시 유의사항으로 틀린 것은?
① 작업복의 스타일은 착용자의 연령, 성별 등은 고려할 필요가 없다.
② 화기사용 작업자는 방염성, 불연성의 작업복을 착용한다.
③ 작업복은 항상 깨끗이 하여야 한다.
④ 작업복은 몸에 맞고 동작이 편하며, 상의 끝이나 바지자락 등이 기계에 말려 들어갈 위험이 없도록 한다.

해설 작업복의 스타일은 착용자의 연령, 성별 등을 고려하여 선정한다.

**문제 03** 다음 중 저속 왕복동 냉동장치의 운전 순서로 옳은 것은?

> 1. 압축기를 시동한다.
> 2. 흡입측 스톱밸브를 천천히 연다.
> 3. 냉각수 펌프를 운전한다.
> 4. 응축기의 액면계 등으로 냉매량을 확인한다.
> 5. 압축기의 유면을 확인한다.

① 1-2-3-4-5　　② 5-4-3-2-1
③ 5-4-3-1-2　　④ 1-2-5-3-4

해설 저속 왕복동 냉동장치의 운전 순서
① 압축기의 유면을 확인한다.
② 응축기의 액면계 등으로 냉매량을 확인한다.
③ 냉각수 펌프를 운전한다.
④ 압축기를 시동한다.
⑤ 흡입측 스톱밸브를 천천히 연다.

**정답** 01. ① 02. ① 03. ③

2015년 4월 4일 시행

**문제 04** 소화기 보관상의 주의사항으로 틀린 것은?
① 겨울철에는 얼지 않도록 보온에 유의 한다.
② 소화기 뚜껑은 조금 열어놓고 봉인하지 않고 보관한다.
③ 습기가 적고 서늘한 곳에 둔다.
④ 가스를 채워 넣는 소화기는 가스를 채울 때 반드시 제조업자에게 의뢰 하도록 한다.

해설 소화기 뚜껑은 봉인하여 공기와의 접촉을 막아 굳는 것을 방지하여야 한다.

**문제 05** 왕복펌프의 보수 관리 시 점검사항으로 틀린 것은?
① 윤활유 작동 확인
② 축수 온도 확인
③ 스터핑 박스의 누설 확인
④ 다단 펌프에 있어서 프라이밍 누설 확인

해설 프라이밍 누설 확인은 초기 운전 전 점검사항이다.

**문제 06** 가스집합용접장치의 배관을 하는 경우 주관, 분기관에 안전기를 설치하는데, 이는 하나의 취관에 몇 개 이상의 안전기를 설치해야 하는가?
① 1　　　　　　　　　　　② 2
③ 3　　　　　　　　　　　④ 4

해설 가스집합용접장치의 배관(산업안전보건기준에 관한 규칙)
① 플랜지·밸브·콕 등의 접합부에는 개스킷을 사용하고 접합면을 상호 밀착시키는 등의 조치를 할 것이다.
② 주관 및 분기관에는 안전기를 설치할 것. 이 경우 하나의 취관에 2개 이상의 안전기를 설치하여야 한다.

**문제 07** 안전보건관리책임자의 직무에 가장 거리가 먼 것은?
① 산업재해의 원인 조사 및 재발 방지대책수립에 관한 사항
② 안전에 관한 조직편성 및 예산책정에 관한 사항
③ 안전·보건과 관련된 안전장치 및 보호구 구입 시의 적격품 여부 확인에 관한 사항
④ 근로자의 안전·보건교육에 관한 사항

해설 안전보건관리책임자의 직무
① 산업재해 예방계획의 수립에 관한 사항
② 안전보건관리규정의 작성 및 변경에 관한 사항
③ 근로자의 안전·보건교육에 관한 사항
④ 작업환경측정 등 작업환경의 점검 및 개선에 관한 사항
⑤ 따른 근로자의 건강진단 등 건강관리에 관한 사항
⑥ 산업재해의 원인 조사 및 재발 방지대책수립에 관한 사항
⑦ 산업재해에 관한 통계의 기록 및 유지에 관한 사항
⑧ 안전·보건과 관련된 안전장치 및 보호구 구입 시의 적격품 여부 확인에 관한 사항
⑨ 그 밖에 근로자의 유해·위험 예방조치에 관한 사항으로서 고용노동부령으로 정하는 사항

정답　04.②　05.④　06.②　07.②

**문제 08** 전기 용접 시 전격을 방지하는 방법으로 틀린 것은?

① 용접기의 절연 및 접지상태를 확실히 점검할 것
② 가급적 개로 전압이 높은 교류용접기를 사용할 것
③ 장시간 작업 중지 때는 반드시 스위치를 차단시킬 것
④ 반드시 주어진 보호구와 복장을 착용할 것

해설 전기 용접 시 전격을 방지하기 위하여 전격 개로 전압을 필요 이상 높지 않게 하고, 자동 전격방지기를 설치할 것

**문제 09** 다음 중 점화원으로 볼 수 없는 것은?

① 전기 불꽃
② 기화열
③ 정전기
④ 못을 박을 때 튀는 불꽃

해설 기화열(증발잠열)은 연소에 필요한 점화원이 될 수 없다.

**문제 10** 스패너 사용 시 주의 사항으로 틀린 것은?

① 스패너가 벗겨지거나 미끄러짐에 주의한다.
② 스패너의 입이 너트 폭과 잘 맞는 것을 사용한다.
③ 스패너 길이가 짧은 경우에는 파이프를 끼어서 사용한다.
④ 무리하게 힘을 주지 말고 조심스럽게 사용한다.

해설 스패너 길이가 짧은 경우에는 파이프를 끼어서 사용하지 않는다.

**문제 11** 보일러의 과열 원인으로 적절하지 못한 것은?

① 보일러 수의 수위가 높을 때
② 보일러 내 스케일이 생성되었을 때
③ 보일러 수의 순환이 불량할 때
④ 전열면에 국부적인 열을 받았을 때

해설 보일러 과열에 의한 사고의 원인
 ① 보일러 저 수위시
 ② 동내면에 스케일 생성시
 ③ 보일러 수가 농축되어 있을 때
 ④ 보일러 수의 순환이 불량할 때
 ⑤ 전열면에 국부적인 열을 받았을 때

**문제 12** 다음 중 위생보호구에 해당되는 것은?

① 안전모
② 귀마개
③ 안전화
④ 안전대

해설 위생보호구는 눈, 귀, 호흡, 피부보호구가 있으며 귀마개는 귀 보호구에 해당되고 나머지는 안전보호구이다.

참고 위생보호구 : 방진안경, 차광안경, 방호면, 귀마개, 방진마스크, 방열장갑, 방열복, 호스마스크, 위생장갑, 내산복, 방독마스크, 절연복, 고무장화, 우의, 토시 등

정답 08. ② 09. ② 10. ③ 11. ① 12. ②

2015년 4월 4일 시행

**문제 13** 근로자가 안전하게 통행할 수 있도록 통로에는 몇 럭스 이상의 조명시설을 해야 하는가?
① 10  ② 30
③ 45  ④ 75

해설) 근로자가 안전하게 통행할 수 있도록 통로에 75럭스 이상의 채광 또는 조명시설을 하여야 한다.

**문제 14** 교류 아크 용접기 사용 시 안전 유의사항으로 틀린 것은?
① 용접변압기의 1차측 전로는 하나의 용접기에 대해서 2개의 개폐기로 할 것
② 2차측 전로는 용접봉 케이블 또는 캡타이어 케이블을 사용할 것
③ 용접기의 외함은 접지하고 누전차단기를 설치할 것
④ 일정 조건하에서 용접기를 사용할 때는 자동전격방지 장치를 사용할 것

해설) 용접변압기의 1차측 전로에는 용접변압기에 가까운 곳에 쉽게 개폐할 수 있는 1개의 개폐기를 시설할 것

**문제 15** 전동공구 사용상의 안전수칙이 아닌 것은?
① 전기 드릴로 아주 작은 물건이나 긴 물건에 작업할 때에는 지그를 사용한다.
② 전기 그라인더나 샌더가 회전하고 있을 때 작업대 위에 공구를 놓아서는 안 된다.
③ 수직 휴대용 연삭기의 숫돌의 노출각도는 90°까지 허용된다.
④ 이동식 전기 드릴 작업 시 장갑을 끼지 말아야 한다.

해설) 수직 휴대용 연삭기의 숫돌은 180°까지 노출이 허용된다. 만약 최대 노출각도가 180° 이상이 되면 위쪽으로 조각이 튀어 오르면서 작업자의 머리 또는 안면부를 강타하는 치명상을 입히게 된다.

**문제 16** 글랜드 패킹의 종류가 아닌 것은?
① 오일시일 패킹  ② 석면 야안 패킹
③ 아마존 패킹  ④ 몰드 패킹

해설) 글랜드 패킹의 종류 : 석면 각형 패킹, 석면 야안 패킹, 아마존 패킹, 몰드 패킹

**문제 17** 냉동사이클에서 증발온도가 −15℃이고 과열도가 5℃일 경우 압축기 흡입가스온도는?
① 5℃  ② −10℃
③ −15℃  ④ −20℃

해설) 과열도=압축기 흡입가스온도−증발온도에서
압축기 흡입가스온도=과열도+증발온도=5−15=−10[℃]

정답 13.④ 14.① 15.③ 16.① 17.②

**문제 18** 열에 관한 설명으로 틀린 것은?
① 승화열은 고체가 기체로 되면서 주위에서 빼앗는 열량이다.
② 잠열은 물체의 상태를 바꾸는 작용을 하는 열이다.
③ 현열은 상태 변화 없이 온도 변화에 필요한 열이다.
④ 융해열은 현열의 일종이며, 고체를 액체로 바꾸는데 필요한 열이다.

해설 융해열은 고체가 액체로 상태 변화하는 데 필요한 잠열이다.

**문제 19** 2000W의 전기가 1시간 일한 양을 열량으로 표현하면 얼마인가?
① 172kcal/h
② 860kcal/h
③ 17200kcal/h
④ 1720kcal/h

해설 2kW×860 = 1,720kcal/h

**문제 20** 왕복동식 압축기와 비교하여 스크류 압축기의 특징이 아닌 것은?
① 흡입·토출밸브가 없으므로 마모 부분이 없어 고장이 적다.
② 냉매의 압력 손실이 크다.
③ 무단계 용량제어가 가능하며 연속적으로 행할 수 있다.
④ 체적 효율이 좋다.

해설 스크류 압축기에는 밸브가 없어 냉매의 압력 손실이 적어 효율의 저하가 적다.

**문제 21** 2원 냉동장치에 대한 설명 중 틀린 것은?
① 냉매는 주로 저온용과 고온용을 1 : 1로 섞어서 사용한다.
② 고온측 냉매로는 비등점이 높은 냉매를 주로 사용한다.
③ 저온측 냉매로는 비등점이 낮은 냉매를 주로 사용한다.
④ −80~−70℃ 정도 이하의 초저온 냉동장치에 주로 사용된다.

해설 2원 냉동장치에서는 저온용 냉매와 고온용 냉매를 별도로 사용한다.

**문제 22** 흡수식 냉동장치의 적용대상으로 가장 거리가 먼 것은?
① 백화점 공조용
② 산업 공조용
③ 제빙공장용
④ 냉난방장치용

해설 흡수식 냉동장치(물-취화리튬)는 냉매로 물을 사용하므로 0℃ 이하의 제빙용으로 사용이 부적당하다.

정답 18. ④  19. ④  20. ②  21. ①  22. ③

## 문제 23. 냉매의 특징에 관한 설명으로 옳은 것은?

① $NH_3$는 물과 기름에 잘 녹는다.
② R-12는 기름과 잘 용해하나 물에는 잘 녹지 않는다.
③ R-12는 $NH_3$보다 전열이 양호하다.
④ $NH_3$의 포화증기의 비중은 R-12보다 작지만 R-22보다 크다.

해설 ① $NH_3$는 물에 잘 녹는다.
② R-12는 기름과 잘 용해하나 물에는 잘 녹지 않는다.
③ 전열이 양호한 순서 : $NH_3$ > $H_2O$ > Freon > Air
④ 포화증기의 비중 : $NH_3$(0.905) < R-12(6.26) < R-22(4.8)

## 문제 24. 컨덕턴스는 무엇을 뜻하는가?

① 전류의 흐름을 방해하는 정도를 나타낸 것이다.
② 전류가 잘 흐르는 정도를 나타낸 것이다.
③ 전위차를 얼마나 적게 나타내느냐의 정도를 나타낸 것이다.
④ 전위차를 얼마나 크게 나타내느냐의 정도를 나타낸 것이다.

해설 컨덕턴스(℧)는 저항(Ω)의 역수로 전류가 잘 흐르는 정도를 나타낸 것이다.

## 문제 25. 다음 중 2단압축, 2단팽창 냉동사이클에서 주로 사용되는 중간 냉각기의 형식은?

① 플래시형             ② 액냉각형
③ 직접팽창식          ④ 저압수액기식

해설 중간 냉각기의 종류
① 플래시형 : 2단압축 2단팽창에 이용
② 액냉각형, 직접팽창식 : 2단압축 1단팽창에 이용

## 문제 26. 암모니아 냉매 배관을 설치할 때 시공방법으로 틀린 것은?

① 관이음 패킹재료는 천연고무를 사용한다.
② 흡입관에는 U트랩을 설치한다.
③ 토출관의 합류는 Y접속으로 한다.
④ 액관의 트랩부에는 오일 드레인 밸브를 설치한다.

해설 암모니아 냉매 배관의 흡입관에서는 액압축의 방지를 위해 불필요한 굴곡부 및 트랩을 설치하지 않는다.

## 문제 27. 엔탈피의 단위로 옳은 것은?

① kcal/kg                    ② kcal/h·℃
③ kcal/kg·℃              ④ kcal/$m^3$·h·℃

해설 엔탈피의 단위 : kcal/kg, kJ/kg

정답 23.② 24.② 25.① 26.② 27.①

**문제 28** 냉방능력 1냉동톤인 응축기에 10L/min의 냉각수가 사용 되었다. 냉각수 입구의 온도가 32℃이면 출구 온도는? (단, 방열계수는 1.2로 한다.)

① 12.5℃    ② 22.6℃
③ 38.6℃    ④ 49.5℃

·····해설 $Q_1 = w \cdot c \cdot (t_{w2} - t_{w1})$
$t_{w2} = \dfrac{Q_2 \cdot C}{w \cdot c} + t_{w1} = \dfrac{3,320 \times 1.2}{10 \times 1 \times 60} + 32 = 38.64[℃]$

**문제 29** 다음 중 등온변화에 대한 설명으로 틀린 것은?

① 압력과 부피의 곱은 항상 일정하다.
② 내부에너지는 증가한다.
③ 가해진 열량과 한 일이 같다.
④ 변화 전과 후의 내부에너지의 값이 같아진다.

·····해설 등온변화($dT = 0$) 시 내부에너지 $dU = C_v \cdot dT$이므로 내부에너지 변화는 0이 된다.

**문제 30** 열역학 제1법칙을 설명한 것으로 옳은 것은?

① 밀폐계가 변화할 때 엔트로피의 증가를 나타낸다.
② 밀폐계에 가해 준 열량과 내부에너지의 변화량의 합은 일정하다.
③ 밀폐계에 전달된 열량은 내부에너지 증가와 계가 한 일의 합과 같다.
④ 밀폐계의 운동에너지와 위치에너지의 합은 일정하다.

·····해설 열역학 제1법칙은 에너지보존의 법칙으로 밀폐계에 전달된 열량은 내부에너지 증가와 계가 한 일의 합과 같다.

**문제 31** 팽창밸브 직후의 냉매 건조도를 0.23, 증발 잠열이 52kcal/kg이라 할 때, 이 냉매의 냉동효과는?

① 226kcal/kg    ② 40kcal/kg
③ 38kcal/kg    ④ 12kcal/kg

·····해설 냉동효과
$q_2 = (1 - x) \cdot r = (1 - 0.23) \times 52 = 40[\text{kcal/kg}]$

**문제 32** 터보냉동기의 운전 중 서징(surging)현상이 발생하였다. 그 원인으로 틀린 것은?

① 흡입가이드 베인을 너무 조일 때   ② 가스 유량이 감소될 때
③ 냉각수온이 너무 낮을 때    ④ 너무 낮은 가스유량으로 운전할 때

·····해설 터보냉동기의 압축기는 일정 한계 이하의 유량으로 운전시 서징현상이 발생한다.

**정답** 28. ③   29. ②   30. ③   31. ②   32. ③

2015년 4월 4일 시행

**문제 33** 2단압축 냉동장치에서 각각 다른 2대의 압축기를 사용하지 않고 1대의 압축기가 2대의 압축기 역할을 할 수 있는 압축기는?
① 부스터 압축기  ② 캐스케이드 압축기
③ 콤파운드 압축기  ④ 보조 압축기

해설 콤파운드 압축기 : 2단압축에서 각각 다른 2대의 압축기를 사용하지 않고 1대의 압축기가 2대의 압축기 역할을 할 수 있는 압축기

**문제 34** 역 카르노 사이클은 어떤 상태변화 과정으로 이루어져 있는가?
① 1개의 등온과정, 1개의 등압과정  ② 2개의 등압과정, 2개의 교축작용
③ 1개의 단열과정, 2개의 교축과정  ④ 2개의 단열과정, 2개의 등온과정

해설 역 카르노 사이클 : 단열압축 → 등온압축 → 단열팽창 → 등온팽창

**문제 35** 팽창밸브 본체와 온도센서 및 전자제어부를 조립함으로써 과열도 제어를 하는 특징을 가지며, 바이메탈과 전열기가 조립된 부분과 니들밸브 부분으로 구성된 팽창밸브는?
① 온도식 자동 팽창밸브  ② 정압식 자동 팽창밸브
③ 열전식 팽창밸브  ④ 플로트식 팽창밸브

해설 열전식 팽창밸브 : 팽창밸브 본체와 온도센서 및 전자제어부를 조립함으로써 과열도 제어를 하는 특징을 가지며, 바이메탈과 전열기가 조립된 부분과 니들밸브 부분으로 구성된 팽창밸브

**문제 36** 회전식 압축기의 특징에 관한 설명으로 틀린 것은?
① 용량제어가 없고 분해조립 및 정비에 특수한 기술이 필요하다.
② 대형 압축기와 저온용 압축기로 사용하기 적당하다.
③ 왕복동식처럼 격간이 없어 체적효율, 성능계수가 양호하다.
④ 소형이고 설치면적이 적다.

해설 회전식 압축기는 소형의 룸에어컨이나 자동차에어컨, 쇼케이스, 전기냉장고 등에 주로 사용한다.

**문제 37** 다음 중 흡수식 냉동기의 용량제어 방법이 아닌 것은?
① 구동열원 입구제어  ② 증기토출 제어
③ 발생기 공급 용액량 조절  ④ 증발기 압력제어

해설 흡수식 냉동기의 용량제어 방법
① 발생기 공급 용액량 조절법
② 응축수량 조절법
③ 발생기(재생기)의 공급 증기 및 온수량 조절법

정답 33. ③ 34. ④ 35. ③ 36. ② 37. ④

**문제 38** 동관 공작용 작업 공구가 아닌 것은?
① 익스팬더  ② 사이징 툴
③ 튜브 벤더  ④ 봄볼

해설 봄볼 : 연관의 구멍을 뚫을 때 사용하는 공구

참고 동관용 공구
① 익스팬더(확관기) : 동관의 끝을 넓혀 확관할 때 사용
② 사이징 툴 : 동관의 끝을 정확하게 원형으로 정형하는 공구
③ 튜브 벤더 : 동관 굽힘용 공구
④ 플레어링 툴 : 동관의 끝을 나팔형으로 만들어 압축 접합시 사용하는 공구

**문제 39** 유량이 적거나 고압일 때 유량조절을 한 층 더 엄밀하게 행할 목적으로 사용되는 것은?
① 콕  ② 안전밸브
③ 글로브 밸브  ④ 앵글밸브

해설 글로브 밸브 : 유량조절을 행할 목적으로 사용하는 밸브

**문제 40** 다음 중 압축기 효율과 가장 거리가 먼 것은?
① 체적효율  ② 기계효율
③ 압축효율  ④ 팽창효율

해설 압축기 효율에는 체적효율, 기계효율, 압축효율이 있다.

**문제 41** −15℃에서 건조도가 0인 암모니아 가스를 교축 팽창시켰을 때 변화가 없는 것은?
① 비체적  ② 압력
③ 엔탈피  ④ 온도

해설 교축 팽창시에는 엔탈피는 일정하다.

**문제 42** 다음 수냉식 응축기에 관한 설명으로 옳은 것은?
① 수온이 일정한 경우 유막 물때가 두껍게 부착하여도 수량을 증가하면 응축압력에는 영향이 없다.
② 응축부하가 크게 증가하면 응축압력 상승에 영향을 준다.
③ 냉각수량이 풍부한 경우에는 불응축 가스의 혼입 영향이 없다.
④ 냉각수량이 일정한 경우에는 수온에 의한 영향은 없다.

해설 응축부하가 크게 증가하면 응축압력은 상승하게 된다.

정답  38. ④  39. ③  40. ④  41. ③  42. ②

2015년 4월 4일 시행

**문제 43** 증발압력 조정밸브를 부착하는 주요 목적은?
① 흡입압력을 저하시켜 전동기의 기동 전류를 적게 한다.
② 증발기 내의 압력이 일정 압력 이하가 되는 것을 방지한다.
③ 냉매의 증발온도를 일정치 이하로 내리게 한다.
④ 응축압력을 항상 일정하게 유지한다.

해설 증발압력 조정밸브(EPR) : 운전 중 증발압력이 일정 이하가 되어 압축비 상승 및 냉수나 브라인 등의 동결을 방지하는 것으로 증발기 출구에 설치한다.

**문제 44** 주로 저압증기나 온수배관에서 호칭지름이 작은 분기관에 이용되며, 굴곡부에서 압력강하가 생기는 이음쇠는?
① 슬리브형  ② 스위블형
③ 루프형    ④ 벨로즈형

해설 스위블 이음 : 2개 이상의 나사엘보를 사용하여 배관의 신축을 흡수하는 것으로 주로 온수 또는 저압 증기나 온수배관에서 호칭지름이 작은 분기관에 이용되며 굴곡부에서 압력강하가 발생하는 신축이음쇠

**문제 45** 시퀀스 제어에 속하지 않는 것은?
① 자동 전기밥솥     ② 전기세탁기
③ 가정용 전기냉장고  ④ 네온사인

해설 가정용 전기냉장고 : 피드백(Feeb-back) 제어

**문제 46** 개별 공조방식에서 성적계수에 관한 설명으로 옳은 것은?
① 히트펌프의 경우 축열조를 사용하면 성적계수가 낮다.
② 히트펌프 시스템의 경우 성적계수는 1보다 적다.
③ 냉방 시스템은 냉동효과가 동일한 경우에는 압축일이 클수록 성적계수는 낮아진다.
④ 히트펌프의 난방 운전 시 성적계수는 냉방운전시 성적계수보다 낮다.

해설 냉방 시스템은 냉동효과가 동일한 경우에는 압축일이 클수록 성적계수는 낮아진다.

**문제 47** 복사난방에 관한 설명 중 틀린 것은?
① 바닥면의 이용도가 높고 열손실이 적다.
② 단열층 공사비가 많이 들고 배관의 고장 발견이 어렵다.
③ 대류 난방에 비하여 설비비가 많이 든다.
④ 방열체의 열용량이 적으므로 외기온도에 따라 방열량의 조절이 쉽다.

해설 방열체의 열용량이 크며 외기온도에 따라 방열량의 조절이 어렵다.

정답 43.② 44.② 45.③ 46.③ 47.④

## 문제 48. 환기에 대한 설명으로 틀린 것은?

① 기계환기법에는 풍압과 온도차를 이용하는 방식이 있다.
② 제품이나 기기 등의 성능을 보전하는 것도 환기의 목적이다.
③ 자연환기는 공기의 온도에 따른 비중차를 이용한 환기이다.
④ 실내에서 발생하는 열이나 수증기도 제거한다.

해설 자연환기법에는 풍압과 온도차를 이용하는 방식이 있다.

## 문제 49. 다음의 습공기선도에 대하여 바르게 설명한 것은?

① F점은 습공기의 습구온도를 나타낸다.
② C점은 습공기의 노점온도를 나타낸다.
③ A점은 습공기의 절대습도를 나타낸다.
④ B점은 습공기의 비체적을 나타낸다.

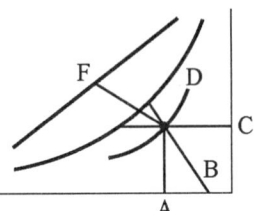

해설 A : 건구온도, B : 비체적, C : 절대습도(수증기 분압),
D : 상대습도, F : 엔탈피

## 문제 50. 공기의 감습방법에 해당되지 않는 것은?

① 흡수식     ② 흡착식
③ 냉각식     ④ 가열식

해설 공기의 감습방법 : 냉각식, 흡수식, 흡착식, 압축식

## 문제 51. 냉방부하에서 틈새 바람으로 손실되는 열량을 보호하기 위하여 극간풍을 방지하는 방법으로 틀린 것은?

① 회전문을 설치한다.
② 충분한 간격을 두고 이중문을 설치한다.
③ 실내의 압력을 외부압력보다 낮게 유지한다.
④ 에어 커튼(air curtain)을 사용한다.

해설 극간풍(틈새 바람)을 방지하는 방법
① 회전문을 설치한다.
② 2중문을 설치한다.(내측문은 수동식)
③ 2중문의 중간에 컨벡터를 설치한다.
④ 에어 커튼을 설치한다.

## 문제 52. 체감을 나타내는 척도로 사용되는 유효온도와 관계있는 것은?

① 습도와 복사열     ② 온도와 습도
③ 온도와 기압       ④ 온도와 복사열

해설 유효온도(ET) : 인체가 느끼는 쾌적온도의 지표(온도, 습도, 기류속도)

정답  48.① 49.④ 50.④ 51.③ 52.②

2015년 4월 4일 시행

**문제 53** 기계배기와 적당한 자연급기에 의한 환기방식으로서, 화장실, 탕비실, 소규모 조리장의 환기설비에 적당한 환기법은?

① 제1종 환기법
② 제2종 환기법
③ 제3종 환기법
④ 제4종 환기법

해설 기계환기방식
① 제1종 환기법 : 급기팬+배기팬(보일러실, 병원 수술실 등)
② 제2종 환기법 : 급기팬(반도체 무균실, 소규모 변전실, 창고 등)
③ 제3종 환기법 : 배기팬(화장실, 탕비실, 소규모 조리장, 차고 등)

**문제 54** 난방부하에 대한 설명으로 틀린 것은?

① 건물의 난방 시에 재실자 또는 기구의 발생 열량은 난방 개시 시간을 고려하여 일반적으로 무시해도 좋다.
② 외기부하 계산은 냉방부하 계산과 마찬가지로 현열부하와 잠열부하로 나누어 계산해야 한다.
③ 덕트면의 열통과에 의한 손실 열량은 작으므로 일반적으로 무시해도 좋다.
④ 건물의 벽체는 바람을 통하지 못하게 하므로 건물 벽체에 의한 손실 열량은 무시해도 좋다.

해설 난방부하 계산 시 실내·외 온도차에 따른 건물 벽체를 통한 손실열량이 발생하므로 부하 계산 시 반드시 고려하여야 한다.

**문제 55** 온수난방에 대한 설명 중 틀린 것은?

① 일반적으로 고온수식과 저온수식의 기준온도는 100℃이다.
② 개방형은 방열기보다 1m 이상 높게 설치하고, 밀폐형은 가능한 보일러로부터 멀리 설치한다.
③ 중력 순환식 온수난방 방법은 소규모 주택에 사용된다.
④ 온수난방 배관의 주재료는 내열성을 고려해서 선택해야 한다.

해설 개방형 팽창탱크는 최고위의 방열기보다 1m 이상 높게 설치하고, 밀폐형은 가능한 보일러로부터 가까이에 설치한다.

**문제 56** 2중 덕트 방식의 특징이 아닌 것은?

① 설비비가 저렴하다.
② 각실 각존의 개별 온습도의 제어가 가능하다.
③ 용도가 다른 존 수가 많은 대규모 건물에 적합하다.
④ 다른 방식에 비해 덕트 공간이 크다.

해설 2중 덕트 방식 : 공조기로부터 냉풍과 온풍을 동시에 만들어 각각 별개의 덕트로 공급되어 각 실에 설치된 혼합상자(mixing chamber)에 의해 혼합한 후 송풍하여 공조하는 방식으로 개별 제어가 가능하나 설비비와 에너지 손실이 크다.

정답 53.③ 54.④ 55.② 56.①

**문제 57** 실내의 현열부하를 3200kcal/h, 잠열부하를 600kcal/h일 때, 현열비는?

① 0.16  ② 6.25
③ 1.20  ④ 0.84

해설) 현열비(SHF) = $\dfrac{현열}{현열+잠열} = \dfrac{3{,}200}{3{,}200+600} = 0.84$

**문제 58** 흡수식 냉동기의 특징으로 틀린 것은?

① 전력 사용량이 적다.
② 압축식 냉동기보다 소음, 진동이 크다.
③ 용량제어 범위가 넓다.
④ 부분 부하에 대한 대응성이 좋다.

해설) 흡수식 냉동기는 압축기 대신 흡수기와 발생기를 사용하므로 소음, 진동이 적다.

**문제 59** 다음은 덕트 내의 공기압력을 측정하는 방법이다. 그림 중 정압을 측정하는 방법은?

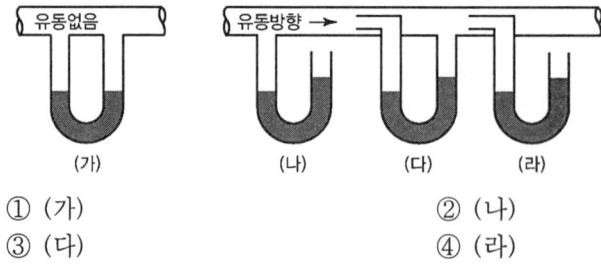

① (가)  ② (나)
③ (다)  ④ (라)

해설) (가) : 무압, (나) : 정압, (다) : 동압, (라) : 전압

**문제 60** 건구온도 33℃, 상대습도 50%인 습공기 500m³/h를 냉각 코일에 의하여 냉각한다. 코일의 장치노점온도는 9℃이고 바이패스 팩터가 0.1이라면, 냉각된 공기의 온도는?

① 9.5℃  ② 10.2℃
③ 11.4℃  ④ 12.6℃

해설) $BF = \dfrac{t_x - t_2}{t_1 - t_2}$ 에서 $t_x = \{BF(t_1 - t_2)\} + t_2 = \{0.1 \times (33-9)\} + 9 = 11.4[℃]$

정답  57. ④  58. ②  59. ②  60. ③

# 2015년 7월 19일 시행

**문제 01** 아크 용접의 안전 사항으로 틀린 것은?
① 홀더가 신체에 접촉되지 않도록 한다.
② 절연 부분이 균열이나 파손되었으면 교체한다.
③ 장시간 용접기를 사용하지 않을 때는 반드시 스위치를 차단시킨다.
④ 1차 코드는 벗겨진 것을 사용해도 좋다.

해설 1차 코드 및 2차 코드는 벗겨진 것을 사용하면 안전사고의 발생 우려가 있다.

**문제 02** 연삭작업의 안전수칙으로 틀린 것은?
① 작업 도중 진동이나 마찰면에서의 파열이 심하면 곧 작업을 중지한다.
② 숫돌차에 편심이 생기거나 원주면의 메짐이 심하면 드레싱을 한다.
③ 작업 시 반드시 숫돌의 정면에 서서 작업한다.
④ 축과 구멍에는 틈새가 없어야 한다.

해설 작업 시에는 숫돌차의 측면에서 서서히 연삭해야 한다.

**문제 03** 전체 산업 재해의 원인 중 가장 큰 비중을 차지하는 것은?
① 설비의 미비        ② 정돈상태의 불량
③ 계측공구의 미비    ④ 작업자의 실수

해설 안전사고 발생의 큰 원인 : 작업자의 실수

**문제 04** 가스용접 시 역화를 방지하기 위하여 사용하는 수봉식 안전기에 대한 내용 중 틀린 것은?
① 하루에 1회 이상 수봉식 안전기의 수위를 점검할 것
② 안전기는 확실한 점검을 위하여 수직으로 부착할 것
③ 1개의 안전기에는 3개 이하의 토치만 사용할 것
④ 동결 시 화기를 사용하지 말고 온수를 사용할 것

해설 1개의 안전기에는 1개 이하의 토치만 사용할 것

**문제 05** 보일러의 역화(back fire)의 원인이 아닌 것은?
① 점화 시 착화를 빨리한 경우
② 점화 시 공기보다 연료를 먼저 노 내에 공급하였을 경우
③ 노 내의 미연소가스가 충만해 있을 때 점화하였을 경우
④ 연료 밸브를 급개하여 과다한 양을 노 내에 공급하였을 경우

정답  01. ④  02. ③  03. ④  04. ③  05. ①

..... 해설 버너 점화 시 공기보다 연료를 먼저 공급하면 미리 공급된 연료가 연소실 내에 체류하여 점화시 역화가 발생하게 된다.

## 문제 06 산업안전보건기준에 따른 작업장의 출입구 설치기준으로 틀린 것은?

① 출입구의 위치·수 및 크기가 작업장의 용도와 특성에 맞도록 할 것
② 출입구에 문을 설치하는 경우에는 근로자가 쉽게 열고 닫을 수 있도록 할 것
③ 주된 목적이 하역운반기계용인 출입구에는 보행자용 출입구를 따로 설치하지 말 것
④ 계단이 출입구와 바로 연결된 경우에는 작업자의 안전한 통행을 위하여 그 사이에 충분한 거리를 둘 것

..... 해설 주된 목적이 하역운반기계용인 출입구에는 보행자용 출입구를 따로 설치하여야 한다.

## 문제 07 크레인을 사용하여 작업을 하고자 한다. 작업시작 전의 점검사항으로 틀린 것은?

① 권과방지장치·브레이크·클러치 및 운전장치의 기능
② 주행로의 상측 및 트롤리가 횡행(橫行)하는 레일의 상태
③ 와이어로프가 통하고 있는 곳의 상태
④ 압력방출장치의 기능

..... 해설 ④ 압력방출장치의 기능은 보일러의 점검사항이다.

참고 보일러의 안전한 가동을 위하여 보일러 규격에 맞는 압력방출장치를 1개 또는 2개 이상 설치하고 최고사용압력 이하에서 작동되도록 하여야 한다.

## 문제 08 냉동장치 안전운전을 위한 주의사항 중 틀린 것은?

① 압축기와 응축기 간에 스톱 밸브가 닫혀 있는 것을 확인한 후 압축기를 가동할 것
② 주기적으로 유압을 체크할 것
③ 동절기(휴지기)에는 응축기 및 수배관의 물을 완전히 뺄 것
④ 압축기를 처음 가동 시에는 정상으로 가동되는가를 확인할 것

..... 해설 압축기와 응축기 간의 스톱 밸브가 닫혀 있으면 압축기를 가동시키지 않아야 한다.

## 문제 09 차량계 하역운반기계의 종류로 가장 거리가 먼 것은?

① 지게차
② 화물 자동차
③ 구내 운반차
④ 크레인

..... 해설 크레인은 차량계 하역운반기계에 해당되지 않는다.

정답 06. ③ 07. ④ 08. ① 09. ④

2015년 7월 19일 시행

**문제 10** 공기압축기를 가동할 때, 시작 전 점검사항에 해당되지 않는 것은?
① 공기저항 압력용기의 외관상태
② 드레인 밸브의 조작 및 배수
③ 압력방출장치의 기능
④ 비상정지장치 및 비상하강방지장치 기능의 이상 유무

해설 ④는 고소작업대를 사용 시 점검사항이다.

**문제 11** 수공구 사용방법 중 옳은 것은?
① 스패너에 너트를 깊이 물리고 바깥쪽으로 밀면서 풀고 죈다.
② 정 작업 시 끝날 무렵에는 힘을 빼고 천천히 타격한다.
③ 쇠톱 작업 시 톱날을 고정한 후에는 재조정을 하지 않는다.
④ 장갑을 낀 손이나 기름 묻은 손으로 해머를 잡고 작업해도 된다.

해설 정 작업 시 끝날 무렵에는 힘을 빼고 천천히 타격한다.

**문제 12** 각 작업조건에 맞는 보호구의 연결로 틀린 것은?
① 물체가 떨어지거나 날아올 위험이 있는 작업 : 안전모
② 고열에 의한 화상 등의 위험이 있는 작업 : 방열복
③ 선창 등에서 분진이 심하게 발생하는 하역작업 : 방한복
④ 높이 또는 깊이 2미터 이상의 추락할 위험이 있는 장소에서 하는 작업 : 안전대

해설 선창 등에서 분진(粉塵)이 심하게 발생하는 하역작업 : 방진마스크
참고 섭씨 영하 18도 이하인 급냉동어창에서 하는 하역작업 : 방한모·방한복·방한화·방한장갑

**문제 13** 화재 시 소화제로 물을 사용하는 이유로 가장 적당한 것은?
① 산소를 잘 흡수하기 때문에
② 증발잠열이 크기 때문에
③ 연소하지 않기 때문에
④ 산소공급을 차단하기 때문에

해설 물은 증발잠열이 커 냉각소화에 적당하다.

**문제 14** 보일러의 폭발사고 예방을 위하여 그 기능이 정상적으로 작동할 수 있도록 유지 관리해야 하는 장치로 가장 거리가 먼 것은?
① 압력방출장치
② 감압밸브
③ 화염검출기
④ 압력제한스위치

해설 감압밸브 : 고압의 증기를 저압으로 저하시키는 것으로서 보일러의 안전장치가 아니다.

정답 10.④ 11.② 12.③ 13.② 14.②

**문제 15** 보일러의 휴지보존법 중 장기보존법에 해당되지 않는 것은?

① 석회밀폐건조법　　② 질소가스봉입법
③ 소다만수보존법　　④ 가열건조법

해설 보일러 보존법
　① 건식 보존법(석회밀폐건조법)
　② 만수 보존법(소다만수보존법)
　③ 질소 보존법(질소가스봉입법)

**문제 16** 다음 중 불응축 가스가 주로 모이는 곳은?

① 증발기　　② 액분리기
③ 압축기　　④ 응축기

해설 불응축 가스가 주로 모이는 곳 : 응축기나 수액기 상부

**문제 17** 어떤 물질의 산성, 알칼리성 여부를 측정하는 단위는?

① CHU　　② USRT
③ pH　　④ Therm

해설 산성, 알칼리성의 여부 측정 : 수소이온농도(pH)

**문제 18** 1PS는 1시간당 약 몇 kcal에 해당되는가?

① 860　　② 550
③ 632　　④ 427

해설 $1PS = 75\,[kg \cdot m/sec] = 632\,[kcal/h]$

**문제 19** 강관용 공구가 아닌 것은?

① 파이프 바이스　　② 파이프 커터
③ 드레서　　　　　④ 동력 나사 절삭기

해설 드레서 : 연관의 산화피막을 제거하는 공구

**문제 20** 냉동기에서 압축기의 기능으로 가장 거리가 먼 것은?

① 냉매를 순환시킨다.
② 응축기에 냉각수를 순환시킨다.
③ 냉매의 응축을 돕는다.
④ 저압을 고압으로 상승시킨다.

해설 응축기에서의 냉각수 순환 : 냉각수 펌프

정답　15.④　16.④　17.③　18.③　19.③　20.②

2015년 7월 19일 시행

**문제 21** 냉동장치 운전 중 유압이 너무 높을 때 원인으로 가장 거리가 먼 것은?
① 유압계가 불량일 때
② 유배관이 막혔을 때
③ 유온이 낮을 때
④ 유압조정 밸브 개도가 과다하게 열렸을 때

해설 유압조정 밸브 개도가 과다하게 열리면 유압은 낮아진다.

**문제 22** 원심식 압축기에 대한 설명으로 옳은 것은?
① 임펠러의 원심력을 이용하여 속도에너지를 압력에너지로 바꾼다.
② 임펠러 속도가 빠르면 유량 흐름이 감소한다.
③ 1단으로 압축비를 크게 할 수 있어 단단압축방식을 주로 채택한다.
④ 압축비는 원주 속도의 3제곱에 비례한다.

해설 원심식 압축기 : 임펠러의 원심력을 이용하여 속도에너지를 압력에너지로 바꾸는 압축기

**문제 23** 파이프 내의 압력이 높아지면 고무링은 더욱 파이프 벽에 밀착되어 누설을 방지하는 접합방법은?
① 기계적 접합
② 플랜지 접합
③ 빅토릭 접합
④ 소켓 접합

해설 빅토릭 이음 : 특수 모양으로 된 주철관의 끝에 고무링과 가단 주철재의 칼라(collar)를 죄어 이음하는 방법으로 배관 내의 압력이 높아지면 더욱 밀착되어 누설을 방지한다.

**문제 24** 양측의 표면 열전달율이 $3000kcal/m^2 \cdot h \cdot ℃$인 수냉식 응축기의 열관류율은? (단, 냉각관의 두께는 3mm이고, 냉각관 재질의 열전도율은 $40kcal/m \cdot h \cdot ℃$이며, 부착 물때의 두께는 0.2mm, 물때의 열전도율은 $0.8kcal/m \cdot h \cdot ℃$이다.)
① $978kcal/m^2 \cdot h \cdot ℃$
② $988kcal/m^2 \cdot h \cdot ℃$
③ $998kcal/m^2 \cdot h \cdot ℃$
④ $1008kcal/m^2 \cdot h \cdot ℃$

해설 $K = \dfrac{1}{\dfrac{1}{\alpha_1}+\dfrac{l_1}{\lambda_1}+\dfrac{l_2}{\lambda_2}+\dfrac{1}{\alpha_2}} = \dfrac{1}{\dfrac{1}{3000}+\dfrac{0.003}{40}+\dfrac{0.0002}{0.8}+\dfrac{1}{3000}} = 1008\,[kcal/m^2 \cdot h \cdot ℃]$

**문제 25** 온도 작동식 자동팽창 밸브에 대한 설명으로 옳은 것은?
① 실온을 써모스탯에 의하여 감지하고, 밸브의 개도를 조정한다.
② 팽창밸브 직전의 냉매온도에 의하여 자동적으로 개도를 조정한다.
③ 증발기 출구의 냉매온도에 의하여 자동적으로 개도를 조정한다.
④ 압축기의 토출 냉매온도에 의하여 자동적으로 개도를 조정한다.

정답  21. ④  22. ①  23. ③  24. ④  25. ③

……예설 온도 작동식 자동팽창 밸브는 증발기 출구의 냉매온도(과열도)에 의하여 자동적으로 개도를 조정한다.

**문제 26** 표준 냉동사이클에서 과냉각도는 얼마인가?

① 45℃  ② 30℃
③ 15℃  ④ 5℃

……예설 표준 냉동사이클에서 과냉각도 : 5℃
참고 표준 냉동사이클에서 과열도 : 0℃

**문제 27** 빙점 이하의 온도에 사용하며 냉동기 배관, LPG 탱크용 배관 등에 많이 사용하는 강관은?

① 고압배관용 탄소강관  ② 저온배관용 강관
③ 라이닝강관  ④ 압력배관용 탄소강관

……예설 저온배관용 강관(SPLT) : 빙점 이하의 온도에 사용하며 냉동기 배관, LPG 탱크용 배관 등에 많이 사용하는 강관

**문제 28** 소요 냉각수량 120L/min, 냉각수 입·출구 온도차 6℃인 수냉 응축기의 응축부하는?

① 6400kcal/h  ② 12000kcal/h
③ 14400kcal/h  ④ 43200kcal/h

……예설 응축부하, $Q_1 = w \cdot C \cdot \Delta t = 120 \times 60 \times 1 \times 6 = 43200 \,[\text{kcal/h}]$

**문제 29** 고열원 온도 $T_1$, 저열원 온도 $T_2$인 카르노사이클의 열효율은?

① $\dfrac{T_2 - T_1}{T_1}$  ② $\dfrac{T_1 - T_2}{T_2}$

③ $\dfrac{T_2}{T_1 - T_2}$  ④ $\dfrac{T_1 - T_2}{T_1}$

……예설 카르노 사이클에서의 열효율($\eta$)

$\eta = \dfrac{AW}{Q_1} = \dfrac{Q_1 - Q_2}{Q_1} = \dfrac{T_1 - T_2}{T_1} = 1 - \dfrac{T_2}{T_1}$

**문제 30** 제빙장치 중 결빙한 얼음을 제빙관에서 떼어낼 때 관 내의 얼음 표면을 녹이기 위해 사용하는 기기는?

① 주수조  ② 양빙기
③ 저빙고  ④ 용빙조

……예설 용빙조 : 결빙한 얼음을 제빙관에서 떼어낼 때 관 내의 얼음 표면을 녹이기 위해서 상온수 또는 온수로 따뜻하게 하여 탈빙하기 쉽도록 하는 기기

정답  26. ④  27. ②  28. ④  29. ④  30. ④

2015년 7월 19일 시행

**문제 31** 2개 이상의 엘보를 사용하여 배관의 신축을 흡수하는 신축이음은?
① 루프형 이음  ② 벨로즈형 이음
③ 슬리브형 이음  ④ 스위블형 이음

해설 스위블형 이음 : 2개 이상의 나사엘보를 사용하여 배관의 신축을 흡수하는 신축이음

**문제 32** 냉동장치에서 압축기의 이상적인 압축 과정은?
① 등엔트로피 변화  ② 정압 변화
③ 등온 변화  ④ 정적 변화

해설 이상적인 압축 과정 : 등엔트로피 변화

**문제 33** 다음 온도-엔트로피 선도에서 a → b과정은 어떤 과정인가?
① 압축과정
② 응축과정
③ 팽창과정
④ 증발과정

해설 ① 압축과정 : a→b  ② 응축과정 : b→c→d
③ 팽창과정 : d→e  ④ 증발과정 : e→a

**문제 34** 다음에 해당하는 법칙은?

> 회로망 중 임의의 한 점에서 흘러 들어오는 전류와 나가는 전류의 대수합은 0이다.

① 쿨롱의 법칙  ② 옴의 법칙
③ 키르히호프의 제1법칙  ④ 키르히호프의 제2법칙

**문제 35** 시퀀스 제어장치의 구성으로 가장 거리가 먼 것은?
① 검출부  ② 조절부
③ 피드백부  ④ 조작부

해설 시퀀스 제어장치의 구성 : 설정부 – 비교대상 – 조절부 – 조작부 – 검출부

**문제 36** 서로 다른 지름의 관을 이을 때 사용되는 것은?
① 소켓  ② 유니온
③ 플러그  ④ 부싱

정답 31. ④  32. ①  33. ①  34. ③  35. ③  36. ④

…… 해설 서로 다른 지름의 관을 이을 때 사용하는 부속 : 레듀셔, 부싱, 이경소켓

## 문제 37

NH₃, R-12, R-22 냉매의 기름과 물에 대한 용해도를 설명한 것으로 옳은 것은?

> ㉠ 물에 대한 용해도는 R-12가 가장 크다.
> ㉡ 기름에 대한 용해도는 R-12가 가장 크다.
> ㉢ R-22는 물에 대한 용해도와 기름에 대한 용해도가 모두 암모니아보다 크다.

① ㉠, ㉡, ㉢   ② ㉡, ㉢
③ ㉡         ④ ㉢

…… 해설 ㉠ 물과의 용해도는 암모니아가 좋다.
㉢ 윤활유와 용해도가 큰 냉매 : R-11 > R-12 > R-21 > R-113

## 문제 38

식품을 냉각된 부동액에 넣어 직접 접촉시켜서 동결시키는 것으로 살포식과 침지식으로 구분하는 동결장치는?

① 접촉식 동결장치       ② 공기 동결장치
③ 브라인 동결장치       ④ 송풍식 동결장치

…… 해설 브라인 동결장치 : 식품을 냉각된 부동액에 넣어 직접 접촉시켜서 동결시키는 것으로 살포식과 침지식으로 구분하는 동결장치

## 문제 39

−10℃ 얼음 5kg을 20℃ 물로 만드는 데 필요한 열량은? (단, 물의 융해잠열은 80kcal/kg으로 한다.)

① 25kcal     ② 125kcal
③ 325kcal    ④ 525kcal

…… 해설 −10℃얼음 $\xrightarrow{①}$ 0℃얼음 $\xrightarrow{②}$ 0℃물 $\xrightarrow{③}$ 20℃물

$Q_1 = G \cdot C \cdot \Delta t = 5 \times 0.5 \times \{0-(-10)\} = 25 \,[\text{kcal}]$
$Q_2 = G \cdot r = 5 \times 80 = 400 \,[\text{kcal}]$
$Q_3 = G \cdot C \cdot \Delta t = 5 \times 1 \times (20-0) = 100 \,[\text{kcal}]$
$Q_T = Q_1 + Q_2 + Q_3 = 25 + 400 + 100 = 525 \,[\text{kcal}]$

## 문제 40

2단 압축 1단 팽창 냉동장치에 대한 설명 중 옳은 것은?

① 단단 압축시스템에서 압축비가 작을 때 사용된다.
② 냉동부하가 감소하면 중간냉각기는 필요 없다.
③ 단단 압축시스템보다 응축능력을 크게 하기 위해 사용된다.
④ −30℃ 이하의 비교적 낮은 증발온도를 요하는 곳에 주로 사용된다.

…… 해설 −30℃ 이하의 비교적 낮은 증발온도를 요하는 곳에는 압축비가 상승하므로 2단압축 냉동장치를 사용한다.

**정답** 37. ③  38. ③  39. ④  40. ④

2015년 7월 19일 시행

**문제 41** 단수 릴레이의 종류로 가장 거리가 먼 것은?
① 단압식 릴레이  ② 차압식 릴레이
③ 수류식 릴레이  ④ 비례식 릴레이

해설 단수 릴레이의 종류 : 차압식 릴레이, 단압식 릴레이, 수류식 릴레이

**문제 42** 냉동에 대한 설명으로 가장 적합한 것은?
① 물질의 온도를 인위적으로 주위의 온도보다 낮게 하는 것을 말한다.
② 열이 높은 데서 낮은 곳으로 흐르는 것을 말한다.
③ 물체 자체의 열을 이용하여 일정한 온도를 유지하는 것을 말한다.
④ 기체가 액체로 변화할 때의 기화열에 의한 것을 말한다.

해설 냉동 : 인위적으로 열을 제거하여 주위의 온도보다 낮게 하는 것

**문제 43** 회전식(rotary) 압축기에 대한 설명으로 틀린 것은?
① 흡입 밸브가 없다.
② 압축이 연속적이다.
③ 회전 압축으로 인한 진동이 심하다.
④ 왕복동에 비해 구조가 간단하다.

해설 회전식 압축기는 회전 압축으로 인한 진동이 적다.

**문제 44** 도선에 전류가 흐를 때 발생하는 열량으로 옳은 것은?
① 전류의 세기에 반비례한다.
② 전류의 세기의 제곱에 비례한다.
③ 전류의 세기의 제곱에 반비례한다.
④ 열량은 전류의 세기와 무관한다.

해설 도선에 전류가 흐를 때 발생하는 열량은 전류세기의 제곱에 비례한다.

참고 전류의 발열작용(주울의 법칙)
$H = I^2 Rt$ [cal], $H = 0.24 I^2 RT$ [J]

**문제 45** 운전 중에 있는 냉동기의 압축기 압력계가 고압은 8kg/cm², 저압은 진공도 100mmHg를 나타낼 때 압축기의 압축비는?
① 약 6  ② 약 8
③ 약 10  ④ 약 12

해설 압축비, $P_r = \dfrac{P_1}{P_2} = \dfrac{(8+1.033)}{1.033 \times \left(1 - \dfrac{100}{760}\right)} = 10$

**정답** 41. ④  42. ①  43. ③  44. ②  45. ③

**문제 46** 공기에서 수분을 제거하여 습도를 낮추기 위해서는 어떻게 하여야 하는가?
① 공기의 유로 중에 가열코일을 설치한다.
② 공기의 유로 중에 공기의 노점온도보다 높은 온도의 코일을 설치한다.
③ 공기의 유로 중에 공기의 노점온도와 같은 온도의 코일을 설치한다.
④ 공기의 유로 중에 공기의 노점온도보다 낮은 온도의 코일을 설치한다.

해설 공기 중의 수분을 제거하여 습도를 낮추기 위해서는 공기의 유로 중에 공기의 노점온도보다 낮은 온도의 코일을 설치하여 제습한다.

**문제 47** 온수 난방의 장점이 아닌 것은?
① 관 부식은 증기 난방보다 적고 수명이 길다.
② 증기 난방에 비해 배관지름이 작으므로 설비비가 적게 든다.
③ 보일러 취급이 용이하고 안전하며 배관 열손실이 적다.
④ 온수때문에 보일러의 연소를 정지해도 여열이 있어 실온이 급변하지 않는다.

해설 온수 난방은 증기 난방에 비해 배관지름이 커지므로 설비비가 많이 든다.

**문제 48** 송풍기의 상사법칙으로 틀린 것은?
① 송풍기의 날개 직경이 일정할 때 송풍압력은 회전수 변화의 2승에 비례한다.
② 송풍기의 날개 직경이 일정할 때 송풍동력은 회전수 변화의 3승에 비례한다.
③ 송풍기의 회전수가 일정할 때 송풍압력은 날개직경 변화의 2승에 비례한다.
④ 송풍기의 회전수가 일정할 때 송풍동력은 날개직경 변화의 3승에 비례한다.

해설 송풍기의 상사법칙
① 회전수 변화에 따른 송풍량은 1승, 송풍압력은 2승, 송풍동력은 3승에 비례한다.
② 날개직경 변화에 따른 송풍량은 3승, 송풍압력은 2승, 송풍동력은 5승에 비례한다.

**문제 49** 온풍난방에 대한 설명 중 옳은 것은?
① 설비비는 다른 난방에 비하여 고가이다.
② 예열부하가 크므로 예열시간이 길다.
③ 습도조절이 불가능하다.
④ 신선한 외기도입이 가능하여 환기가 가능하다.

해설 온풍난방은 덕트를 설치하여 신선한 외기도입이 가능하므로 환기가 가능하다.

**문제 50** 이중덕트 변풍량 방식의 특징으로 틀린 것은?
① 각 실내의 온도제어가 용이하다.
② 설비비가 높고 에너지 손실이 크다.
③ 냉풍과 온풍을 혼합하여 공급한다.
④ 단일덕트 방식에 비해 덕트 스페이스가 작다.

**정답** 46. ④  47. ②  48. ④  49. ④  50. ④

2015년 7월 19일 시행

⋯⋯📝 이중덕트 방식 : 공기조화기에서 나온 냉풍과 온풍을 각각 별개의 덕트를 통해 나온 냉온풍을 혼합상자에서 혼합된 후 취출하여 에너지 손실이 크고 단일덕트 방식에 비해 덕트 스페이스가 크다.

## 문제 51 다음 중 제2종 환기법으로 송풍기만 설치하여 강제 급기하는 방식은?

① 병용식  ② 압입식
③ 흡출식  ④ 자연식

⋯⋯📝 제2종 환기법 : 송풍기만 설치하여 강제 급기하는 방식(강제급기＋자연배기)

## 문제 52 물과 공기의 접촉면적을 크게 하기 위해 증발포를 사용하여 수분을 자연스럽게 증발시키는 가습방식은?

① 초음파식  ② 가열식
③ 원심분리식  ④ 기화식

⋯⋯📝 증발식(기화식) : 흡습 및 건조성이 높은 소재를 물로 적시고 표면에 바람을 불어 수분을 증발시켜 가습하는 원리

## 문제 53 다음 장치 중 신축이음 장치의 종류로 가장 거리가 먼 것은?

① 스위블 조인트  ② 볼 조인트
③ 루프형  ④ 버켓형

⋯⋯📝 신축이음 장치의 종류 : 루프형, 슬리브형, 벨로우즈형, 스위블형, 볼조인트 등

## 문제 54 수분무식 가습장치의 종류가 아닌 것은?

① 모세관식  ② 초음파식
③ 분무식  ④ 원심식

⋯⋯📝 수분무식 : 원심식, 초음파식, 분무식

## 문제 55 온수난방에 이용되는 밀폐형 팽창탱크에 관한 설명으로 틀린 것은?

① 공기층의 용적을 작게 할수록 압력의 변동은 감소한다.
② 개방형에 비해 용적은 크다.
③ 통상 보일러 근처에 설치되므로 동결의 염려가 없다.
④ 개방형에 비해 보수점검이 유리하고 가압실이 필요하다.

⋯⋯📝 밀폐형 팽창탱크는 공기층의 용적을 크게 할수록 압력의 변동은 감소한다.

정답  51. ②  52. ④  53. ④  54. ①  55. ①

**문제 56** 공기의 냉각, 가열코일의 선정 시 유의사항에 대한 내용 중 가장 거리가 먼 것은?
① 냉각코일 내에 흐르는 물의 속도는 통상 약 1m/s 정도로 하는 것이 좋다.
② 증기코일을 통과하는 풍속은 통상 약 3~5m/s 정도로 하는 것이 좋다.
③ 냉각코일의 입·출구 온도차는 통상 약 5℃ 정도로 하는 것이 좋다.
④ 공기 흐름과 물의 흐름은 평행류로 하여 전열을 증대시킨다.

해설 공기 흐름과 물의 흐름은 대향류로 하여 전열을 증대시킨다.

**문제 57** 단일덕트 정풍량 방식에 대한 설명으로 틀린 것은?
① 실내부하가 감소될 경우에 송풍량을 줄여도 실내공기가 오염되지 않는다.
② 고성능 필터의 사용이 가능하다.
③ 기계실에 기기류가 집중설치되므로 운전보수관리가 용이하다.
④ 각 실이나 존의 부하변동이 서로 다른 건물에서는 온습도에 불균형이 생기기 쉽다.

해설 단일덕트 정풍량 방식은 실내부하의 감소에도 송풍량은 변화되지 않아 실내공기의 오염이 적다.

**문제 58** 100℃ 물의 증발잠열은 약 몇 kcal/kg인가?
① 539  ② 600
③ 627  ④ 700

해설 100℃ 물의 증발잠열 : 539[kcal/kg]
참고 0℃ 물의 증발잠열 : 597.5[kcal/kg]

**문제 59** 난방방식 중 방열체가 필요 없는 것은?
① 온수난방  ② 증기난방
③ 복사난방  ④ 온풍난방

해설 ① 온수난방 : 온수방열기  ② 증기난방 : 증기방열기  ③ 복사난방 : 바닥코일

**문제 60** 어떤 사무실 동쪽 유리면이 50m²이고 안쪽은 베니션 블라인드가 설치되어 있을 때, 동쪽 유리면에서 실내에 침입하는 냉방부하는? (단, 유리 통과율은 6.2kcal/m²·h·℃, 복사량은 512kcal/m²·h, 차폐계수는 0.56, 실내외 온도차는 10℃이다.)
① 3100kcal/h  ② 14336kcal/h
③ 17436kcal/h  ④ 15886kcal/h

해설 $Q = (512 \times 50 \times 0.56) + (6.2 \times 50 \times 10) = 17436 [\text{kcal/h}]$

참고 유리창 취득부하
① 유리창의 일사부하 $q_{GR} = I_{GR} \times A_g \times k_s [\text{kcal/h}]$
② 유리창의 통과열량 $q = K \times A_g \times \Delta t [\text{kcal/h}]$

**정답** 56.④ 57.① 58.① 59.④ 60.③

## 2015년 10월 10일 시행

**문제 01** 냉동제조의 시설 중 안전유지를 위한 기술기준에 관한 설명으로 틀린 것은?
① 안전 밸브에 설치된 스톱 밸브는 특별한 수리 등 특별한 경우 외에는 항상 열어 둔다.
② 냉동설비의 설치공사가 완공되면 시운전할 때 산소가스를 사용한다.
③ 가연성 가스의 냉동설비 부근에는 작업에 필요한 양 이상의 연소물질을 두지 않는다.
④ 냉동설비의 변경공사가 완공되어 기밀시험 시 공기를 사용할 때에는 미리 냉매 설비 중의 가연성 가스를 방출한 후 실시한다.

해설) 냉동설비의 설치공사가 완공되면 시운전 할 때 질소가스를 사용하며, 이때 질소가스 누설에 따른 질식사고에 유의하여야 한다.

**문제 02** 줄 작업 시 안전관리 사항으로 틀린 것은?
① 칩은 브러시로 제거한다.
② 줄의 균열 유무를 확인한다.
③ 손잡이가 줄에 튼튼하게 고정되어 있는가 확인한 다음에 사용한다.
④ 줄 작업의 높이는 작업자의 어깨 높이로 하는 것이 좋다.

해설) 줄 작업의 높이는 작업자의 팔꿈치 높이로 하여야 무리가 가지 않는다.

**문제 03** 암모니아의 누설 검지 방법이 아닌 것은?
① 심한 자극성 냄새를 가지고 있으므로, 냄새로 확인이 가능하다.
② 적색 리트머스 시험지에 물을 적셔 누설부위에 가까이 하면 누설 시 청색으로 변한다.
③ 백색 페놀프탈레인 용지에 물을 적셔 누설부위에 가까이 하면 누설 시 적색으로 변한다.
④ 황을 묻힌 심지에 불을 붙여 누설 부위에 가져가면 누설 시 홍색으로 변한다.

해설) 암모니아 누설 검사법
① 불쾌한 냄새(악취)가 난다.
② 적색 리트머스 시험지 접촉 시 청색으로 변색한다.
③ 페놀프탈레인 시험지 접촉 시 적색(홍색)으로 변색한다.
④ 유황초(황산, 염산)를 태워 누설 개소에 접촉 시 백색 연기가 발생한다.
⑤ 물이나 브라인에 용해되었을 경우에는 네슬러시약을 적하하면 변색한다.
 (소량누설 : 황색, 다량누설 : 자색)

정답 01.② 02.④ 03.④

## 문제 04 위험물 취급 및 저장 시의 안전조치 사항 중 틀린 것은?

① 위험물은 작업장과 별도의 장소에 보관하여야 한다.
② 위험물을 취급하는 작업장에는 너비 0.3m 이상, 높이 2m 이상의 비상구를 설치하여야 한다.
③ 작업장 내부에는 위험물을 작업에 필요한 양만큼만 두어야 한다.
④ 위험물을 취급하는 작업장의 비상구 문은 피난 방향으로 열리도록 한다.

해설 비상구의 설치 : 사업주는 위험물질을 제조·취급하는 작업장과 그 작업장이 있는 건축물에 입구 외에 안전한 장소로 대피할 수 있는 비상구 1개 이상을 다음 각 호의 기준에 맞는 구조로 설치하여야 한다.
  ① 출입구와 같은 방향에 있지 아니하고 출입구로부터 3m 이상 떨어져 있을 것
  ② 작업장의 각 부분으로부터 하나의 비상구 또는 출입구까지의 수평거리가 50m 이하가 되도록 할 것
  ③ 비상구의 너비는 0.75m 이상으로 하고 높이는 1.5m 이상으로 할 것
  ④ 비상구의 문은 피난 방향으로 열리도록 하고, 실내에서 항상 열 수 있는 구조로 할 것

## 문제 05 다음 중 압축기가 시동되지 않는 이유로 가장 거리가 먼 것은?

① 전압이 너무 낮다.
② 오버로드가 작동하였다.
③ 유압보호 스위치가 리셋되어 있지 않다.
④ 온도조절기 감온통의 가스가 빠져 있다.

해설 온도조절기 감온통의 가스가 빠진 경우라도 압축기의 시동은 될 수 있다.

## 문제 06 산소용접 중 역화현상이 일어났을 때 조치 방법으로 가장 적합한 것은?

① 아세틸렌 밸브를 즉시 닫는다.   ② 토치 속의 공기를 배출한다.
③ 아세틸렌 압력을 높인다.        ④ 산소압력을 용접조건에 맞춘다.

해설 역화 시에는 산소용기의 밸브를 먼저 닫은 후 아세틸렌 밸브를 즉시 닫는다.

## 문제 07 드릴 작업 중 유의할 사항으로 틀린 것은?

① 작은 공작물이라도 바이스나 크램을 사용하여 장착한다.
② 드릴이나 소켓을 척에서 해체시킬 때에는 해머를 사용한다.
③ 가공 중 드릴 절삭 부분에 이상음이 들리면 작업을 중지하고 드릴 날을 바꾼다.
④ 드릴의 탈착은 회전이 완전히 멈춘 후에 한다.

해설 드릴이나 소켓을 드릴척에서 해체시킬 때에는 드릴척 핸들을 이용한다.

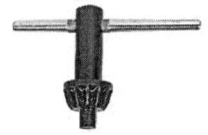

정답 04.② 05.④ 06.① 07.②

2015년 10월 10일 시행

**문제 08** 안전장치의 취급에 관한 사항으로 틀린 것은?
① 안전장치는 반드시 작업 전에 점검한다.
② 안전장치는 구조상의 결함유무를 항상 점검한다.
③ 안전장치가 불량할 때에는 즉시 수정한 다음 작업한다.
④ 안전장치는 작업 형편상 부득이한 경우에는 일시 제거해도 좋다.

해설 안전장치는 일시 제거하여 사용하지 않는다.

**문제 09** 전기용접 작업 시 전격에 의한 사고를 예방할 수 있는 사항으로 틀린 것은?
① 절연 홀더의 절연 부분이 파손되었으면 바로 보수하거나 교체한다.
② 용접봉의 심선은 손에 접촉되지 않게 한다.
③ 용접용 케이블은 2차 접속단자에 접촉한다.
④ 용접기는 무부하 전압이 필요 이상 높지 않은 것을 사용한다.

해설 용접용 케이블은 2차 접속단자에 접속하며 전격 사고를 예방하는 사항에는 해당되지 않는다.
참고 전격 방지 장치 : 교류아크용접기의 출력측 무부하전압이 1.5초 이내에 30[V] 이하가 되도록 교류아크용접기에 장착하는 감전방지용 안전장치이다.

**문제 10** 산업안전보건법의 제정 목적과 가장 거리가 먼 것은?
① 산업재해 예방
② 쾌적한 작업환경 조성
③ 산업안전에 관한 정책수립
④ 근로자의 안전과 보건을 유지·증진

해설 산업안전보건법의 제정 목적 : 이 법은 산업안전·보건에 관한 기준을 확립하고 그 책임의 소재를 명확하게 하여 산업재해를 예방하고 쾌적한 작업환경을 조성함으로써 근로자의 안전과 보건을 유지·증진함을 목적으로 한다.

**문제 11** 다음 중 용융온도가 비교적 높아 전기 기구에 사용하는 퓨즈(Fuse)의 재료로 가장 부적당한 것은?
① 납
② 주석
③ 아연
④ 구리

해설 구리는 용융온도가 높아 퓨즈의 재료로는 부적당하다.

**문제 12** 가스용접법의 특징으로 틀린 것은?
① 응용 범위가 넓다.
② 아크용접에 비해 불꽃의 온도가 높다.
③ 아크용접에 비해 유해 광선의 발생이 적다.
④ 열량조절이 비교적 자유로워 박판용접에 적당하다.

해설 가스용접은 아크용접에 비해서 불꽃의 온도가 낮다.

정답  08. ④  09. ③  10. ③  11. ④  12. ②

**문제 13** 크레인의 방호장치로서 와이어 로프가 후크에서 이탈하는 것을 방지하는 장치는?
① 과부하방지 장치　　② 권과방지 장치
③ 비상정지 장치　　　④ 해지 장치

해설) 해지 장치 : 와이어 로프가 후크에서 이탈하는 것을 방지하는 장치

**문제 14** 일반적인 컨베이어의 안전장치로 가장 거리가 먼 것은?
① 역회전방지 장치　　② 비상정지 장치
③ 과속방지 장치　　　④ 이탈방지 장치

해설) 컨베이어의 안전장치
① 이탈 및 역주행(역회전)방지 장치
② 비상정지 장치
③ 덮개 또는 울을 설치

**문제 15** 가스용접 작업 중 일어나기 쉬운 재해로 가장 거리가 먼 것은?
① 화재　　　　　② 누전
③ 가스중독　　　④ 가스폭발

해설) 누전은 전기용접 작업에서 발생된다.

**문제 16** 액백(Liquid back)의 원인으로 가장 거리가 먼 것은?
① 팽창 밸브의 개도가 너무 클 때　② 냉매가 과충전되었을 때
③ 액 분리기가 불량일 때　　　　　④ 증발기 용량이 너무 클 때

해설) 액압축(Liquid Back)의 원인
① 팽창 밸브의 개도가 너무 클 때
② 증발기 냉각관의 유막 및 적상과대
③ 급격한 부하의 변동(부하감소)
④ 냉매 과충전
⑤ 흡입관에 트랩 등과 같은 액이 고이는 장소가 있을 때
⑥ 액 분리기의 기능 불량
⑦ 기동 시 흡입 밸브를 갑자기 급개 했을 때
⑧ 압축기 용량과대 및 증발기 용량 부족

**문제 17** 다음 표의 (　) 안에 들어갈 말로 옳은 것은?

| 압축기의 체적 효율은 격간(clearance)의 증대에 의하여 (　가　)하며, 압축비가 클수록 (　나　)하게 된다. |

① 가 : 감소, 나 : 감소　　② 가 : 증가, 나 : 감소
③ 가 : 감소, 나 : 증가　　④ 가 : 증가, 나 : 증가

정답) 13. ④　14. ③　15. ②　16. ④　17. ①

······해설 압축기의 체적 효율은 격간(틈새)의 증대에 의하여 감소하며, 압축비가 클수록 감소하게 된다.

**문제 18** 다음 설명 중 옳은 것은?

① 1 kW는 760 kcal/h이다.
② 증발열, 응축열, 승화열은 잠열이다.
③ 1 kg의 얼음의 융해열은 860 kcal이다.
④ 상대습도란 포화증기압을 증기압으로 나눈 것이다.

······해설 승화열, 증발열(응축열), 융해열(응고열)은 모두 잠열이다.

**문제 19** 다음 냉동장치에 대한 설명 중 옳은 것은?

① 고압차단스위치는 조정 설정 압력보다 벨로스에 가해진 압력이 낮을 때 접점이 떨어지는 장치이다.
② 온도식 자동팽창 밸브의 감온통은 증발기의 입구 측에 붙인다.
③ 가용전은 프레온 냉동장치의 응축기나 수액기 등을 보호하기 위하여 사용된다.
④ 파열판은 암모니아 왕복동 냉동장치에만 사용된다.

······해설 ① 고압차단스위치(HPS)는 설정 압력보다 벨로스에 가해진 압력이 높을 때 접점이 떨어져 전원을 차단하는 장치이다.
② 온도식 자동팽창 밸브(TEV)의 감온통은 증발기 출구 측에 붙인다.
③ 가용전은 프레온 냉동장치의 응축기나 수액기를 보호한다.
④ 파열판은 주로 터보 냉동장치에 사용한다.



**문제 20** 가열원이 필요하며 압축기가 필요 없는 냉동기는?

① 터보 냉동기 ② 흡수식 냉동기
③ 회전식 냉동기 ④ 왕복동식 냉동기

······해설 흡수식 냉동기 : 가열원(온수, 증기 등)이 필요하며 압축기가 필요 없는 냉동기

**문제 21** 다음 그림에서 고압 액관은 어느 부분인가?

① 가
② 나
③ 다
④ 라

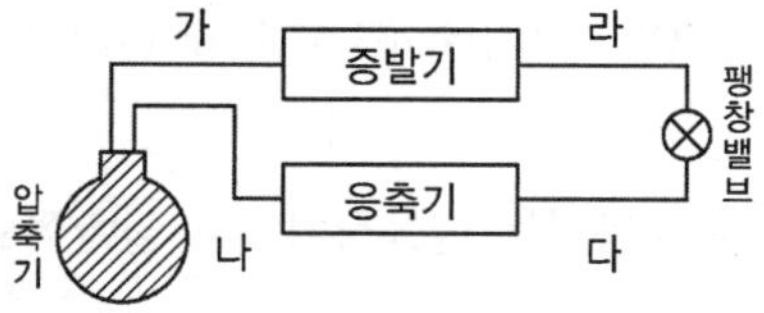

······해설 ① 저압의 가스관
② 고압의 가스관
③ 고압의 액관
④ 저압의 액관

참고 고압 액관 : 응축기 출구에서 팽창밸브 사이

정답 18. ② 19. ③ 20. ② 21. ③

**문제 22** 왕복 압축기에서 이론적 피스톤 압출량(m³/h)의 산출 식으로 옳은 것은? (단, 기통수 $N$, 실린더 내경 $D$[m], 회전수 $R$[rpm], 피스톤 행정 $L$[m]이다.)

① $V = D \cdot L \cdot R \cdot N \cdot 60$
② $V = \frac{\pi}{4} D \cdot L \cdot R \cdot N$
③ $V = \frac{\pi}{4} D \cdot L \cdot R \cdot N \cdot 60$
④ $V = \frac{\pi}{4} D^2 \cdot L \cdot N \cdot R \cdot 60$

⋯해설 왕복동 압축기의 이론 피스톤 압출량[m³/h]

$$V_a = \frac{\pi}{4} D^2 \cdot L \cdot N \cdot R \times 60$$

**문제 23** 다음 중 모세관의 압력 강하가 가장 큰 것은?

① 직경이 작고 길이가 길수록
② 직경이 크고 길이가 짧을수록
③ 직경이 작고 길이가 짧을수록
④ 직경이 크고 길이가 길수록

⋯해설 모세관의 압력 강하는 모세관의 직경이 작고 길이가 길수록 크다.

**문제 24** 다음 중 압력 자동급수 밸브의 주된 역할은?

① 냉각수온을 제어한다.
② 증발온도를 제어한다.
③ 과열도 유지를 위해 증발압력을 제어한다.
④ 부하변동에 대응하여 냉각수량을 제어한다.

⋯해설 압력 작동 자동 급수조절 밸브(절수 밸브) : 수냉식 응축기에서 응축부하 변동에 따른 응축기의 냉각수량을 제어하여 응축압력을 일정하게 유지하고 냉각수를 절약하기 위하여 설치

**문제 25** 탄성이 부족하여 석면, 고무, 금속 등과 조합하여 사용되며, 내열범위는 −260~260℃정도로 기름에 침식되지 않는 패킹은?

① 고무 패킹
② 석면조인트 시트
③ 합성수지 패킹
④ 오일실 패킹

⋯해설 합성수지 패킹 : 기름이나 약품에도 침식되지 않으나 탄성이 부족하여 석면, 고무, 파형 금속판 등으로 표면 처리하여 사용되며, 내열범위는 −260~260℃ 정도이다.

**문제 26** NH₃ 냉매를 사용하는 냉동장치에서 일반적으로 압축기를 수냉식으로 냉각하는 주된 이유는?

① 냉매의 응축 압력이 낮기 때문에
② 냉매의 증발 압력이 낮기 때문에
③ 냉매의 비열비 값이 크기 때문에
④ 냉매의 임계점이 높기 때문에

**정답** 22. ④  23. ①  24. ④  25. ③  26. ③

2015년 10월 10일 시행

⋯⋯ 예설 암모니아 냉매가스의 비열비가 커 압축기 토출가스온도가 높으므로 압축기를 수냉식으로 냉각하여야 한다.

**문제 27** 냉동기유에 대한 설명으로 옳은 것은?
① 암모니아는 냉동기유에 쉽게 용해되어 윤활불량의 원인이 된다.
② 냉동기유는 저온에서 쉽게 응고되지 않고 고온에서 쉽게 탄화되지 않아야 한다.
③ 냉동기유의 탄화현상은 일반적으로 암모니아 보다 프레온 냉동장치에서 자주 발생한다.
④ 냉동기유는 증발하기 쉽고, 열전도율 및 점도가 커야 한다.

⋯⋯ 예설 냉동기유는 쉽게 증발하지 않고 적당한 점도를 유지하여야 한다.

**문제 28** 열펌프(heat pump)의 구성요소가 아닌 것은?
① 압축기          ② 열교환기
③ 4방 밸브       ④ 보조 냉방기

⋯⋯ 예설 열펌프의 구성요소 : 압축기, 열교환기(응축기, 증발기), 팽창밸브, 4방 밸브

**문제 29** 10A의 전류를 5분간 도체에 흘렸을 때 도선 단면을 지나는 전기량은?
① 3C            ② 50C
③ 3000C        ④ 5000C

⋯⋯ 예설 전기량 $Q = I \cdot t [C] = 10 \times 5 \times 60 = 3,000 [C]$
여기서, $I$ : 전류[A], $Q$ : 전기량[C], $t$ : 시간[sec]

**문제 30** 동관접합 중 동관의 끝을 넓혀 압축이음쇠로 접합하는 접합방법을 무엇이라고 표현하는가?
① 플랜지 접합      ② 플레어 접합
③ 플라스턴 접합    ④ 빅토릭 접합

⋯⋯ 예설 플레어 접합 : 동관 끝을 넓혀 압축접합하는 방식으로 20mm 이하의 동관에 사용한다.

**문제 31** 저항이 50Ω인 도체에 100V의 전압을 가할 때 그 도체에 흐르는 전류는?
① 0.5A          ② 2A
③ 5A            ④ 5000A

⋯⋯ 예설 $I = \dfrac{V}{R} = \dfrac{100}{50} = 2A$

정답  27.② 28.④ 29.③ 30.② 31.②

**문제 32** 왕복동식 냉동기와 비교하여 터보식 냉동기의 특징으로 옳은 것은?

① 회전수가 매우 빠르므로 동적 밸런스를 잡기 어렵고 진동이 크다.
② 일반적으로 고압 냉매를 사용하므로 취급이 어렵다.
③ 소용량의 냉동기에 적용하기에는 경제적이지 못하다.
④ 저온장치에서도 압축단수가 적어지므로 사용도가 넓다.

⋯⋯해설 터보 냉동기는 소용량에 한계가 있고 생산 단가가 비싸 일반적으로 100RT 이상의 대용량에 적합하다.

**문제 33** 다음 그림과 같은 건조 증기 압축 냉동사이클의 성적계수는? (단, 엔탈피 a=133.8kcal/kg, b=397.1kcal/kg, c=452.2kcal/kg이다.)

① 5.37
② 5.11
③ 4.78
④ 3.83

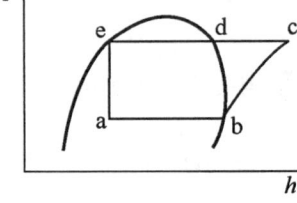

⋯⋯해설 증기 압축식 냉동사이클의 성적계수

$$\text{COP} = \frac{q_2}{A_w} = \frac{397.1 - 133.8}{452.2 - 397.1} = 4.78$$

**문제 34** 2단압축 2단팽창 냉동사이클을 모리엘 선도에 표시한 것이다. 각 상태에 대해 옳게 연결한 것은?

① 중간냉각기의 냉동효과 : ③ − ⑦
② 증발기의 냉동효과 : ② − ⑨
③ 팽창변 통과 직후의 냉매위치 : ⑤, ⑥
④ 응축기의 방출열량 : ⑧ − ②

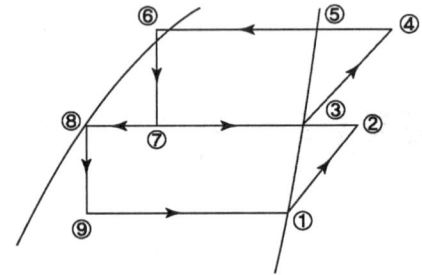

⋯⋯해설 ① 중간 냉각기의 냉동효과 : ③ − ⑦
② 증발기의 냉동효과 : ① − ⑨
③ 팽창밸브 통과 직후의 냉매위치 : ⑦, ⑨
④ 응축기의 방출열량 : ⑤ − ⑥

**문제 35** 다음 설명 중 옳은 것은?

① 냉각탑의 입구수온은 출구수온보다 낮다.
② 응축기 냉각수 출구온도는 입구온도보다 낮다.
③ 응축기에서의 방출열량은 증발기에서 흡수하는 열량과 같다.
④ 증발기의 흡수열량은 응축열량에서 압축일량을 뺀 값과 같다.

정답  32. ③  33. ③  34. ①  35. ④

2015년 10월 10일 시행

해설
① 냉각탑은 냉각수를 냉각시키므로 입구수온은 높고 출구수온은 낮다.
② 응축기에서 냉각수는 열을 흡수하므로 냉각수 입구수온보다 출구수온이 높다.
③ 응축기 방열량($Q_1$)=압축열량($AW$)+증발열량($Q_2$)
④ 증발열량($Q_2$)=응축열량($Q_1$)−압축열량($AW$)

## 문제 36  1냉동톤(한국 RT)이란?

① 65kcal/min
② 1.92kcal/sec
③ 3320kcal/hr
④ 55680kcal/day

해설 냉동톤
1RT(한국 냉동톤)=3,320kcal/hr=3.86kW
1USRT(미국 냉동톤)=3,024kcal/hr

## 문제 37  유기질 보온재인 코르크에 대한 설명으로 틀린 것은?

① 액체, 기체의 침투를 방지하는 작용을 한다.
② 입상(粒狀), 판상(版狀) 및 원통 등으로 가공되어 있다.
③ 굽힘성이 좋아 곡면시공에 사용해도 균열이 생기지 않는다.
④ 냉수·냉매배관, 냉각기, 펌프 등의 보냉용에 사용된다.

해설 코르크는 재질이 여리고 굽힘성이 없어 곡면에 사용하면 균열이 생기기 쉽다.

## 문제 38  수냉식 응축기의 능력은 냉각수 온도와 냉각수량에 의해 결정이 되는데, 응축기의 응축능력을 증대시키는 방법으로 가장 거리가 먼 것은?

① 냉각수량을 줄인다.
② 냉각수의 온도를 낮춘다.
③ 응축기의 냉각관을 세척한다.
④ 냉각수 유속을 적절히 조절한다.

해설 냉각수 온도가 낮고 냉각수량이 증가할수록 응축기의 응축능력은 증가한다.

## 문제 39  혼합원료를 일정량씩 동결시키도록 하는 장치인 배치(batch)식 동결장치의 종류로 가장 거리가 먼 것은?

① 수평형
② 수직형
③ 연속형
④ 브라인식

해설 연속형은 배치식 동결장치에 해당되지 않는다.
참고 접촉식 동결장치 : 냉각된 금속판을 피동결품에 접촉하게 해서 동결시키는 장치
① batch식 : 수평판식, 수직판식
② 연속식

정답  36. ③  37. ③  38. ①  39. ③

**문제 40** 브라인 부식방지처리에 관한 설명으로 틀린 것은?
① 공기와 접촉하면 부식성이 증대하므로 가능한 공기와 접촉하지 않도록 한다.
② $CaCl_2$ 브라인 1L에는 중크롬산소다 1.6g을 첨가하고 중크롬산소다 100g마다 가성소다 27g의 비율로 혼합한다.
③ 브라인은 산성을 띠게 되면 부식성이 커지므로 pH 7.5~8.2 정도로 유지되도록 한다.
④ NaCl 브라인 1L에 대하여 중크롬산소다 0.9g을 첨가하고 중크롬산소다 100g마다 가성소다 1.3g씩 첨가한다.

해설) 염화나트륨(NaCl) 브라인의 부식방지 : 브라인 1L당 중크롬산소다 3.2g을 첨가하고, 중크롬산소다 100g당 가성소다 27g씩 첨가한다.

**문제 41** 피스톤링이 과대 마모되었을 때 일어나는 현상으로 옳은 것은?
① 실린더 냉각
② 냉동능력 상승
③ 체적 효율 감소
④ 크랭크 케이스 내 압력 감소

해설) 피스톤링의 마모 시 장치에 미치는 영향
① 크랭크 케이스 내(저압) 압력이 상승
② 압축기에서 오일부족을 초래
③ 응축기 및 증발기에서 전열이 불량
④ 체적효율 및 냉동능력 감소
⑤ 냉동능력당 소요동력 증가
⑥ 압축기 과열

**문제 42** 다음 중 플랜지 패킹류가 아닌 것은?
① 석면 조인트 시트    ② 고무 패킹
③ 글랜드 패킹        ④ 합성수지 패킹

해설) 플랜지 패킹의 종류
고무 패킹, 석면 조인트 패킹, 합성수지 패킹, 금속 패킹, 오일시일 패킹 등

**문제 43** 프레온 냉매(할로겐화 탄화수소)의 호칭기호 결정과 관계없는 성분은?
① 수소    ② 탄소
③ 산소    ④ 불소

해설) 프레온 냉매(할로겐화 탄화수소)의 호칭기호 결정요소
수소(H), 염소(C), 불소(F), 탄소(C) : HCFC
예) R-22(HCFC 22) : $CHClF_2$

정답  40. ④  41. ③  42. ③  43. ③

2015년 10월 10일 시행

**문제 44** 압축비에 대한 설명으로 옳은 것은?
① 압축비는 고압 압력계가 나타내는 압력을 저압 압력계가 나타내는 압력으로 나눈 값에 1을 더한 값이다.
② 흡입압력이 동일할 때 압축비가 클수록 토출가스 온도는 저하된다.
③ 압축비가 적어지면 소요 동력이 증가한다.
④ 응축압력이 동일할 때 압축비가 커지면 냉동능력이 감소한다.

해설 압축비가 커지면 체적효율, 냉동능력, 성적계수는 저하되고, 소요동력이 증가한다.

**문제 45** 실제 증기압축 냉동사이클에 관한 설명으로 틀린 것은?
① 실제 냉동사이클은 이론 냉동사이클보다 열손실이 크다.
② 압축기를 제외한 시스템의 모든 부분에서 냉매배관의 마찰저항 때문에 냉매유동의 압력강하가 존재한다.
③ 실제 냉동사이클의 압축과정에서 소요되는 일량은 이론 냉동사이클보다 감소하게 된다.
④ 사이클의 작동유체는 순수물질이 아니라 냉매와 오일의 혼합물로 구성되어 있다.

해설 실제 냉동사이클의 압축과정에서의 소요일량은 이론 증기압축 사이클보다 증가한다.

**문제 46** 개별공조방식의 특징에 관한 설명으로 틀린 것은?
① 설치 및 철거가 간편하다.
② 개별제어가 어렵다.
③ 히트 펌프식은 냉·난방을 겸할 수 있다.
④ 실내 유닛이 분리되어 있지 않은 경우는 소음과 진동이 있다.

해설 개별공조방식은 개별제어가 용이하다.

**문제 47** 실내의 현열부하가 52000kcal/h이고, 잠열부하가 25000kcal/h일 때 현열비(SHF)는?
① 0.72
② 0.68
③ 0.38
④ 0.25

해설 현열비, $SHF = \dfrac{\text{현열}}{\text{현열}+\text{잠열}} = \dfrac{52000}{52000+25000} = 0.68$

**문제 48** 다음 설명 중 틀린 것은?
① 지구상에 존재하는 모든 공기는 건조공기로 취급된다.
② 공기 중에 수증기가 많이 함유될수록 상대 습도는 높아진다.
③ 지구상의 공기는 질소, 산소, 아르곤, 이산화탄소 등으로 이루어졌다.
④ 공기 중에 함유될 수 있는 수증기의 한계는 온도에 따라 달라진다.

정답 44. ④ 45. ③ 46. ② 47. ② 48. ①

⋯⋯ 해설 지구상의 자연적으로 존재하는 모든 공기는 습공기이다.

**문제 49** 건축물의 벽이나 지붕을 통하여 실내로 침입하는 열량을 계산할 때 필요한 요소로 가장 거리가 먼 것은?
① 구조체의 면적
② 구조체의 열관류율
③ 상당외기 온도차
④ 차폐계수

⋯⋯ 해설 차폐계수는 유리창을 통한 일사부하 계산 시 적용한다.

**문제 50** 공기조화용 덕트 부속기기의 댐퍼 중 주로 소형 덕트의 개폐용으로 사용되며 구조가 간단하고 완전히 닫았을 때 공기의 누설이 적으나 운전 중 개폐 조작에 큰 힘을 필요로 하며 날개가 중간정도 열렸을 때 와류가 생겨 유량 조절용으로 부적당한 댐퍼는?
① 버터플라이 댐퍼
② 평행익형 댐퍼
③ 대향익형 댐퍼
④ 스플릿 댐퍼

⋯⋯ 해설 소형 덕트의 풍량 조절용으로는 버터플라이(단익) 댐퍼를 사용한다.

**문제 51** 온풍난방기 설치 시 유의사항으로 틀린 것은?
① 기기점검, 수리에 필요한 공간을 확보한다.
② 인화성 물질을 취급하는 실내에는 설치하지 않는다.
③ 실내의 공기온도 분포를 좋게 하기 위하여 창의 위치 등을 고려하여 설치한다.
④ 배기통식 온풍난방기를 설치하는 실내에는 바닥 가까이에 환기구, 천장 가까이에는 연소공기 흡입구를 설치한다.

⋯⋯ 해설 배기통식 온풍난방기를 설치하는 실내에는 바닥 가까이에 연소공기 흡입구를, 천장 가까이는 환기구를 설치한다.

**문제 52** 공조용 전열교환기에 관한 설명으로 옳은 것은?
① 배열회수에 이용하는 배기는 탕비실, 주방 등을 포함한 모든 공간의 배기를 포함한다.
② 회전형 전열교환기의 로터 구동 모터와 급배기 팬은 반드시 연동 운전할 필요가 없다.
③ 중간기 외기냉방을 행하는 공조시스템의 경우에도 별도의 덕트 없이 이용할 수 있다.
④ 외기량과 배기량의 밸런스를 조정할 때 배기량은 외기량의 40% 이상을 확보해야 한다.

⋯⋯ 해설 공조용 전열교환기에서 외기량과 배기량의 밸런스를 조정할 때 배기량은 외기량의 40% 이상을 확보해야 한다.

**정답** 49.④ 50.① 51.④ 52.④

## 문제 53
일정 풍량을 이용한 전공기 방식으로 부하변동의 대응이 어려워 정밀한 온습도를 요구하지 않는 극장, 공장 등의 대규모 공간에 적합한 공기 조화 방식은?

① 정풍량 단일덕트 방식
② 정풍량 2중덕트 방식
③ 변풍량 단일덕트 방식
④ 변풍량 2중덕트 방식

해설 정풍량 단일덕트 방식에 대한 설명이다.

## 문제 54
공조용 취출구 종류 중 원형 또는 원추형 팬을 매달아 여기에 토출기류를 부딪치게 하여 천장면을 따라서 수평방향으로 공기를 취출하는 것으로 유인비 및 소음 발생이 적은 것은?

① 팬형 취출구
② 웨이형 취출구
③ 라인형 취출구
④ 아네모스탯형 취출구

해설 팬형 취출구 : 원형 또는 원추형 팬을 매달아 여기에 토출기류를 부딪치게 하여 천장면을 따라서 수평판 사이로 공기를 내보내는 구조로서 천장형이며 복류형이다.

## 문제 55
난방 설비에 대한 설명으로 옳은 것은?

① 상향 공급식이란 송주주관보다 방열기가 낮을 때 상향 분기한 배관이다.
② 배관방법 중 복관식은 증기관과 응축수관이 동일관으로 사용되는 것이다.
③ 리프트 이음은 진공펌프에 의해 응축수를 원활히 끌어올리기 위해 펌프 입구 쪽에 설치한다.
④ 하트포트 접속은 고압증기 난방과 증기관과 환수관 사이에 저수위 사고를 방지하기 위한 균형관을 포함한 배관방법이다.

해설 진공펌프를 이용하는 진공환수식은 펌프 입구에 리프트이음을 설치하여 응축수를 위쪽으로 끌어올리는 것이 가능하다.

## 문제 56
드럼 없이 수관만으로 되어 있으며 가동시간이 짧고 과열되어 파손되어도 비교적 안전한 보일러는?

① 주철제 보일러
② 관류 보일러
③ 원통형 보일러
④ 노통연관식 보일러

해설 관류 보일러 : 초임계 압력하에서 증기를 얻을 수 있는 보일러로서 하나의 긴관으로 구성되며 드럼이 없고 보유수량이 적어 증기발생이 빠른 보일러

## 문제 57
표준 대기압 상태에서 100℃의 포화수 2kg을 100℃의 건포화증기로 만드는 데 필요한 열량은?

① 3320kcal
② 2435kcal
③ 1078kcal
④ 539kcal

정답 53.① 54.① 55.③ 56.② 57.③

···· 📝 $q_L = G \cdot r = 2 \times 539 = 1078 \,\text{kcal}$

**문제 58** 1차 공조기로부터 보내 온 고속공기가 노즐속을 통과할 때의 유인력에 의하여 2차 공기를 유인하여 냉각 또는 가열하는 방식은?

① 패키지유닛방식  ② 유인유닛방식
③ 팬코일유닛방식  ④ 바이패스방식

···· 📝 유인유닛방식 : 1차 공조기로부터 보내 온 고속공기가 노즐속을 통과할 때의 유인력에 의하여 2차 공기를 유인하여 냉각 또는 가열하는 방식

**문제 59** 다음 내용의 ( ) 안에 들어갈 용어로서 모두 옳은 것은?

> 송풍기 송풍량은 ( ㉮ )이나 기기취득부하에 의해 구해지며 ( ㉯ )는(은) 이들 열 부하 외에 외기부하나 재열부하를 합해서 얻어진다.

① ㉮ 실내취득열량    ㉯ 냉동기용량
② ㉮ 냉각탑방출열량  ㉯ 배관부하
③ ㉮ 실내취득열량    ㉯ 냉각코일용량
④ ㉮ 냉각탑방출열량  ㉯ 송풍기부하

···· 📝 ① 송풍기 송풍량은 실내 취득 현열부하와 기기 취득부하에 의해 구해지며, 냉각코일용량은 이들 열부하 외에 외기부하나 재열부하를 합하여 얻어진다.
② 공조기부하(냉각코일부하)=실내취득 현열부하+기기 취득부하+재열부하+외기부하

**문제 60** 송풍기의 종류 중 전곡형과 후곡형 날개 형태가 있으며 다익 송풍기, 터보 송풍기 등으로 분류되는 송풍기는?

① 원심 송풍기  ② 축류 송풍기
③ 사류 송풍기  ④ 관류 송풍기

···· 📝 송풍기의 종류
① 원심식 : 다익형(시로코형), 터보형, 리밋로드형, 익형
② 축류식 : 프로펠러형

**정답** 58.② 59.③ 60.①

## 2016년 1월 24일 시행

**문제 01** 가연성 가스가 있는 고압가스 저장실은 그 외면으로부터 화기를 취급하는 장소까지 몇 m 이상의 우회거리를 유지해야 하는가?

① 1m ② 2m
③ 7m ④ 8m

해설 고압가스 저장의 시설·기술·검사·안전성평가 기준(KGS FU111)
가스설비 및 저장설비 외면으로부터 화기를 취급하는 장소사이에 유지해야 하는 거리는 우회거리 2m(가연성가스 및 산소의 가스설비 또는 저장설비는 8m) 이상으로 한다.

**문제 02** 가연성 냉매가스 중 냉매설비의 전기설비를 방폭구조로 하지 않아도 되는 것은?

① 에탄 ② 노말부탄
③ 암모니아 ④ 염화메탄

해설 방폭구조로 하지 않아도 되는 가스 : 암모니아, 브롬화메탄

**문제 03** 일반 공구의 안전한 취급 방법이 아닌 것은?

① 공구는 작업에 적합한 것을 사용한다.
② 공구는 사용 전 점검하여 불안전한 공구는 사용하지 않는다.
③ 공구는 옆 사람에게 넘겨줄 때에는 일의 능률 향상을 위하여 던져 신속하게 전달한다.
④ 손이나 공구에 기름이 묻었을 때에는 완전히 닦은 후 사용한다.

해설 공구를 옆 사람에게 넘겨줄 때는 던져 주어서는 안 된다.

**문제 04** 사고 발생의 원인 중 정신적 요인에 해당되는 항목으로 맞는 것은?

① 불안과 초조 ② 수면부족 및 피로
③ 이해부족 및 훈련미숙 ④ 안전수칙의 미 제정

해설 정신적 원인
① 안전지식의 부족 ② 주의력 부족
③ 방심 및 공상 ④ 개성적 결함 요소
⑤ 판단력 부족 또는 그릇된 판단

참고 신체적 원인
① 피로, 수면부족 ② 시력 및 청각기능 이상
③ 근육운동의 부적합 ④ 육체적 능력초과

정답 01. ② 02. ③ 03. ③ 04. ①

## 문제 05
프레온 누설 검지에는 할라이드(halide) 토치를 이용한다. 이때, 프레온 냉매의 누설량에 따른 불꽃의 색깔 변화로 옳은 것은? (단, '정상' – '소량 누설' – '다량 누설' 순으로 한다.)
① 청색 – 녹색 – 자색
② 자색 – 녹색 – 청색
③ 청색 – 자색 – 녹색
④ 자색 – 청색 – 녹색

해설 halide 토치에서의 불꽃 변화
① 누설이 없을 때 : 청색
② 소량 누설 시 : 녹색
③ 다량 누설 시 : 자색
④ 과량 누설 시 : 꺼짐

## 문제 06
가스용접 장치에서 산소와 아세틸렌가스를 혼합 분출시켜 연소시키는 장치는?
① 토치
② 안전기
③ 안전밸브
④ 압력 조정기

해설 토치 : 산소와 아세틸렌 가스를 혼합 분출시켜 연소시키는 장치

## 문제 07
휘발유 등 화기의 취급을 주의해야 하는 물질이 있는 장소에 설치하는 인화성물질 경고표지의 바탕은 무슨 색으로 표시 하는가?
① 흰색
② 노란색
③ 적색
④ 흑색

해설 인화성물질 경고표지 : 바탕은 노랑색, 관련 부호 및 그림은 검정색

## 문제 08
양중기의 종류 중 동력을 사용하여 중량물을 매달아 상하 및 좌우로 운반하는 기계장치는?
① 크레인
② 리프트
③ 곤돌라
④ 승강기

해설 크레인 : 동력을 사용하여 중량물을 매달아 상하 및 좌우로 운반하는 기계장치

## 문제 09
다음 중 보일러에서 점화 전에 운전원이 점검 확인하여야 할 사항은?
① 증기압력관리
② 집진장치의 매진처리
③ 노내 여열로 인한 압력상승
④ 연소실 내 잔류가스 측정

정답  05. ①  06. ①  07. ②  08. ①  09. ④

2016년 1월 24일 시행

…**해설** 보일러 점화 전에 반드시 연소실 내 잔류가스의 유무를 확인하여야 한다.

**문제 10** 최신 자동화 설비는 능률적인 만큼 재해를 일으키는 위험성도 그만큼 높아지는 게 사실이다. 자동화 설비를 구입, 사용하고자 할 때 검토해야 할 사항으로 가장 거리가 먼 것은?
① 단락 또는 스위치나 릴레이 고장 시 오동작
② 밸브 계통의 고장에 따른 오동작
③ 전압 강하 및 정전에 따른 오동작
④ 운전 미숙으로 인한 기계설비의 오동작

…**해설** 운전 미숙으로 인한 기계설비의 오동작은 자동화 설비 구입 시 검토대상과는 거리가 멀다.

**문제 11** 안전관리의 목적으로 가장 적합한 것은?
① 사회적 안정을 기하기 위하여
② 우수한 물건을 생산하기 위하여
③ 최고 경영자의 경영관리를 위하여
④ 생산성 향상과 생산원가를 낮추기 위하여

…**해설** 안전관리의 목적 : 근로자의 안전과 능률 향상

**참고** 안전관리 : 인간 생활의 복지 향상을 위하여 재해로부터 인간의 생명과 재산을 보호하기 위한 계획적이고 체계적인 제반 활동

**문제 12** 기계 운전 시 기본적인 안전 수칙에 대한 설명으로 틀린 것은?
① 작업 중에는 작업 범위 외의 어떤 기계도 사용할 수 있다.
② 방호장치는 허가 없이 무단으로 떼어놓지 않는다.
③ 기계 운전 중에는 기계에서 함부로 이탈할 수 없다.
④ 기계 고장 시는 정지, 고장표시를 반드시 기계에 부착해야 한다.

…**해설** 작업 중에는 작업 범위 외의 어떤 기계도 사용하지 않도록 한다.

**문제 13** 산업재해 예방을 위한 필요한 사항을 지켜야 하며, 사업주나 그 밖의 관련 단체에서 실시하는 산업재해 방지에 관한 조치를 따라야 하는 의무자는?
① 근로자
② 관리감독자
③ 안전관리자
④ 안전보건관리책임자

…**해설** 근로자는 산업재해 예방을 위한 필요한 사항을 지켜야 하며, 사업주나 그 밖의 관련 단체에서 실시하는 산업재해 방지에 관한 조치를 따라야 한다.

**정답** 10. ④ 11. ④ 12. ① 13. ①

## 문제 14
신규 검사에 합격된 냉동용 특정설비의 각인 사항과 그 기호의 연결이 올바르게 된 것은?
① 내용적 : TV
② 용기의 질량 : TM
③ 최고 사용 압력 : FT
④ 내압 시험 압력 : TP

🔍 내압 시험 압력 : TP, 최고 충전 압력 : FP

## 문제 15
다음 기계 작업 중 반드시 운전을 정지하고 해야 할 작업의 종류가 아닌 것은?
① 공작기계 정비 작업
② 냉동기 누설 검사 작업
③ 기계의 날 부분 청소 작업
④ 원심기에서 내용물을 꺼내는 작업

🔍 냉동기 누설 검사는 반드시 운전을 정지하고 해야 할 작업에 해당되지 않는다.

## 문제 16
브라인에 관한 설명으로 틀린 것은?
① 무기질 브라인 중 염화나트륨이 염화칼슘보다 금속에 대한 부식성이 더 크다.
② 염화칼슘 브라인은 공정점이 낮아 제빙, 냉장 등으로 사용된다.
③ 브라인 냉매의 pH값은 7.5~8.2(약 알칼리)로 유지하는 것이 좋다.
④ 브라인은 유기질과 무기질로 구분되며 유기질 브라인의 금속에 대한 부식성이 더 크다.

🔍 브라인은 무기질이 유기질보다 부식성이 크다.

## 문제 17
수동나사 절삭 방법으로 틀린 것은?
① 관 끝은 절삭날이 쉽게 들어갈 수 있도록 약간의 모따기를 한다.
② 관을 파이프 바이스에서 약 150mm 정도 나오게 하고 관이 찌그러지지 않게 주의하면서 단단히 물린다.
③ 나사가 완성되면 편심 핸들을 급히 풀고 절삭기를 뺀다.
④ 나사 절삭기를 관에 끼우고 래칫을 조정한 다음 약 30°씩 회전시킨다.

🔍 나사가 완성되면 편심 핸들을 천천히 푼다.

## 문제 18
냉동장치에서 압력과 온도를 낮추고 동시에 증발기로 유입되는 냉매량을 조절해 주는 장치는?
① 수액기
② 압축기
③ 응축기
④ 팽창밸브

🔍 팽창밸브 : 압력과 온도를 낮추고 동시에 증발기로 유입되는 냉매량을 조절해 주는 장치

정답  14. ④  15. ②  16. ④  17. ③  18. ④

2016년 1월 24일 시행

**문제 19** 냉동능력이 29980kcal/h인 냉동장치에서 응축기의 냉각수 온도가 입구 온도 32℃, 출구 온도 37℃일 때, 냉각수 수량이 120L/min이라고 하면 이 냉동기의 축동력은? (단, 열손실은 없는 것으로 가정한다.)

① 5kW　　　　　　　　　② 6kW
③ 7kW　　　　　　　　　④ 8kW

해설 압축열량($AW$)＝응축열량($Q_1$)－냉동능력($Q_2$)

$$kW = \frac{AW}{860} = \frac{Q_1 - Q_2}{860} = \frac{(w \cdot C \cdot \Delta t) - Q_2}{860}$$

$$= \frac{\{120 \times 60 \times 1 \times (37-32)\} - 29980}{860}$$

$$= 7kW$$

**문제 20** 2원 냉동장치에 대한 설명으로 틀린 것은?
① 주로 약 −80℃ 정도의 극저온을 얻는 데 사용된다.
② 비등점이 높은 냉매는 고온 측 냉동기에 사용된다.
③ 저온부 응축기는 고온부 증발기와 열교환을 한다.
④ 중간 냉각기를 설치하여 고온 측과 저온 측을 열교환 시킨다.

해설 2원 냉동장치에서 카스케이드 응축기를 설치하여 고온 측과 저온 측을 열교환 시킨다.

**문제 21** 강관에서 나타내는 스케줄 번호(schedule number)에 대한 설명으로 틀린 것은?
① 관의 두께를 나타내는 호칭이다.
② 유체의 사용 압력에 비례하고 배관의 허용응력에 반비례 한다.
③ 번호가 클수록 관 두께가 두꺼워 진다.
④ 호칭지름이 같은 관은 스케줄 번호가 같다.

해설 호칭지름이 같은 관이라도 스케줄 번호가 다를 수 있다.

**문제 22** 2단 압축 냉동사이클에서 중간냉각을 행하는 목적이 아닌 것은?
① 고단 압축기가 과열되는 것을 방지한다.
② 고압 냉매액을 과냉시켜 냉동효과를 증대 시킨다.
③ 고압 측 압축기의 흡입가스 중 액을 분리시킨다.
④ 저단 측 압축기의 토출가스를 과열시켜 체적효율을 증대 시킨다.

해설 2단 압축 냉동사이클에서의 중간 냉각기 역할
저단 측 압축기의 토출가스 과열을 제거하여 고단 압축기가 과열되는 것을 방지한다.

정답 19. ③　20. ④　21. ④　22. ④

**문제 23** 기체의 용해도에 대한 설명으로 옳은 것은?

① 고온·고압일수록 용해도가 커진다.
② 저온·저압일수록 용해도가 커진다.
③ 저온·고압일수록 용해도가 커진다.
④ 고온·저압일수록 용해도가 커진다.

〔해설〕 기체의 용해도는 저온·고압일수록 용해도가 커진다.

**문제 24** 전류계의 측정범위를 넓히는 데 사용되는 것은?

① 배율기　　　　　　② 분류기
③ 역률기　　　　　　④ 용량분압기

〔해설〕 분류기와 배율기
① 분류기 : 전류계의 측정범위를 넓히는 데 사용
② 배율기 : 전압계의 측정범위를 넓히는 데 사용

**문제 25** 어떤 회로에 220V의 교류전압으로 10A의 전류를 통과시켜 1.8kW의 전력을 소비하였다면 이 회로의 역률은?

① 0.72　　　　　　② 0.81
③ 0.96　　　　　　④ 1.35

〔해설〕 역률 = $\dfrac{유효전력}{피상전력} = \dfrac{W}{VI} = \dfrac{1800}{220 \times 10} = 0.81$

〔참고〕 역률 : 실제 공급된 피상전력에 대한 유효전력의 비

**문제 26** 유분리기의 설치 위치로서 적당한 곳은?

① 압축기와 응축기 사이　　② 응축기와 수액기 사이
③ 수액기와 증발기 사이　　④ 증발기와 압축기 사이

〔해설〕 유분리기의 설치 위치 : 압축기와 응축기 사이에 설치하여 토출가스 중의 오일을 분리하는 기기

**문제 27** 강관의 전기용접 접합 시의 특징(가스용접에 비해)으로 옳은 것은?

① 유해 광선의 발생이 적다.
② 용접속도가 빠르고 변형이 적다.
③ 박판용접에 적당하다.
④ 열량조절이 비교적 자유롭다.

〔해설〕 전기용접은 가스용접에 비해 용접속도가 빠르고 변형이 적다.

**정답** 23. ③  24. ②  25. ②  26. ①  27. ②

## 2016년 1월 24일 시행

**문제 28** 다음 중 공비혼합물 냉매는?
① R-11
② R-123
③ R-717
④ R-500

해설 공비혼합냉매는 프레온 냉매를 혼합한 것으로 R-500번 단위로 시작한다.

**문제 29** 관의 지름이 다를 때 사용하는 이음쇠가 아닌 것은?
① 부싱
② 레듀서
③ 리턴 밴드
④ 편심 이경 소켓

해설 관의 지름이 다를 때 사용하는 이음쇠 : 레듀서(이경소켓), 부싱, 이경엘보, 이경티

**문제 30** KS규격에서 SPPW는 무엇을 나타내는가?
① 배관용 탄소강 강관
② 압력배관용 탄소강 강관
③ 수도용 아연도금 강관
④ 일반구조용 탄소강 강관

해설 ① 배관용 탄소강 강관 : SPP ② 압력배관용 탄소강 강관 : SPPS
③ 수도용 아연도금 강관 : SPPW ④ 일반구조용 탄소강 강관 : SPS

**문제 31** 다음 냉동장치의 제어장치 중 온도제어장치에 해당되는 것은?
① T.C
② L.P.S
③ E.P.R
④ O.P.S

해설 ① T.C : 온도제어장치 ② L.P.S : 저압차단스위치
③ E.P.R : 증발압력조정밸브 ④ O.P.S : 유압보호스위치

**문제 32** 공기 냉각용 증발기로서 주로 벽 코일 동결실의 선반으로 사용되는 증발기의 형식은?
① 만액식 쉘 앤 튜브식 증발기
② 보데로 증발기
③ 탱크식 증발기
④ 캐스케이드식 증발기

해설 벽 코일 동결실의 선반으로 사용되는 증발기 : 캐스케이드식 증발기

**문제 33** CA냉장고의 주된 용도는?
① 제빙용
② 청과물보관용
③ 공조용
④ 해산물보관용

해설 CA냉장고 : 청과물 저장 시 보다 좋은 저장성을 확보하기 위해 청과물의 호흡을 억제하여 신선도를 유지하기 위한 냉장고

정답 28. ④ 29. ③ 30. ③ 31. ① 32. ④ 33. ②

**문제 34** 전기장의 세기를 나타내는 것은?
① 유전속 밀도  ② 전하 밀도
③ 정전력  ④ 전기력선 밀도

해설 전기장의 세기 : 전기력선 밀도

**문제 35** 고속다기통 압축기에 관한 설명으로 틀린 것은?
① 고속이므로 냉동능력에 비하여 소형경량이다.
② 다른 압축기에 비하여 체적효율이 양호하며, 각 부품 교환이 간단하다.
③ 동적 밸런스가 양호하여 진동이 적어 운전 중 소음이 적다.
④ 용량제어가 타기에 비하여 용이하고, 자동운전 및 무부하 기동이 가능하다.

해설 고속다기통 압축기는 고속회전하므로 상부공극 증가로 체적효율은 떨어진다.

참고 고속 다기통 압축기의 장·단점

| 장 점 | 단 점 |
|---|---|
| ① 고속으로 능력에 비해 소형이다. | ① 체적효율이 낮고 고진공으로 하기가 어렵다. |
| ② 동적·정적 밸런스가 양호하여 진동이 적다. | ② 고속으로 윤활유 소비량이 많다. |
| ③ 용량제어(무부하 기동)가 가능하다. | ③ 윤활유의 열화 및 탄화가 쉽다. |
| ④ 부품의 호환성이 좋다. | ④ 마찰이 커 베어링의 마모가 심하다. |
| ⑤ 강제 급유식을 채택, 윤활이 용이하다. | ⑤ 음향으로 고장 발견이 어렵다. |

**문제 36** 논리곱 회로라고 하며 입력신호 A, B가 있을 때 A, B 모두가 "1"신호로 됐을 때만 출력 C가 "1"신호로 되는 회로는? (단, 논리식은 A·B=C이다.)
① OR 회로  ② NOT 회로
③ AND 회로  ④ NOR 회로

해설 논리곱 회로(AND 회로, A·B=C)
입력신호 A, B가 있을 때 A, B 모두가 "1"신호로 됐을 때만 출력 C가 "1"신호로 되는 회로

| A | B | C |
|---|---|---|
| 0 | 0 | 0 |
| 0 | 1 | 0 |
| 1 | 0 | 0 |
| 1 | 1 | 1 |

**문제 37** 30℃에서 2Ω의 동선이 온도 70℃로 상승하였을 때, 저항은 얼마가 되는가? (단, 동선의 저항온도계수는 0.0042이다.)
① 2.3Ω  ② 3.3Ω
③ 5.3Ω  ④ 6.3Ω

해설 $R_2 = R_1\{1+\alpha(t_2-t_1)\} = 2\times[1+\{0.0042\times(70-30)\}] = 2.34Ω$

정답 34.④ 35.② 36.③ 37.①

2016년 1월 24일 시행

> **참고** 온도상승에 따른 저항
> $R_2 = R_1 + \alpha R_1 (t_2 - t_1) = R_1 \{1 + \alpha(t_2 - t_1)\}$
> 여기서, $\alpha$ : $t_1$에서의 온도계수
> $t_1$ : 처음 온도
> $t_2$ : 변화 후 온도
> $R_1$ : 처음 저항
> $R_2$ : 변화 후 저항

**문제 38** 단열압축, 등온압축, 폴리트로픽 압축에 관한 사항 중 틀린 것은?

① 압축일량은 등온압축이 제일 작다.
② 압축일량은 단열압축이 제일 크다.
③ 압축가스 온도는 폴리트로픽 압축이 제일 높다.
④ 실제 냉동기의 압축방식은 폴리트로픽 압축이다.

> **해설** 압축가스 온도는 단열압축이 제일 높다.
> **참고** 압축일량의 크기 및 압축기 토출가스온도
> 단열압축 > 폴리트로픽압축 > 등온압축(k > n > 1)

**문제 39** 다음 설명 중 틀린 것은?

① 냉동능력 2kW는 약 0.52 냉동톤(RT)이다.
② 냉동능력 10kW, 압축기 동력 4kW인 냉동장치의 응축부하는 14kW이다.
③ 냉매증기를 단열 압축하면 온도는 높아지지 않는다.
④ 진공계의 지시값이 10cmHg인 경우, 절대 압력은 약 0.9kgf/cm²이다.

> **해설** 냉매증기를 단열 압축하면 압축기 토출가스 온도는 높아진다.

**문제 40** P-h선도의 등건조도선에 대한 설명으로 틀린 것은?

① 습증기 구역 내에서만 존재하는 선이다.
② 건도가 0.2는 습증기 중 20%는 액체, 80%는 건조포화증기를 의미한다.
③ 포화액의 건도는 0이고 건조포화증기의 건도는 1이다.
④ 등건조도선을 이용하여 팽창밸브 통과 후 발생한 플래시 가스량을 알 수 있다.

> **해설** 건도가 0.2는 습증기 중 20%는 증기, 80%는 액체를 의미한다.

**문제 41** 펌프의 캐비테이션 방지대책으로 틀린 것은?

① 양흡입 펌프를 사용한다.
② 흡입관경을 크게 하고 길이를 짧게 한다.
③ 펌프의 설치 위치를 낮춘다.
④ 펌프 회전수를 빠르게 한다.

**정답** 38. ③  39. ③  40. ②  41. ④

……⑩ 펌프의 회전수를 빠르게 하면 흡입관의 마찰손실이 증가하여 캐비테이션이 발생하게 된다.

**참고** 캐비테이션(공동) 현상 방지법
① 흡입측의 손실수두를 작게 한다.　② 펌프의 흡입양정을 짧게 한다.
③ 펌프의 회전수를 적게 한다.　　　④ 양흡입 펌프를 사용한다.
⑤ 펌프의 회전차를 수중에 완전히 잠기게 한다.

**문제 42** 왕복동식과 비교하여 회전식 압축기에 관한 설명으로 틀린 것은?
① 잔류가스의 재팽창에 의한 체적효율의 감소가 적다.
② 직결구동이 용이하며 왕복동에 비해 부품수가 적고 구조가 간단하다.
③ 회전식 압축기는 조립이나 조정에 있어 정밀도가 요구되지 않는다.
④ 왕복동식에 비해 진동과 소음이 적다.

……⑩ 회전식 및 스크류 압축기 등은 조립이나 조정에 있어 정밀도가 요구된다.

**문제 43** 원심식 냉동기의 서징 현상에 대한 설명 중 옳지 않은 것은?
① 흡입가스 유량이 증가되어 냉매가 어느 한계치 이상으로 운전될 때 주로 발생한다.
② 서징현상 발생 시 전류계의 지침이 심하게 움직인다.
③ 운전 중 고·저압의 차가 증가하여 냉매가 임펠러를 통과할 때 역류하는 현상이다.
④ 소음과 진동을 수반하고 베어링 등 운동 부분에서 급격한 마모현상이 발생한다.

……⑩ 원심식 냉동기에서 흡입가스 유량이 감소하여 어느 한계치 이하로 운전될 때 서징(맥동)현상이 발생할 수 있으며, 이때 고압이 저하하고 저압이 상승하여 압력계 및 전류계의 지침이 심하게 흔들리고 심한 소음과 진동이 발생한다.

**문제 44** 다음 중 응축기와 관계가 없는 것은?
① 스월(swirl)　　　　　　　　② 쉘 앤 튜브(shell and tube)
③ 로핀 튜브(low finned tube)　④ 감온통(thermo sensing bulb)

……⑩ 감온통은 온도조절식 팽창밸브에 사용된다.

**문제 45** 흡수식 냉동장치에 설치되는 안전장치의 설치 목적으로 가장 거리가 먼 것은?
① 냉수 동결방지　　② 흡수액 결정방지
③ 압력상승방지　　④ 압축기 보호

……⑩ 흡수식 냉동장치에는 압축기를 사용하지 않는다.

**문제 46** 다음 중 효율은 그다지 높지 않고 풍량과 동력의 변화가 비교적 많으며 환기·공조 저속덕트용으로 주로 사용되는 송풍기는?
① 시로코 팬　　　　② 축류 송풍기
③ 에어 포일팬　　　④ 프로펠러형 송풍기

**정답** 42. ③　43. ①　44. ④　45. ④　46. ①

2016년 1월 24일 시행

⋯⋯해설 환기·공조 저속덕트용으로 주로 사용되는 송풍기 : 다익형 팬(시로코 팬)

**문제 47** 히트펌프 방식에서 냉·난방 절환을 위해 필요한 밸브는?
① 감압밸브　　　　② 2방밸브
③ 4방밸브　　　　④ 전동밸브

⋯⋯해설 4방밸브 : 히트펌프 방식에서 냉·난방 절환을 위해 필요한 밸브

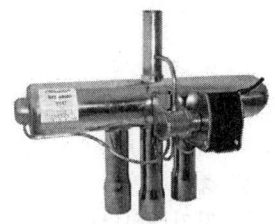

**문제 48** 실내 취득 감열량이 35000kcal/h이고, 실내로 유입되는 송풍량이 9000m³/h일 때 실내의 온도를 25℃로 유지 하려면 실내로 유입되는 공기의 온도를 약 몇 ℃로 해야 되는가? (단, 공기의 비중량은 1.29kg/m³, 공기의 비열은 0.24kcal/kg·℃로 한다.)
① 9.5℃　　　　② 10.6℃
③ 12.6℃　　　　④ 14.8℃

⋯⋯해설 $q_s = \gamma Q c \times (t_r - t_d)$ 에서

$$t_d = t_r - \frac{q_s}{\gamma Q c} = 25 - \frac{35,000}{1.29 \times 9,000 \times 0.24} = 12.4℃$$

**문제 49** 냉각코일의 종류 중 증발관 내에 냉매를 팽창시켜 그 냉매의 증발잠열을 이용하여 공기를 냉각시키는 것은?
① 건코일　　　　② 냉수코일
③ 간접팽창코일　　　　④ 직접팽창코일

⋯⋯해설 냉매의 증발잠열을 이용하여 공기를 냉각시키는 코일 : 직접팽창코일(DX코일)

**문제 50** 다음 중 상대습도를 맞게 표시한 것은?

① $\phi = \dfrac{습공기수증기분압}{포화수증기압} \times 100$　　② $\phi = \dfrac{포화수증기압}{습공기수증기분압} \times 100$

③ $\phi = \dfrac{습공기수증기중량}{포화수증기압} \times 100$　　④ $\phi = \dfrac{포화수증기중량}{습공기수증기중량} \times 100$

⋯⋯해설 상대습도 : 습공기의 수증기압과 동일 온도에 있어서 포화수증기압과의 비

$$\phi = \frac{습공기\ 수증기\ 분압}{동일\ 온도의\ 포화\ 수증기압} \times 100(\%)$$

정답　47. ③　48. ③　49. ④　50. ①

**문제 51** 팬형 가습기에 대한 설명으로 틀린 것은?
① 가습의 응답속도가 느리다.
② 팬 속의 물을 강제적으로 증발시켜 가습한다.
③ 패키지형의 소형 공조기에 많이 사용한다.
④ 가습장치 중 효율이 가장 우수하며, 가습량을 자유로이 변화시킬 수 있다.

해설 가습장치 중 효율이 가장 우수하며, 가습량을 자유로이 변화시킬 수 있는 것은 증기노즐식 가습기이다.

**문제 52** 건물의 바닥, 천장, 벽 등에 온수를 통하는 관을 구조체에 매설하고 아파트, 주택 등에 주로 사용되는 난방방법은?
① 복사난방                ② 증기난방
③ 온풍난방                ④ 전기히터난방

해설 복사난방(패널난방) : 건물의 바닥, 천장, 벽 등에 온수를 통하는 관을 구조체에 매설하고 아파트, 주택 등에 주로 사용되는 난방

**문제 53** 어떤 방의 체적이 2×3×2.5m이고, 실내온도를 21℃로 유지하기 위하여 실외온도 5℃의 공기를 3회/h로 도입할 때 환기에 의한 손실열량은? (단, 공기의 비열은 0.24kcal/kg·℃, 비중량은 1.2kg/m³이다.)
① 207.4kcal/h            ② 381.2kcal/h
③ 465.7kcal/h            ④ 727.2kcal/h

해설 $q_s = \gamma Q C \Delta t = 1.2 \times 45 \times 0.24 \times (21-5) = 207.4$kcal/h
여기서, $Q = nV = 3 \times (2 \times 3 \times 2.5) = 45$m³/h

**문제 54** 환수주관을 보일러 수면보다 높은 위치에 배관 하는 것은?
① 강제순환식              ② 건식환수관식
③ 습식환수관식            ④ 진공환수관식

해설 증기난방의 환수관 배관 방식
① 건식 환수식 : 응축수 환수주관이 보일러 수면보다 높은 위치
② 습식 환수식 : 응축수 환수주관이 보일러 수면보다 낮은 위치

**문제 55** 온풍난방에 사용되는 온풍로의 배치에 대한 설명으로 틀린 것은?
① 덕트 배관은 짧게 한다.
② 굴뚝의 위치가 되도록이면 가까워야 한다.
③ 온풍로의 후면(방문쪽)은 벽에 붙여 고정한다.
④ 습기와 먼지가 적은 장소를 선택한다.

정답 51. ④  52. ①  53. ①  54. ②  55. ③

2016년 1월 24일 시행

⋯⋯ ④ 온풍로의 후면(방문쪽)은 화재 예방상 벽에서 일정한 거리를 유지한다.

**문제 56** 공기조화 방식의 중앙식 공조방식에서 수-공기방식에 해당되지 않는 것은?
① 이중 덕트방식                  ② 유인 유닛방식
③ 팬 코일 유닛방식(덕트병용)      ④ 복사 냉난방 방식(덕트병용)

⋯⋯ 해설 이중 덕트방식 : 전공기방식

**문제 57** 다음 중 대기압 이하의 열매증기를 방출하는 구조로 되어 있는 보일러는?
① 무압 온수보일러                ② 콘덴싱 보일러
③ 유동층 연소보일러              ④ 진공식 온수보일러

⋯⋯ 해설 대기압 이하의 열매증기를 방출하는 구조로 되어 있는 보일러 : 진공식 온수보일러

**문제 58** 실내오염 공기의 유입을 방지해야 하는 곳에 적합한 환기법은?
① 자연환기법                    ② 제1종 환기법
③ 제2종 환기법                  ④ 제3종 환기법

⋯⋯ 해설 제2종 환기법 : 실내를 +압으로 유지하여 실내오염 공기의 유입을 방지해야 하는 곳에 적합

**문제 59** 배관 및 덕트에 사용되는 보온 단열재가 갖추어야 할 조건이 아닌 것은?
① 열전도율이 클 것
② 안전사용온도 범위에 적합할 것
③ 불연성 재료로서 흡습성이 작을 것
④ 물리·화학적 강도가 크고 시공이 용이할 것

⋯⋯ 해설 보온 단열재는 열전도율이 작아야 한다.

**문제 60** 냉열원기기에서 열교환기를 설치하는 목적으로 틀린 것은?
① 압축기 흡입가스를 과열시켜 액 압축을 방지시킨다.
② 프레온 냉동장치에서 액을 과냉각시켜 냉동효과를 증대시킨다.
③ 플래시가스 발생을 최소화한다.
④ 증발기에서의 냉매 순환량을 증가시킨다.

⋯⋯ 해설 냉동장치에서의 열교환기의 역할
① 응축기 출구의 고압 액냉매를 과냉각시켜 플래시가스 감소 및 냉동효과, 성적계수 증대
② 압축기 흡입되는 냉매를 과열시켜 압축기에서의 액압축 방지

정답  56.① 57.④ 58.③ 59.① 60.④

# 2016년 4월 2일 시행

**문제 01** 용접기 취급상 주의사항으로 틀린 것은?
① 용접기는 환기가 잘되는 곳에 두어야 한다.
② 2차측 단자의 한쪽 및 용접기의 외통은 접지를 확실히 해 둔다.
③ 용접기는 지표보다 약간 낮게 두어 습기의 침입을 막아 주어야 한다.
④ 감전의 우려가 있는 곳에서는 반드시 전격방지기를 설치한 용접기를 사용한다.

> 해설 용접기는 지표보다 약간 높게 두어 습기의 침입을 막아 주어야 한다.

**문제 02** 냉동기 검사에 합격 한 냉동기에는 다음 사항을 명확히 각인한 금속박판을 부착하여야 한다. 각인할 내용에 해당되지 않는 것은?
① 냉매가스의 종류          ② 냉동능력(RT)
③ 냉동기 제조자의 명칭 또는 약호   ④ 냉동기 운전조건(주위온도)

> 해설 냉동기의 제조자 또는 수입자는 금속박판에 각인하여 부착해야 할 사항
> ① 냉동기제조자의 명칭 또는 약호
> ② 냉매가스의 종류
> ③ 냉동능력(단위 : RT)
> ④ 원동기소요전력 및 전류(단위 : kW, A)
> ⑤ 제조번호
> ⑥ 내압시험에 합격한 연월일
> ⑦ 내압시험압력(기호 : TP, 단위 : MPa)
> ⑧ 최고사용압력(기호 : DP, 단위 : MPa)

**문제 03** 냉동장치를 정상적으로 운전하기 위한 유의 사항이 아닌 것은?
① 이상고압이 되지 않도록 주의한다.
② 냉매부족이 없도록 한다.
③ 습 압축이 되도록 한다.
④ 각 부의 가스 누설이 없도록 유의한다.

> 해설 냉동장치의 압축기는 습 압축이 되지 않도록 한다.

**문제 04** 전동공구 작업 시 감전의 위험성을 방지하기 위해 해야 하는 조치는?
① 단전         ② 감지
③ 단락         ④ 접지

> 해설 감전의 위험성을 방지하기 위해 해야 하는 조치로서 접지를 한다.

**정답** 01. ③  02. ④  03. ③  04. ④

2016년 4월 2일 시행

**문제 05** 냉동장치를 설비 후 운전할 때 〈보기〉의 작업순서로 올바르게 나열된 것은?

〈보기〉
㉠ 냉각운전   ㉡ 냉매충전   ㉢ 누설시험
㉣ 진공시험   ㉤ 배관의 방열공사

① ㉢→㉣→㉡→㉤→㉠
② ㉣→㉤→㉢→㉡→㉠
③ ㉢→㉤→㉣→㉡→㉠
④ ㉣→㉡→㉢→㉤→㉠

해설 냉동장치 설비 후 작업순서
누설검사→진공시험→냉매충전→배관 방열공사→냉각운전

**문제 06** 배관 작업 시 공구 사용에 대한 주의사항으로 틀린 것은?
① 파이프 리머를 사용하여 관 안쪽에 생기는 거스러미 제거 시 손가락에 상처를 입을 수 있으므로 주의해야 한다.
② 스패너 사용 시 볼트에 적합한 것을 사용해야 한다.
③ 쇠톱 절단 시 당기면서 절단한다.
④ 리드형 나사절삭기 사용 시 조(jaw) 부분을 고정시킨 다음 작업에 임한다.

해설 쇠톱 절단 시 밀면서 절단한다.

**문제 07** 다음 중 소화방법으로 건조사를 이용하는 화재는?
① A급
② B급
③ C급
④ D급

해설 D급화재인 금속화재의 소화방법으로 건조사를 사용한다.

**문제 08** 해머 작업 시 안전수칙으로 틀린 것은?
① 사용 전에 반드시 주위를 살핀다.
② 장갑을 끼고 작업하지 않는다.
③ 담금질된 재료는 강하게 친다.
④ 공동해머 사용 시 호흡을 잘 맞춘다.

해설 담금질된 재료는 강하게 치지 않도록 한다.

**문제 09** 기계설비의 본질적 안전화를 위해 추구해야 할 사항으로 가장 거리가 먼 것은?
① 풀 프루프(fool proof)의 기능을 가져야 한다.
② 안전 기능이 기계설비에 내장되어 있지 않도록 한다.
③ 조작상 위험이 가능한 없도록 한다.
④ 페일 세이프(fail safe)의 기능을 가져야 한다.

정답  05.① 06.③ 07.④ 08.③ 09.②

……**애설** 안전 기능이 기계설비에 내장되어 있도록 한다.

**참고** 풀 프루프와 페일 세이프
① 풀 프루프(fool proof) : 인간이 위험장소에 접근하지 못하게 하는 것으로 기계, 기구의 격리, 시건장치, 기계화 등의 조치를 하는 것
② 페일 세이프(fail safe) : 인간 또는 기계에 과오나 동작상의 실수가 있더라도 사고가 발생하지 않도록 2중 3중으로 통제를 가하는 것

**문제 10** 산업안전보건기준에 관한 규칙에 의하면 작업장의 계단의 폭은 얼마 이상으로 하여야 하는가?
① 50cm　　　　　　　　　② 100cm
③ 150cm　　　　　　　　④ 200cm

……**애설** 산업안전보건기준에 관한 규칙(계단의 폭)
사업주는 계단을 설치하는 때에는 그 폭을 1m (100cm) 이상으로 하여야 한다.

**문제 11** 안전모와 안전대의 용도로 적당한 것은?
① 물체 비산 방지용이다.　　② 추락재해 방지용이다.
③ 전도 방지용이다.　　　　　④ 용접작업 보호용이다.

……**애설** 안전모와 안전대(벨트)는 추락에 의한 재해를 방지한다.

**문제 12** 공구의 취급에 관한 설명으로 틀린 것은?
① 드라이버에 망치질을 하여 충격을 가할 때에는 관통 드라이버를 사용하여야 한다.
② 손 망치는 타격의 세기에 따라 적당한 무게의 것을 골라서 사용하여야 한다.
③ 나사 다이스는 구멍에 암나사를 내는 데 쓰고, 핸드 탭은 수나사를 내는 데 사용한다.
④ 파이프 렌치의 알에는 이가 있어 상처를 주기 쉬우므로 연질 배관에는 사용하지 않는다.

……**애설** 나사 다이스는 구멍에 수나사를 내는 데 쓰고, 핸드 탭은 암나사를 내는 데 사용한다.

**문제 13** 가스보일러의 점화 시 착화가 실패하여 연소실의 환기가 필요한 경우, 연소실 용적의 약 몇 배 이상 공기량을 보내어 환기를 행해야 하는가?
① 2　　　　　　　　　　　② 4
③ 8　　　　　　　　　　　④ 10

……**애설** 가스보일러를 점화하기 전에는 반드시 연소실 용적의 약 4배 이상의 공기로 충분히 환기한 후 점화하도록 한다.

**정답** 10. ②　11. ②　12. ③　13. ②

**문제 14** 컨베이어 등을 사용하여 작업할 때 작업시작 전 점검사항으로 해당되지 않는 것은?

① 원동기 및 풀리 기능의 이상 유무
② 이탈 등의 방지장치 기능의 이상 유무
③ 비상정지장치 기능의 이상 유무
④ 작업면의 기울기 또는 요철 유무

**해설** 컨베이어 등을 사용하여 작업을 하는 때
 ① 원동기 및 풀리 기능의 이상 유무
 ② 이탈 등의 방지장치 기능의 이상 유무
 ③ 비상정지장치 기능의 이상 유무
 ④ 원동기·회전축·기어 및 풀리 등의 덮개 또는 울 등의 이상 유무

**참고** 고소작업대를 사용하여 작업을 하는 때
 ① 비상정지장치 및 비상하강방지장치 기능의 이상 유무
 ② 과부하방지장치의 작동유무(와이어로프 또는 체인구동방식의 경우)
 ③ 아웃트리거 또는 바퀴의 이상 유무
 ④ 작업면의 기울기 또는 요철 유무

**문제 15** 산소 압력 조정기의 취급에 대한 설명으로 틀린 것은?

① 조정기를 견고하게 설치한 다음 가스누설 여부를 비눗물로 점검한다.
② 조정기는 정밀하므로 충격이 가해지지 않도록 한다.
③ 조정기는 사용 후에 조정나사를 늦추어서 다시 사용할 때 가스가 한꺼번에 흘러나오는 것을 방지한다.
④ 조정기의 각부에 작동이 원활하도록 기름을 친다.

**해설** 산소 압력 조정기에는 인화성 물질인 기름 등을 치지 않아야 한다.

**문제 16** 1kg 기체가 압력 200kPa, 체적 0.5m³ 상태로부터 압력 600kPa, 체적 1.5m³로 상태변화 하였다. 이 변화에서 기체 내부의 에너지 변화가 없다고 하면 엔탈피의 변화는?

① 500kJ만큼 증가
② 600kJ만큼 증가
③ 700kJ만큼 증가
④ 800kJ만큼 증가

**해설** $\Delta h = P_2 V_2 - P_1 V_1 = (600 \times 1.5) - (200 \times 0.5) = 800 kJ$

**문제 17** 냉동장치의 냉매배관의 시공상 주의점으로 틀린 것은?

① 흡입관에서 두 개의 흐름이 합류하는 곳은 T이음으로 연결한다.
② 압축기와 응축기가 같은 위치에 있는 경우 토출관은 일단 세워 올려 하향구배로 한다.
③ 흡입관의 입상이 매우 길 때는 약 10m마다 중간에 트랩을 설치한다.
④ 2대 이상의 압축기가 각각 독립된 응축기에 연결된 경우 토출관 내부에 가능한 응축기 입구 가까이에 균압관을 설치한다.

**정답** 14. ④  15. ④  16. ④  17. ①

····예설 두 개의 흐름이 합류하는 곳은 T이음으로 하지 말고 Y이음으로 연결한다.

**문제 18** 냉동장치의 냉매계통 중에 수분이 침입하였을 때 일어나는 현상을 열거한 것으로 틀린 것은?

① 프레온 냉매는 수분에 용해되지 않으므로 팽창밸브를 동결 폐쇄시킨다.
② 침입한 수분이 냉매나 금속과 화학반응을 일으켜 냉매계통의 부식, 윤활유의 열화 등을 일으킨다.
③ 암모니아는 물에 잘 녹으므로 침입한 수분이 동결하는 장애가 적은 편이다.
④ R-12는 R-22보다 많은 수분을 용해하므로, 팽창밸브 등에서의 수분동결의 현상이 적게 일어난다.

····해설 R-12와 R-22 모두 수분을 용해하지 않으므로 팽창밸브 등에서의 수분동결의 현상이 일어난다.

**문제 19** 프레온계 냉매의 특성에 관한 설명으로 틀린 것은?

① 열에 대한 안정성이 좋다.
② 수분의 용해성이 극히 크다.
③ 무색, 무취로 누설 시 발견이 어렵다.
④ 전기 절연성이 우수하므로 밀폐형 압축기에 적합하다.

····예설 프레온계 냉매는 수분의 용해성이 극히 적다.

**문제 20** 만액식 증발기에서 냉매측 전열을 좋게 하는 조건으로 틀린 것은?

① 냉각관이 냉매에 잠겨 있거나 접촉해 있을 것
② 열전달 증가를 위해 관 간격이 넓을 것
③ 유막이 존재하지 않을 것
④ 평균 온도차가 클 것

····해설 만액식 증발기에서 냉매측의 전열을 좋게 하는 방법
① 관이 냉매액과 접촉하거나 잠겨 있을 것
② 관경이 작고 관 간격이 좁을 것
③ 관면이 거칠거나 핀(fin)을 부착할 것
④ 평균 온도차가 크고 유속이 적당할 것
⑤ oil이 체류하지 않을 것

**문제 21** 냉동장치의 배관 설치 시 주의사항으로 틀린 것은?

① 냉매의 종류, 온도 등에 따라 배관재료를 선택한다.
② 온도변화에 의한 배관의 신축을 고려한다.
③ 기기 조작, 보수, 점검에 지장이 없도록 한다.
④ 굴곡부는 가능한 적게 하고 곡률 반경을 작게 한다.

**정답** 18. ④  19. ②  20. ②  21. ④

2016년 4월 2일 시행

⋯⋯**해설** 굴곡부는 가능한 적게 하고 곡률 반경을 되도록 크게 한다.

**문제 22** 흡입배관에서 압력손실이 발생하면 나타나는 현상이 아닌 것은?
① 흡입압력의 저하　　② 토출가스 온도의 상승
③ 비체적 감소　　　　④ 체적효율 저하

⋯⋯**해설** 압력손실이 크면 비체적은 증가한다.

**문제 23** 흡수식 냉동사이클에서 흡수기와 재생기는 증기 압축식 냉동사이클의 무엇과 같은 역할을 하는가?
① 증발기　　　　　　② 응축기
③ 압축기　　　　　　④ 팽창밸브

⋯⋯**해설** 흡수기와 재생기의 역할 : 압축기

**문제 24** 어떤 저항 $R$에 100V의 전압을 인가해서 10A의 전류가 1분간 흘렀다면 저항 $R$에 발생한 에너지는?
① 70000J　　　　　　② 60000J
③ 50000J　　　　　　④ 40000J

⋯⋯**해설** 주울의 법칙
$$H = I^2RT = I^2\left(\frac{V}{I}\right)T = 10^2 \times \left(\frac{100}{10}\right) \times 60 = 60000J$$

**문제 25** 임계점에 대한 설명으로 옳은 것은?
① 어느 압력 이상에서 포화액이 증발이 시작됨과 동시에 건포화 증기로 변하게 되는데, 포화액선과 건포화 증기선이 만나는 점
② 포화온도 하에서 증발이 시작되어 모두 증발하기까지의 온도
③ 물이 어느 온도에 도달하면 온도는 더 이상 상승하지 않고 증발이 시작하는 온도
④ 일정한 압력하에서 물체의 온도가 변화하지 않고 상(相)이 변화하는 점

⋯⋯**해설** 임계점 : 어느 압력 이상에서 포화액이 증발이 시작됨과 동시에 건포화 증기로 변하게 되는데, 포화액선과 건포화증기선이 만나는 점

**참고** 임계점 : 증발잠열이 0으로 증발현상이 없고 액체와 기체의 구별이 없어져 액체와 증기가 서로 평형으로 공존할 수 없는 상태의 점

**문제 26** 관의 직경이 크거나 기계적 강도가 문제될 때 유니온 대용으로 결합하여 쓸 수 있는 것은?
① 이경소켓　　　　　② 플랜지
③ 니플　　　　　　　④ 부싱

**정답** 22. ③　23. ③　24. ②　25. ①　26. ②

⋯⋯ 유니온 이음 : 50A 이하의 나사배관의 보수, 점검 시 사용하나, 직경이 크거나 기계적 강도가 문제가 될 때에는 플랜지를 사용한다.

**문제 27** 동관 작업 시 사용되는 공구와 용도에 관한 설명으로 틀린 것은?
① 플레어링 툴 세트 – 관을 압축 접합할 때 사용
② 튜브벤더 – 관을 구부릴 때 사용
③ 익스팬더 – 관 끝을 오므릴 때 사용
④ 사이징 툴 – 관을 원형으로 정형할 때 사용

⋯⋯ 익스팬더(확관기) : 관 끝을 넓혀 확관할 때 사용

**문제 28** 액 순환식 증발기에 대한 설명으로 옳은 것은?
① 오일이 체류할 우려가 크고 제상 자동화가 어렵다.
② 냉매량이 적게 소요되며 액펌프, 저압수액기 등 설비가 간단하다.
③ 증발기 출구에서 액은 80% 정도이고, 기체는 20% 정도 차지한다.
④ 증발기가 하나라도 여러 개의 팽창밸브가 필요하다.

⋯⋯ 액 순환식 증발기 : 증발기 출구에서 액이 80% 정도이고 기체가 20% 정도로 주로 액체냉각용으로써 다른 증발기에 비해 전열작용이 20% 정도 양호하다.

**문제 29** 팽창밸브에 대한 설명으로 옳은 것은?
① 압축 증대장치로 압력을 높이고 냉각시킨다.
② 액봉이 쉽게 일어나고 있는 곳이다.
③ 냉동부하에 따른 냉매액의 유량을 조절한다.
④ 플래시 가스가 발생하지 않는 곳이며, 일명 냉각장치라 부른다.

⋯⋯ 팽창밸브의 역할
고온·고압의 냉매액을 증발기에서 증발하기 쉽도록 교축작용에 의하여 단열팽창시켜 저온저압으로 낮추어 주는 동시에 냉동부하 변동에 대응하여 냉매량을 조절한다.

**문제 30** 증기 압축식 냉동장치의 냉동원리에 관한 설명으로 가장 적합한 것은?
① 냉매의 팽창열을 이용한다.
② 냉매의 증발잠열을 이용한다.
③ 고체의 승화열을 이용한다.
④ 기체의 온도차에 의한 현열변화를 이용한다.

⋯⋯ 증기 압축식 냉동법 : 냉매액의 증발잠열을 이용

정답  27. ③  28. ③  29. ③  30. ②

2016년 4월 2일 시행

**문제 31** 정현파 교류에서 전압의 실효값($V$)을 나타내는 식으로 옳은 것은? (단, 전압의 최대값을 $V_m$, 평균값을 $V_a$라고 한다.)

① $V = \dfrac{V_a}{\sqrt{2}}$
② $V = \dfrac{V_m}{\sqrt{2}}$
③ $V = \dfrac{\sqrt{2}}{V_m}$
④ $V = \dfrac{\sqrt{2}}{V_a}$

해설 정현파 교류에서 전압의 실효값(V)
$V = \dfrac{V_m}{\sqrt{2}}$

**문제 32** 용적형 압축기에 대한 설명으로 틀린 것은?
① 압축실 내의 체적을 감소시켜 냉매의 압력을 증가시킨다.
② 압축기의 성능은 냉동능력, 소비동력, 소음, 진동값 및 수명 등 종합적인 평가가 요구된다.
③ 압축기의 성능을 측정하는 유용한 두 가지 방법은 성능계수와 단위 냉동능력당 소비동력을 측정하는 것이다.
④ 개방형 압축기의 성능계수는 전동기와 압축기의 운전효율을 포함하는 반면, 밀폐형 압축기의 성능계수에는 전동기효율이 포함되지 않는다.

해설 밀폐형 압축기의 성능계수에는 전동기효율을 포함한다.

**문제 33** 냉매 건조기(dryer)에 관한 설명으로 옳은 것은?
① 암모니아 가스관에 설치하여 수분을 제거한다.
② 압축기와 응축기 사이에 설치한다.
③ 프레온은 수분에 잘 용해되지 않으므로 팽창밸브에서의 동결을 방지하기 위하여 설치한다.
④ 건조제로는 황산, 염화칼슘 등의 물질을 사용한다.

해설 드라이어(건조기) : 프레온 냉매는 수분과 잘 용해하지 않으므로 팽창밸브 출구에서 수분이 동결되어 팽창밸브 출구를 폐쇄시킬 수 있으므로 팽창밸브 직전에 반드시 드라이어를 설치하여야 한다.

**문제 34** 스윙(swing)형 체크밸브에 관한 설명으로 틀린 것은?
① 호칭치수가 큰 관에 사용된다.
② 유체의 저항이 리프트(lift)형보다 적다.
③ 수평배관에만 사용할 수 있다.
④ 핀을 축으로 하여 회전시켜 개폐한다.

해설 스윙(swing)형 체크밸브는 수평·수직배관 모두 사용할 수 있다.

정답 31.② 32.④ 33.③ 34.③

**문제 35** 냉동사이클 내를 순환하는 동작유체로서 잠열에 의해 열을 운반하는 냉매로 가장 거리가 먼 것은?

① 1차 냉매
② 암모니아(NH₃)
③ 프레온(freon)
④ 브라인(brine)

해설 1차 냉매(암모니아, 프레온) : 냉동사이클 내를 순환하는 동작유체로서 잠열에 의해 열을 운반하는 냉매

**문제 36** 직접 식품에 브라인을 접촉시키는 것이 아니고 얇은 금속판 내에 브라인이나 냉매를 통하게 하여 금속판의 외면과 식품을 접촉시켜 동결하는 장치는?

① 접촉식 동결장치
② 터널식 공기 동결장치
③ 브라인 동결장치
④ 송풍 동결장치

해설 접촉식 동결장치 : 냉각된 금속판 외면과 피동결품을 접촉시켜 동결시키는 장치
참고 침지식 동결장치 : 피동결물을 냉각한 부동액 중에 침지시켜 동결시키는 장치

**문제 37** 냉동 부속 장치 중 응축기와 팽창밸브 사이의 고압관에 설치하며, 증발기의 부하 변동에 대응하여 냉매 공급을 원활하게 하는 것은?

① 유분리기
② 수액기
③ 액분리기
④ 중간 냉각기

해설 고압 수액기 : 응축기와 팽창밸브 사이의 고압관에 설치하여 증발기부하 변동에 대응하여 냉매액을 일시 저장하여 냉매의 공급을 원활하게 하는 고압용기

**문제 38** 냉매의 구비 조건으로 틀린 것은?

① 증발잠열이 클 것
② 표면장력이 작을 것
③ 임계온도가 상온보다 높을 것
④ 증발압력이 대기압보다 낮을 것

해설 냉매는 증발압력이 대기압보다 높아야 한다.

**문제 39** 비열비를 나타내는 공식으로 옳은 것은?

① 정적비열 / 비중
② 정압비열 / 비중
③ 정압비열 / 정적비열
④ 정적비열 / 정압비열

해설 비열비=정압비열/정적비열($k = C_p / C_v$)

정답 35.④ 36.① 37.② 38.④ 39.③

2016년 4월 2일 시행

**문제 40** LNG 냉열이용 동결장치의 특징으로 틀린 것은?
① 식품과 직접 접촉하여 급속 동결이 가능하다.
② 외기가 흡입되는 것을 방지한다.
③ 공기에 분산되어 있는 먼지를 철저히 제거하여 장치 내부에 눈이 생기는 것을 방지한다.
④ 저온공기의 풍속을 일정하게 확보함으로써 식품과의 열전달계수를 저하시킨다.

해설 LNG 냉열이용 동결
저온의 LNG(-162℃)로부터 중간냉매를 통하여 식품과 직접 접촉하는 저온 공기로 만들어 식품을 동결하는 장치로서 외기가 흡입되는 것을 방지하고 공기에 분산되어 있는 먼지를 철저히 제거하여 장치 내부에 눈이 생기는 것을 방지하며, 또한 저온 공기의 풍속을 일정하게 확보함으로써 식품과의 열전달계수를 향상시켜 액체 질소 동결장치와 동등한 급속동결을 가능하게 한 것이다.

**문제 41** 열에너지를 효율적으로 이용할 수 있는 방법 중 하나인 축열장치의 특징에 관한 설명으로 틀린 것은?
① 저속 연속운전에 의한 고효율 정격운전이 가능하다.
② 냉동기 및 열원설비의 용량을 감소할 수 있다.
③ 열회수 시스템의 적용이 가능하다.
④ 수질관리 및 소음관리가 필요 없다.

해설 축열장치는 수질관리 및 소음관리가 필요하다.

**문제 42** 암모니아 냉동장치에서 팽창밸브 직전의 온도가 25℃, 흡입가스의 온도가 -10℃인 건조포화증기인 경우, 냉매 1kg당 냉동효과가 350kcal이고, 냉동능력 15RT가 요구될 때의 냉매순환량은?
① 139kg/h
② 142kg/h
③ 188kg/h
④ 176kg/h

해설 냉매순환량
$$G = \frac{냉동능력(Q_2)}{냉동효과(q_2)} = \frac{15 \times 3320}{350} = 142 \text{kg/h}$$

**문제 43** 흡수식 냉동기에서 냉매순환과정을 바르게 나타낸 것은?
① 재생(발생)기 → 응축기 → 냉각(증발)기 → 흡수기
② 재생(발생)기 → 냉각(증발)기 → 흡수기 → 응축기
③ 응축기 → 재생(발생)기 → 냉각(증발)기 → 흡수기
④ 냉각(증발)기 → 응축기 → 흡수기 → 재생(발생)기

해설 흡수식 냉동기의 냉매 순환과정
재생기(발생기) → 응축기 → 증발기(냉각기) → 흡수기

정답 40.④ 41.④ 42.② 43.①

참고 흡수식 냉동기의 흡수제 순환과정
재생기(발생기) → 열교환기 → 흡수기

### 문제 44. 증발기 내의 압력에 의해서 작동하는 팽창밸브는?

① 저압측 플로트 밸브  ② 정압식 자동 팽창밸브
③ 온도식 자동 팽창밸브  ④ 수동 팽창밸브

해설 정압식 자동 팽창밸브(AEV)
증발압력에 의해 작동하므로 증발압력이 항상 일정하게 유지되어 냉수나 브라인의 동결을 방지할 수 있으나 냉동부하에 따른 냉매량 조절은 어렵다.

### 문제 45. 2단 압축 냉동사이클에서 중간냉각기가 하는 역할로 틀린 것은?

① 저단 압축기의 토출가스 온도를 낮춘다.
② 냉매가스를 과냉각시켜 압축비를 상승시킨다.
③ 고단 압축기로의 냉매액 흡입을 방지한다.
④ 냉매액을 과냉각시켜 냉동효과를 증대시킨다.

해설 중간냉각기(inter cooler) 역할
① 증발기 공급액을 과냉각시켜 냉동효과 증대
② 저단 압축기의 토출가스의 과열을 제거
③ 고단 압축기에서의 액압축 방지

### 문제 46. 어떤 상태의 공기가 노점온도보다 낮은 냉각코일을 통과 하였을 때 상태변화를 설명한 것으로 틀린 것은?

① 절대습도 저하  ② 상대습도 저하
③ 비체적 저하  ④ 건구온도 저하

해설 공기의 노점온도보다 낮은 냉각코일(습코일)을 공기가 통과하면 건구온도, 비체적, 절대습도는 저하하고 상대습도는 높아진다.

### 문제 47. 팬의 효율을 표시하는 데 있어서 사용되는 전압효율에 대한 올바른 정의는?

① $\dfrac{축동력}{공기동력}$  ② $\dfrac{공기동력}{축동력}$

③ $\dfrac{회전속도}{송풍기 크기}$  ④ $\dfrac{송풍기 크기}{회전속도}$

해설 축동력 = $\dfrac{공기동력}{전압효율}$ 에서 전압효율 = $\dfrac{공기동력}{축동력}$

정답  44. ②  45. ②  46. ②  47. ②

**문제 48** 다음 중 일반적으로 실내공기의 오염정도를 알아보는 지표로 사용하는 것은?

① $CO_2$농도 ② CO농도
③ PM농도 ④ H농도

해설 $CO_2$농도는 일반적으로 실내공기의 오염정도를 알아보는 지표로 사용한다.

**문제 49** 덕트에서 사용되는 댐퍼의 사용 목적에 관한 설명으로 틀린 것은?

① 풍량조절 댐퍼 - 공기량을 조절하는 댐퍼
② 배연 댐퍼 - 배연덕트에서 사용되는 댐퍼
③ 방화 댐퍼 - 화재 시에 연기를 배출하기 위한 댐퍼
④ 모터 댐퍼 - 자동 제어장치에 의해 풍량조절을 위해 모터로 구동되는 댐퍼

해설 배연 댐퍼 - 화재 시에 연기를 배출하기 위하여 배연덕트에서 사용되는 댐퍼

참고 방화댐퍼와 방연댐퍼
① 방화댐퍼(FD) : 화염이 덕트를 통하여 다른 실로 전달되는 것을 차단하는 댐퍼
② 방연댐퍼(SD) : 실내의 화재 시 발생한 연기가 다른 구역으로 이동하는 것을 방지하는 댐퍼

**문제 50** 실내 현열 손실량이 5000kcal/h일 때, 실내온도를 20℃로 유지하기 위해 36℃ 공기 몇 m³/h를 실내로 송풍해야 하는가? (단, 공기의 비중량은 1.2kgf/m³, 정압비열은 0.24kcal/kg·℃이다.)

① 985m³/h ② 1085m³/h
③ 1250m³/h ④ 1350m³/h

해설 실내 송풍량
$$Q = \frac{q_s}{\gamma C \Delta t} = \frac{5000}{1.2 \times 0.24 \times (36-20)} = 1085 m^3/h$$

**문제 51** 공기세정기에서 유입되는 공기를 정류시키기 위해 설치하는 것은?

① 루버 ② 댐퍼
③ 분무노즐 ④ 엘리미네이터

해설 루버(Louver) : 유입되는 공기의 흐름을 균일하게 정류하여 물방울과의 접촉효율을 향상 시킴.

**문제 52** 단일덕트 정풍량 방식의 특징으로 옳은 것은?

① 각 실마다 부하변동에 대응하기가 곤란하다.
② 외기도입을 충분히 할 수 없다.
③ 냉풍과 온풍을 동시에 공급할 수가 있다.
④ 변풍량에 비하여 에너지 소비가 적다.

해설 단일덕트 정풍량 방식은 중앙제어방식으로 각 실마다 부하변동에 대응하기가 곤란하다.

정답 48.① 49.③ 50.② 51.① 52.①

> 참고 **단일덕트 정풍량 방식(CAV방식)**
> 실내 취출구를 통하여 일정한 풍량으로 송풍온도 및 습도를 변화시켜 부하에 대응하는 방식
> ① 급기량이 일정하여 실내가 쾌적하다.
> ② 변풍량에 비하여 에너지 소비가 크다.
> ③ 각 실의 개별제어가 어렵다.
> ④ 존의 수가 적은 규모에서는 타 방식에 비해 설비비가 싸다.

**문제 53** 보일러에서 배기가스의 현열을 이용하여 급수를 예열하는 장치는?
① 절탄기
② 재열기
③ 증기 과열기
④ 공기 가열기

> 해설 절탄기(급수예열기, economizer)
> 보일러에서 배기가스의 현열을 이용하여 급수를 예열하는 장치

**문제 54** 감습장치에 대한 설명으로 옳은 것은?
① 냉각식 감습장치는 감습만을 목적으로 사용하는 경우 경제적이다.
② 압축식 감습장치는 감습만을 목적으로 하면 소요동력이 커서 비경제적이다.
③ 흡착식 감습장치는 액체에 의한 감습보다 효율이 좋으나 낮은 노점까지 감습이 어려워 주로 큰 용량의 것에 적합하다.
④ 흡수식 감습장치는 흡착식에 비해 감습효율이 떨어져 소규모 용량에만 적합하다.

> 해설 압축식 감습장치는 공기를 압축하여 감습시켜야 하므로 설비비와 소요동력이 커 일반적으로 사용하지 않는다.

**문제 55** 실내 상태점을 통과하는 현열비선과 포화곡선과의 교점을 나타내는 온도로서 취출공기가 실내 잠열부하에 상당하는 수분을 제거하는 데 필요한 코일표면온도를 무엇이라 하는가?
① 혼합온도
② 바이패스 온도
③ 실내 장치노점온도
④ 설계온도

> 해설 실내의 장치노점온도 : 실내 상태점을 통과하는 현열비선과 포화곡선의 교점으로 취출공기가 실내의 잠열부하를 실내 잠열부하를 상당하는 수분을 제거하기 위한 공기 선도상의 노점온도
> 참고 장치의 장치노점온도 : 공기가 냉각코일이나 에어와셔에 유입되면 건구온도와 절대습도가 내려가 최종적으로 공기는 코일의 표면온도와 일치하게 되는 냉각 코일 표면의 온도로 유효 현열비를 사용하면 실내의 장치노점온도와 코일의 장치노점온도가 일치하게 된다.

**문제 56** 다음 개별식 공조방식에 해당되는 것은?
① 팬코일 유닛 방식(덕트 병용)
② 유인 유닛 방식
③ 패키지 유닛 방식
④ 단일 덕트 방식

> 해설 개별식 공조방식 : 패키지 유닛 방식, 룸쿨러 방식, 멀티 쿨러 방식 등

**정답** 53.① 54.② 55.③ 56.③

2016년 4월 2일 시행

**문제 57** 증기난방에 사용되는 부속기기인 감압밸브를 설치하는 데 있어서 주의사항으로 틀린 것은?

① 감압밸브는 가능한 사용개소에 가까운 곳에 설치한다.
② 감압밸브로 응축수를 제거한 증기가 들어오지 않도록 한다.
③ 감압밸브 앞에는 반드시 스트레이너를 설치하도록 한다.
④ 바이패스는 수평 또는 위로 설치하고, 감압밸브의 구경과 동일한 구경으로 하거나 1차측 배관지름보다 한 치수 적은 것으로 한다.

해설 감압밸브에는 응축수를 제거한 증기만 들어오도록 한다.(감압밸브 전에 기수분리기 설치)

**문제 58** 회전식 전열교환기의 특징에 관한 설명으로 틀린 것은?

① 로터의 상부에 외기공기를 통과하고 하부에 실내공기가 통과한다.
② 열교환은 현열뿐 아니라 잠열도 동시에 이루어진다.
③ 로터를 회전시키면서 실내공기의 배기공기와 외기공기를 열교환한다.
④ 배기공기는 오염물질이 포함되지 않으므로 필터를 설치할 필요가 없다.

해설 실내 배기공기는 오염물질이 포함되므로 필터를 설치할 필요가 있다.

**문제 59** 온풍난방에 대한 장점이 아닌 것은?

① 예열시간이 짧다.
② 실내 온습도 조절이 비교적 용이하다.
③ 기기설치 장소의 선정이 자유롭다.
④ 단열 및 기밀성이 좋지 않은 건물에 적합하다.

해설 난방 시 열손실 방지를 위해 단열 및 기밀성은 좋아야 한다.

**문제 60** 다음 설명 중 틀린 것은?

① 대기압에서 0℃ 물의 증발잠열은 약 597.3 kcal/kg이다.
② 대기압에서 0℃ 공기의 정압비열은 약 0.44 kcal/kg·℃이다.
③ 대기압에서 20℃의 공기 비중량은 약 1.2 kgf/m³이다.
④ 공기의 평균 분자량은 약 28.96kg/kmol이다.

해설 대기압에서 0℃ 공기의 정압비열은 약 0.24kcal/kg·℃이다.
참고 수증기의 정압비열 : 0.441kcal/kg℃

정답 57.② 58.④ 59.④ 60.②

# 2016년 7월 10일 시행

**문제 01** 보일러 운전 중 수위가 저하되었을 때 위해를 방지하기 위한 장치는?
① 화염 검출기　　② 압력차단기
③ 방폭문　　　　 ④ 저수위 경보장치

⋯⋯ 저수위 경보장치 : 보일러 운전 중 수위가 저하되었을 때 저수위에 따른 위해를 방지하기 위한 경보장치

**문제 02** 보호구를 선택 시 유의사항으로 적절하지 않은 것은?
① 용도에 알맞아야 한다.　　② 품질이 보증된 것이어야 한다.
③ 쓰기 쉽고 취급이 쉬워야 한다.　　④ 겉모양이 호화스러워야 한다.

⋯⋯ 겉모양보다 안전성능이 우수하여야 한다.

**문제 03** 보일러 취급 시 주의사항으로 틀린 것은?
① 보일러의 수면계 수위는 중간위치를 기준 수위로 한다.
② 점화 전에 미연소가스를 방출시킨다.
③ 연료계통의 누설 여부를 수시로 확인한다.
④ 보일러 저부의 침전물 배출은 부하가 가장 클 때 하는 것이 좋다.

⋯⋯ 보일러 저부의 침전물 배출은 부하가 가장 작을 때 한다.

**문제 04** 보일러 취급 부주의로 작업자가 화상을 입었을 때 응급처치 방법으로 적당하지 않은 것은?
① 냉수를 이용하여 화상부의 화기를 빼도록 한다.
② 물집이 생겼으면 터뜨리지 않고 상처부위를 보호한다.
③ 기계유나 변압기유를 바른다.
④ 상처부위를 깨끗이 소독한 다음 상처를 보호한다.

⋯⋯ 물집은 터뜨리지 말고 화상부를 냉수에 담구어 화기를 뺀 후 소독한 다음 상처를 보호한다.

**문제 05** 가스용접 작업 시 유의사항이다. 적절하지 못한 것은?
① 산소병은 60℃ 이하 온도에서 보관하고 직사광선을 피해야 한다.
② 작업자의 눈을 보호하기 위해 차광안경을 착용해야 한다.
③ 가스누설의 점검을 수시로 해야 하며 점검은 비눗물로 한다.
④ 가스용접장치는 화기로부터 일정거리 이상 떨어진 곳에 설치해야 한다.

**정답** 01. ④　02. ④　03. ④　04. ③　05. ①

2016년 7월 10일 시행

…해설 산소병은 40℃ 이하의 온도에서 보관하고 직사광선을 피해야 한다.

## 문제 06 발화온도가 낮아지는 조건 중 옳은 것은?

① 발열량이 높을수록
② 압력이 낮을수록
③ 산소농도가 낮을수록
④ 열전도도가 낮을수록

…해설 발열량이 높을수록 발화온도는 낮아진다.

참고 발화온도(발화점) : 가연성물질이 공기중에서 점화원이 없이 스스로 연소를 개시할 수 있는 최저온도

## 문제 07 산소-아세틸렌 용접 시 역화의 원인으로 틀린 것은?

① 토치 팁이 과열 되었을 때
② 토치에 절연장치가 없을 때
③ 사용가스의 압력이 부적당할 때
④ 토치 팁 끝이 이물질로 막혔을 때

…해설 가스 용접 토치는 절연장치를 하지 않는다.

## 문제 08 안전사고의 원인으로 불안전한 행동(인적 원인)에 해당하는 것은?

① 불안전한 상태 방치
② 구조재료의 부적합
③ 작업환경의 결함
④ 복장 보호구의 결함

…해설 불안전한 상태 방치는 불안한전 행동(인적 원인)에 해당한다.

참고 물(物)적 원인(불안전한 상태, 설비 및 환경 등의 불량)
① 물(物) 자체의 결함
② 안전, 방호장치의 결함
③ 복장, 보호구의 결함
④ 물(物)의 배치 및 작업장소 결함
⑤ 작업환경의 결함
⑥ 생산공정의 결함
⑦ 경계표지, 설비의 결함

## 문제 09 기계설비에서 일어나는 사고의 위험요소로 가장 거리가 먼 것은?

① 협착점
② 끼임점
③ 고정점
④ 절단점

…해설 기계설비에서 일어나는 사고의 위험요소들의 위험점 : 협착점, 끼임점, 절단점, 물림점, 접선 물림점, 회전 말림점

## 문제 10 줄 작업 시 안전사항으로 틀린 것은?

① 줄의 균열 유무를 확인한다.
② 부러진 줄은 용접하여 사용한다.
③ 줄은 손잡이가 정상인 것만을 사용한다.
④ 줄 작업에서 생긴 가루는 입으로 불지 않는다.

…해설 부러진 줄은 재사용 하지 않는다.

정답  06.① 07.② 08.① 09.③ 10.②

**문제 11** 해머(hammer)의 사용에 관한 유의 사항으로 거리가 가장 먼 것은?
① 쇄기를 박아서 손잡이가 튼튼하게 박힌 것을 사용한다.
② 열간 작업 시에는 식히는 작업을 하지 않아도 계속해서 작업할 수 있다.
③ 타격면이 닳아 경사진 것은 사용하지 않는다.
④ 장갑을 끼지 않고 작업을 진행한다.

해설 해머의 열간 작업 시에는 작업 도중 식힌 후 작업하여야 한다.

**문제 12** 재해예방의 4가지 기본원칙에 해당되지 않는 것은?
① 대책선정의 원칙  ② 손실우연의 원칙
③ 예방가능의 원칙  ④ 재해통계의 원칙

해설 산업재해예방의 4원칙
① 예방가능의 원칙 : 천재지변을 제외한 모든 인재는 예방이 가능하다.
② 손실우연의 원칙 : 사고 결과 손실의 유무나 대소는 사고 당시의 조건에 따라 우연적으로 발생한다.
③ 원인연계의 원칙 : 사고에는 반드시 원인이 있고 원인은 대부분 복합적 연계 원인이다.
④ 대책선정의 원칙 : 사고의 원인이나 불안전 요소가 발견되며 반드시 대책이 선정 실시되어야 하며, 대책 선정이 가능하다.

**문제 13** 아크용접작업 기구 중 보호구와 관계없는 것은?
① 용접용 보안면  ② 용접용 앞치마
③ 용접용 홀더    ④ 용접용 장갑

해설 아크용접작업 시 보호구 : 용접면, 용접장갑, 용접앞치마, 용접조끼, 안전화 등

**문제 14** 안전관리 관리 감독자의 업무가 아닌 것은?
① 작업 전·후 안전점검 실시  ② 안전작업에 관한 교육훈련
③ 작업의 감독 및 지시       ④ 재해 보고서 작성

해설 관리감독자의 업무 내용(산업안전보건법 시행령)
① 사업장 내 관리감독자가 지휘·감독하는 작업과 관련된 기계·기구 또는 설비의 안전·보건 점검 및 이상 유무의 확인
② 관리감독자에게 소속된 근로자의 작업복·보호구 및 방호장치의 점검과 그 착용·사용에 관한 교육·지도
③ 해당 작업에서 발생한 산업재해에 관한 보고 및 이에 대한 응급조치
④ 해당 작업의 작업장 정리·정돈 및 통로확보에 대한 확인·감독
⑤ 해당 사업장의 산업보건의, 안전관리자 및 보건관리자의 지도·조언에 대한 협조
⑥ 위험성평가를 위한 업무에 기인하는 유해·위험요인의 파악 및 그 결과에 따른 개선조치의 시행
⑦ 그 밖에 해당 작업의 안전·보건에 관한 사항으로서 고용노동부령으로 정하는 사항

정답  11. ②  12. ④  13. ③  14. ①

2016년 7월 10일 시행

**문제 15** 정(chisel)의 사용 시 안전관리에 적합하지 않은 것은?
① 비산 방지판을 세운다.
② 올바른 치수와 형태의 것을 사용한다.
③ 칩이 끊어져 나갈 무렵에는 힘주어서 때린다.
④ 담금질한 재료는 정으로 작업하지 않는다.

해설 정 작업 시 칩이 끊어져 나갈 무렵에는 힘을 빼고 천천히 타격한다.

**문제 16** 저항이 250Ω이고 40W인 전구가 있다. 점등 시 전구에 흐르는 전류는?
① 0.1A  ② 0.4A
③ 2.5A  ④ 6.2A

해설 전력 $P = VI = I^2R$ 에서 $I = \sqrt{\dfrac{P}{R}} = \sqrt{\dfrac{40}{250}} = 0.4[A]$

**문제 17** 바깥지름 54mm, 길이 2.66m, 냉각관 수 28개로 된 응축기가 있다. 입구 냉각수온 22℃, 출구 냉각수온 28℃이며 응축온도는 30℃이다. 이때 응축부하는? (단, 냉각관의 열통과율 900kcal/m²·h·℃이고, 온도차는 산술 평균 온도차를 이용한다.)
① 25300kcal/h  ② 43700kcal/h
③ 56859kcal/h  ④ 79682kcal/h

해설 $Q_1 = K \cdot F \cdot \Delta t_m = 900 \times 12.635 \times 5 = 56858\,\text{kcal/h}$
여기서, $F = \pi \cdot D \cdot l \cdot N = \pi \times 0.054 \times 2.66 \times 28 = 12.6352\,\text{m}^2$
$\Delta t_m = 응축온도 - \left(\dfrac{냉각수입구온도 + 출구온도}{2}\right) = 30 - \left(\dfrac{22+28}{2}\right) = 5[℃]$

**문제 18** 관 절단 후 절단부에 생기는 거스러미를 제거하는 공구로 가장 적절한 것은?
① 클립  ② 사이징 툴
③ 파이프 리머  ④ 쇠 톱

해설 파이프 리머: 관 절단부 안에 생기는 거스러미(burr) 제거하는 공구

**문제 19** 암모니아($NH_3$) 냉매에 대한 설명으로 틀린 것은?
① 수분에 잘 용해된다.
② 윤활유에 잘 용해된다.
③ 독성, 가연성, 폭발성이 있다.
④ 전열 성능이 양호하다.

해설 암모니아 냉매는 수분에 잘 용해된다.

정답  15. ③  16. ②  17. ③  18. ③  19. ②

**문제 20** 자기유지(self holding)에 관한 설명으로 옳은 것은?

① 계전기 코일에 전류를 흘려서 여자시키는 것
② 계전기 코일에 전류를 차단하여 자화 성질을 잃게 되는 것
③ 기기의 미소 시간 동작을 위해 동작되는 것
④ 계전기가 여자된 후에도 동작 기능이 계속해서 유지되는 것

해설 자기유지 회로 : 계전기(릴레이)가 여자된 후에도 기능이 계속해서 유지되는 회로

**문제 21** 냉동기에서 열교환기는 고온유체와 저온유체를 직접혼합 또는 원형동관으로 유체를 분리하여 열교환하는데 다음 설명 중 옳은 것은?

① 동관 내부를 흐르는 유체는 전도에 의한 열전달이 된다.
② 동관 내벽에서 외벽으로 통과할 때는 복사에 의한 열전달이 된다.
③ 동관 외벽에서는 대류에 의한 열전달이 된다.
④ 동관 내부에서 외벽까지 복사, 전도, 대류의 열전달이 된다.

해설 동관 외벽에서는 대류에 의해 열전달이 된다.

**문제 22** 증발열을 이용한 냉동법이 아닌 것은?

① 압축 기체 팽창 냉동법      ② 증기분사식 냉동법
③ 증기 압축식 냉동법          ④ 흡수식 냉동법

해설 압축 기체 팽창 냉동법 : 압축기에서 고온고압으로 압축된 공기는 냉각기에서 냉각되어 팽창기로 들어가 압력과 온도가 저하되며 이러한 저온의 공기를 냉동에 이용하는 냉동법(엔진용 압축기를 이용할 수 있는 항공기 등에서 사용)

**문제 23** 열전 냉동법의 특징에 관한 설명으로 틀린 것은?

① 운전부분으로 인해 소음과 진동이 생긴다.
② 냉매가 필요 없으므로 냉매 누설로 인한 환경오염이 없다.
③ 성적계수가 증기 압축식에 비하여 월등히 떨어진다.
④ 열전소자의 크기가 작고 가벼워 냉동기를 소형, 경량으로 만들 수 있다.

해설 열전 냉동는 반도체를 이용한 전자 냉동기로 운전부분이 없어 소음과 진동이 거의 없다.

**문제 24** 왕복식 압축기 크랭크축이 관통하는 부분에 냉매나 오일이 누설되는 것을 방지하는 것은?

① 오일링                ② 압축링
③ 축봉장치              ④ 실린더 재킷

해설 축봉장치(shaft seal) : 압축기 크랭크 케이스의 크랭크축이 관통하는 부분에서 냉매나 오일이 누설방지나 진공운전으로 인한 외기가 침입되지 않도록 기밀을 유지하기 위해 축을 봉해 주는 장치

**정답** 20. ④  21. ③  22. ①  23. ①  24. ③

## 2016년 7월 10일 시행

**문제 25** 냉동장치에 사용하는 윤활유인 냉동기유와 구비조건으로 틀린 것은?

① 응고점이 낮아 저온에서도 유동성이 좋을 것
② 인화점이 높을 것
③ 냉매와 분리성이 좋을 것
④ 왁스(wax) 성분이 많을 것

해설 윤활유의 구비조건
① 응고점 및 유동점이 낮을 것
② 인화점이 높고 점도가 적당할 것
③ 항 유화성이 있을 것
④ 불순물이 적고 절연내력이 클 것
⑤ 방청능력 및 냉매와의 용해성이 적을 것
⑥ 왁스성분이 적고 저온에서 왁스(wax) 성분이 분리되지 않을 것
⑦ 금속이나 패킹류를 부식시키지 않을 것

**문제 26** 불연속 제어에 속하는 것은?

① ON-OFF 제어   ② 비례 제어
③ 미분 제어     ④ 적분 제어

해설 불연속 제어 : ON-OFF(2위치) 제어, 다위치 제어, 불연속 속도 제어

**문제 27** 다음의 P-h(모리엘)선도는 현재 상태를 나타내는 사이클인가?

① 습냉각
② 과열냉각
③ 습압축
④ 과냉각

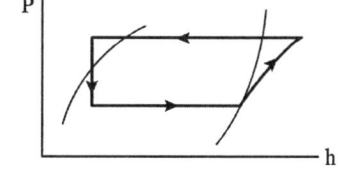

해설 과냉각 건조압축 상태의 사이클이다.

**문제 28** 냉동기에 냉매를 충전하는 방법으로 틀린 것은?

① 액관으로 충전한다.
② 수액기로 충전한다.
③ 유분리기로 충전한다.
④ 압축기 흡입 측에 냉매를 기화시켜 충전한다.

해설 냉매 충전방법
① 압축기 흡입 측으로 가스 충전하는 방법
② 압축기 토출 측으로 가스 충전하는 방법
③ 수액기로 액 충전하는 방법
④ 액관으로 액 충전하는 방법

정답  25. ④  26. ①  27. ④  28. ③

**문제 29** 브라인을 사용할 때 금속의 부식방지법으로 틀린 것은?

① 브라인 pH를 7.5~8.2 정도로 유지 한다.
② 공기와 접촉시키고, 산소를 용입시킨다.
③ 산성이 강하면 가성소다로 중화시킨다.
④ 방청제를 첨가한다.

····· 해설 브라인의 부식방지
① 공기와의 접촉을 피하고
② 브라인의 pH를 7.5~8.2로 유지하고
③ 수분과의 접촉을 피한다.

**문제 30** 흡수식 냉동기에 관한 설명으로 틀린 것은?

① 압축식에 비해 소음과 진동이 적다.
② 증기, 온수 등 배열을 이용할 수 있다.
③ 압축식에 비해 설치 면적 및 중량이 크다.
④ 흡수식은 냉매를 기계적으로 압축하는 방식이며, 열적(熱的)으로 압축하는 방식은 증기압축식이다.

····· 해설 냉매를 기계적으로 압축하는 방식은 증기압축식이다.

**문제 31** 주파수가 60Hz인 상용 교류에서 각속도는?

① 141rad/s   ② 171rad/s
③ 377rad/s   ④ 623rad/s

····· 해설 $\omega = 2\pi f = 2 \times 3.14 \times 60 = 377 \, rad/sec$

**문제 32** 흡입압력 조정밸브(SPR)에 대한 설명으로 틀린 것은?

① 흡입압력이 일정압력 이하가 되는 것을 방지한다.
② 저전압에서 높은 압력으로 운전될 때 사용된다.
③ 종류에는 직동식, 내부 파이롯트, 작동식, 외부 파이롯드 작동식 등이 있다.
④ 흡입압력의 변동이 많은 경우에 사용한다.

····· 해설 흡입압력 조정밸브(SPR) : 흡입압력이 일정이상 되었을 때 과부하로 인한 전동기 소손을 방지
① 흡입압력의 변화가 많은 장치일 경우
② 높은 흡입압력으로 장시간 기동 및 운전되는 경우
③ 저전압에서 높은 흡입압력으로 운전해야 하는 경우
④ 고압가스 제상으로 흡입압력이 높아지는 경우

**정답** 29. ② 30. ④ 31. ③ 32. ①

2016년 7월 10일 시행

**문제 33** 다음 중 제빙장치의 주요 기기에 해당되지 않는 것은?
① 교반기　　　　　　　　② 양빙기
③ 송풍기　　　　　　　　④ 탈빙기

해설 제빙장치의 주요 기기
① 제빙탱크　② 브라인 교반기　③ 빙관　　　④ 공기교반장치
⑤ 양빙기　　⑥ 용빙기　　　　　⑦ 탈빙기　　⑧ 자동 주수조

**문제 34** 다음 중 프로세스 제어에 속하는 것은?
① 전압　　　　　　　　　② 전류
③ 유량　　　　　　　　　④ 속도

해설 프로세스(process) 제어 : 온도, 압력, 유량, 습도 등의 상태량을 제어

**문제 35** 배관의 신축 이음쇠의 종류로 가장 거리가 먼 것은?
① 스위블형　　　　　　　② 루프형
③ 트랩형　　　　　　　　④ 벨로즈형

해설 신축이음장치의 종류 : 루프형, 슬리브형, 벨로즈형, 스위블형, 볼조인트 등

**문제 36** 증기분사 냉동법 설명으로 가장 옳은 것은?
① 융해열을 이용하는 방법　　② 승화열을 이용하는 방법
③ 증발열을 이용하는 방법　　④ 펠티어 효과를 이용하는 방법

해설 증발열을 이용하는 냉동법 : 증기압축식, 증기분사식, 흡수식 등

**문제 37** 냉동장치에 수분이 침입되었을 때 에멀젼 현상이 일어나는 냉매는?
① 황산　　　　　　　　　② R-12
③ R-22　　　　　　　　　④ $NH_3$

해설 유탁액(에멀존) 현상 : 암모니아에 다량의 수분 함유 시 윤활유가 우유빛으로 변하는 현상

**문제 38** 역카르노 사이클에 대한 설명 중 옳은 것은?
① 2개의 압축과정과 2개의 증발과정으로 이루어져 있다.
② 2개의 압축과정과 2개의 응축과정으로 이루어져 있다.
③ 2개의 단열과정과 2개의 등온과정으로 이루어져 있다.
④ 2개의 증발과정과 2개의 응축과정으로 이루어져 있다.

정답 33.③ 34.③ 35.③ 36.③ 37.④ 38.③

[해설] 역카르노 사이클
2개의 단열과정과 2개의 등온과정으로 구성
① A→B : 단열압축
② B→C : 등온압축
③ C→D : 단열팽창
④ D→A : 등온팽창

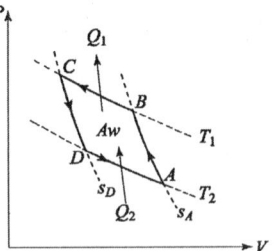

**문제 39** 프레온 냉동장치의 배관에 사용되는 재료로 가장 거리가 먼 것은?
① 배관용 탄소강 강관
② 배관용 스테인레스 강관
③ 이음매 없는 동관
④ 탈산 동관

[해설] 냉동장치의 배관 재료

| 명 칭 | 적 용 여 부 | | |
|---|---|---|---|
| | 암모니아 | 메틸클로라이드 | 프레온 |
| 배관용 탄소강관 | ○ | ○ | ○ |
| 압력배관용 탄소강관 | ○ | ○ | ○ |
| 배관용 스테인레스강관 | ○ | ○ | ○ |
| 저온배관용 강관 | ○ | ○ | ○ |
| 이음매 없는 동관 | × | ○ | ○ |
| 탈산 동관 | × | ○ | ○ |
| 이음매 없는 알루미늄 | - | × | ○ |

**문제 40** 표준냉동사이클의 모리엘(P-h)선도에서 압력이 일정하고, 온도가 저하되는 과정은?
① 압축과정
② 응축과정
③ 팽창과정
④ 증발과정

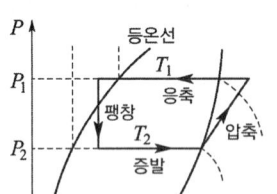

① 압축과정 : 압력상승, 온도 상승
② 응축과정 : 압력일정, 온도 저하
③ 팽창과정 : 압력저하, 온도 저하
④ 증발과정 : 압력일정, 온도 일정

[참고] 냉동 사이클에서의 냉매 상태변화

| 구 분 | 압력 | 온도 | 비체적 | 엔탈피 |
|---|---|---|---|---|
| 압축과정 | 상승 | 상승 | 감소 | 상승 |
| 응축과정 | 일정 | 감소 | 감소 | 감소 |
| 팽창과정 | 감소 | 감소 | 상승 | 일정 |
| 증발과정 | 일정 | 일정 | 상승 | 상승 |

**정답** 39. 전항정답(공단답①) 40. ②

## 2016년 7월 10일 시행

**문제 41** 냉동 장치에서 가스 퍼져(purger)를 설치할 경우, 가스의 인입선은 어디에 설치해야 하는가?

① 응축기와 증발기 사이에 한다.
② 수액기와 팽창밸브 사이에 한다.
③ 응축기와 수액기의 균압관에 한다.
④ 압축기의 토출관으로부터 응축기의 3/4되는 곳에 한다.

해설 불응축 가스퍼저의 불응축가스의 인입은 응축기와 수액기의 균압관에서 한다.

**문제 42** 배관의 중간이나 밸브, 각종 기기의 접속 및 보수점검을 위하여 관의 해체 또는 교환 시 필요한 부속품은?

① 플랜지     ② 소켓
③ 밴드       ④ 바이패스관

해설 기기의 접속 및 관의 해체 또는 교환 시 필요한 부속품 : 플랜지

**문제 43** 저단측 토출가스의 온도를 냉각시켜 고단측 압축기가 과열되는 것을 방지하는 것은?

① 부스터      ② 인터쿨러
③ 팽창탱크    ④ 콤파운드 압축기

해설 2단압축에서의 중간냉각기(인터쿨러)의 역할
① 증발기로 공급되는 냉매액을 과냉각시켜 냉동효과 및 성적계수 증대
② 저단측 압축기(booster) 토출가스의 온도를 저하하여 고단 압축기에서의 과열방지
③ 고단 압축기 흡입가스 중의 액을 분리시켜 액압축을 방지

**문제 44** 축봉장치(shaft seal)의 역할로 가장 거리가 먼 것은?

① 냉매 누설 방지       ② 오일 누설 방지
③ 외기 침입 방지       ④ 전동기의 슬립(slip)방지

해설 축봉장치는 전동기의 슬립방지와는 관계가 없다.

참고 축봉장치(shaft seal) : 압축기 크랭크 케이스의 크랭크축이 관통하는 부분에서 냉매나 오일이 누설방지나 진공운전으로 인한 외기가 침입되지 않도록 기밀을 유지하기 위해 축을 봉해 주는 장치이다.

**문제 45** 냉동사이클에서 증발온도를 일정하게 하고 응축온도를 상승시켰을 경우의 상태변화로 옳은 것은?

① 소요동력 감소      ② 냉동능력 증대
③ 성적계수 증대      ④ 토출가스 온도 상승

해설 응축온도가 상승하면 응축압력이 올라가 압축비가 상승하여 압축기 소요동력 증가에 따라 압축기 토출가스온도는 상승한다.

**정답** 41. ③  42. ①  43. ②  44. ④  45. ④

**문제 46** 개별 공조방식의 특징이 아닌 것은?

① 취급이 간단하다.
② 외기 냉방을 할 수 있다.
③ 국소적인 운전이 자유롭다.
④ 중앙방식에 비해 소음과 진동이 크다.

〔해설〕 개별 공조방식은 냉매방식으로 외기 도입이 어려워 외기 냉방이 어렵다.

**문제 47** 공조방식 중 각층 유닛방식의 특징으로 틀린 것은?

① 각 층의 공조기 설치로 소음과 진동의 발생이 없다.
② 각 층별로 부분 부하운전이 가능하다.
③ 중앙기계실의 면적을 적게 차지하고 송풍기 동력도 적게 든다.
④ 각층 슬래브의 관통 덕트가 없게 되므로 방재상 유리하다.

〔해설〕 각층 유닛방식은 각 층의 유닛(공조기) 설치로 소음과 진동이 발생한다.

**문제 48** 환기방법 중 제1종 환기법으로 옳은 것은?

① 자연급기와 강제배기　　② 강제급기와 자연배기
③ 강제급기와 강제배기　　④ 자연급기와 자연배기

〔해설〕 기계 환기
① 제1종 환기 : 강제급기+강제배기
② 제2종 환기 : 강제급기+자연배기
③ 제3종 환기 : 자연급기+강제배기

**문제 49** 외기온도 −5℃일 때 공급공기를 18℃로 유지하는 열펌프로 난방을 한다. 방의 총 열손실이 50000kcal/h일 때 외기로부터 얻은 열량은?

① 43500kcal/h　　② 46047kcal/h
③ 50000kcal/h　　④ 53255kcal/h

〔해설〕 히트펌프의 성적계수

$$\varepsilon = \frac{T_1}{T_1 - T_2} = \frac{(18+273)}{(18+273)-(-5+273)} = 12.65$$

$$\varepsilon = \frac{Q_1}{Q_1 - Q_2} \text{에서 } \varepsilon(Q_1 - Q_2) = Q_1$$

$$\varepsilon Q_1 - \varepsilon Q_2 = Q_1, \ \varepsilon Q_1 - Q_1 = \varepsilon Q_2$$

$$Q_1(\varepsilon - 1) = \varepsilon Q_2$$

$$Q_2 = \frac{Q_1(\varepsilon - 1)}{\varepsilon} = \frac{50000 \times (12.65 - 1)}{12.65} = 46047 \text{kcal/h}$$

정답　46. ②　47. ①　48. ③　49. ②

2016년 7월 10일 시행

**문제 50** 외기온도가 32.3℃, 실내온도가 26℃이고, 일사를 받은 벽의 상당온도차가 22.5℃, 벽체의 열관류율이 3kcal/m²·h·℃일 때, 벽체의 단위 면적당 이동하는 열량은?

① 18.9kcal/m²·h
② 67.5kcal/m²·h
③ 96.9kcal/m²·h
④ 101.8kcal/m²·h

해설 $q = K \cdot A \cdot \Delta t_e = 3 \times 1 \times 22.5 = 67.5 \, \text{kcal/m}^2 \cdot \text{h}$

**문제 51** 프로펠러의 회전에 의하여 축방향으로 공기를 흐르게 하는 송풍기는?

① 관류 송풍기
② 축류 송풍기
③ 터보 송풍기
④ 크로스 플로우 송풍기

해설 축류 송풍기 : 프로펠러의 회전에 의하여 축 방향으로 공기가 흐르는 송풍기

**문제 52** (가), (나), (다)와 같은 관로의 국부저항계수(전압기준)가 큰 것부터 작은 순서로 나열한 것은?

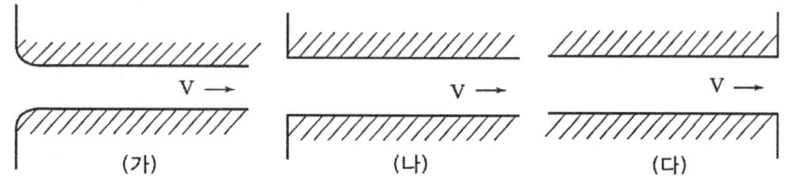

① (가) > (나) > (다)
② (가) > (다) > (나)
③ (나) > (다) > (가)
④ (다) > (나) > (가)

해설 국부저항 계수가 큰 순서 : (다) > (나) > (가)

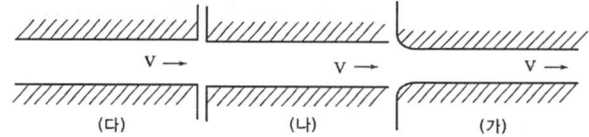

**문제 53** 다음 중 건조 공기의 구성요소가 아닌 것은?

① 산소
② 질소
③ 수증기
④ 이산화탄소

해설 건조 공기의 구성 : 질소, 산소, 알곤, 이산화탄소, 헬륨 등

정답 50. ② 51. ② 52. ④ 53. ③

## 문제 54. 쉘 앤 튜브(shell & tube)형 열교환기에 관한 설명으로 옳은 것은?

① 전열관 내 유속은 내식성이나 내마모성을 고려하여 약 1.8m/s 이하가 되도록 하는 것이 바람직하다.
② 동관을 전열관으로 사용할 경우 유체 온도는 200℃ 이상이 좋다.
③ 증기와 온수의 흐름은 열교환 측면에서 병행류가 바람직하다.
④ 열관류율은 재료와 유체의 종류에 상관없이 거의 일정하다.

**해설**
① 전열관 내 유속이 1.8m/s 이상이 되면 동관의 내식성이나 내마모성에 영향을 미치므로 1.8m/s 이하가 되도록 하는 것이 바람직하다.
② 유체의 온도가 150℃ 이상이 되면 동관의 강도가 서서히 저하 되므로 150℃ 이하의 유체를 이용하는 것이 좋다.
③ 증기와 온수의 흐름은 열교환 측면에서 흐름방향을 반대로 하여 대향류가 바람직하다.
④ 열관류율은 재료와 유체의 종류에 따라 600~2,000kcal/m²h℃ 정도이다.

## 문제 55. 보일러에서 공기 예열기 사용에 따라 나타나는 현상으로 틀린 것은?

① 열효율 증가
② 연소 효율 증대
③ 저질탄 연소 가능
④ 노내 연소속도 감소

**해설** 공기 예열기 : 보일러 배기가스의 폐열을 이용하여 연소용 공기를 예열하여 폐열을 회수하는 장치로서 연소효율이 좋아 노내 온도가 상승하고 저질탄 연소가 가능하며 열효율이 증대한다.

## 문제 56. 공기조화시스템의 열원장치 중 보일러에 부착되는 안전장치가 아닌 것은?

① 감압밸브
② 안전밸브
③ 화염검출기
④ 저수위 경보장치

**해설** 감압밸브 : 보일러에서 발생한 고압의 증기를 저압으로 저하시키는 것으로서 보일러의 안전장치가 아니다.

## 문제 57. 가습방식에 따른 분류로 수분무식 가습기가 아닌 것은?

① 원심식
② 초음파식
③ 모세관식
④ 분무식

**해설** 수분무식 가습기의 종류 : 원심식. 초음파식, 분무식

## 문제 58. 물질의 상태는 변화 하지 않고, 온도만 변화시키는 열을 무엇이라고 하는가?

① 현열
② 잠열
③ 비열
④ 융해열

**해설** 현열(감열) : 물질의 상태변화 없이 온도변화만 일으켜 온도계에 온도변화로 나타나는 열

**정답** 54. ① 55. ④ 56. ① 57. ③ 58. ①

2016년 7월 10일 시행

**문제 59** 축류형 송풍기의 크기는 송풍기의 번호로 나타내는데 회전날개의 지름(mm)을 얼마로 나눈 것을 번호(NO)로 나타내는가?
① 100
② 150
③ 175
④ 200

해설 축류형 송풍기의 번호 = $\dfrac{\text{임펠러(깃)의 지름(mm)}}{100}$

참고 원심 송풍기의 번호 = $\dfrac{\text{임펠러(깃)의 지름(mm)}}{150}$

**문제 60** 송풍기의 풍량 제어 방식에 대한 설명으로 옳은 것은?
① 토출댐퍼 제어 방식에서 토출댐퍼를 조이면 송풍량은 감소하나 출구압력이 증가한다.
② 흡입 베인 제어 방식에서 흡입측 베인을 조금씩 닫으면 송풍량 및 출구압력이 모두 증가한다.
③ 흡입댐퍼 제어방식에서 흡입댐퍼를 조이면 송풍량 및 송풍압력이 모두 증가한다.
④ 가변피치 제어방식에서 피치각도를 증가시키면 송풍량은 증가하지만 압력은 감소한다.

해설 ① 토출댐퍼를 조이면 송풍량은 감소하나 출구압력은 증가한다.
② 흡입측 베인을 조금씩 닫으면 송풍량 및 출구압력이 모두 감소한다.
③ 흡입댐퍼를 조이면 송풍량 및 송풍압력이 모두 감소한다.
④ 날개의 피치각도를 증가시키면 송풍량 및 송풍압력이 모두 감소한다.

정답 59. ① 60. ①

# 제1회 CBT 모의고사

**문제 01** 냉동설비에 설치된 수액기의 방류둑 용량에 관한 설명으로 옳은 것은?
① 방류둑 용량은 설치된 수액기 내용적의 90% 이상으로 할 것
② 방류둑 용량은 설치된 수액기 내용적의 80% 이상으로 할 것
③ 방류둑 용량은 설치된 수액기 내용적의 70% 이상으로 할 것
④ 방류둑 용량은 설치된 수액기 내용적의 60% 이상으로 할 것

**문제 02** 해머 작업 시 보안경을 꼭 써야 할 경우에 해당되는 작업 방향은?
① 위쪽 방향   ② 아래쪽 방향
③ 왼쪽 방향   ④ 오른쪽 방향

**문제 03** 용접작업 중 감전사고가 발생했을 때 응급조치 방법이 아닌 것은?
① 즉시 냉수를 먹인다.   ② 인공호흡을 시킨다.
③ 전원을 차단한다.   ④ 119에 전화한다.

**문제 04** 2개 이상의 전선이 서로 접촉되어 폭음과 함께 녹아 버리는 현상은?
① 혼촉   ② 단락
③ 누전   ④ 지락

**문제 05** 가스보일러의 점화 전 주의사항 중 연소실 용적의 약 몇 배 이상의 공기량을 보내어 충분히 환기를 행해야 되는가?
① 2   ② 4
③ 6   ④ 8

**문제 06** 가연성 가스가 있는 고압가스 저장실 주위에는 화기를 취급해서는 안 된다. 이때 화기를 취급하는 장소와 몇 m 이상의 거리를 두어야 하는가?
① 1   ② 2
③ 7   ④ 8

**문제 07** 정전 작업이 끝난 후 필요한 조치사항은?
① 감전 위험요인 제거   ② 개로 개폐기의 시건 혹은 표시
③ 단락 접지   ④ 감독자 선임

문제 08 냉동기 운전 중 액압축이 일어나는 경우에 나타나는 현상으로 옳은 것은?
① 토출배관이 따뜻해진다.
② 실린더에 서리가 낀다.
③ 실린더가 과열된다.
④ 축수하중이 감소한다.

문제 09 안전보건표시에서 비상구 및 피난소, 사람 또는 차량의 통행표지의 색채는?
① 빨강
② 녹색
③ 파랑
④ 노랑

문제 10 전기 기기의 방폭구조의 형태가 아닌 것은?
① 내압 방폭구조
② 안전증 방폭구조
③ 특수 방폭구조
④ 차동 방폭구조

문제 11 외부의 점화원에 의해서 인화될 수 있는 최저온도를 ( ㉠ )이라 하고, 외부의 직접적인 점화원이 없이 축적에 의하여 발화되고 연소가 일어나는 최저온도를 ( ㉡ )이라 한다. 빈칸에 알맞은 말로 연결된 것은?
① ㉠ 누전, ㉡ 지락
② ㉠ 지락, ㉡ 누전
③ ㉠ 인화점, ㉡ 발화점
④ ㉠ 발화점, ㉡ 인화점

문제 12 후레온 냉동장치를 능률적으로 운전하기 위한 대책이 아닌 것은?
① 이상고압이 되지 않도록 주의한다.
② 냉매부족이 없도록 한다.
③ 습압축이 되도록 한다.
④ 각부의 가스 누설이 없도록 유의한다.

문제 13 다음 중 냉동기의 토출압력이 이상 상승 시 제일 먼저 작동되는 안전장치는?
① 안전두 스프링
② 저압차단 스위치
③ 고압차단 스위치
④ 유압차단 스위치

문제 14 가연성가스 냉매설비에 설치하는 방출관의 방출구 위치 기준으로 옳은 것은?
① 지상으로부터 2m 이상의 높이
② 지상으로부터 3m 이상의 높이
③ 지상으로부터 4m 이상의 높이
④ 지상으로부터 5m 이상의 높이

**문제 15** 전기용접에 의한 감전사망의 위험성은 체내를 통과한 다음 어느 것에 의해서 결정되는가?
① 속도치  ② 전류치
③ 수용치  ④ 주행치

**문제 16** 체적효율은 클리어런스의 증대에 의하여 (　)한다. 또한 압축비가 클수록 (　)하게 되며, $C_p/C_v$가 작은 냉매일수록 그 정도가 (　). 단, 여기서 $C_p$는 (　)비열, $C_v$는 (　)비열이다. 괄호 안에 알맞은 말이 순서대로 맞게 짝지어진 것은?
① 감소, 감소, 크다, 정압, 정적   ② 증가, 감소, 적다, 정압, 정적
③ 감소, 증가, 크다, 정압, 정적   ④ 증가, 증가, 적다, 정압, 정적

**문제 17** 온도 자동 팽창밸브에서 감온통의 부착 위치는?
① 팽창밸브 출구  ② 증발기 입구
③ 증발기 출구    ④ 수액기 출구

**문제 18** 다음 중 강관용 공구가 아닌 것은?
① 파이프 바이스  ② 파이프 커터
③ 드레서         ④ 동력 나사 절삭기

**문제 19** 다음 중 옳은 것은?
① 냉각탑의 입구수온은 출구수온보다 낮다.
② 응축기 냉각수 출구온도는 입구온도보다 낮다.
③ 응축기에서의 방출열량은 증발기에서 흡수하는 열량과 같다.
④ 증발기의 흡수열량은 응축열량에서 압축열량을 뺀 값과 같다.

**문제 20** 이론상의 표준냉동사이클에서 냉매가 팽창밸브를 통과할 때 변하는 것은?
① 엔탈피와 압력    ② 온도와 엔탈피
③ 압력과 온도      ④ 엔탈피와 비체적

**문제 21** 압축기 용량 제어의 목적이 아닌 것은?
① 경제적 운전을 하기 위하여    ② 일정한 증발온도를 유지하기 위하여
③ 경부하 운전을 하기 위하여    ④ 응축압력을 일정하게 유지하기 위하여

문제 22. 만액식 증발기에서 전열을 좋게 하는 조건 중 틀린 것은?
① 냉각관이 냉매에 잠겨있거나 접촉해 있을 것
② 관 간격이 넓을 것
③ 관면이 거칠거나 핀이 부착되어 있을 것
④ 평균온도차가 클 것

문제 23. 회전식 압축기의 특징에 해당 되지 않는 것은?
① 조립이나 조정에 있어서 고도의 정밀도가 요구된다.
② 대형 압축기와 저온용 압축기에 많이 사용한다.
③ 왕복동식보다 부품수가 적으며, 흡입 밸브가 없다.
④ 압축이 연속적으로 이루어져 진공펌프로도 사용된다.

문제 24. 20℃에서 4Ω의 동선이 온도 80℃로 상승하였을 때 저항은 몇 Ω이 되는가? (단, 동선의 저항온도계수는 0.00393이다.)
① 3.94
② 4.94
③ 5.94
④ 6.94

문제 25. 냉매의 구비조건으로 틀린 것은?
① 저온에서 증발압력이 대기압 이하일 것
② 임계온도가 높고 상온에서 액화될 것
③ 증발잠열이 크고 액체비열이 작을 것
④ 증기의 비열비가 작을 것

문제 26. 습포화 증기에 관한 사항 중 올바른 것은?
① 가열하면 과열증기, 포화증기 순으로 된다.
② 냉각하면 건조포화 증기가 된다.
③ 습포화 증기 중 액체가 차지하는 질량비를 습도라 한다.
④ 대기압하에서 습포화 증기의 온도는 98℃ 정도이다.

문제 27. 다음 중 냉동장치에 관한 설명이 옳지 않은 것은?
① 안전밸브가 작동하기 전에 고압 차단 스위치가 작동하도록 조정한다.
② 온도식 자동 팽창변의 감온통은 증발기의 입구측에 붙인다.
③ 가용전은 응축기의 보호를 위하여 사용한다.
④ 파열판은 주로 터보 냉동기의 저압 측에 사용한다.

**문제 28.** 증발기에서 나온 냉매가스를 압축기에서 압축하는 이유는?
① 냉매가스의 온도를 상승시키기 위하여
② 냉매가스의 비체적을 감소시키기 위하여
③ 압력을 상승시켜 응축기 내에서 쉽게 액화할 수 있게 하기 위하여
④ 응축기에서 냉각수량 부족 시 수온상승을 방지하기 위하여

**문제 29.** 냉동기유의 구비조건 중 옳지 않은 것은?
① 응고점과 유동점이 높을 것
② 인화점이 높을 것
③ 점도가 적당할 것
④ 전기절연 내력이 클 것

**문제 30.** 다음 중 흡수식 냉동장치의 적용대상이 아닌 것은?
① 백화점 공조용
② 산업공조용
③ 제빙공장용
④ 냉난방 장치용

**문제 31.** 압축기의 토출가스 압력의 상승 원인이 아닌 것은?
① 냉각수온의 상승
② 냉각수량의 감소
③ 불응축가스의 부족
④ 냉매의 과충전

**문제 32.** 작동 전에는 열려있고 조작할 때 닫히는 접점은 무엇이라고 하는가?
① 브레이크 접점
② 메이크 접점
③ 보조 접점
④ b 접점

**문제 33.** 강관에서 나타내는 스케줄 번호(schedule number)에 대한 설명으로 틀린 것은?
① 관의 두께를 나타내는 호칭이다.
② 유체의 사용 압력에 비례하고 배관의 허용응력에 반비례한다.
③ 번호가 클수록 관 두께가 두꺼워진다.
④ 호칭지름이 같은 관은 스케줄 번호가 같다.

**문제 34.** 온도 작동식 자동 팽창밸브에 대한 설명으로 옳은 것은?
① 실온을 써모스탯에 의하여 감지하고, 밸브의 개도를 조정한다.
② 팽창밸브 직전의 냉매온도에 의하여 자동적으로 개도를 조정한다.
③ 증발기 출구의 냉매온도에 의하여 자동적으로 개도를 조정한다.
④ 압축기의 토출 냉매온도에 의하여 자동적으로 개도를 조정한다.

**문제 35** 저장품을 동결하기 위한 동결부하 계산에 속하지 않는 것은?
① 동결 전 부하
② 동결 후 부하
③ 동결 잠열
④ 환기 부하

**문제 36** 표준 냉동사이클에서 과냉각도는 얼마인가?
① 45℃
② 30℃
③ 15℃
④ 5℃

**문제 37** 2단압축 냉동장치에서 각각 다른 2대의 압축기를 사용하지 않고 1대의 압축기가 2대의 압축기 역할을 할 수 있는 압축기는?
① 부스터 압축기
② 캐스케이드 압축기
③ 콤파운드 압축기
④ 보조 압축기

**문제 38** 다음 중 입형 쉘 앤 튜브식 응축기의 특징이 아닌 것은?
① 옥외설치가능
② 액냉매의 과냉각도가 쉬움
③ 과부하에 잘 견딤
④ 운전 중 청소가능

**문제 39** 다음 중 지수식 응축기라고도 하며, 나선 모양의 관에 냉매를 통과 시키고 이 나선관을 구형 또는 원형의 수조에 담고 순환시켜 냉매를 응축시키는 응축기는?
① 증발식 응축기
② 쉘 앤 코일식 응축기
③ 공형식 응축기
④ 대기식 응축기

**문제 40** 유체의 입구와 출구의 각이 직각이며, 주로 방열기의 입구 연결 밸브나 보일러 주증기 밸브로 사용되는 밸브는?
① 슬루스 밸브(Sluice valve)
② 체크 밸브(Check valve)
③ 게이트 밸브(Gate valve)
④ 앵글 밸브(Angle valve)

**문제 41** 피스톤링이 과대 마모되었을 때 일어나는 현상으로 옳은 것은?
① 실린더 냉각
② 체적효율 감소
③ 냉동능력 상승
④ 크랭크 케이스 내 압력 감소

**문제 42** 서로 다른 지름의 관을 이을 때 사용되는 것은?
① 부싱 ② 유니온
③ 플러그 ④ 소켓

**문제 43** 저항이 250Ω이고 40W인 전구가 있다. 점등 시 전구에 흐르는 전류는 몇 A인가?
① 0.16 ② 0.4
③ 2.5 ④ 6.25

**문제 44** 2원 냉동장치 냉매로 많이 사용되는 R-290은 어느 것인가?
① 부탄 ② 에틸렌
③ 에탄 ④ 프로판

**문제 45** 만액식 증발기에 사용되는 팽창밸브는?
① 모세관 팽창밸브 ② 온도식 자동 팽창밸브
③ 정압식 자동 팽창밸브 ④ 저압식 플로트 밸브

**문제 46** 고온수 난방의 특징으로 적당하지 않은 것은?
① 고온수 난방은 증기난방에 비하여 연료절약이 된다.
② 고온수 난방방식의 설계는 일반적인 온수난방방식보다 쉽다.
③ 공급과 환수의 온도차를 크게 할 수 있으므로 열수송량이 크다.
④ 장거리 열수송에 고온수일수록 배관경이 작아진다.

**문제 47** 냉동기의 용량 결정에 있어서 실내취득 열량이 아닌 것은?
① 벽체로부터의 열량 ② 인체 발생 열량
③ 기구 발생 열량 ④ 덕트로부터의 열량

**문제 48** 겨울철 창면을 따라서 존재하는 냉기에 의해 외기와 접한 창면에 존재하는 사람은 더욱 추위를 느끼게 되는 현상을 콜드 드래프트라 한다. 다음 중 콜드 드래프트의 원인으로 볼 수 없는 것은?
① 인체 주위의 온도가 너무 낮을 때
② 주위 벽면의 온도가 너무 낮을 때
③ 창문의 틈새가 많을 때
④ 인체 주위 기류 속도가 너무 느릴 때

**문제 49** 다음 중 노통연관 보일러에 대한 설명으로 옳지 않은 것은?
① 노통 보일러와 연관 보일러의 장점을 혼합한 보일러이다.
② 보일러 효율이 80~85%로 매우 높다.
③ 형체에 비해 전열면적이 크다.
④ 수관식 보일러보다는 가격이 비싸다.

**문제 50** 대형 덕트에서 덕트의 강도를 높이기 위해 덕트의 옆면 철판에 주름을 잡아주는 것을 무엇이라 하는가?
① 보강 바                  ② 다이아몬드 브레이크
③ 보강 앵글                ④ 슬립

**문제 51** 다음 중 대규모 건축물에서 중앙공조방식이 개별 공조방식보다 우수한 점은?
① 유지관리가 편리하다.     ② 개별 제어가 쉽다.
③ 국소운전이 편리하다.     ④ 조닝이 쉽다.

**문제 52** 인체활동 시의 대사를 표시하는 단위는?
① FMR                     ② BMR
③ MET                     ④ CET

**문제 53** 증기배관의 말단이나 방열기 환수구에 설치하여 증기관이나 방열기에서 발생한 응축수 및 공기를 배출하여 수격작용 및 배관의 부식을 방지하는 장치는?
① 공기빼기밸브(AAV)       ② 신축이음(EXP)
③ 증기트랩(ST)            ④ 팽창탱크(ET)

**문제 54** 냉동기의 증발기에서 공조기의 코일로 공급되는 것은?
① 냉매                    ② 냉수
③ 냉각수                  ④ 냉풍

**문제 55** 공조기에 사용되는 에어필터의 여과효율을 검사하는 데 사용되는 방법과 거리가 먼 것은?
① 중량법                  ② DOP법
③ 변색도법                ④ 체적법

**문제 56** 인체로부터의 발생 열량에 대한 설명 중 틀린 것은?
① 인체 발열량은 사람의 활동 상태에 따라 달라진다.
② 식당에서 식사하는 인원에 대해서는 음식물의 발열량도 포함시킨다.
③ 인체 발생열에는 감열과 잠열이 있다.
④ 인체 발생열은 인체 내의 기초 대사에 의한 것이므로 실내온도에 관계없이 일정하다.

**문제 57** 증기난방에서 사용되는 부속기기인 감압밸브를 설치하는 데 있어서 주의사항이 아닌 것은?
① 감압밸브는 가능한 사용개소에 가까운 곳에 설치한다.
② 감압밸브로 응축수를 제거한 증기가 들어오지 않도록 한다.
③ 감압밸브 앞에는 반드시 스트레이너(strainer)를 설치하도록 한다.
④ 바이패스는 수평 또는 위로 설치하고 감압밸브의 구경과 동일 구경으로 한다.

**문제 58** 냉방부하의 종류 중 실내부하에 해당하는 것은?
① 문틈에서의 틈새바람
② 환기덕트, 배관에서의 손실
③ 펌프의 동력열
④ 외기부하

**문제 59** 난방부하를 줄일 수 있는 요인으로 가장 거리가 먼 것은?
① 천장을 통한 전도열
② 태양열에 의한 복사열
③ 사람에서의 발생열
④ 기계의 발생열

**문제 60** 실리카겔, 활성알루미나 등의 고체 흡착제를 사용하여 공기의 수분을 제거하는 감습 방법은?
① 냉각감습
② 압축감습
③ 흡수감습
④ 흡착감습

**정답**

| 01 | ① | 02 | ① | 03 | ① | 04 | ② | 05 | ② | 06 | ④ | 07 | ① | 08 | ② | 09 | ② | 10 | ④ |
|---|---|---|---|---|---|---|---|---|---|---|---|---|---|---|---|---|---|---|---|
| 11 | ② | 12 | ③ | 13 | ① | 14 | ④ | 15 | ② | 16 | ① | 17 | ③ | 18 | ③ | 19 | ④ | 20 | ③ |
| 21 | ④ | 22 | ② | 23 | ② | 24 | ② | 25 | ① | 26 | ③ | 27 | ③ | 28 | ③ | 29 | ① | 30 | ③ |
| 31 | ③ | 32 | ② | 33 | ④ | 34 | ③ | 35 | ④ | 36 | ④ | 37 | ③ | 38 | ② | 39 | ② | 40 | ④ |
| 41 | ② | 42 | ④ | 43 | ② | 44 | ④ | 45 | ④ | 46 | ② | 47 | ④ | 48 | ④ | 49 | ④ | 50 | ② |
| 51 | ① | 52 | ③ | 53 | ③ | 54 | ② | 55 | ④ | 56 | ④ | 57 | ② | 58 | ① | 59 | ① | 60 | ④ |

# 제2회 CBT 모의고사

**문제 01** 산업재해의 직접적인 원인에 해당되지 않는 것은?
① 안전장치의 기능 상실  ② 불안전한 자세와 동작
③ 위험물의 취급 부주의  ④ 기계장치 등의 설계불량

**문제 02** 정(chisel)의 사용 시 안전관리에 적합하지 않은 것은?
① 비산 방지판을 세운다.
② 올바른 치수와 형태의 것을 사용한다.
③ 칩이 끊어져 나갈 무렵에는 힘주어서 때린다.
④ 담금질 한 재료는 정으로 작업하지 않는다.

**문제 03** 유류 화재 시 사용하는 소화기로 가장 적합한 것은?
① 무상수 소화기  ② 봉상수 소화기
③ 분말 소화기  ④ 방화수

**문제 04** 근로자가 보호구를 선택 및 사용하기 위해 알아 두어야 할 사항으로 거리가 먼 것은?
① 올바른 관리 및 보관방법  ② 보호구의 가격과 구입방법
③ 보호구의 종류와 성능  ④ 올바른 사용(착용)방법

**문제 05** 전기기계 기구에서 절연 상태를 측정하는 계기로 맞는 것은?
① 검류계  ② 전류계
③ 절연저항계  ④ 접지저항계

**문제 06** 산소-아세틸렌 가스용접 시 역화현상이 발생하였을 때 조치사항으로 적절하지 못한 것은?
① 산소의 공급압력을 최대로 높인다.
② 팁 구멍의 이물질 제거 등 토치의 기능을 점검한다.
③ 팁을 물로 냉각한다.
④ 아세틸렌을 차단한다.

**문제 07** 냉동기의 운전 중 점검해야 할 사항이 아닌 것은?
① 냉매누설 유무확인
② 액 압축 상태 확인
③ 벨트의 장력상태 확인
④ 윤활상태 및 유면확인

**문제 08** 기계설비를 안전하게 하고자 한다. 물체가 떨어지거나 날아올 위험 또는 근로자가 감전되거나, 추락할 위험이 있는 작업을 하고자 할 때 필요한 보호구인 것은?
① 안전모
② 안전벨트
③ 방열복
④ 보안면

**문제 09** 재해예방의 4가지 기본원칙에 해당되지 않는 것은?
① 대책선정의 원칙
② 손실우연의 원칙
③ 예방가능의 원칙
④ 재해통계의 원칙

**문제 10** 보일러 운전상의 장애로 인한 역화(back fire) 방지 대책으로 틀린 것은?
① 점화방법이 좋아야 하므로 착화를 느리게 한다.
② 공기를 노 내에 먼저 공급하고 다음에는 연료를 공급한다.
③ 노 및 연도 내에 미연소 가스가 발생하지 않도록 취급에 유의한다.
④ 점화 시 댐퍼를 열고 미연소 가스를 배출시킨 뒤 점화한다.

**문제 11** 냉동기 검사 시 냉동기에 각인되지 않아도 되는 것은?
① 원동기 소요전력 및 전류
② 제조 번호
③ 내압 시험 압력(기호 : TP, 단위 : MPa)
④ 최저 사용 압력(기호 : DP, 단위 : MPa)

**문제 12** 공구취급 안전관리 일반사항으로 옳지 않은 것은?
① 결함이 없는 완전한 공구를 사용한다.
② 공구는 사용 전에 반드시 점검한다.
③ 불량공구는 일단 수리하여 사용하고 반납한다.
④ 공구는 항상 일정한 장소에 비치하여 놓는다.

**문제 13** 보일러의 사고 원인을 열거하였다. 이 중 취급자의 부주의로 인한 것은?
① 구조의 불량
② 판 두께의 부족
③ 보일러수의 부족
④ 재료의 강도 부족

문제 14. 다음 중 C급 화재에 적합한 소화기는?
① 건조사
② 포말 소화기
③ 물 소화기
④ 분말 소화기와 $CO_2$ 소화기

문제 15. 다음 중 암모니아 냉매가스의 누설검사로 적합하지 않은 것은?
① 붉은 리트머스 시험지가 청색으로 변한다.
② 브라인에 누설될 때는 네슬러 시약을 이용해서 검사한다.
③ 헬라이드 토치를 사용해서 검사한다.
④ 염화수소와 반응시켜 흰 연기를 발생시켜 검사한다.

문제 16. 나사식 강관 이음쇠에 대한 설명 중 옳은 것은?
① 소구경(小口經)이고 저압의 파이프에 사용한다.
② 충격, 진동, 부식 등이 생길 우려가 있는 곳에 사용한다.
③ 저압 대구경의 파이프에 사용한다.
④ 파이프의 분기점에는 사용해서는 안 된다.

문제 17. 파이프 내의 압력이 높아지면 고무링은 더욱 파이프 벽에 밀착되어 누설을 방지하는 접합 방법은?
① 기계적 접합
② 플랜지 접합
③ 빅토릭 접합
④ 소켓 접합

문제 18. 전력의 단위로 맞는 것은?
① C
② A
③ V
④ W

문제 19. 스윙(swing)형 체크밸브에 관한 설명으로 틀린 것은?
① 호칭치수가 큰 관에 사용된다.
② 유체의 저항이 리프트(lift)형보다 적다.
③ 수평배관에만 사용할 수 있다.
④ 핀을 축으로 하여 회전시켜 개폐한다.

문제 20. 열펌프(Heat Pump)의 구성요소가 아닌 것은?
① 압축기
② 열교환기
③ 4방 밸브
④ 보조 냉방기

**문제 21** 냉동장치에 관한 설명 중 올바른 것은?
 ① 응축기에서 방출하는 열량은 증발기에서 흡수하는 열량과 같다.
 ② 응축기의 냉각수 출구 온도는 응축온도보다 낮다.
 ③ 증발기에서 방출하는 열량은 응축기에서 흡수하는 열량보다 크다.
 ④ 증발기의 냉수 출구온도는 응축온도보다 높다.

**문제 22** 이상기체의 엔탈피가 변하지 않는 과정은?
 ① 가역 단열과정  ② 등온과정
 ③ 비가역 압축과정  ④ 교축과정

**문제 23** 다단압축을 하는 목적은?
 ① 압축비 증가와 체적효율 감소
 ② 압축비와 체적효율 증가
 ③ 압축비 감소와 체적효율 증가
 ④ 압축비와 체적효율 감소

**문제 24** 냉동장치에 사용하는 브라인(brine)의 산성도(pH)로 가장 적당한 것은?
 ① 9.2~9.5  ② 7.5~8.2
 ③ 6.5~7.0  ④ 5.5~6.0

**문제 25** 개방식 냉각탑의 종류로 가장 거리가 먼 것은?
 ① 대기식 냉각탑  ② 자연 통풍식 냉각탑
 ③ 강제 통풍식 냉각탑  ④ 증발식 냉각탑

**문제 26** 압력표시에서 1atm과 값이 다른 것은?
 ① 1.01325bar  ② 1.10325MPa
 ③ 760mmHg  ④ 1.03227kgf/cm$^2$

**문제 27** 냉매의 구비조건으로 틀린 것은?
 ① 저온에서 증발압력이 대기압 이하일 것
 ② 임계온도가 높고 상온에서 액화될 것
 ③ 증발잠열이 크고 액체비열이 작을 것
 ④ 증기의 비열비가 작을 것

문제 28. 흡입관경이 20mm(7/8″) 이하일 때 감온통의 부착 위치로 적당한 것은? (단, ● 표시가 감온통임.)

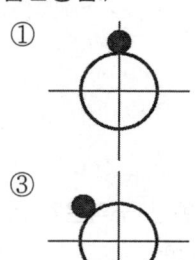

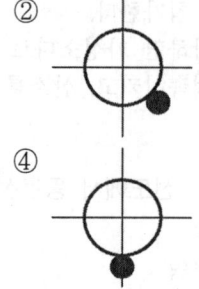

문제 29. 열에 관한 설명으로 틀린 것은?
① 승화열은 고체가 기체로 되면서 주위에서 빼앗는 열량이다.
② 잠열은 물체의 상태를 바꾸는 작용을 하는 열이다.
③ 현열은 상태 변화없이 온도 변화에 필요한 열이다.
④ 융해열은 현열의 일종이며, 고체를 액체로 바꾸는 데 필요한 열이다.

문제 30. 전장의 세기와 같은 것은?
① 유전속 밀도
② 전하 밀도
③ 정전력
④ 전기력선 밀도

문제 31. 제빙 장치에서 브라인의 온도가 -10℃이고 결빙 소요시간이 48시간일 때 얼음의 두께는 약 몇 mm인가?
① 253mm
② 273mm
③ 293mm
④ 313mm

문제 32. 수냉식 응축기의 능력은 냉각수 온도와 냉각수량에 의해 결정이 되는데 응축기의 능력을 증대시키는 방법에 관한 사항 중 틀린 것은?
① 냉각수온을 낮춘다.
② 응축기의 냉각관을 세척한다.
③ 냉각수량을 줄인다.
④ 냉각수 유속을 적절히 조절한다.

**문제 33** 브라인을 사용할 때 금속의 부식방지법으로 맞지 않는 것은?
① 브라인 pH를 7.5~8.2 정도로 유지한다.
② 방청제를 첨가한다.
③ 산성이 강하면 가성소다로 중화시킨다.
④ 공기와 접촉시키고, 산소를 용입시킨다.

**문제 34** 모리엘(Mollier) 선도에서 등온선과 등압선이 서로 평행한 구역은?
① 액체 구역                      ② 습증기 구역
③ 건증기 구역                    ④ 평행인 구역은 없다.

**문제 35** 매설 주철관 파이프를 절단할 때 가장 많이 사용하는 것은?
① 원판 그라인더                  ② 링크형 파이프 커터
③ 오스타                         ④ 체인블럭

**문제 36** 2원 냉동장치에는 고온 측과 저온 측에 서로 다른 냉매를 사용한다. 다음 중 저온 측에 사용하기에 적합한 냉매군은 어느 것인가?
① R-12, R-22, R-500             ② R-13, 에탄, 에틸렌
③ R-13, R-21, R-113             ④ 암모니아, 프로판, R-11

**문제 37** 흡수식 냉동장치와 증기분사식 냉동장치의 냉매로 사용되는 것은?
① 물                            ② 공기
③ 프레온                         ④ 탄산가스

**문제 38** 다음 중 동관작업에 필요하지 않는 공구는?
① 튜브 벤더                      ② 사이징 툴
③ 플레어링 툴                    ④ 클립

**문제 39** 다음 중 단수 릴레이의 종류에 속하지 않는 것은?
① 단압식 릴레이                  ② 차압식 릴레이
③ 수류식 릴레이                  ④ 온도식 릴레이

**문제 40** 암모니아 냉매 배관을 설치할 때 시공방법으로 틀린 것은?

① 관이음 패킹재료는 천연고무를 사용한다.
② 흡입관에는 U트랩을 설치한다.
③ 토출관의 합류는 Y접속으로 한다.
④ 액관의 트랩부는 오일 드레인 밸브를 설치한다.

**문제 41** 압축기에 대해서 옳은 것은?

① 토출가스 온도는 압축기의 흡입가스 과열도가 클수록 높아진다.
② 프레온 12를 사용하는 압축기에는 토출온도가 낮아 워터자켓(water jacket)을 부착한다.
③ 톱 클리어런스(top clearance)가 클수록 체적효율이 커진다.
④ 토출가스 온도가 상승하여도 체적효율은 변하지 않는다.

**문제 42** 핀 튜브에 관한 설명 중 틀린 것은?

① 관 내에 냉각수, 관 외부에 프레온 냉매가 흐를 때 관 외측에 부착한다.
② 증발기에 핀 튜브를 사용하는 것은 전열 효과를 크게 하기 위함이다.
③ 핀은 열전달이 나쁜 유체 쪽에 부착한다.
④ 관 내에 냉각수, 관 외부에 프레온 냉매가 흐를 때 관 내측에 부착한다.

**문제 43** 드라이어(dryer)에 관한 사항 중 맞는 것은?

① 암모니아 가스관에 설치하여 수분을 제거한다.
② 냉동장치 내에 수분이 존재하는 것은 좋지 않으므로 냉매 종류에 관계없이 설치하여야 한다.
③ 프레온은 수분과 잘 용해하지 않으므로 팽창밸브에서의 동결을 방지하기 위하여 설치한다.
④ 건조제로는 황산, 염화칼슘 등의 물질을 사용한다.

**문제 44** 증발기에 대한 설명 중 옳은 것은?

① 증발기에 많은 성애가 끼는 것은 냉동능력에 영향을 주지 않는다.
② 직접 팽창식보다 간접 팽창식 증발기가 RT당 냉매 충전량이 적다.
③ 만액식 증발기에서 냉매측의 전열을 좋게 하기 위한 방법으로는 관경을 크고 관 간격을 넓게 하는 방법이 있다.
④ 액순환식의 증발기에서는 냉매액만이 흐르고 냉매증기는 전혀 없다.

**문제 45** 냉동장치에 이용되는 부속기기 중 직접 압축기의 보호 역할을 하는 것이 아닌 것은?
① 온도식 자동 팽창밸브  ② 안전밸브
③ 유압보호 스위치  ④ 액 분리기

**문제 46** 1kW를 열량으로 환산하면 몇 kcal/h, kJ/h인가?
① 860, 3600  ② 750, 3600
③ 632, 860  ④ 427, 860

**문제 47** 다음 그림에서 ①의 상태의 공기를 ②의 상태로 변화하였을 때 상태변화를 바르게 설명한 것은?
① 냉각
② 가열
③ 가습
④ 감습

**문제 48** 냉방부하 계산 시 인체로부터의 취득열량에 대한 설명으로 틀린 것은?
① 인체 발열부하는 작업 상태와 관계없다.
② 땀의 증발, 호흡 등을 잠열이라 할 수 있다.
③ 인체의 발열량은 재실 인원수와 현열량과 잠열량으로 구한다.
④ 인체 표면에서 대류 및 복사에 의해 방사되는 열은 현열이다.

**문제 49** 강제순환식 난방에서 실내손실 열량이 3,000 kcal/h이고, 방열기 입구수온이 50℃, 출구온도가 42℃일 때 펌프 용량은 몇 kg/h인가?
① 254kg/h  ② 313kg/h
③ 342kg/h  ④ 375kg/h

**문제 50** 건축물의 벽이나 지붕을 통하여 실내로 침입하는 열량을 구할 때 관계없는 요소는?
① 구조체의 면적  ② 구조체의 열관류율
③ 상당외기 온도차  ④ 차폐계수

**문제 51** 다음 중 풍량 조절용 댐퍼가 아닌 것은?
① 버터 플라이 댐퍼  ② 베인 댐퍼
③ 루버 댐퍼  ④ 릴리프 댐퍼

문제 52. 코일, 팬, 필터를 내장하는 유닛으로서 여름에는 코일에 냉수를 통과시켜 공기를 냉각 감습하고, 겨울에는 온수를 통과시켜 공기를 가열하는 공기조화방식은?
① 각층 유닛방식
② 덕트 병용 패키지 공조기 방식
③ 유인 유닛방식
④ 팬 코일 유닛방식

문제 53. 공기세정기에서 유입되는 공기를 정화시키기 위한 것은?
① 루버
② 댐퍼
③ 분무 노즐
④ 엘리미네이터

문제 54. 다음 중 펌프의 종류에서 작동부분이 왕복운동을 하는 왕복식 펌프는?
① 볼류트 펌프
② 기어 펌프
③ 플런저 펌프
④ 베인 펌프

문제 55. 수조 내의 물에 초음파를 가하여 작은 물방울을 발생시켜 가습을 행하는 초음파 가습장치는 어떤 방식에 해당하는가?
① 수분무식
② 증기 발생식
③ 증발식
④ 에어와셔식

문제 56. 석면으로 만든 박판 등의 소재에 흡수제로 염화리튬을 침투시킨 판을 사용하여 현열과 잠열을 동시에 열교환하는 공기 대 공기 열교환기는?
① 판형 열교환기
② 쉘 앤드 튜브형 열교환기
③ 히트 파이프형 열교환기
④ 전열 열교환기

문제 57. 온풍난방에 대한 설명 중 맞는 것은?
① 설비비는 다른 난방에 비해 고가이다.
② 열용량이 크고 예열시간이 길다.
③ 토출 공기의 온도가 높으므로 쾌적도가 떨어진다.
④ 실내 층고가 높을 경우에는 상하의 온도차가 작다.

문제 58. 다음 중 현열만 함유한 부하는?
① 인체의 발생부하
② 환기용 외기부하
③ 극간풍에 의한 부하
④ 조명(형광등)에 의한 부하

**문제 59** 냉방부하 계산 시 실내에서 취득하는 열량이 아닌 것은?
① 기구, 조명 등의 발생열량
② 유리에서의 침입열량
③ 인체 발생열량
④ 송풍기로부터 발생한 열량

**문제 60** 난방공조에서 실내온도(코일의 입구온도)가 23℃, 현열량 4,000kcal/h, 풍량이 2,400kg/h 이면 코일의 출구온도는?
① 26.95℃
② 29.94℃
③ 33.42℃
④ 36.52℃

**정답**

| 01 | 02 | 03 | 04 | 05 | 06 | 07 | 08 | 09 | 10 |
|---|---|---|---|---|---|---|---|---|---|
| ④ | ③ | ③ | ② | ③ | ① | ③ | ① | ④ | ① |
| 11 | 12 | 13 | 14 | 15 | 16 | 17 | 18 | 19 | 20 |
| ④ | ④ | ③ | ④ | ③ | ① | ③ | ④ | ③ | ④ |
| 21 | 22 | 23 | 24 | 25 | 26 | 27 | 28 | 29 | 30 |
| ② | ④ | ③ | ② | ④ | ② | ① | ① | ④ | ④ |
| 31 | 32 | 33 | 34 | 35 | 36 | 37 | 38 | 39 | 40 |
| ③ | ③ | ④ | ② | ② | ② | ① | ④ | ④ | ② |
| 41 | 42 | 43 | 44 | 45 | 46 | 47 | 48 | 49 | 50 |
| ① | ③ | ③ | ② | ① | ① | ① | ① | ④ | ④ |
| 51 | 52 | 53 | 54 | 55 | 56 | 57 | 58 | 59 | 60 |
| ④ | ④ | ① | ③ | ① | ④ | ③ | ④ | ④ | ② |

## 제3회 CBT 모의고사

**문제 01** 방진 마스크가 갖추어야 할 조건으로 적당한 것은?
① 안면에 밀착성이 좋아야 한다.
② 여과효율은 불량해야 한다.
③ 흡기, 배기 저항이 커야 한다.
④ 시야는 가능한 한 좁아야 한다.

**문제 02** 산소가 결핍되어 있는 장소에서 사용되는 마스크는?
① 송풍 마스크
② 방진 마스크
③ 방독 마스크
④ 특급 방진 마스크

**문제 03** 고압가스 안전관리법에 의하면 냉동기를 사용하여 고압가스를 제조하는 자는 안전관리자를 해임하거나, 퇴직한 때에는 지체없이 이를 허가 또는 신고 관청에 신고하고 해임 또는 퇴직한 날로부터 며칠 이내에 다른 안전관리자를 선임하여야 하는가?
① 7일
② 10일
③ 20일
④ 30일

**문제 04** 렌치 사용 시 유의사항이다. 적절하지 못한 것은?
① 항상 자기 몸 바깥쪽으로 밀면서 작업한다.
② 렌치에 파이프 등을 끼워서 사용해서는 안 된다.
③ 볼트를 죌 때에는 나사가 일그러질 정도로 과도하게 조이지 않아야 한다.
④ 사용한 렌치는 깨끗하게 닦아서 건조한 곳에 보관한다.

**문제 05** 다음 중 보일러의 부식원인과 가장 관계가 적은 것은?
① 수에 불순물이 포함될 때
② 부적당한 급수처리 시
③ 더러운 물을 사용 시
④ 증기 발생량이 적을 때

**문제 06** 산소 아세틸렌 용접장치에서 ㉠ 산소호스와 ㉡ 아세틸렌호스의 색깔로 맞는 것은?
① ㉠ 적색, ㉡ 흑색
② ㉠ 적색, ㉡ 녹색
③ ㉠ 녹색, ㉡ 적색
④ ㉠ 녹색, ㉡ 흑색

**문제 07** 안전표시를 하는 목적이 아닌 것은?
① 작업환경을 통제하여 예상되는 재해를 사전에 예방함
② 시각적 자극으로 주의력을 키움
③ 불안전한 행동을 배제하고 재해를 예방함
④ 사업장의 경계를 구분하기 위해 실시함

**문제 08** 안전대책의 3원칙에 속하지 않는 것은?
① 기술적 대책                  ② 자본적 대책
③ 교육적 대책                  ④ 관리적 대책

**문제 09** 냉동기 운전 중 토출압력이 높아져 안전장치가 작동할 때 점검하지 않아도 되는 것은?
① 계통 내에 공기혼입 여부
② 응축기의 냉각수량 풍량의 감소 여부
③ 토출배관 중의 밸브 잠김 이상 여부
④ 냉매액이 넘어오는 유무

**문제 10** 보일러 파열사고의 원인으로 적절하지 못한 것은?
① 압력 초과                    ② 취급 불량
③ 고수위 유지                  ④ 과열

**문제 11** 기계설비의 안전한 사용을 위하여 지급되는 보호구를 설명한 것이다. 이 중 작업 조건에 따른 적합한 보호구로 올바른 것은?
① 용접 시 불꽃 또는 물체가 날아 흩어질 위험이 있는 작업 : 보안면
② 물체가 떨어지거나 날아올 위험 또는 근로자가 감전되거나 추락할 위험이 있는 작업 : 안전대
③ 감전의 위험이 있는 작업 : 보안경
④ 고열에 의한 화상 등의 위험이 있는 작업 : 방화복

**문제 12** 연소에 관한 설명이 잘못된 것은?
① 온도가 높을수록 연소속도가 빨라진다.
② 입자가 작을수록 연소속도가 빨라진다.
③ 촉매가 작용하면 연소속도가 빨라진다.
④ 산화되기 어려운 물질일수록 연소속도가 빨라진다.

**문제 3** 컨베이어 등에 근로자의 신체의 일부가 말려드는 등 근로자에게 위험을 미칠 우려가 있을 때는 무엇을 설치하여야 하는가?
① 권과방지장치
② 비상정지장치
③ 해지장치
④ 이탈 및 역주행 방지장치

**문제 4** 발화온도가 낮아지는 조건과 관계없는 것은?
① 발열량이 높을수록 발화온도는 낮아진다.
② 분자구조가 간단할수록 발화온도는 낮아진다.
③ 압력이 높을수록 발화온도는 낮아진다.
④ 산소농도가 높을수록 발화온도는 낮아진다.

**문제 5** 다음 중 불안전한 상태라 볼 수 없는 것은?
① 환기 불량
② 위험물의 방치
③ 안전교육의 미 참여
④ 기계기구의 정비 불량

**문제 6** 일반적으로 보온재와 보냉재를 구분하는 기준으로 맞는 것은?
① 사용압력
② 내화도
③ 열전도율
④ 안전사용 온도

**문제 7** 다음 온도-엔트로피 선도에서 a→b과정은 어떤 과정인가?

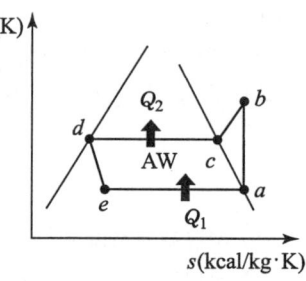

① 압축과정
② 응축과정
③ 팽창과정
④ 증발과정

**문제 8** 다음 중 3320kcal의 열량에 해당되는 것은?
① 1USRT
② 7.78kg·m
③ 19588BTU
④ 3.86kW

**문제 19** 2단 압축냉동장치에서 저압축(흡입압력)이 0kgf/cm²g, 고압측(토출압력)이 15kgf/cm²g이었다. 이때 중간압력은 약 몇 kgf/cm²g인가?

① 2.03  ② 3.03
③ 4.03  ④ 5.03

**문제 20** NH₃ 냉매를 사용하는 냉동장치에서 일반적으로 압축기를 수냉식으로 냉각하는 주된 이유는?

① 냉매의 응축 압력이 낮기 때문에
② 냉매의 증발 압력이 낮기 때문에
③ 냉매의 비열비 값이 크기 때문에
④ 냉매의 임계점이 높기 때문에

**문제 21** 각종 밸브의 종류와 용도와의 관계를 설명한 것이다. 잘못된 것은?

① 글로브 밸브 : 유량 조절용
② 체크 밸브 : 역류 방지용
③ 안전 밸브 : 이상 압력 조정용
④ 콕 : 0~180° 사이의 회전으로 유로의 느린 개폐용

**문제 22** 기준냉동사이클에 의해 작동되는 냉동장치의 운전 상태에 대한 설명 중 옳은 것은?

① 증발기 내의 액냉매는 피냉각물체로부터 열을 흡수함으로써 증발기 내를 흘러감에 따라 온도가 상승한다.
② 응축온도는 냉각수 입구온도보다 높다.
③ 팽창과정 동안 냉매는 단열팽창하므로 엔탈피가 증가한다.
④ 압축기 토출 직후의 증기온도는 응축과정 중의 냉매 온도보다 낮다.

**문제 23** 유분리기의 종류에 해당되지 않는 것은?

① 배플형  ② 어큐뮬레이터형
③ 원심분리형  ④ 철망형

**문제 24** 다이 헤드형 동력나사 절삭기로 할 수 없는 작업은?

① 파이프 벤딩  ② 파이프 절단
③ 나사 절삭  ④ 리머 작업

**문제 25** 2단압축 냉동사이클에서 중간냉각기가 하는 역할 중 틀린 것은?
① 저단압축기의 토출가스온도를 낮춘다.
② 냉매가스를 과냉각시켜 압축비를 낮춘다.
③ 고단압축기로의 냉매액 흡입을 방지한다.
④ 냉매 액을 과냉각시켜 냉동효과를 증대시킨다.

**문제 26** 만액식 증발기의 전열을 좋게 하기 위한 것이 아닌 것은?
① 냉각관이 냉매액에 잠겨있거나 접촉해 있을 것
② 증발기 관에 핀(fin)을 부착할 것
③ 평균 온도차가 작고 유속이 빠를 것
④ 유막이 없을 것

**문제 27** CA 냉장고란 무엇을 말하는가?
① 제빙용 냉동고를 CA 냉장고라 한다.
② 공조용 냉장고를 CA 냉장고라 한다.
③ 해산물 냉동고를 CA 냉장고라 한다.
④ 청과물 냉동고를 CA 냉장고라 한다.

**문제 28** 다음 중 냉매의 물리적 조건이 아닌 것은?
① 상온에서 임계온도가 낮을 것(상온 이하)
② 응고 온도가 낮을 것
③ 증발 잠열이 크고 액체 비열이 작을 것
④ 누설 발견이 쉽고 전열 작용이 양호할 것

**문제 29** 동관접합 중 동관의 끝을 넓혀 압축이음쇠로 접합하는 접합방법을 무엇이라고 표현하는가?
① 플랜지 접합
② 플레어 접합
③ 플라스턴 접합
④ 빅토릭 접합

**문제 30** 열펌프에 대한 설명 중 옳은 것은?
① 저온부에서 열을 흡수하여 고온부에서 열을 방출한다.
② 성적계수는 냉동기 성적계수보다 압축소요동력만큼 낮다.
③ 제빙용으로 사용이 가능하다.
④ 성적계수는 증발온도가 높고 응축온도가 낮을수록 작다.

**문제 31** 브라인의 종류 중 무기질 브라인은?
① 에틸 알콜
② 에틸렌 글리콜
③ 프로필렌 글리콜
④ 염화나트륨 수용액

**문제 32** 팽창밸브에 대한 설명으로 옳은 것은?
① 압축 증대장치로 압력을 높이고 냉각시킨다.
② 액봉이 쉽게 일어나고 있는 곳이다.
③ 냉동부하에 따른 냉매액의 유량을 조절한다.
④ 플래시 가스가 발생하지 않는 곳이며, 일명 냉각장치라 부른다.

**문제 33** 다음 중 브라인의 동파방지책으로 옳지 않은 것은?
① 부동액을 첨가한다.
② 단수릴레이를 설치한다.
③ 흡입압력조절밸브를 설치한다.
④ 브라인 순환펌프와 압축기 모터를 인터록 한다.

**문제 34** 비열비를 나타내는 공식으로 옳은 것은?
① 정적비열 / 비중
② 정압비열 / 비중
③ 정압비열 / 정적비열
④ 정적비열 / 정압비열

**문제 35** 아래 그림에서 온도식 자동 팽창밸브의 감온통 부착 위치로 가장 적당한 곳은?
① 1
② 2
③ 3
④ 4

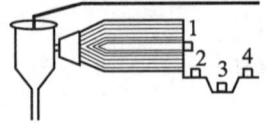

**문제 36** W/m·K(kcal/m·h·℃)의 단위는 무엇인가?
① 열전도율
② 비열
③ 열관류율
④ 오염계수

**문제 37** 냉매에 관한 설명 중 올바른 것은?
① 암모니아 냉매는 증발잠열이 크고 냉동효과가 좋으나 구리와 그 합금을 부식시킨다.
② 일반적으로 특정 냉매용으로 설계된 장치에도 다른 냉매를 그대로 사용할 수 있다.
③ 프레온 냉매의 누설 시 리트머스 시험지가 청색으로 변한다.
④ 암모니아 냉매의 누설검사는 헤라이드 토치를 이용하여 검사한다.

**문제 38** 다음 중 기계적 냉동방법인 것은?
① 고체의 융해잠열을 이용하는 방법  ② 고체의 승화열을 이용하는 방법
③ 기한제를 이용하는 방법  ④ 증기 압축식 냉동기를 이용하는 방법

**문제 39** 냉각탑의 엘리미네이터(Eliminator)가 있는데 그 사용목적은?
① 물의 증발을 양호하게 한다.
② 공기를 흡수하는 장치다.
③ 물이 과냉각되는 것을 방지한다.
④ 수분이 대기 중에 방출하는 것을 막아주는 장치다.

**문제 40** 압축기 보호장치에 해당 되는 것은?
① 냉각수 조절 밸브  ② 유압보호 스위치
③ 증발압력 조절 밸브  ④ 응축기용 팬 콘트롤

**문제 41** 동결점이 최저로 되는 용액의 농도를 공융농도라 하고 이때의 온도를 공융온도라 하는데, 다음 브라인 중에서 공융온도가 가장 낮은 것은?
① 염화칼슘  ② 염화나트륨
③ 염화마그네슘  ④ 에틸렌글리콜

**문제 42** 강관의 나사 이음쇠가 아닌 것은?
① 크로스  ② 엘보
③ 부스터  ④ 니플

**문제 43** 암모니아 냉동장치에서 실린더 직경 150mm, 행정이 90mm, 회전수 1,170rpm, 기통수 6기통 일 때, 법정 냉동능력(RT)은? (단, 냉매상수는 8.4이다.)
① 98.2  ② 79.7
③ 59.2  ④ 38.9

**문제 44** 회전식(Rotary) 압축기의 설명 중 틀린 것은?
① 흡입밸브가 없다.
② 압축이 연속적이다.
③ 회전수가 200rpm 정도로 매우 적다.
④ 왕복동에 비해 구조가 간단하다.

**문제 45** 팽창밸브 직후의 냉매 건조도를 0.23, 증발잠열이 52kcal/kg이라 할 때, 이 냉매의 냉동효과는?
① 226kcal/kg
② 40kcal/kg
③ 38kcal/kg
④ 12kcal/kg

**문제 46** 공조용 취출구 종류 중 원형 또는 원추형 팬을 매달아 여기에 토출기류를 부딪치게 하여 천장면을 따라서 수평방향으로 공기를 취출하는 것으로 유인비 및 소음 발생이 적은 것은?
① 팬형 취출구
② 웨이형 취출구
③ 라인형 취출구
④ 아네모스탯형 취출구

**문제 47** 팬형 가습기(증발식)에 대한 설명으로 틀린 것은?
① 팬속의 물을 강제적으로 증발시켜 가습한다.
② 가습장치 중 효율이 가장 우수하며, 가습량을 자유로이 변화시킬 수 있다.
③ 가습의 응답속도가 느리다.
④ 패키지형의 소형 공조기에 많이 사용한다.

**문제 48** 이중덕트 변풍량 방식의 특징으로 틀린 것은?
① 각 실내의 온도제어가 용이하다.
② 설비비가 높고 에너지 손실이 크다.
③ 냉풍과 온풍을 혼합하여 공급한다.
④ 단일 덕트 방식에 비해 덕트 스페이스가 적다.

**문제 49** 각 실의 부하변동에 따라 풍량을 제어하여 실내온도를 유지하는 공조방식은?
① 2중 덕트 방식
② 유인 유닛 방식
③ 변풍량 단일 덕트 방식
④ 단일 덕트 재열방식

**문제 50** 온도, 습도, 기류를 1개의 지수로 나타낸 것으로 상대습도 100%, 풍속 0m/s인 경우의 온도는?
① 복사온도　　　　　　② 유효온도
③ 불쾌온도　　　　　　④ 효과온도

**문제 51** 공기조화기에 사용되는 공기가열 코일이 아닌 것은?
① 직접 팽창 코일　　　② 온수 코일
③ 증기 코일　　　　　　④ 전열 코일

**문제 52** 1보일러마력은 약 몇 kcal/h의 증발량에 상당하는가?
① 6640kcal/h　　　　　② 8435kcal/h
③ 9600kcal/h　　　　　④ 10800kcal/h

**문제 53** 어떤 상태의 공기가 노점온도보다 낮은 냉각코일을 통과하였을 때의 상태를 설명한 것 중 틀린 것은?
① 절대습도 저하　　　② 비체적 저하
③ 건구온도 저하　　　④ 상대습도 저하

**문제 54** 2중 덕트 방식에 대한 설명 중 잘못된 것은?
① 실의 냉·난방 부하가 감소되어도 취출공기의 부족 현상이 없다.
② 실내습도의 완전한 조절이 가능하다.
③ 부하특성이 다른 다수의 실에 적용할 수 있다.
④ 설비비 및 운전비가 많이 든다.

**문제 55** 덕트의 열손실방지를 위해 반드시 보온을 필요로 하는 부분은?
① 환기 덕트　　　　　② 외기 덕트
③ 배기 덕트　　　　　④ 급기 덕트

**문제 56** 동일한 용량의 다른 보일러에 비해 전열면적이 크고 기동시간이 짧으며, 고압증기를 만들기 쉬워서 대용량에 적합한 것은?
① 주철제 보일러　　　② 입형 보일러
③ 노통 보일러　　　　④ 수관 보일러

문제 57. 그림과 같이 공기가 상태변화를 하였을 때 바르게 설명한 것은?
① 절대습도 증가
② 상대습도 감소
③ 수증기분압 감소
④ 현열량 감소

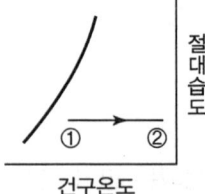

문제 58. 습공기를 절대습도의 변화 없이 가열하거나 냉각하면 실내 현열비(SHF)의 변화는 어떻게 되는가?
① SHF=0 선상을 이동한다.    ② SHF=0.5 선상을 이동한다.
③ SHF=1 선상을 이동한다.    ④ SHF는 나타나지 않는다.

문제 59. 난방부하에 대한 설명으로 틀린 것은?
① 건물의 난방 시에 재실자 또는 기구의 발생 열량은 난방 개시 시간을 고려하여 일반적으로 무시해도 좋다.
② 외기부하 계산은 냉방부하 계산과 마찬가지로 현열부하와 잠열부하로 나누어 계산해야 한다.
③ 덕트면의 열통과에 의한 손실 열량은 작으므로 일반적으로 무시해도 좋다.
④ 건물의 벽체는 바람을 통하지 못하게 하므로 건물 벽체에 의한 손실 열량은 무시해도 좋다.

문제 60. 다음 중 공조방식 중에서 개별 공기조화방식에 해당되는 것은?
① 팬 코일 유닛 방식        ② 2중 덕트 방식
③ 복사 냉난방 방식         ④ 패키지 유닛 방식

정답

| 01 | ① | 02 | ① | 03 | ④ | 04 | ① | 05 | ④ | 06 | ③ | 07 | ④ | 08 | ② | 09 | ④ | 10 | ③ |
| --- | --- | --- | --- | --- | --- | --- | --- | --- | --- | --- | --- | --- | --- | --- | --- | --- | --- | --- | --- |
| 11 | ① | 12 | ④ | 13 | ② | 14 | ② | 15 | ③ | 16 | ④ | 17 | ① | 18 | ④ | 19 | ② | 20 | ③ |
| 21 | ④ | 22 | ② | 23 | ② | 24 | ① | 25 | ② | 26 | ③ | 27 | ④ | 28 | ① | 29 | ② | 30 | ① |
| 31 | ④ | 32 | ③ | 33 | ③ | 34 | ③ | 35 | ② | 36 | ① | 37 | ① | 38 | ④ | 39 | ④ | 40 | ② |
| 41 | ① | 42 | ③ | 43 | ② | 44 | ③ | 45 | ② | 46 | ① | 47 | ② | 48 | ④ | 49 | ③ | 50 | ② |
| 51 | ① | 52 | ③ | 53 | ④ | 54 | ② | 55 | ④ | 56 | ④ | 57 | ② | 58 | ③ | 59 | ④ | 60 | ④ |

## 제1회 CBT 모의고사

**문제 01** 다음 중 냉동기의 토출압력이 이상 상승 시 제일 먼저 작동되는 안전장치는?
① 안전두 스프링
② 저압차단 스위치
③ 고압차단 스위치
④ 유압차단 스위치

**문제 02** 아세틸렌 용접기에서 가스가 새어 나오는 경우에 검사하는 방법으로 적당한 것은?
① 냄새를 맡아 검사한다.
② 모래를 뿌려 검사한다.
③ 비눗물을 칠해 검사한다.
④ 성냥불을 가져다가 검사한다.

**문제 03** 보일러 운전상의 장애로 인한 역화(back-fire)의 방지대책으로 옳지 않은 것은?
① 점화방법이 좋아야 하므로 착화를 느리게 한다.
② 공기를 노 내로 먼저 공급하고 다음에는 연료를 공급한다.
③ 노 및 연도 내에 미연소 가스가 발생하지 않도록 취급에 유의한다.
④ 점화 시 댐퍼를 열고 미연소 가스를 배출시킨 뒤 점화한다.

**문제 04** 작업조건의 적합한 내용과 보호구와의 연계가 올바르지 못한 것은?
① 높이 또는 깊이 1m 이상의 추락할 위험이 있는 장소에서의 작업 : 안전대
② 물체의 낙하·충격, 물체의 끼임, 감전 또는 정전기의 대전에 의한 위험이 있는 작업 : 안전화
③ 물체가 떨어지거나 날아올 위험 또는 근로자가 감전되거나 추락할 위험이 있는 작업 : 안전모
④ 용접 시 불꽃 또는 물체가 날아 흩어질 위험이 있는 작업 : 보안면

**문제 05** 다음 중 줄 작업 시 유의해야 할 내용으로 적절하지 못한 것은?
① 미끄러지면 손을 베일 위험이 있으므로 유의하도록 한다.
② 손잡이가 줄에 튼튼하게 고정되어 있는지 확인한다.
③ 줄의 균열 유무를 확인할 필요는 없다.
④ 줄 작업의 높이는 허리를 낮추고 몸의 안정을 유지하며 전신을 이용하도록 한다.

**문제 06** 가스 용접장치에 대한 안전수칙으로 틀린 것은?
① 가스의 누설검사는 비눗물로 한다.
② 가스용기의 밸브는 빨리 열고 닫는다.
③ 용접 작업 전에 소화기 및 방화사 등을 준비한다.
④ 역화의 위험을 방지하기 위하여 역화방지기를 설치한다.

**문제 07** 보일러 운전 중 과열에 의한 사고를 방지하기 위한 사항으로 틀린 것은?
① 보일러의 수위가 안전저수면 이하가 되지 않도록 한다.
② 보일러수의 순환을 교란시키지 말아야 한다.
③ 보일러 전열면을 국부적으로 과열하여 운전한다.
④ 보일러수가 농축되지 않게 운전한다.

**문제 08** 줄 작업 시 안전수칙에 대한 내용으로 잘못된 것은?
① 줄 손잡이가 빠졌을 때에는 조심하여 끼운다.
② 줄의 칩은 브러시로 제거한다.
③ 줄 작업 시 공작물의 높이는 작업자의 어깨높이 이상으로 하는 것이 좋다.
④ 줄은 경도가 높고 취성이 커서 잘 부러지므로 충격을 주지 않는다.

**문제 09** 연료계통에 화재 발생 시 가장 적합한 소화 작업에 해당되는 것은?
① 찬물을 붓는다.
② 산소를 공급해 준다.
③ 점화원을 차단한다.
④ 가연성 물질을 차단한다.

**문제 10** 다음 보기 중 암모니아 냉동장치의 운전을 정지하는 순서로 올바르게 나열한 것은?

> ㉠ 응축기 액출구 밸브를 닫는다.
> ㉡ 전동기 스위치를 끈다.
> ㉢ 압축기 토출밸브를 닫는다.
> ㉣ 압축기 흡입밸브를 닫는다.

① ㉠ → ㉡ → ㉣ → ㉢
② ㉠ → ㉣ → ㉡ → ㉢
③ ㉢ → ㉣ → ㉠ → ㉡
④ ㉢ → ㉠ → ㉡ → ㉣

**문제 11** 아크용접기의 2차 무부하 전압을 일정하게 유지시켜 감전 사고를 예방하기 위해 부착하는 것은?
① 2차 권선장치
② 자동전격방지장치
③ 접지케이블장치
④ 리미트스위치

**문제 2** 가스용접 시 사용하는 아세틸렌호스의 색은?
① 흑색  ② 적색
③ 녹색  ④ 백색

**문제 3** 도수율(빈도율)이 30인 사업장의 연천인율은 얼마인가?
① 24  ② 36
③ 72  ④ 96

**문제 4** 보일러 파열사고 원인 중 가장 빈번히 일어나는 것은?
① 강도 부족  ② 압력 초과
③ 부식  ④ 그루빙

**문제 5** 안전관리 관리 감독자의 업무가 아닌 것은?
① 안전작업에 관한 교육훈련
② 작업 전·후 안전점검 실시
③ 작업의 감독 및 지시
④ 재해 보고서 작성

**문제 6** 왕복동 압축기의 특징이 아닌 것은?
① 압축이 단속적이다.
② 진동이 크다.
③ 크랭크케이스 내부압력이 저압이다.
④ 압축능력이 적다.

**문제 7** 냉동장치의 고압측에 안전장치로 사용되는 것 중 옳지 않은 것은?
① 스프링식 안전밸브  ② 플로트 스위치
③ 고압차단 스위치  ④ 가용전

**문제 8** 압축기의 톱클리어런스가 크면 어떠한 영향이 나타나는가?
① 체적효율이 증대한다.
② 냉동능력이 감소한다.
③ 토출가스 온도가 저하한다.
④ 윤활유가 열화하지 않는다.

**문제 19** SI단위에서 비체적 설명으로 맞는 것은?
① 단위 엔트로피당 체적이다.
② 단위 체적당 중량이다.
③ 단위 체적당 엔탈피이다.
④ 단위 질량당 체적이다.

**문제 20** 어떤 냉동기의 냉동능력이 4300kJ/h, 성적계수 6, 냉동효과 7.1kJ/kg, 응축기 방열량 8.36kJ/kg일 경우 냉매 순환량은 약 얼마인가?
① 450kg/h  ② 505kg/h
③ 550kg/h  ④ 605kg/h

**문제 21** 암모니아와 프레온 냉동장치를 비교 설명한 것 중 옳은 것은?
① 압축기의 실린더 과열은 프레온보다 암모니아가 심하다
② 냉동장치 내에 수분이 있을 경우, 장치에 미치는 영향은 프레온보다 암모니아가 심하다.
③ 냉동장치 내에 윤활유가 많은 경우, 프레온 보다 암모니아가 문제성이 적다.
④ 위 사항에 관계없이 동일 조건에서는 성능, 효율 및 모든 제원이 같다.

**문제 22** 안전사용 최고온도가 가장 높은 배관 보온재는?
① 우모펠트  ② 폼 폴리스틸렌
③ 규산칼슘  ④ 탄산마그네슘

**문제 23** 정압식 자동팽창밸브(AEV)은 어느 것에 의하여 제어 작용을 행하는가?
① 증발기의 압력  ② 증발기의 온도
③ 냉매의 응축 온도  ④ 냉동 부하량

**문제 24** 메탄계 냉매 R-22의 분자식은?
① $CCl_4$  ② $CCl_3F$
③ $CHCl_2F$  ④ $CHClF_2$

**문제 25** 수평배관을 서로 직선 연결할 때 사용되는 이음쇠는?
① 캡  ② 티
③ 유니온  ④ 엘보

**문제 26** 강관의 명칭과 KS규격기호가 잘못된 것은?

① 배관용 합금강관 : SPA
② 고압 배관용 탄소강관 : SPW
③ 고온 배관용 탄소강관 : SPHT
④ 압력 배관용 탄소강관 : SPPS

**문제 27** 전자변(solenoid valve)의 용도 중 맞지 않는 것은?

① 온도조절
② 용량조절
③ 액백 방지 및 액면 조절
④ 프레온 만액식 유회수 장치

**문제 28** 고속다기통 압축기에서 정상운전 상태로서의 유압은 저압보다 얼마나 높아야 하는가?

① 0~1.5kg/cm$^2$
② 1.5~3.0kg/cm$^2$
③ 3.5~4.0kg/cm$^2$
④ 4.5~5.0kg/cm$^2$

**문제 29** 동결장치 상부에 냉각코일을 집중적으로 설치하고 공기를 유동시켜 피냉각물체를 동결시키는 장치는?

① 송풍 동결장치
② 공기 동결장치
③ 접촉 동결장치
④ 브라인 동결장치

**문제 30** 펌프의 캐비테이션 방지책으로 잘못된 것은?

① 양흡입 펌프를 사용한다.
② 펌프의 회전차를 수중에 완전히 잠기게 한다.
③ 펌프의 설치 위치를 낮춘다.
④ 펌프의 회전수를 빠르게 한다.

**문제 31** 터보냉동기의 운전 중에 서징(surging)현상이 발생하였다. 그 원인으로 맞지 않는 것은?

① 흡입가이드 베인을 너무 조일 때
② 가스 유량이 감소할 때
③ 냉각수온이 너무 낮을 때
④ 어떤 한계치 이하의 가스유량으로 운전할 때

**문제 32** 터보냉동기 윤활 사이클에서 마그네틱 플러그가 하는 역할은?
① 오일 쿨러의 냉각수 온도를 일정하게 유지하는 역할
② 오일중의 수분을 제거하는 역할
③ 윤활 사이클로 공급되는 유압을 일정하게 하여 주는 역할
④ 윤활 사이클로 공급되는 철분을 제거하여 장치의 마모를 방지하는 역할

**문제 33** 2개 이상의 나사엘보를 사용하여 배관의 신축을 흡수하는 신축이음은?
① 루프형 이음　　② 벨로우즈형 이음
③ 슬리브형 이음　④ 스위블형 이음

**문제 34** 저온을 얻기 위해 2단 압축을 했을 때의 장점은?
① 성적계수가 향상된다.　② 설비비가 적게 된다.
③ 체적효율이 저하한다.　④ 증발압력이 높아진다.

**문제 35** 흡수식 냉동장치에서 냉매로 암모니아를 사용할 때, 흡수제로 옳은 것은?
① LiBr　　② $CaCl_2$
③ LiCl　　④ $H_2O$

**문제 36** 다음 회전식(Rotary) 압축기의 설명 중 틀린 것은?
① 흡입변이 없다.
② 압축이 연속적이다.
③ 회전수가 매우 적다.
④ 왕복동에 비해 구조가 간단하다.

**문제 37** 도체의 저항에 대한 설명으로 틀린 것은?
① 도체의 종류에 따라 다르다.
② 길이에 비례한다.
③ 도체의 단면적에 반비례한다.
④ 항상 일정하다.

**문제 38** 고압 수액기에 부착되지 않는 것은?
① 액면계　　② 안전밸브
③ 전자밸브　④ 오일드레인 밸브

**문제 39** 다음 중 동관 작업용 공구가 아닌 것은?
① 익스펜더  ② 티뽑기
③ 플레어링 툴  ④ 클립

**문제 40** 다음의 냉동장치에 대하여 맞는 것은?
① R-12의 경우는 드라이어를 사용하나 R-22의 경우는 필요하지 않다.
② 암모니아의 경우에는 유분리기를 쓰지 않는다.
③ R-12의 경우는 압축기의 물자켓이 반드시 필요하다.
④ R-22의 자동 팽창변은 암모니아에 사용될 수 없다.

**문제 41** 복귀형 수동 스위치 a접점기호는?

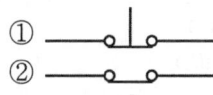

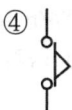

**문제 42** P-h선도상의 각 번호에 대한 명칭 중 맞는 것은?
① ㉠ : 등비체적선
② ㉡ : 등엔트로피선
③ ㉢ : 등엔탈피선
④ ㉣ : 등건조도선

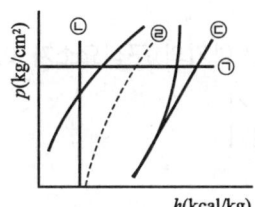

**문제 43** 어떤 물질의 산성, 알칼리성 여부를 측정하는 단위는?
① CHU  ② USRT
③ pH  ④ Therm

**문제 44** 터보 압축기의 능력조정 방법으로 옳지 못한 방법은?
① 흡입 댐퍼(Damper)에 의한 조정
② 흡입 베인(Vane)에 의한 조정
③ 바이 패스(By-pass)에 의한 조정
④ 클리어런스 체적에 의한 조정

**문제 45** 감온식 팽창밸브(TEV) 작동에 관계없는 것은?
① 압축기의 압력
② 증발기내 냉매 증발압력
③ 스프링의 압력
④ 감온통 내의 가스 압력

**문제 46** 공기 세정기에서 유입되는 공기를 정화시키기 위한 것은?
① 루버                    ② 댐퍼
③ 분무노즐                ④ 엘리미네이터

**문제 47** 공조부하계산에 있어서 백열등의 1kW당 발생열량은 얼마인가?
① 641kcal/h              ② 680kcal/h
③ 860kcal/h              ④ 1000kcal/h

**문제 48** 건구온도 30℃, 상대습도 50%인 습공기 500m³/h를 냉각코일에 의하여 냉각한다. 냉각코일의 표면온도는 10℃이고 바이패스 팩터가 0.1이라면 냉각된 공기의 온도(℃)는 얼마인가?
① 10                     ② 12
③ 24                     ④ 28

**문제 49** 다음 중 공기조화기의 구성요소가 아닌 것은?
① 공기 여과기            ② 공기 가열기
③ 공기 세정기            ④ 공기 압축기

**문제 50** 1차 공조기로부터 보내온 고속공기가 노즐속을 통과할 때의 유인력에 의하여 2차 공기를 유인하여 냉각 또는 가열하는 방식을 무엇이라고 하는가?
① 패키지 방식            ② 유인 유닛 방식
③ FCU 방식               ④ 바이패스 방식

**문제 51** 팬의 효율을 표시하는 데 있어서 사용되는 전압효율에 대한 올바른 정의는?
① 축동력 / 공기동력
② 공기동력 / 축동력
③ 회전속도 / 송풍기크기
④ 송풍기크기 / 회전속도

**문제 52** 최근 공기조화 방식을 설계하는 데 있어서 중점적으로 고려되고 있는 사항과 거리가 먼 것은?

① 건물의 모양
② 에너지 절약 대책
③ 잔업시간에 대한 경제적인 운전대책
④ 설비의 수명과 지출비용의 경제성 비교

**문제 53** 대기압 하에서 100℃의 포화수를 100℃의 건포화증기로 만들 수 있는 보일러의 증발량은?

① 상당 증발량
② 실제 증발량
③ 정미 증발량
④ 보일러 증발량

**문제 54** 공기 가열 및 냉각 코일에 관한 설명으로 옳지 않은 것은?

① 관 재료는 동관과 강관, 핀 재료로는 알루미늄판, 동판 등을 사용한다.
② 설치목적에 따라 예열-예냉코일, 가열-냉각코일로 분류할 수 있다.
③ 고압증기를 사용하는 가열코일은 신축을 고려할 필요 없이 직관으로 사용한다.
④ 직접팽창코일을 사용하는 경우는 균일 분배를 위한 분배기를 사용한다.

**문제 55** 동절기의 가열코일의 동결방지 방법으로 틀린 것은?

① 온수코일은 야간 운전정지 중 순환펌프를 운전한다.
② 운전 중에는 전열교환기를 사용하여 외기를 예열하여 도입한다.
③ 외기와 환기가 혼합되지 않도록 별도의 통로를 만든다.
④ 증기코일의 경우 0.5kg/cm² 이상의 증기를 사용하고 코일 내에 응축수가 고이지 않도록 한다.

**문제 56** 다음 중 잠열부하를 제거하는 경우 변화하지 않는 상태량은?

① 상대습도
② 비체적
③ 절대습도
④ 건구온도

**문제 57** 다음 중 배관 및 덕트에 사용되는 보온 단열재가 갖추어야 할 조건이 아닌 것은?

① 열전도율이 클 것
② 불연성 재료로서 흡습성이 작을 것
③ 안전사용온도 범위에 적합할 것
④ 물리·화학적 강도가 크고 시공이 용이할 것

문제 58. 공기 냉각기 및 가열기의 설계상 주의사항이 아닌 것은?
① 코일 내의 물의 속도는 1m/sec 전후로 한다.
② 코일 출입구 온도차는 일반적으로 5℃로 한다.
③ 물이나 공기의 흐르는 방향은 대향류가 되게 한다.
④ 코일 통과 풍속은 6~7m/s로 한다.

문제 59. 다음 중 냉각탑과 응축기 사이에 순환되는 물의 명칭은?
① 정수    ② 냉각수
③ 응축수  ④ 온수

문제 60. 물과 공기의 접촉면적을 크게 하기 위해 증발포를 사용하여 수분을 자연스럽게 증발시키는 가습방식은?
① 초음파식    ② 가열식
③ 원심분리식  ④ 기화식

| 정답 | | | | | | | | | | | | | | | | | | | |
|---|---|---|---|---|---|---|---|---|---|---|---|---|---|---|---|---|---|---|---|
| 01 | ① | 02 | ③ | 03 | ① | 04 | ① | 05 | ③ | 06 | ② | 07 | ③ | 08 | ③ | 09 | ④ | 10 | ② |
| 11 | ② | 12 | ② | 13 | ③ | 14 | ② | 15 | ② | 16 | ④ | 17 | ② | 18 | ② | 19 | ④ | 20 | ④ |
| 21 | ① | 22 | ③ | 23 | ① | 24 | ④ | 25 | ③ | 26 | ② | 27 | ④ | 28 | ② | 29 | ① | 30 | ④ |
| 31 | ③ | 32 | ④ | 33 | ④ | 34 | ① | 35 | ④ | 36 | ③ | 37 | ④ | 38 | ③ | 39 | ④ | 40 | ④ |
| 41 | ③ | 42 | ④ | 43 | ④ | 44 | ④ | 45 | ① | 46 | ① | 47 | ③ | 48 | ② | 49 | ④ | 50 | ② |
| 51 | ② | 52 | ① | 53 | ① | 54 | ③ | 55 | ③ | 56 | ④ | 57 | ① | 58 | ④ | 59 | ③ | 60 | ④ |

## 제 2 회 CBT 모의고사

**문제 01** 다음 중 암모니아 냉매가스의 누설검사로 적합하지 않은 것은?
① 붉은 리트머스 시험지가 청색으로 변한다.
② 네슬러 시약을 이용해서 검사한다.
③ 헤라이드 토치를 사용해서 검사한다.
④ 염화수소와 반응시켜 흰 연기를 발생시켜 검사한다.

**문제 02** 가스용접 작업 시 유의사항이다. 적절하지 못한 것은?
① 산소병은 60℃ 이하의 온도에서 보관하고 직사광선을 피해야 한다.
② 작업자의 눈을 보호하기 위해 차광안경을 착용해야 한다.
③ 가스누설의 점검을 수시로 해야 하며 점검은 비눗물로 한다.
④ 가스용접장치는 화기로부터 5m 이상 떨어진 곳에 설치해야 한다.

**문제 03** 아크용접기의 2차 무부하 전압을 일정하게 유지시켜 감전사고를 예방하기 위해 부착하는 것은?
① 2차 권선장치
② 자동전격방지장치
③ 접지케이블장치
④ 리미트스위치

**문제 04** 스패너(spanner)사용 시 주의할 사항 중 틀린 것은?
① 스패너가 벗겨지거나 미끄러짐에 주의한다.
② 스패너의 입이 너트 폭과 잘 맞는 것을 사용한다.
③ 스패너 길이가 짧은 경우에는 파이프를 끼어서 사용한다.
④ 무리하게 힘을 주지 말고 조심스럽게 사용한다.

**문제 05** 안전장치에 관한 사항으로 옳지 않은 것은?
① 해당 설비에 적합한 안전장치를 사용한다.
② 안전장치는 수시로 점검한다.
③ 안전장치는 결함이 있을 때에는 즉시 조치한 후 작업한다.
④ 안전장치는 작업 형편상 부득이한 경우에는 일시적으로 제거하여도 좋다.

**문제 06** 전기스위치의 조작 시 오른손으로 하기를 권장하는 이유로 가장 적당한 것은?
① 심장에 전류가 직접 흐르지 않도록 하기 위하여
② 작업을 손쉽게 하기 위하여
③ 스위치 개폐를 신속히 하기 위하여
④ 스위치 조작 시 많은 힘이 필요하므로

**문제 07** 방폭성능을 가진 전기기기의 구조 분류에 해당되지 않는 것은?
① 내압 방폭구조
② 유입 방폭구조
③ 압력 방폭구조
④ 자체 방폭구조

**문제 08** 전기설비의 방폭성능 기준 중 용기 내부에 보호가스를 압입하여 내부압력을 유지함으로써 가연성 가스가 용기 내부로 유입되지 아니하도록 한 구조를 말하는 것은?
① 내압방폭구조
② 유입방폭구조
③ 압력방폭구조
④ 안전증방폭구조

**문제 09** 다음 중 정신적인 재해의 원인에 해당되는 것은?
① 불안과 초조
② 이해부족 및 훈련미숙
③ 수면부족 및 피로
④ 난청 및 시각장애

**문제 10** 다음은 드릴작업에 대한 내용이다 틀린 것은?
① 드릴 회전 시에는 테이블을 조정하지 않는다.
② 드릴을 끼운 후에 척 렌치를 반드시 뺀다.
③ 전기드릴을 사용할 때에는 반드시 접지(earth)시킨다.
④ 공작물을 손으로 고정 시는 반드시 장갑을 낀다.

**문제 11** 보일러 파열사고 원인 중 구조물의 강도 부족에 의한 원인이 아닌 것은?
① 용접불량
② 재료불량
③ 동체의 구조불량
④ 용수관리의 불량

**문제 12** 정전기의 제거 방법으로 적당치 않은 것은?
① 설비 주변에 적외선을 쪼인다.
② 설비 주변의 공기를 가습한다.
③ 설비의 금속 부분을 접지 한다.
④ 설비에 정전기 발생 방지 도장을 한다.

**문제 3** 정신적 또는 육체적 활동의 부산물로 체내에 누적되어 활동능력을 둔화시킴으로서 사고원인이 되기 쉬운 것은?
① 근심걱정　　　② 주의 집중
③ 피로　　　　　④ 공상

**문제 4** 전기 용접 시 전격을 방지하는 방법으로 틀린 것은?
① 용접기의 절연 및 접지상태를 확실히 점검할 것
② 가급적 개로 전압이 높은 교류용접기를 사용할 것
③ 장시간 작업 중지 때는 반드시 스위치를 차단시킬 것
④ 반드시 주어진 보호구와 복장을 착용할 것

**문제 5** 방진마스크의 구비조건이다. 틀린 것은?
① 중량이 가벼울 것　　　② 흡입배기 저항이 클 것
③ 시야가 넓을 것　　　　④ 여과효율이 좋을 것

**문제 6** 35℃의 물 3m³을 5℃로 냉각하는 데 제거할 열량은?
① 60,000kcal　　　② 80,000kcal
③ 90,000kcal　　　④ 120,000kcal

**문제 7** 다음은 공비 혼합냉매의 조합에 대한 설명이다. 틀린 것은?
① R-500=R152+R12　　　② R-501=R12+R22
③ R-502=R115+R22　　　④ R-503=R13+R22

**문제 8** 액백(Liquid back)의 원인으로 가장 거리가 먼 것은?
① 팽창밸브의 개도가 너무 클 때　　　② 냉매가 과충전되었을 때
③ 액분리기가 불량일 때　　　　　　　④ 증발기 용량이 너무 클 때

**문제 9** 증발기의 설명으로 올바른 것은?
① 증발기 입구 냉매온도는 출구 냉매온도보다 높다.
② 탱크형 냉각기는 주로 제빙용에 쓰인다.
③ 1차 냉매는 감열로 열을 운반한다.
④ 브라인은 무기질이 유기질보다 부식성이 적다.

문제 20. 표준 냉동 사이클의 온도조건과 관계없는 것은?
① 증발온도 : -15℃
② 응축온도 : 30℃
③ 팽창밸브 입구에서의 냉매액 온도 : 25℃
④ 압축기 흡입가스 온도 : 0℃

문제 21. 2중 효용 흡수식 냉동기에 대한 설명 중 옳지 않은 것은?
① 단중 효용 흡수식 냉동기에 비해 효율이 높다.
② 2개의 재생기가 있다.
③ 2개의 증발기가 있다.
④ 2개의 열교환기를 가지고 있다.

문제 22. 2단 압축 냉동장치에 있어서 흡입압력 진공도가 7cmHg·Gauge($P_o$), 토출압력이 13kg/cm²·Gauge($P_k$)일 때 이상적인 중간압력은?
① 1.5kg/cm²·G
② 2.6kg/cm²·G
③ 3.6kg/cm²·G
④ 4.0kg/cm²·G

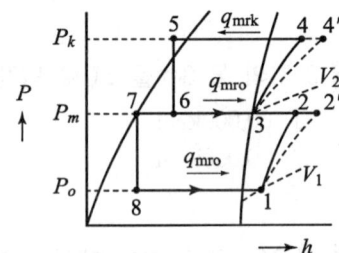

문제 23. 용접 접합을 나사 접합에 비교한 것 중 옳지 않은 것은?
① 누수의 우려가 적다.
② 유체의 마찰 손실이 많다.
③ 배관 상으로 공간 효율이 좋다.
④ 접합부의 강도가 크다.

문제 24. 나사식 강관 이음쇠(파이프 조인트)에 대한 다음 글 중 맞는 것은?
① 소구경(小口徑)이고 저압의 파이프에 사용한다.
② 관로의 방향을 일정하게 할 때 사용한다.
③ 저압 대구경의 파이프에 사용한다.
④ 파이프의 분기점에는 사용해서는 안 된다.

### 문제 25
인버터 구동 가변 용량형 공기조화장치나 증발온도가 낮은 냉동장치에서는 냉매유량조절의 특성 향상과 유량제어 범위의 확대 등이 중요하다. 이러한 목적으로 사용되는 팽창밸브로 적당한 것은?
① 온도식 자동 팽창밸브　② 정압식 자동 팽창밸브
③ 열전식 팽창밸브　　　④ 전자식 팽창밸브

### 문제 26
냉동기에 사용하는 윤활유의 구비 조건으로서 틀린 것은?
① 불순물을 함유하지 않을 것　② 인화점이 높을 것
③ 냉매와 분리되지 않을 것　　④ 응고점이 낮을 것

### 문제 27
다음 설명 중 틀린 것은?
① 유압 보호 스위치의 종류는 바이메탈식과 가스통식이 있다.
② 단수 릴레이는 수냉식 응축기에서 브라인이나 냉각수가 단수 또는 감수 시 압축기를 정지시키는 스위치다.
③ 가용전은 토출가스의 영향을 직접 받지 않는 곳에 설치한다.
④ 파열판은 일단 동작된 후 내부 압력이 낮아지면 가스의 방출이 정지되며, 다시 사용할 수 있다.

### 문제 28
압축기 종류에 따른 정상적인 유압이 아닌 것은?
① 터보＝정상저압＋6kg/cm²
② 입형 저속＝정상저압＋0.5∼1.5kg/cm²
③ 고속다기통＝정상저압＋1.5∼3kg/cm²
④ 고속다기통＝정상저압＋6kg/cm²

### 문제 29
저단측 토출가스의 온도를 냉각시켜 고단측 압축기가 과열되는 것을 방지하는 것은?
① 부스터　　　　　　② 인터쿨러
③ 콤파운드 압축기　　④ 익스펜션탱크

### 문제 30
압축기 보호장치 중 고압차단 스위치(HPS)의 작동압력은 정상적인 고압에 몇 kgf/cm² 정도 높게 설정하는가?
① 1　　② 4
③ 10　 ④ 25

**문제 31** 관의 지름이 다를 때 사용하는 이음쇠가 아닌 것은?
① 레듀셔  ② 부싱
③ 리턴 밴드  ④ 편심 이경 소켓

**문제 32** 표준사이클을 유지하고 암모니아의 순환량을 186kg/h로 운전했을 때의 소요동력은 몇 kW인가? (단, 1kW는 860kal/h, NH₃ 1kg을 압축하는 데 필요한 열량은 모리엘 선도상에서는 56kcal/kg이라 한다.)
① 24.2kW  ② 12.1kW
③ 36.4kW  ④ 28.6kW

**문제 33** 펌프의 캐비테이션 방지책으로 잘못된 것은?
① 양흡입 펌프를 사용한다.
② 펌프의 회전차를 수중에 완전히 잠기게 한다.
③ 펌프의 설치 위치를 낮춘다.
④ 펌프 회전수를 빠르게 한다.

**문제 34** 증발기의 설명 중 틀린 것은?
① 건식 증발기는 냉매량이 적어도 되는 이익이 있고, 후레온과 같이 윤활유를 용해하는 냉매에 있어서는 유가 압축기에 들어가기 쉽다.
② 만액식 증발기는 냉매측에 열전달율이 양호하므로 주로 액체 냉각용에 사용한다.
③ 만액식 증발기에 후레온을 냉매로 하는 것은 압축기에 유를 돌려보내는 장치가 필요 없다.
④ 액순환식 증발기는 액화 냉매량의 4~5배의 액을 액펌프를 이용해 강제 순환시킨다.

**문제 35** 비체적의 단위로 맞는 것은?
① $m^3/kgf$  ② $m^2/kgf \cdot s$
③ $kgf/m^3 \cdot ℃$  ④ $m^3/kgf \cdot h$

**문제 36** 완전 진공상태를 0으로 기준하여 측정한 압력은?
① 대기압  ② 진공도
③ 계기압력  ④ 절대압력

**문제 37** 다음 중 압축기와 관계없는 효율은?
① 체적효율　　② 기계효율
③ 압축효율　　④ 슬립효율

**문제 38** 15℃의 1ton의 물을 0℃의 얼음으로 만드는데 제거해야 할 열량은? (단, 물의 비열 4.2kJ/kg·K, 응고잠열 334kJ/kg이다.)
① 63000kJ　　② 271600kJ
③ 334000kJ　　④ 397000kJ

**문제 39** 1PS는 1시간 당 약 몇 kcal에 해당되는가?
① 860　　② 550
③ 632　　④ 427

**문제 40** 흡수식 냉동기에 사용되는 흡수제의 구비조건으로 틀린 것은?
① 용액의 증기압이 낮을 것
② 농도변화에 의한 증기압의 변화가 클 것
③ 재생에 많은 열량을 필요로 하지 않을 것
④ 점도가 높지 않을 것

**문제 41** 동관 공작용 작업 공구이다. 해당 사항이 적은 것은?
① 익스팬더　　② 사이징 툴
③ 튜브 벤더　　④ 봄볼

**문제 42** 회전식과 비교한 왕복동식 압축기의 특징으로 옳지 않은 것은?
① 진동이 크다.　　② 압축능력이 적다.
③ 압축이 단속적이다.　　④ 크랭크 케이스 내부압력이 저압이다.

**문제 43** 전압계의 측정범위를 넓히기 위해서 사용되는 것은?
① 분류기　　② 휘스톤브리지
③ 배율기　　④ 변압기

**문제 44** 열에 관한 다음 사항 중 틀린 것은?
① 감열은 건구온도계로서 측정할 수 있다.
② 잠열은 물체의 상태를 바꾸는 작용을 하는 열이다.
③ 감열은 상태 변화 없이 온도 변화에 필요한 열이다.
④ 승화열은 감열의 일종이며, 고체를 기체로 바꾸는데 필요한 열이다.

**문제 45** 얼음 두께를 $t$, 브라인 온도를 $t_b$라 할 때 결빙시간의 산정식으로 맞는 것은?
① $(0.56 \times t^2)/t_b =$ 결빙시간
② $(0.56 \times t_b)/t^2 =$ 결빙시간
③ $(0.56 \times t^2)/-t_b =$ 결빙시간
④ $(0.56 \times t_b)/-t^2 =$ 결빙시간

**문제 46** 난방 방식의 분류에서 간접 난방에 해당하는 것은?
① 온수난방
② 증기난방
③ 복사난방
④ 히트펌프난방

**문제 47** 난방부하가 3,000kcal/h인 온수난방시설에서 방열기의 입구온도가 85℃, 출구온도가 25℃, 외기온도가 −5℃일 때, 온수의 순환량은 얼마인가? (단, 물의 비열은 1kcal/kg℃이다.)
① 50kg/h
② 75kg/h
③ 150kg/h
④ 450kg/h

**문제 48** 보일러를 구성하는 3대요소가 아닌 것은?
① 세정장치
② 보일러 본체
③ 부속기기
④ 부속장치

**문제 49** 개별 공조방식이 아닌 것은?
① 패키지방식
② 룸쿨러방식
③ 멀티유닛방식
④ 팬코일유닛방식

**문제 50** 복사난방의 장점이 아닌 것은?
① 복사열에 의해 쾌감도가 높다.
② 실내온도의 고른 분포가 가능하다.
③ 실온이 낮아도 난방효과를 얻을 수 있다.
④ 외기에 따른 방열량 조절이 쉽다.

**문제 51** 인체가 느끼는 온열 감각에 대한 온도, 습도, 기류의 영향을 하나로 모아서 만든 쾌감지표는?

① 실내 건구온도  ② 실내 습구온도
③ 상대습도  ④ 유효온도

**문제 52** 전 공기방식에 비해 반송동력이 적고 유닛 1대로서 조운을 구성하므로 조우닝이 용이하며, 개별제어가 가능한 장점이 있어 사무실, 호텔, 병원 등의 고층 건물에 적합한 공기조화 방식은?

① 단일덕트 방식  ② 유인 유닛 방식
③ 이중 덕트 방식  ④ 재열 방식

**문제 53** 물탱크에 증기코일 또는 전열히터를 사용해 물을 가열 증발시켜 가습하는 것으로 패키지 등의 소형 공조기에 사용되는 가습 방법은?

① 수분무에 의한 방법  ② 증기 분사에 의한 방법
③ 고압수 분무에 의한 방법  ④ 가습 팬에 의한 방법

**문제 54** 이중덕트 변풍량 방식의 특징으로 틀린 것은?

① 각 실내의 온도제어가 용이하다.
② 설비비가 높고 에너지손실이 크다.
③ 냉풍과 온풍을 혼합하여 공급한다.
④ 단일덕트 방식에 비해 덕트 스페이스가 작다.

**문제 55** 다음 중 송풍기의 풍량제어 방법이 아닌 것은?

① 댐퍼 제어  ② 회전수 제어
③ 베인 제어  ④ 자기 제어

**문제 56** 온풍난방에 대한 장점이 아닌 것은?

① 예열시간이 짧다.
② 실내 온습도 조절이 비교적 용이하다.
③ 기기설치 장소의 선정이 자유롭다.
④ 단열 및 기밀성이 좋지 않은 건물에 적합하다.

**문제 57** 보일러가 부식하는 원인으로 부적당한 것은?
① 보일러수의 pH가 상승
② 수중에 함유된 산소의 작용
③ 수중에 함유된 탄산가스의 작용
④ 수중에 함유된 암모니아의 작용

**문제 58** 기계배기와 적당한 자연급기에 의한 환기방식으로서 화장실, 탕비실, 소규모 조리장의 환기 설비에 적당한 환기법은?
① 제1종 환기법
② 제2종 환기법
③ 제3종 환기법
④ 제4종 환기법

**문제 59** 송풍기의 회전수가 $N \to N_1$으로 변할 때 송풍기의 상사법칙에 의한 정압의 변화를 나타낸 식은? (여기서, $N$ : 회전수, $P$ : 정압)

① $P_1 = \left(\dfrac{N_1}{N}\right)^4 P$
② $P_1 = \left(\dfrac{N}{N_1}\right)^3 P$
③ $P_1 = \left(\dfrac{N_1}{N}\right)^2 P$
④ $P_1 = \left(\dfrac{N}{N_1}\right)^2 P$

**문제 60** 사무실의 공기조화를 행할 경우, 다음 중 전체 열부하에서 가장 큰 비중을 차지하는 항목은?
① 재실자로부터의 발생 열과 조명기구로부터의 발생열
② 문을 열 때 들어오는 열과 문틈으로 들어오는 열
③ 재실자로부터의 발생 열과 조명기구로부터의 발생열
④ 벽, 창, 천장 등에서 침입하는 열과 일사에 의해 유리창을 투과하여 침입하는 열

**정답**

| 01 | ③ | 02 | ① | 03 | ② | 04 | ③ | 05 | ④ | 06 | ① | 07 | ④ | 08 | ③ | 09 | ② | 10 | ④ |
|---|---|---|---|---|---|---|---|---|---|---|---|---|---|---|---|---|---|---|---|
| 11 | ④ | 12 | ① | 13 | ③ | 14 | ② | 15 | ② | 16 | ② | 17 | ① | 18 | ④ | 19 | ③ | 20 | ④ |
| 21 | ③ | 22 | ② | 23 | ② | 24 | ① | 25 | ④ | 26 | ③ | 27 | ④ | 28 | ④ | 29 | ② | 30 | ② |
| 31 | ③ | 32 | ② | 33 | ④ | 34 | ③ | 35 | ① | 36 | ④ | 37 | ② | 38 | ④ | 39 | ③ | 40 | ② |
| 41 | ④ | 42 | ② | 43 | ② | 44 | ③ | 45 | ① | 46 | ④ | 47 | ① | 48 | ① | 49 | ④ | 50 | ④ |
| 51 | ③ | 52 | ② | 53 | ② | 54 | ④ | 55 | ④ | 56 | ④ | 57 | ④ | 58 | ③ | 59 | ③ | 60 | ④ |

## 제3회 CBT 모의고사

**문제 01** 안전사고 발생의 심리적 요인에 해당되는 것은?
① 감정
② 극도의 피로감
③ 육체적 능력의 초과
④ 신경계통의 이상

**문제 02** 팽창밸브가 냉동 용량에 비하여 너무 작을 때 일어나는 현상은?
① 증발압력 상승
② 압축기 소요동력 감소
③ 소요전류 증대
④ 압축기 흡입가스 과열

**문제 03** 휘발성 유류의 취급 시 지켜야 할 안전 사항으로 옳지 않은 것은?
① 실내의 공기가 외부와 차단되도록 한다.
② 수시로 인화물질의 누설 여부를 점검한다.
③ 소화기를 규정에 맞게 준비하고, 평상시에 조작방법을 익혀둔다.
④ 정전기가 발생하는 작업복의 착용을 금한다.

**문제 04** 독성가스를 식별 조치할 때 표지판의 가스 명칭은 무슨 색으로 하는가?
① 흰색
② 노란색
③ 적색
④ 흑색

**문제 05** 피뢰기가 구비해야 할 성능조건으로 옳지 않은 것은?
① 반복 동작이 가능할 것
② 견고하고 특성변화가 없을 것
③ 충격방전 개시전압이 높을 것
④ 뇌 전류의 방전능력이 클 것

**문제 06** 안전장치의 취급에 관한 사항 중 틀린 것은?
① 안전장치는 반드시 작업 전에 점검한다.
② 안전장치는 구조상의 결함 유무를 항상 점검한다.
③ 안전장치가 불량할 때에는 즉시 수정한 다음 작업한다.
④ 안전장치는 작업 형편상 부득이한 경우에는 일시 제거해도 좋다.

**문제 07** 전기용접기 사용상의 준수사항으로 적합하지 않은 것은?

① 용접기 설치장소는 습기나 먼지 등이 많은 곳은 피하고 환기가 잘 되는 곳을 선택한다.
② 용접기의 1차측에는 용접기 근처에 규정 값보다 1.5배 큰 퓨즈(fuse)를 붙인 안전 스위치를 설치한다.
③ 2차측 단자의 한쪽과 용접기 케이스는 접지(earth)를 확실히 해 둔다.
④ 용접 케이블 등의 파손된 부분은 즉시 절연 테이프로 감아야 한다.

**문제 08** 경고신호의 구비조건이 아닌 것은?

① 주의를 끌 수 있어야 한다.
② 신호의 뜻과 동작의 절차를 제시하여야 한다.
③ 심리적 불안감을 제거할 수 있어야 한다.
④ 경고를 받고 행동하기까지의 시간적 여유가 있어야 한다.

**문제 09** 공장 설비 계획에 관하여 기계 설비의 배치와 안전의 유의사항으로 틀린 것은?

① 기계설비의 주위에는 충분한 공간을 둔다.
② 공장 내외에는 안전 통로를 설정한다.
③ 원료나 제품의 보관 장소는 충분히 설정한다.
④ 기계 배치는 안전과 운반에 관계없이 가능한 가깝게 설치한다.

**문제 10** 프레온 냉매가 누설되어 사고가 발생되었을 때의 응급조치 방법이 바르지 않은 것은?

① 프레온이 눈에 들어갔을 경우 응급조치로 묽은 붕산용액으로 눈을 씻어준다.
② 프레온은 공기보다 가벼우므로 머리를 아래로 한다.
③ 프레온이 피부에 닿으면 동상의 위험이 있으므로 물로 씻고, 피크르산 용액을 얇게 뿌린다.
④ 프레온이 불꽃에 닿으면 유독한 포스겐가스가 발생하여 더 큰 피해가 발생하므로 주의한다.

**문제 11** 산업안전보건법의 제정 목적과 가장 거리가 먼 것은?

① 산업재해 예방　　　　② 쾌적한 작업환경 조성
③ 산업안전에 관한 정책수립　　④ 근로자의 안전과 보건을 유지·증진

**문제 12** 사용 중인 보일러의 점화전 일반 준비사항으로 옳지 않은 것은?

① 수면계 수위를 확인할 것
② 압력계 기능을 확인할 것
③ 연료가 석탄일 경우에는 오일펌프와 프리히터를 작동시킬 것
④ 댐퍼, 안전밸브, 급수장치를 조절할 것

**문제 13** 냉동제조의 시설 및 기술·검사기준으로 적당하지 못한 것은?
① 냉동제조설비 중 특정설비는 검사에 합격한 것일 것
② 냉매설비에는 자동제어 장치를 설치할 것
③ 냉매설비는 진동, 충격, 부식 등으로 냉매가스가 누설되지 않도록 할 것
④ 압축기 최종단에 설치한 안전장치는 2년에 1회 이상 압력시험을 할 것

**문제 14** 수공구 사용법 중 옳은 것은?
① 스패너는 깊이 물리고 바깥쪽으로 밀면서 풀고 죈다.
② 정작업 시 끝날 무렵에는 힘을 빼고 천천히 타격한다.
③ 쇠톱 작업 시 톱날을 고정한 후에는 재조정을 하지 않는다.
④ 장갑을 낀 손으로 해머를 잡고 작업해도 된다.

**문제 15** 재해발생의 원인 중 간접원인으로서 안전관리 조직 결함, 안전수칙 미제정, 작업준비 불충분 등은 다음 중 어느 요인에 해당하는가?
① 신체적 원인   ② 정신적 원인
③ 교육적 원인   ④ 관리적 원인

**문제 16** 흡수식 냉동장치에서는 안전 확보와 기기의 보호를 위하여 여러 가지 안전장치가 설치되어 있다. 그 목적에 해당되지 않는 것은?
① 냉수 동결방지   ② 결정방지
③ 모터보호        ④ 압축기보호

**문제 17** 터보 압축기의 특징으로 맞지 않는 것은?
① 임펠러에 의한 원심력을 이용하여 압축한다.
② 응축기에서 가스가 응축하지 않을 경우 이상 고압이 발생한다.
③ 부하가 감소하면 서징을 일으킨다.
④ 진동이 적고, 1대로도 대용량이 가능하다.

**문제 18** 스크류(screw) 압축기의 특징으로 틀린 것은?
① 액격(liquid hammer) 및 유격(oil hammer)이 적다.
② 부품수가 적고 수명이 길다.
③ 오일펌프를 따로 설치하여야 한다.
④ 비교적 소음이 적다.

문제 19  프레온 냉매(할로겐화탄화수소)의 호칭기호 결정과 관계없는 성분은?
① 수소  ② 탄소
③ 산소  ④ 불소

문제 20  다음 중 고속 다기통 압축기의 장점이 아닌 것은?
① 체적효율이 높다.  ② 부품 교환 범위가 넓다.
③ 진동이 적다.  ④ 용량에 비하여 기계가 작다.

문제 21  스크류 압축기의 특징이 아닌 것은?
① 오일펌프를 따로 설치하여야 한다.
② 소형 경량으로 설치면적이 작다.
③ 액 햄머(liquid hammer) 및 오일 햄머(oil hammer)가 크다.
④ 밸브와 피스톤이 없어 장시간의 연속운전이 가능하다.

문제 22  다음 프레온 냉매 중 냉동능력이 가장 좋은 것은?
① R-113  ② R-11
③ R-12  ④ R-22

문제 23  증발온도와 응축온도가 일정하고 과냉각도가 없는 냉동사이클에서 압축기에 흡입되는 냉매 증기의 상태가 변화했을 때 선도 중 건조압축 냉동사이클은?
① A-B-C-D-A
② A′-B′-C-D-A′
③ A″-B″-C-D-A″
④ A′-B′-B″-A″-A′

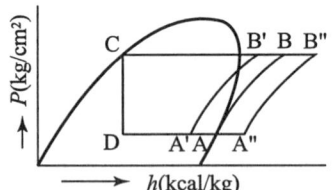

문제 24  다음 중 제빙용 냉동 장치의 증발기로서 가장 적합한 것은?
① 건식 냉각기  ② 반만액식 냉각기
③ 탱크형 냉각기  ④ 관 코일식 냉각기

문제 25  kcal/mh℃의 단위는 무엇인가?
① 열전도율  ② 비열
③ 열관류율  ④ 오염계수

**문제 26** 압축기에서 보통 안전밸브의 분출압력은 고압차단스위치(HPS) 작동압력에 비하여 어떻게 조정하면 좋은가?
① 고압차단스위치 작동 압력보다 다소 낮게 한다.
② 고압차단스위치 작동 압력보다 다소 높게 한다.
③ 고압차단스위치 작동 압력과 같게 한다.
④ 고압차단스위치 작동 압력보다 낮거나 높아도 관계없다.

**문제 27** 팽창변 직후의 냉매의 건조도 $X=0.14$이고, 증발잠열이 400kcal/kg이라면 냉동효과는?
① 56kcal/kg
② 213kcal/kg
③ 344kcal/kg
④ 566kcal/kg

**문제 28** 공정점이 -55℃로 얼음제조에 사용되는 무기질 브라인으로 가장 일반적으로 쓰이는 것은?
① 염화칼슘 수용액
② 염화마그네슘 수용액
③ 에틸렌글리콜
④ 프로필렌글리콜

**문제 29** 한 공학자가 가정용 냉장고를 이용하여 겨울에 난방을 할 수 있다고 주장하였다면 이 주장은 이론적으로 열역학법칙과 어떠한 관계를 갖겠는가?
① 열역학 제1법칙에 위배된다.
② 열역학 제2법칙에 위배된다.
③ 열역학 제1, 2법칙에 위배된다.
④ 열역학 제1, 2법칙에 위배되지 않는다.

**문제 30** 온도계의 표시방법으로 옳은 것은?
① Ⓢ
② Ⓦ
③ Ⓟ
④ Ⓣ

**문제 31** 가정용 백열전등의 점등 스위치는 어떤 스위치인가?
① 복귀형 스위치
② 검출 스위치
③ 리미트 스위치
④ 유지형 스위치

**문제 32** 수평배관을 서로 직선 연결할 때 사용되는 이음쇠는?
① 캡
② 티
③ 유니온
④ 엘보

**문제 33** 냉동장치의 팽창밸브 용량을 결정하는 것은?
① 밸브시트의 오리피스 직경
② 팽창밸브의 입구의 직경
③ 니들밸브의 크기
④ 팽창밸브의 출구의 직경

**문제 34** 열펌프에서 압축기 이론 축동력이 3kW이고, 저온부에서 얻은 열량이 7kW일 때 이론 성적계수는 약 얼마인가?
① 1.43
② 1.75
③ 2.33
④ 3.33

**문제 35** 냉동장치의 온도 관계에 대한 사항 중 올바르게 표현한 것은? (단, 표준냉동 사이클을 기준으로 할 것)
① 응축온도는 냉각수 온도보다 낮다.
② 응축온도는 압축기 토출가스 온도와 같다.
③ 팽창밸브 직후의 냉매온도는 증발온도보다 낮다.
④ 압축기 흡입가스 온도는 증발온도와 같다.

**문제 36** 다음 그림과 같이 15A 강관을 45° 엘보에 나사 연결할 때 연결 부분의 실제 소요길이는 약 얼마인가? (단, 엘보중심 길이 21mm, 나사물림 길이 13mm이다.)
① 134mm
② 196mm
③ 267mm
④ 284mm

**문제 37** 왕복동 압축기의 기계효율($\eta m$)에 대한 설명으로 옳은 것은? (단, 지시 동력은 가스를 압축하기 위한 압축기의 실제 필요 동력이고, 축 동력은 실제 압축기를 운전하는데 필요한 동력이며, 이론적 동력은 압축기의 이론상 필요한 동력을 말 한다.)
① 지시동력 / 축동력
② 이론적동력 / 지시동력
③ 지시동력 / 이론적동력
④ (축동력×지시동력) / 이론적동력

**문제 38** 냉동장치에서 압력과 온도를 낮추고 동시에 증발기로 유입되는 냉매량을 조절해 주는 곳은?
① 수액기
② 압축기
③ 응축기
④ 팽창밸브

**문제 39** 다음 설명 중 틀린 것은?
① 유압 보호 스위치의 종류는 바이메탈식과 가스통식이 있다.
② 단수 릴레이는 수냉식 응축기에서 브라인이나 냉각수가 단수 또는 감수 시 압축기를 정지시키는 스위치다.
③ 가용전은 토출가스의 영향을 직접 받지 않는 곳에 설치한다.
④ 파열판은 일단 동작된 후 내부 압력이 낮아지면 가스의 방출이 정지되며, 다시 사용할 수 있다.

**문제 40** 동관을 구부릴 때 사용되는 동관전용 벤더의 최소곡률 반지름은 관지름의 약 몇 배인가?
① 약 1~2배        ② 약 4~5배
③ 약 7~8배        ④ 약 10~11배

**문제 41** 관의 직경이 크거나 기계적 강도가 문제될 때 유니온 대용으로 결합하여 쓸 수 있는 것은?
① 이경소켓         ② 플랜지
③ 니플             ④ 부싱

**문제 42** 압축기에서 보통 안전밸브의 작동압력으로 옳은 것은?
① 저압 차단 스위치 작동 압력보다 다소 낮게 한다.
② 고압 차단 스위치 작동 압력보다 다소 높게 한다.
③ 유압 보호 스위치 작동 압력과 같게 한다.
④ 고저압 차단 스위치 작동압력보다 낮게 한다.

**문제 43** 제빙용으로 적당한 증발기는?
① 플레이트식 증발기     ② 헤링본식 증발기
③ 쉘튜브식 건식 증발기   ④ 팬코일식 증발기

**문제 44** 고유저항에 대한 설명 중 맞는 것은?
① 저항[R]는 길이[$l$]에 비례하고 단면적[A]에 반비례한다.
② 저항[R]는 단면적[A]에 비례하고 길이[$l$]에 반비례한다.
③ 저항[R]는 길이[$l$]에 비례하고 단면적[A]에 비례한다.
④ 저항[R]는 단면적[A]에 반비례하고 길이[$l$]에 반비례한다.

**문제 45** 단수 릴레이의 종류에 속하지 않는 것은?
① 단압식 릴레이
② 차압식 릴레이
③ 수류식 릴레이
④ 비례식 릴레이

**문제 46** 다음 중 냉방부하 계산 시 현열부하에만 속하는 것은?
① 인체 발생열
② 기구 발생열
③ 송풍기 발생열
④ 틈새바람에 의한 열

**문제 47** 간접난방(온풍난방)에 관한 설명으로 옳지 않은 것은?
① 연소장치, 송풍장치 등이 일체로 되어 있어 설치가 간단하다.
② 예열부하가 거의 없으므로 기동시간이 아주 짧다.
③ 방열기나 배관 등의 시설이 필요 없으므로 설비비가 싸다.
④ 실내 층고가 높을 경우에도 상하의 온도차가 적다.

**문제 48** 설치면적이 작으며 구조가 간단하고 취급이 용이하나 비교적 효율이 낮은 보일러는?
① 연관보일러
② 입형보일러
③ 수관보일러
④ 노통연관보일러

**문제 49** 벽체로부터의 취득열량($q$)을 산출하는 식으로 옳은 것은? (단, $K$ : 열통과율, $\triangle te$ : 상당외기온도차, $A$ : 벽면적)
① $q = \triangle te \cdot A \cdot (1/K)$
② $q = K \cdot \triangle te \cdot A$
③ $q = K \cdot A \cdot (1/\triangle te)$
④ $q = K \cdot \triangle te \cdot (1/A)$

**문제 50** 다음 중 송풍량을 결정하는 것은?
① 실내취득열량+기기 내 취득열량
② 실내취득열량+재열량
③ 기기내 취득열량+외기부하
④ 재열량+외기부하

**문제 51** 환기에 대한 설명으로 틀린 것은?
① 기계환기법에는 풍압과 온도차를 이용하는 방식이 있다.
② 제품이나 기기 등의 성능을 보전하는 것도 환기의 목적이다.
③ 자연환기는 공기의 온도에 따른 비중차를 이용한 환기이다.
④ 실내에서 발생하는 열이나 수증기도 제거한다.

**문제 52** 다음 설명 중 개별식 공기조화방식으로 볼 수 있는 것은?
① 사무실 내에 패키지형 공조기를 설치하고, 여기에서 조화된 공기는 패케이지 상부에 있는 취출구로 실내에 송풍한다.
② 사무실 내에 유인 유닛형 공조기를 설치하고, 외부의 공기조화기로부터 유인유닛에 공기를 공급한다.
③ 사무실 내에 팬코일 유닛형 공조기를 설치하고, 외부의 열원기기로부터 팬코일유닛에 냉온수를 공급한다.
④ 사무실 내에는 덕트만 설치하고, 외부의 공기조화기로부터 덕트 내에 공기를 공급한다.

**문제 53** 공기조화용 덕트 부속기기의 댐퍼종류에서 주로 소형덕트의 개폐용으로 사용되며, 구조가 간단하고 완전히 닫았을 때 공기의 누설이 적으나 운전 중 개폐 조작에 큰 힘을 필요로 하며 날개가 중간정도 열렸을 때 와류가 생겨 유량조절용으로 부적당한 댐퍼는?
① 버터플라이 댐퍼  ② 평행익형 댐퍼
③ 대향익형 댐퍼  ④ 스플릿 댐퍼

**문제 54** 1대의 응축기로(실외기)로 여러 대의 냉각코일(실내기)을 운영하는 방식으로 실외기의 설치면적을 줄일 수 있어 많이 사용되는 형식을 무엇이라 하는가?
① 룸쿨러 방식  ② 패키지유닛 방식
③ 멀티유닛 방식  ④ 히트펌프 방식

**문제 55** 공기선도에 관한 아래 그림에서 구성요소의 연결이 올바르게 된 것은?
① a : 건구온도, b : 비체적, c : 노점온도
② a : 습구온도, c : 절대습도, d : 엔탈피
③ b : 비체적, c : 절대습도, e : 엔탈피
④ c : 상대습도, d : 절대습도, e : 열수분비

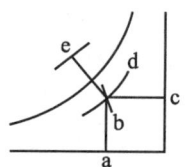

**문제 56** 송풍기의 정압에 대한 내용으로 옳은 것은?
① 정압=정압×전압  ② 정압=정압÷전압
③ 정압=정압−전압  ④ 정압=정압+전압

**문제 57** 공기조화기의 송풍기의 축동력을 산출할 때 필요한 값과 거리가 먼 것은?
① 송풍량  ② 현열비
③ 송풍기 전압효율  ④ 송풍기 전압

**문제 58** 수분무식 가습장치의 종류가 아닌 것은?
① 모세관식  ② 초음파식
③ 분무식  ④ 원심식

**문제 59** 다음 중 대규모 건축물에서 중앙공조방식이 개별공조방식 보다 우수한 점은?
① 유지관리가 편리하다.  ② 개별제어가 쉽다.
③ 국소운전이 편리하다.  ④ 조닝이 쉽다.

**문제 60** 단일덕트 정풍량 방식의 특징이 아닌 것은?
① 공조기가 기계실에 있으므로 운전, 보수가 용이하고 진동소음의 전달 염려가 적다.
② 송풍량이 크므로 환기량도 충분하다.
③ 조운수가 적을 때는 설비비가 다른 방식에 비해서 적게 든다.
④ 변풍량 방식에 비하여 연간의 송풍동력이 적고 성에너지로 된다.

**정답**

| 01 | ① | 02 | ④ | 03 | ① | 04 | ③ | 05 | ③ | 06 | ④ | 07 | ② | 08 | ③ | 09 | ④ | 10 | ② |
|---|---|---|---|---|---|---|---|---|---|---|---|---|---|---|---|---|---|---|---|
| 11 | ③ | 12 | ③ | 13 | ④ | 14 | ② | 15 | ④ | 16 | ④ | 17 | ② | 18 | ④ | 19 | ③ | 20 | ① |
| 21 | ③ | 22 | ④ | 23 | ① | 24 | ③ | 25 | ① | 26 | ② | 27 | ③ | 28 | ① | 29 | ③ | 30 | ④ |
| 31 | ④ | 32 | ③ | 33 | ① | 34 | ④ | 35 | ④ | 36 | ③ | 37 | ① | 38 | ④ | 39 | ④ | 40 | ② |
| 41 | ② | 42 | ② | 43 | ② | 44 | ① | 45 | ④ | 46 | ③ | 47 | ① | 48 | ② | 49 | ④ | 50 | ① |
| 51 | ① | 52 | ① | 53 | ① | 54 | ③ | 55 | ③ | 56 | ③ | 57 | ② | 58 | ① | 59 | ① | 60 | ④ |

7일 완성 시리즈
## 공조냉동기계기능사

정가 17,000원

- 저　자　　이요학 · 이왕래 · 김창수
- 발 행 인　　차　　승　　녀

- 2006년　5월 20일　　제 1 판　제1인쇄발행
- 2015년 11월 20일　　제11판　제1인쇄발행
- 2016년　1월 15일　　제11판　제2인쇄발행
- 2016년 12월 15일　　제12판　제1인쇄발행
- 2018년　1월 30일　　제13판　제1인쇄발행
- 2018년　7월 30일　　제14판　제1인쇄발행
- 2019년 10월 15일　　제15판　제1인쇄발행
- 2020년　8월 20일　　제15판　제2인쇄발행

도서출판 건기원

(등록 : 제11-162호, 1998. 11. 24)

경기도 파주시 연다산길 244(연다산동 186-16)
TEL : (02)2662-1874~5　　FAX : (02)2665-8281

★ 건기원은 여러분을 책의 주인공으로 만들어 드리며 출판 윤리 강령을 준수합니다.
★ 본서에 게재된 내용 일체의 무단복제 · 복사를 금하며 잘못된 책은 교환해 드립니다.

ISBN　979-11-5767-433-6　13550